Oldenbourgs

Technische Handbibliothek

Band IX:

Neuburger, Dr. Albert, Handbuch der praktischen Elektrometallurgie

München und **Berlin**
Druck und Verlag von R. Oldenbourg
1907

Handbuch

der

Praktischen Elektrometallurgie

(Die Gewinnung der Metalle mit Hilfe des elektrischen Stroms)

Von

Dr. Albert Neuburger

Herausgeber der Elektrochemischen Zeitschrift

Mit 119 in den Text gedruckten Abbildungen

München und **Berlin**

Druck und Verlag von R. Oldenbourg

1907

Meiner lieben Frau

und

treuen Mitarbeiterin

Vorwort.

Das vorliegende Werk ist zum Gebrauche in der Technik sowie für die Studierenden, die sich derselben zuwenden wollen, bestimmt. Bei Festhaltung des Gesichtspunktes, ein praktisches Handbuch zu schaffen, konnte es nicht die Absicht sein, jegliches Verfahren, das sich in irgendeiner Patentschrift oder sonstwo auf dem Papiere niedergelegt findet, aufzuzählen — ist es doch eine bekannte Tatsache, daß sich gerade auf dem Gebiete der Metallurgie Hunderte von Erfindern auf jeden Zweig stürzen, der gute Aussichten darzubieten scheint. So entstehen unzählige von Vorschlägen und Patenten, deren Wert zum größten Teil gleich Null ist. Wenn also irgendwo, so heißt es gerade hier, eine strenge Auswahl treffen.

Es wurde deshalb strikte an dem Grundsatz festgehalten, nur solche Verfahren aufzunehmen, die entweder wirklich im Betriebe ausgeübt werden, oder deren Grundlagen irgendwelche bemerkenswerte Gesichtspunkte darbieten.

Ebenso sind auch alle diejenigen rein wissenschaftlichen Arbeiten entsprechend berücksichtigt worden, denen eine Bedeutung für die praktische Elektrometallurgie zukommt.

Auf diese Weise ergibt sich dann, wie ich hoffe, ein abgerundetes Bild dessen, was sich in der Technik bewährt hat oder was geeignet ist, ihr brauchbare Anregungen zu geben.

Leider erschwert die in vielen Betrieben herrschende Geheimniskrämerei die Abfassung eines Werkes, wie des vorliegenden in beträchtlichem Maße. Trotzdem sind mir sowohl aus dem In- wie aus dem Auslande so viele wertvolle Mitteilungen zugegangen, daß ich nicht verfehlen möchte, allen denen, die mich mit solchen in liebenswürdigster Weise unterstützten, an dieser Stelle meinen verbindlichsten Dank auszusprechen. Außerdem habe ich durch meine langjährige beratende und begutachtende Tätigkeit auf dem Gebiete der Elektrochemie eine Reihe von Erfahrungen zu sammeln Gelegenheit gehabt, die ich, soweit dies nach Lage der Sache und ohne Verletzung fremder Interessen anging und mir erlaubt war, gleichfalls verwerten konnte.

Den gegenwärtig im Vordergrunde des Interesses stehenden Zweigen der Elektrometallurgie — nämlich der elektrothermischen Eisengewinnung sowie der Darstellung einer Anzahl seltener Metalle — glaubte ich schon um deswillen etwas mehr Raum widmen zu müssen, weil eine zusammenfassende Literatur hierüber überhaupt noch nicht existiert und weil die zahlreichen und sich oft widersprechenden Angaben in den Zeitschriften einen richtigen Überblick über den momentanen Stand der Sache nicht zu geben vermögen. Ich hoffe, daß hierdurch und insbesondere durch die Behandlung der Elektrometallurgie des Eisens in monographischer Darstellung den Wünschen weiterer Kreise entgegengekommen ist.

Berlin, im Frühjahr 1907.

Dr. Albert Neuburger.

Inhalts-Übersicht.

Eisen.

Vorkommen.

Das Eisen findet sich auf der ganzen Erde verbreitet. In gediegenem Zustande kommt es jedoch nur sehr selten vor, und die bekannten derartigen Vorkommnisse stammen fast durchweg aus anderen Weltkörpern: es sind Meteoriten mit hohem Prozentgehalt an gediegenem Eisen, deren größter im Gewichte von über 40 t in Mexiko niederfiel und seit dem Jahre 1876 bekannt ist. Er enthält nach den Untersuchungen von Ward 89% Eisen.

Außerordentlich zahlreich finden sich die verschiedenartigsten Eisenerze, von denen für die hüttenmännische Gewinnung vor allem die oxydischen in Betracht kommen, deren Eisengehalt in weiten Grenzen sich bewegt. Hochprozentige Erze enthalten 70—72, unter Umständen auch etwas mehr Eisen, während der Eisengehalt der gewöhnlichen besseren Erze zwischen 40 und 60% schwankt, minderwertige Erze enthalten weniger Eisen. Unter den oxydischen Erzen ist in erster Linie der Magneteisenstein Fe_3O_4 mit 72,4% Eisengehalt zu erwähnen. Derartig hochprozentige Magneteisensteine finden sich jedoch nicht allzu häufig, doch liegt der Eisengehalt meist über 50%. Deutschland ist arm an Magneteisenstein; in größeren Mengen wird er in Böhmen, Tirol, Ungarn, Schweden, Rußland sowie Nordamerika gewonnen. Der Eisenglanz, Roteisenstein, auch roter Glaskopf, Haematit genannt, zeigt eine Zusammensetzung, die im allgemeinen der Formel Fe_2O_3 entspricht. Erze mit dem hohen Eisengehalt von 70% kommen jedoch ebenfalls nur vereinzelt vor. Im allgemeinen beträgt der Eisengehalt 40—60 %. Die deutschen Erze enthalten im Durchschnitt 40—42 % Eisen. Der Eisenglanz findet sich in Deutschland in nicht unbeträchtlicher Menge; in Form sehr reiner und hochprozentiger Erze kommt er auf der Insel Elba, im Ural, in England usw. vor. Einen weniger hohen Eisengehalt weist das Brauneisenerz, auch Raseneisenerz genannt, auf. Die Bezeichnung »Brauneisenstein« ist ein Sammelname, ein Gattungsbegriff, unter dem die verschiedenartigsten wasserhaltigen Eisenerze von brauner Farbe zusammengefaßt sind. Chemisch ist darunter alles zu verstehen, was etwa den Formeln Fe_2O_2-$(OH)_2$ bis $FeO(OH)_4$ entspricht. Charakteristisch für den Brauneisenstein ist der braune Strich. Die Bezeichnungen der einzelnen Erze sind verschieden. Je nach ihrer Beschaffenheit unterscheidet man braunen Glaskopf, Limonit sowie die Minette, Bohnerze, Rasenerze usw. Auch der Brauneisenstein ist ganz außerordentlich verbreitet und findet sich in Deutschland in verschiedenen Eisendistrikten der Gegend von Aachen, der Saar, der Lahn sowie in Schlesien usw. Minette, worunter ein oolithisches Erz zu verstehen ist, kommt hauptsächlich in Luxemburg und Lothringen vor. Auch alle übrigen Länder und Kontinente der Erde sind reich an Brauneisenerz. Das kohlensaure Eisenoxyd $FeCO_3$ enthält bis zu 48 % Eisen und findet sich ebenfalls häufig. Es führt die Bezeichnung Spateisenstein und bildet die Grundlage der Eisenindustrie verschiedener Gegenden.

Gegenüber den vorstehend aufgeführten Erzen treten alle anderen an Bedeutung zurück. Insbesondere gilt dies von den sulfidischen Erzen, die, wenn sie zur Eisengewinnung Anwendung finden sollen, vorher abgeröstet werden müssen. Meist wird hierbei in der Weise verfahren, daß das Schwefeleisen, der Schwefelkies FeS_2 zur Gewinnung von Schwefelsäure abgeröstet und dann als sogenannter Kiesabbrand (purple ore) im Hochofen Verwendung findet. In für den Transport günstig gelegenen Gegenden sind auch die Abbrände der Sulfitzellulosefabrikation zur Eisengewinnung herangezogen worden, und es haben auch Versuche stattgefunden, sie auf elektrischem Wege zu verarbeiten. Ebenso kommen zuweilen Laugereirückstände von der Verhüttung der Kupferkiese zur Verarbeitung. Als phosphorhaltiges Eisenerz ist der Vivianit $Fe_3(PO_4)_2$ zu erwähnen.

Für die Brauchbarkeit eines Erzes zur Eisengewinnung ist nicht der Eisengehalt allein ausschlaggebend. Die Rentabilität der Verfahren und die Qualität der Produkte hängt vielmehr in außerordentlich hohem Maße von den übrigen Bestandteilen des Eisens sowie von der Gangart der Erze ab. Unerwünscht ist ein hoher Phosphor- und Schwefelgehalt sowie ein solcher an Kieselsäure; auch der Gehalt an Mangan, Chrom, Aluminium usw. ist in Rücksicht zu ziehen.

Die in Deutschland verarbeiteten Eisenerze werden nur etwa zur Hälfte (siehe unter »Wirtschaftliches«) im Inlande gewonnen; die andere Hälfte wird aus dem Ausland, insbesondere aus Schweden, Spanien und in neuerer Zeit aus Südrußland importiert. Dies ist für die elektrische Eisenindustrie und für die durch sie vielleicht dereinst bedingten wirtschaftlichen Verschiebungen von hoher Bedeutung.

Geschichtliches.

Wann und wo das Eisen zuerst hergestellt und verwendet worden ist, läßt sich nicht mit Bestimmtheit sagen. Verschiedene Anzeichen deuten darauf hin, daß die Völker des Orients, in erster Linie die Inder und Chinesen, schon etwa 3000 v. Chr. das Eisen gekannt haben müssen. Aus derselben Zeit datieren auch gewisse Merkmale dafür, daß sich die Ägypter des Eisens bedient haben. Man wird demnach wohl annehmen können, daß das Eisen den Menschen seit etwa 5000 Jahren bekannt ist. Es würde zu weit führen und außerhalb des Rahmens dieses Werkes fallen, wollte man die Geschichte des Eisens und die Entwicklung der Industrie bei den einzelnen Völkern von Anbeginn an schildern. Wer sich hierfür interessiert, sei auf das vortreffliche Werk: »Beck, Die Geschichte des Eisens« verwiesen.

Die ersten Versuche zur Gewinnung von Eisen und Stahl direkt aus den Erzen mit Hilfe des elektrischen Stromes sind auf Werner Siemens zurückzuführen, der bereits am Beginne der 70er Jahre des vorigen Jahrhunderts die Ansicht aussprach, daß es mit der Zeit gelingen werde, alle Metalle, und darunter auch das Eisen, auf elektrischem Wege darzustellen, und auf dessen Anregung hin Wilhelm Siemens begann, Methoden zu einer Elektrometallurgie des Eisens auszuarbeiten. Im Jahre 1878 erhielt der letztere das englische Patent Nr. 4208 auf ein Verfahren zur Darstellung von Eisen auf elektrischem Wege, und im folgenden Jahre das weitere Patent Nr. 2210 auf eine Vervollkommnung dieses Verfahrens. Im Jahre 1879 konstruierte er die ersten elektrischen Öfen für den genannten Zweck, und zwar waren es drei Typen solcher Öfen, die er nach und nach zu seinen Versuchen verwendete und die heute noch großes Interesse darbieten. Die Konstruktion des ersten dieser Öfen ist auf einen Gedanken zurückzuführen, den Despretz am 17. Dezember 1849 in einem Vortrage vor der französischen Akademie aussprach, indem er darauf hinwies, daß ein im Innern einer Kohlenretorte übergehender elektrischer Lichtbogen recht wohl für Schmelzoperationen benutzt werden könne. In dem Apparate, den Despretz damals vorführte und der aus einer Retorte aus Gaskohle bestand, die den positiven Pol bildete, während ein in ihr befindlicher Kohlenstab den negativen Pol darstellte, dürfen wir mit Recht den ersten aller überhaupt konstruierten elektrischen Öfen erblicken.

Der erste Siemenssche Ofen (Fig. 1) ist zugleich das erste Beispiel einer ökonomischen Anwendung der Wärme des Lichtbogens für elektrometallurgische Zwecke. Bei demselben war ein Tiegel T aus Graphit in Holzkohlenpulver oder in irgendeine andere für Wärme schlecht leitende Masse H eingebettet. Er stand mit dem positiven Pol durch einen Stab aus Eisen oder Retortenkohle in Verbindung, der in einer in der Mitte des Tiegelbodens angebrachten Öffnung befestigt war. Der Deckel des Tiegels war durchbohrt, und durch ihn ging die negative Elektrode hindurch, die aus einem Kohlenstabe bestand und am Ende A eines Wagebalkens aufgehängt war. Das andere Ende B des Balkens stand mit einem Hohlzylinder aus weichem Eisen in Verbindung, der sich in senkrechter Richtung frei im Innern einer Spule *S* bewegen ließ. Die magnetische Kraft, mit der der Zylinder angezogen wird, wenn die Spule von einem Strom durchflossen ist (Zugrichtung von unten nach oben), wird durch das Gegengewicht *G* kompensiert. Die Lage desselben variiert mit der Stärke des Bogens. Die ganze Einrichtung hatte den

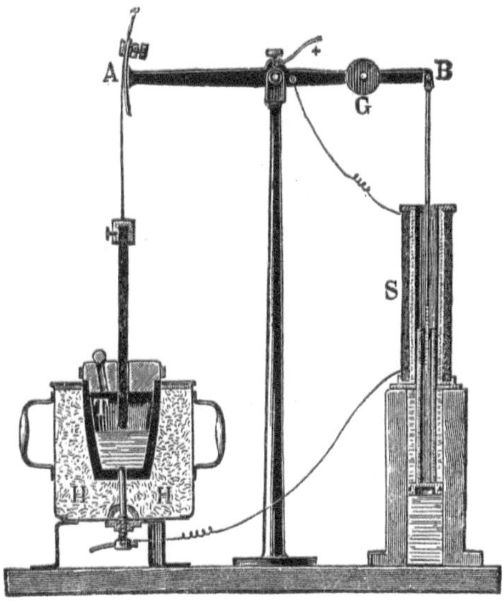

Fig. 1.

Zweck, den Elektrodenabstand während des Vorganges der elektrischen Schmelzung selbständig zu regulieren. Sind die Elektroden zu weit voneinander entfernt, so wird der Zylinder von unten nach oben gezogen, wodurch sich die Elektrode wieder senkt. Die genaue Einregulierung dieser Vorrichtung geschah durch Verschieben des Gewichtes *G*.

Der zweite Siemenssche Ofen (Fig. 2) bestand aus einem Kohlentiegel, durch dessen Wände die mittels eines Zahngetriebes regulierbaren Elektroden eingeschoben wurden, zwischen die die zu reduzierenden Substanzen eingepackt waren. Die dritte Ofenform endlich (Fig. 3) entsprach genau der ersten und unterschied sich von dieser nur dadurch, daß die obere Elektrode die Form eines Trichters hatte und durch

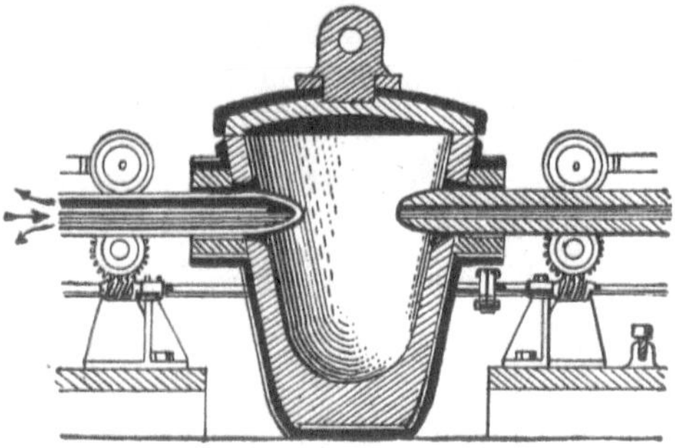

Fig. 2.

einen in ihrem Innern zirkulierenden und sich stets erneuernden Wasservorrat abgekühlt werden konnte.

Mit diesen Öfen gelang es Siemens im Jahre 1880 in der Tat, Eisen direkt aus seinen Erzen auszuschmelzen. Dieses Eisen war jedoch noch von sehr minderwertiger Qualität, und Siemens begann eben mit den Vorbereitungen zur Verbesserung des Verfahrens, als er durch andere Arbeiten abgezogen wurde, die das für die Geschichte der Elektrotechnik so bedeutungsvolle Jahr 1879 zeitigte. Die Glühlampe und die Differentialbogenlampe wurden erfunden, die Vorarbeiten zum Bau elektrischer Bahnen begannen, und infolgedessen verschob Wilhelm Siemens die Wiederaufnahme der Versuche immer wieder, kam jedoch nie mehr dazu, sich denselben energisch zu widmen.

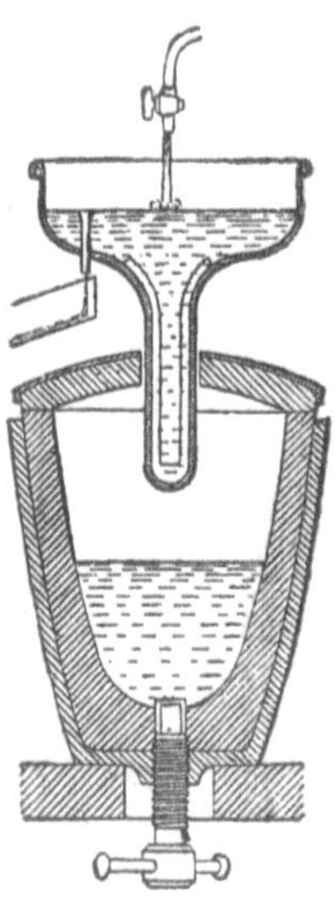

Fig. 3.

Nach Siemens nahmen noch verschiedene Erfinder Patente auf Verfahren zur Gewinnung von Eisen durch feuerflüssige Elektrolyse, wie z. B. de Laval[1]), Taussig[2]), Urbanitzky und Fellner[3]) usw. Sie alle hatten bei ihren Versuchen keine Erfolge, und zwar stets aus genau dem gleichen Grunde: sie machten nämlich durchweg den schwerwiegenden Fehler, daß sie durch ungeschickte Anordnung ihrer Apparate den elektrischen Widerstand derartig erhöhten, daß sowohl das erzielte Produkt minderwertig, wie auch das finanzielle Ergebnis ungünstig wurden. Es sei hier gleich bemerkt, daß der Schwerpunkt für eine rationelle elektrometallurgische Gewinnung des Eisens darin liegt, das ausgeschmolzene Metall möglichst schnell aus dem Bereiche der Elektroden zu entfernen oder es vor deren kohlender Wirkung in anderer Weise zu schützen. Bleibt es zu lange oder ungeschützt zwischen ihnen, so nimmt es aus ihnen Kohlenstoff auf, worunter seine Qualität leidet, während anderseits infolge des Widerstandes, den die oft unrationell zusammengesetzte Schlacke, wenn sie gleichfalls an ungünstiger Stelle und in zu dichter Schicht liegt, dem Durchgange des Stromes entgegensetzt, eine hohe Stromintensität nötig wird, wodurch die Kosten für die Stromerzeugung beträchtlich wachsen.

Seit dem Jahre 1900 hat die Elektrometallurgie des Eisens rasche Fortschritte gemacht. Es sind bis jetzt (März 1907) alles in allem etwa 30 Anlagen, die Eisen und Stahl auf elektrischem Wege gewinnen im Betriebe oder projektiert, darunter allerdings ein Teil Versuchsanlagen.

Die Pioniere der Elektrometallurgie des Eisens und Stahls sind der italienische Major Ernesto Stassano in Turin und Dr.-Ing. h. c. Héroult in La Praz (Savoyen), welch letzterer den 12. Dezember 1900 als den Geburtstag der elektrischen Eisendarstellung bezeichnet, da er an diesem Tage den ersten Waggon elektrisch erblasenen Stahles an die Firma Schneider & Co. in Creusot absandte, nachdem am 9. Oktober 1900 mit den Arbeiten begonnen worden war. Fast um

---

[1]) Engineering and Mining Journal 1894, 57, 509.

[2]) Jahrbuch f. Elektrochemie 1894, I, 121.

[3]) D. R. P. 77, 125.

dieselbe Zeit erhielt auch Stassano das erste zufriedenstellende Produkt. In Gysinge wurde jedoch von Kjellin bereits am 18. März 1900 elektrischer Stahl erhalten.

Gewinnung.

Die Gewinnung und Raffination des Eisens auf elektrothermischem Wege.

Allgemeines.

Die ideale Aufgabe der elektrischen Eisengewinnung besteht eigentlich darin, aus den Erzen in einem einzigen Prozeß chemisch vollkommen oder nahezu reinen Eisenschwamm darzustellen. Die Lösung dieses Problems ist noch nicht gelungen. Man vermag zwar auf elektrischem Wege vollkommen kohlenstoffreies Eisen zu erzeugen und auch den Gehalt an Schwefel und Phosphor unter sonst günstigen Umständen auf ein Minimum zu reduzieren, doch liegen im übrigen die Verhältnisse hier ebenso wie beim Aluminium: es ist möglich, ein sehr hochprozentiges Produkt zu erzeugen, doch gelingt die Entfernung der letzten Spuren verunreinigender Bestandteile, die trotz ihrer geringen Menge von wesentlich bestimmendem Einfluß auf die Eigenschaften des Produktes sind, nicht oder nur unter Aufwand unverhältnismäßig hoher Kosten.

Nichtsdestoweniger müssen die Erfolge, die die Elektrometallurgie des Eisens innerhalb der kurzen Zeit ihres Bestehens gezeitigt hat, als hervorragende bezeichnet werden. Es gelingt sowohl, Roheisen wie Stahl direkt aus den Erzen herzustellen, als auch durch elektrische Raffinationsprozesse sehr reines und hoch bezahltes Qualitätseisen zu erzeugen. In Anbetracht des Umstandes, daß innerhalb gewisser und unter den gegenwärtigen Verhältnissen leicht innezuhaltender Grenzen des Elektrizitätspreises auf sehr billigem Wege wertvolle Produkte, für die je nach ihren Eigenschaften unter Umständen hohe Preise bezahlt werden, erzeugt werden können, kommt dem Verfahren der elektrischen Eisengewinnung eine hohe wirtschaftliche Bedeutung zu. Diese Bedeutung wird dadurch noch erhöht, daß Länder, die bisher infolge Mangel an Kohle keine Eisenindustrie zu erhalten vermochten, in den Stand gesetzt sein werden, sich eine solche zu schaffen, sofern sie über genügende Wasserkräfte oder sonstige ökonomische Kraftquellen und geeignete Transportwege verfügen.

Für die Gewinnung von Eisen und Stahl kommen im ganzen und großen diejenigen Typen von Verfahren und Öfen in Betracht, die von Stassano, Héroult und Kjellin geschaffen worden sind und welche inzwischen von anderer Seite zahlreiche Nachahmungen und teilweise Verbesserungen erfahren haben. Man hätte demnach zu unterscheiden zwischen Verfahren mit Lichtbogenerhitzung, als deren Typus das Stassanosche gelten kann, und solchen mit Widerstanderhitzung, für deren eine Form das ursprünglich von Héroult beabsichtigte, jetzt jedoch von ihm selbst nicht mehr ausgeübte typisch ist, und wo die zwischengeschaltete Schlacke als Widerstand dient, während den Typus für die andere Form das durch die Verwendung eines Transformatorofens charakterisierte Kjellinsche darstellt. Bei einzelnen, wie bei dem Ginschen, wird der Joulesche Effekt nutzbar gemacht, d. h. der Widerstand, den das Eisen dem Durchgange des Stroms entgegensetzt, dient zur Erwärmung desselben. Anschließend hieran wäre noch als besondere Klasse das Neuburger-Minetsche Verfahren zu erwähnen, ein Vorwärmeverfahren, das wasserarme Länder oder Gegenden in den Stand setzen soll, durch Ersparnisse an den Kosten für Elektrizität mit wasserreichen zu konkurrieren. Außerhalb jeglichen Rahmens fallen vereinzelte Verfahren, die für bestimmte Zwecke oder auf die Verarbeitung bestimmter Erze zugeschnitten sind, wie z. B. das Ruthenburgsche usw.

Seitdem man erkannt hat, daß die Qualität der Eisensorten nicht lediglich von ihrem Kohlenstoffgehalt, sondern auch von ihrer metallographischen Beschaffenheit abhängt, ist es von Wichtigkeit zu wissen, daß die elektrisch gewonnenen Produkte auch in dieser Hinsicht hinter den auf rein metallurgischem Wege erzeugten in keiner Weise zurückstehen.

Das Verfahren von Stassano.

Allgemeines.

Stassano ist bei der Durchbildung seines Verfahrens[1]) von der bekannten Tatsache ausgegangen, daß man bei den gewöhnlichen im Hüttenwesen verwendeten Öfen fast durchweg nur einen sehr geringen Teil der Heizkraft der zur Heizung verwendeten Brennstoffe verwertet. Außerdem variiert die wirklich verwertete Wärmemenge im besonderen noch je nach der dem Ofen gegebenen Anordnung und je nach der Heizungsart.

Durchschnittlich beträgt der thermische Wirkungsgrad gewerblicher Brennstoffe für ein Schmiedefeuer nur 2—3 %, 5—10 % bei den Apparaten, bei denen die Erhitzung durch Wände von feuerfestem Material, wie bei Schmelztiegeln, vor sich geht, 10—20 % bei Herd- und Schachtöfen von kleiner oder mittlerer Höhe. Man erhält zwar einen Wirkungsgrad von 30—50 und selbst 70 % bei Kupolöfen und bei Hochöfen, doch ist dann meist ein erneuter, Energie absorbierender Prozeß nötig, um dem erzeugten Produkt die für seine weitere Verwendung erforderlichen Eigenschaften zu verleihen. In Anbetracht dieses Umstandes rechnet Stassano mit einem durchschnittlichen thermischen Wirkungsgrad von 20 % bei den bisherigen metallurgischen Öfen.[2])

---

[1]) Berg- und Hüttenm. Ztg. 1903, 40, 481.
Eisenzeitung 1903, 20, 217.
Elektrochemische Zeitschrift 1901, 8, 16; 1903, 10, 123, 168; 1906, 3, 60; 7, 151; 8, 173; 9, 199.
Elektrotechnische Zeitschrift 1903, 4, 65.
Kalender für Elektrochemiker 1904, 528.
Zeitschr. f. Elek. 1903, 9, 647.
Patente: D. R. P. 141 512.
D. R. P. 144 156.
England 11 604, 1898.
Frankreich 178 183.
Frankreich 319 404 usw.
Stahl und Eisen 1907, 2, 44.
Zeitschrift für angewandte Chemie 1904, 4, 104; 1906, XX.

[2]) Elektrochemische Zeitschrift 1906, 7, 151.

Dieser sehr geringe thermische Wirkungsgrad hat zum größten Teil seinen Grund in der Tatsache, daß der Sauerstoff der Luft sich stark verdünnt im Stickstoff befindet, welcher während der Verbrennung eine große Menge Wärme absorbiert, wodurch die Temperatur herabgesetzt wird und wodurch die Notwendigkeit entsteht, der Verbrennungskammer große Dimensionen zu geben. Die Folge dieser Notwendigkeit ist ein großer durch die Ausstrahlung der Wände und auch durch Wärmeleitung bedingter Wärmeverlust. Hierzu kommen noch eine große Anzahl weiterer Nachteile, die beim elektrothermischen Prozeß wegfallen, wenn die zu elektrothermischen Prozessen verwendeten Vorrichtungen folgenden Hauptbedingungen genügen:

1. daß der Raum, in welchem die Umwandlung der elektrischen Energie in Wärme und auch die diese Wärme benötigenden Prozesse stattfinden, vor der direkten Einwirkung der atmosphärischen Luft geschützt und aus chemisch absolut neutralem Material hergestellt ist;
2. daß die durch die Umwandlung entwickelte Wärme bei denkbar höchster Temperatur erzeugt wird;
3. daß die zu behandelnden Stoffe sich nicht in direktem Kontakt mit Stoffen befinden, die ihre Zusammensetzung etwa auf schädliche Weise verändern können;
4. endlich, daß die Vorrichtungen, in denen die diversen metallurgischen Vorgänge unter der Einwirkung der durch die elektrische Energie erzeugten Wärme sowie die das gewünschte Produkt ergebenden Prozesse vor sich gehen, so konstruiert und ausprobiert werden, daß sie ein kontinuierliches Arbeiten bei voller Beschickung zulasen .

Die Öfen.

Von diesen Grundsätzen ausgehend, hat Stassano verschiedene Öfen für sein Verfahren konstruiert: er lehnte sich beim ersten Modell noch möglichst an den Hochofen an. Wir geben dasselbe, obschon es sich nicht bewährte, aus dem

Grunde wieder, weil daran die Fehler, die die Güte des Produktes und den Preis beeinträchtigten, am besten zu erkennen sind.

Der Ofen (Fig. 4 und 5) zeigt im allgemeinen die bekannte Einrichtung der Hochöfen in Kombination mit einer

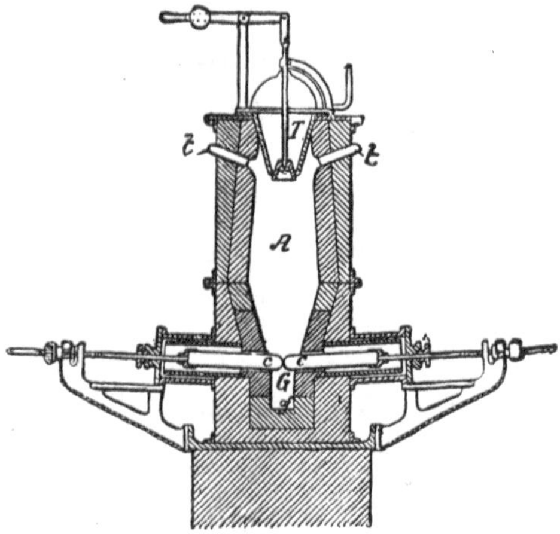

Fig. 4.

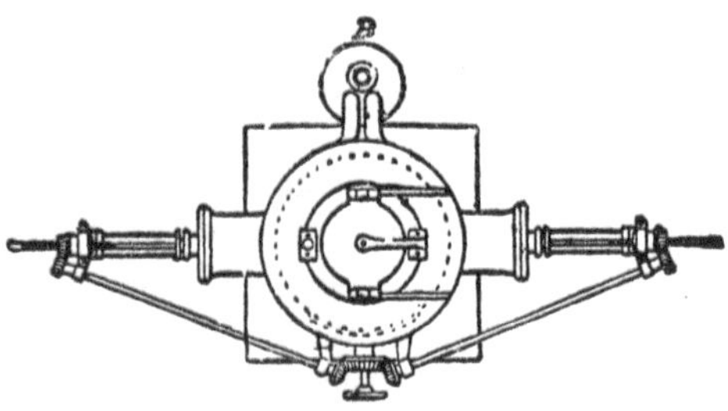
Fig. 5.

Vorrichtung zur Lichtbogenerhitzung und bestand aus einem Schacht *A*, dessen unterer Teil in einen zylindrischen Raum *G* überging, der den eigentlichen Schmelzraum bildete. *c, c* sind die beiden mit Reguliervorrichtung und Wasserkühlung versehenen Kohlenelektroden, *f* ist die Abstichöffnung. Der Gichtverschluß *T* ist so konstruiert, daß beim Beschicken keine Außenluft in das Innere des Ofens gelangen kann. Auch die zur Ableitung der Gichtgase dienenden Röhren *t*, *t* sind mit besonderen Vorrichtungen versehen, welche beim Nachlassen des Druckes im Innern des Ofens das Einströmen von Luft verhindern. Der auf Fig. 5 sichtbare Tiegel *B* ist der Abstichtiegel. Dieser Ofen, den Stassano bei den Anfängen zur Ausarbeitung seines Verfahrens und bei zahlreichen Ver-

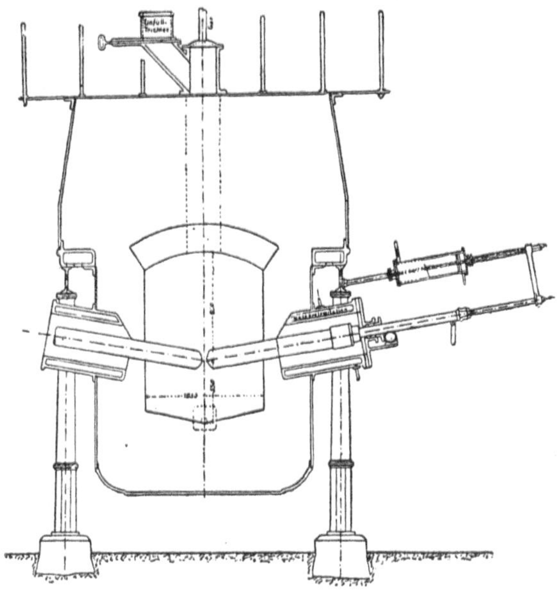

Fig. 6.

suchen benutzte, hat sich nicht bewährt. Der Widerstand war zu groß und das Produkt zu stark kohlenstoffhaltig. Um diese Übelstände zu vermeiden, gab Stassano den Elektroden eine stärkere Neigung und brachte oberhalb derselben einen ringsherumlaufenden Vorsprung aus Mauerwerk an, der die Beschickung vor der Kohlung schützen sollte. Ein Erfolg wurde hierdurch nicht erzielt, und Stassano baute deshalb einen zweiten Ofen, einen Flammofen (Fig. 6), den er in Darfo am Lago d'Iseo in Oberitalien in zwei Modellen aufstellte und später, als sein Verfahren vom königlichen Schmelzwerk in Turin übernommen wurde, durch den am 14. Juni 1903 in Betrieb gesetzten drehbaren Ofen nochmals verbesserte. Auch im Werk »Forni termo-elettriciti Stassano« in Turin sind drehbare Öfen aufgestellt. Die Ursachen, die zur Konstruktion des drehbaren Ofens geführt haben, siehe unter »Verfahren« S. 22.

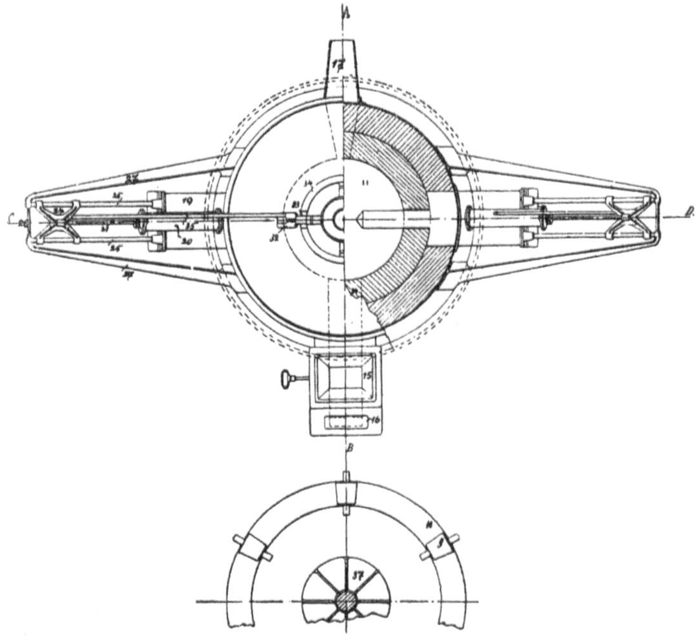

Fig. 7.

Der gegenwärtig in Turin in mehreren Exemplaren im Betrieb befindliche drehbare Ofen (Fig. 7, 8 und 9) besteht aus einem zylinderförmigen Metallmantel *1* von Eisenblech, der von einer Kugelhaube *2* überdeckt wird und auf einer Platte *3* ruht, deren Drehachse *4* in dem Spurlager *5* läuft. Ein von außen her in beliebiger Weise bewegtes Getriebe *6* greift in den im Umfange der Tragplatte *3* angeordneten Zahnkranz *7* ein. Da die Drehachse *8* des Ofens etwas gegen die Senkrechte geneigt steht, so ist behufs Drehung desselben um seinen Drehzapfen 4 die Unterstützung durch Rollen *9* geboten, die auf der Schiene *10* laufen (Fig. 6 und 9).

Die Ebene der bezüglichen Lauffläche steht senkrecht auf der Ofendrehachse *8*, ist also gegen die Wagerechte ent-

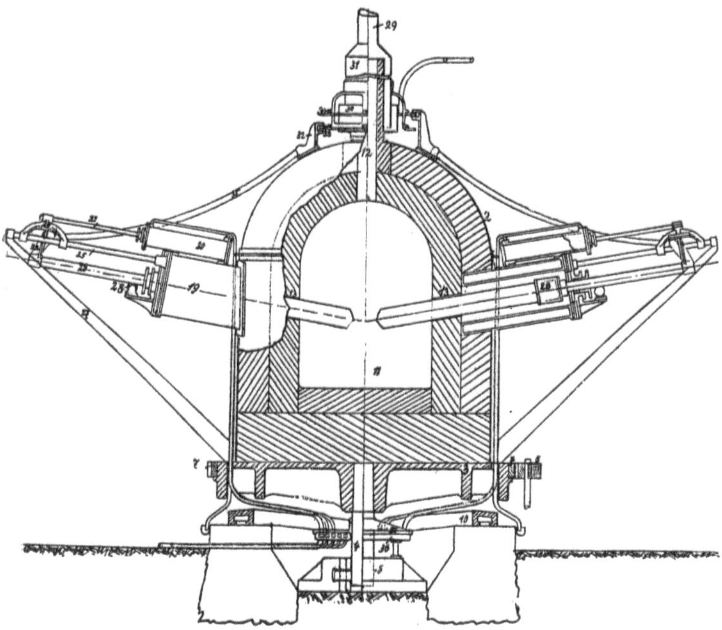

Fig. 8.

sprechend geneigt. Der Boden oder die Sohle des Ofens gerät dabei in eine so geneigte Lage, daß die in Fluß befindliche Beschickung während der Drehung unausgesetzt von den höher liegenden nach den tiefer liegenden Stellen fließt und dadurch in umfassender Weise durchgearbeitet wird. Der innen mit feuerfestem Stoff ausgekleidete Schmelzraum *11* des Ofens ist mit einem Abzugskanal *12* versehen, durch welchen die Reaktionsgase entweichen können.

Die am Ende eines Kanals *14* vorgesehene Beschickungsöffnung ist mit einem Fülltrichter *15* mit Doppelventil ausgestattet sowie durch einen Stöpsel *16* geschlossen. Die einander gegenüber liegenden Öffnungen *17*, *18* in der Wand der Schmelzkammer dienen zum Abziehen des Metalls und der Schlacke.

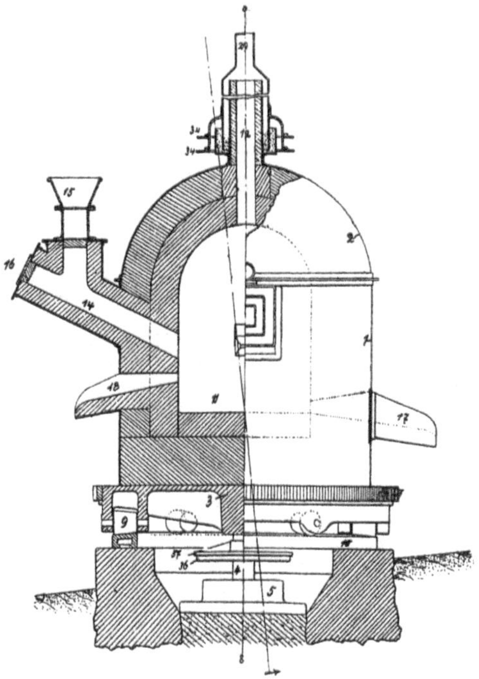

Fig. 9.

Die Elektroden gehen durch zwei Öffnungen *13* (Fig. 8) hindurch und sind in doppelwandige Umhüllungen *19* eingeschlossen. In dem von beiden Wänden derselben gebildeten Zwischenraum kreist Wasser, um die Temperatur während des Betriebes niedrig zu erhalten. Hieran schließen sich die hydraulischen Zylinder *20*, deren Stangen *21* durch Arm *22* und Bügel *24* mit den Stangen *23* der Kohlenträger verbunden sind (Fig. 7 und 8). Die Führungsbügel *24* gleiten auf den Flächen der Stangen *25*, welche letztere durch Streben *27* versteift sind. Hierdurch ist es ermöglicht, die Bewegungen der Stangen *21* gleichmäßig und sanft auf die Stangen *23* der auf Rollen *28* gleitenden Kohlenträger zu übertragen.

Ein am oberen Teil der Schmelzkammer vorgesehener Kanal *29* ermöglicht den freien Abzug der Gase, welche sich während der Reaktion bilden. Der Kanal ist von einem mit Sand gefüllten Glase *30* umgeben, worin der untere Teil des Rohrs *31* eintaucht. Dieses Rohr nimmt nicht an der Drehung der Schmelzkammer teil, sondern wird in beliebiger Weise unbeweglich festgehalten. Außerdem sind auf der Kugelhaube des Ofens zwei vom Ofen isolierte Arme *32* befestigt. Diese tragen Bürsten *33*, welche auf den beiden Ringen *34* des Rohrs *31* gleiten und von diesem elektrisch isoliert dagegen mit den beiden Hauptstromleitungen verbunden sind. Die Arme *32* stehen mit den Elektrodenstangen 23 durch die Leitungskabel 35 in leitender Verbindung.

Aus dem Vorstehenden ergibt sich, daß der ununterbrochene Verlauf des Stromes durch die beiden festliegenden Ringe *34* und die beiden Bürsten *33* gesichert ist. Da der Ofen bei seiner Drehbewegung die Kohle und die Kohlenträger mitnimmt, ebenso die hydraulischen Zylinder, welche in allen Lagen des Ofens unter dem Einflusse des Druckwassers wirksam sein müssen, so befindet sich unterhalb der Tragplatte *3* des Ofens eine besondere Vorrichtung zur Verteilung des Wassers in die Umhüllungen *19* und die hydraulischen Zylinder *20*. Diese Vorrichtung besteht aus einem ringförmigen Metallkörper *36*, der auf dem Spurlager *5* befestigt ist und fünf ringförmige Rinnen (Fig. 8) besitzt, von denen eine jede mittels besonderen Rohres mit der Speiseleitung in Verbindung steht. Von diesen Rinnen vermittelt die äußerste die Einleitung des Wassers in die Umhüllungen *19* der Kohlenträger. Die anderen Rinnen dienen paarweise zur Verteilung des Druckwassers in die hydraulischen Zylinder *20*, und zwar mittels geeigneter, in der Zeichnung nicht dargestellter Ventile.

Eine auf der Drehachse *4* des Ofens befestigte durchbrochene Scheibe *37* nimmt an der Drehung teil; dieselbe gleitet auf der Platte 36 und hält deren ringförmige Rinnen vollkommen geschlossen.

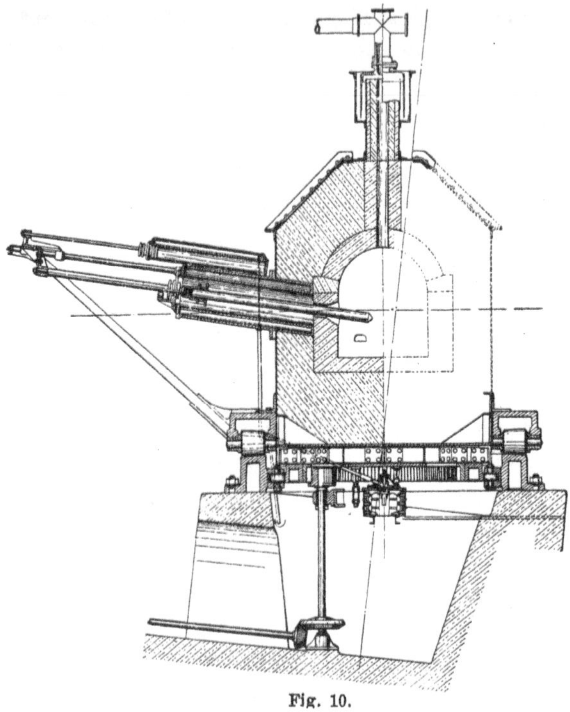

Fig. 10.

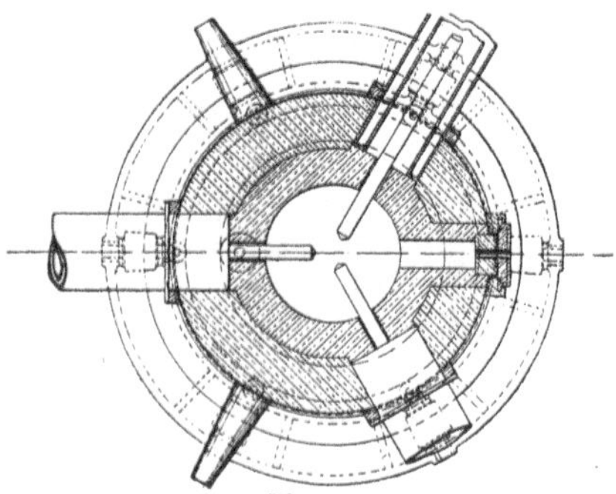

Fig. 11.

Auf der Scheibe 37 sind sechs Rohre befestigt, von denen die beiden äußersten der äußeren Rinne der Scheibe *36* entsprechen und den Wasserkreislauf in den Umhüllungen *19* vermitteln. Die anderen Rohre entsprechen den vier inneren Rinnen und enden an den hydraulischen Zylindern *20*, denen sie das Druckwasser zur Betätigung der Kohlenträger zuleiten.

Der Ofen ermöglicht ein gutes Durchmischen der Beschickung. Infolge seiner Einrichtungen kann die atmosphärische Luft nicht frei in der Schmelzkammer zirkulieren, weil, sobald die Gicht geschlossen ist, die Gase sich unter einem höheren Druck als Atmosphärendruck befinden und daher jeden Luftzutritt verhindern.

Wird mit brikettierter Beschickung gearbeitet, so ist es nicht nötig, den Ofen in Drehung zu versetzen. Die Art und Weise, wie die Drehung hervorgebracht wird, geht aus Fig. 10 hervor, die zugleich ersehen läßt, wie der Ofen fundamentiert und für den praktischen Gebrauch konstruktiv ausgestaltet ist. Die Anordnung der Elektroden für Verwendung von Dreiphasenstrom, mit dem jetzt gearbeitet wird, geht aus Fig. 11 hervor.

Das Verfahren.

Das Stassanosche Verfahren kann sowohl zur Herstellung von Roheisen direkt aus den Erzen, wie auch zur Gewinnung von Stahl aus diesen oder einem Gemenge von Roheisen, Erzen und Eisenschrott dienen. Es ist so vorzüglich durchgebildet, daß Stassano in seinem elektrischen Ofen sogar Stahlsorten von vorher genau zu bestimmender Zusammensetzung zu erzeugen vermag, eine Tatsache, die zwar neuerdings angezweifelt wurde[1]), die aber in unzweifelhafter Weise bewiesen ist.[2]) Als Ausgangsmaterial dienen die in Oberitalien vorkommenden ziemlich reinen Eisenerze, deren Bestandteile zunächst durch Analyse ermittelt werden. Auf Grund dieser Analyse werden dann die Mengen des Zuschlags berechnet, wobei Stassano außer einem Eisen von bestimmtem Gehalte nach Möglichkeit eine Schlacke zu erhalten sucht, die nach der Formel $SiO_2 + 4$ Basis zusammengesetzt ist. Eine solche setzt, wie Versuche ergeben haben, dem

---

[1]) Stahl und Eisen 1907, 2, 44.

[2]) Ztschr. f. Elch. 1903, 9, 647.

Strome den geringsten Widerstand entgegen. Die Art und Weise, wie Stassano diese Berechnung vornimmt, sei an einem Beispiel erörtert.

Es sei angenommen, daß die durch Analyse ermittelte Zusammensetzung des Erzes, des Zuschlags und der Kohle die folgende sei:

Erz		Zuschlag		Kohle	
Fe_2O_3	= 93,020 %	CaO	= 51,21 %	C	= 90,42 %
MnO	= 0,619 »	MgO	= 3,11 »	Asche	= 3,88 »
CaO / MgO	= 0,500 »	Al_2O_3 / Fe_2O_3	= 0,50 »	H_2O	= 5,70 »
SiO_2	= 3,790 »	SiO_2	= 0,90 »		
S	= 0,058 »	CO_2	= 43,43 »		
P	= 0,056 »				
H_2O	= 1,720 »				

Es enthalten 1000 g Erz 930,2 g Fe_2O_3, d. h. $\frac{930,2}{160}$ = 5,81 Moleküle von Fe_2O_3, wobei zur Verbrennung des Sauerstoffs 5,81 $\times$ 3 Moleküle C nötig sind, d. h. 5,81 $\times$ 3 $\times$ 12 = 209,16 g C, und da aus der Zusammensetzung der Kohle folgt, daß letztere 90,42 % C enthält, so werden $\frac{209,16}{90,42}$ $\times$ 100 = 231,4 g Kohle erforderlich sein.

Ferner enthalten 1000 g Erz 37,9 g SiO_2, d. h. $\frac{37,9}{60}$ = 0,63 Moleküle Kieselsäure, zu deren Bindung, um die Schlacke zu bilden, 0,63 $\times$ 2 = 1,26 Moleküle von Basen nötig sind.

Nun enthalten 1000 g Erz 6,19 g MnO und 5,00 g CaO + MgO, folglich $\frac{6,19}{71}$ = 0,087 Moleküle MnO und $\frac{5}{48}$ = 0,104 Moleküle CaO + MgO, wenn man als Teiler das Mittel der Molekulargewichte von CaO und MgO annimmt, also im ganzen 0,087 + 0,104 = 0,191 Moleküle von Basen. Zur Bindung der Kieselsäure muß man dem Erz noch 1,25 — 0,191 = 1,069 Moleküle an Basen zufügen. Aus der Zusammensetzung des Kalksteins ergibt sich, daß 100 g desselben

$$\frac{51,21}{56} = 0,914 \text{ Moleküle } CaO,$$

$$\frac{3,11}{40} = 0,078 \quad » \quad MgO,$$

$$\frac{0,5}{131} = 0,004 \quad » \quad Al_2O_3 + Fe_2O_3,$$

$$\frac{0,9}{60} = 0,015 \quad » \quad SiO_2$$

enthalten, im ganzen demnach 0,996 Moleküle Basen und 0,015 Moleküle Kieselsäure; zur Bindung der letzteren sind ungefähr 0,030 Moleküle an Basen erforderlich. Man kann daher berechnen, daß auf 100 g Kalkstein 0,966 Moleküle chemisch wirkende Basen entfallen, und es sind folglich $\frac{1,069}{0,966} \times 100 = 111$ g Kalkstein zur Bindung der Kieselsäure erforderlich.

Auf Grund dieser Berechnung ergibt sich dann also folgende Zusammensetzung der Mischung:

Erz . .	1000 g,
Kohle .	231 »
Kalk	111 »

Diese Zusammensetzung ändert sich natürlich jeweilig mit derjenigen des Erzes und muß von Fall zu Fall neu berechnet werden. Im allgemeinen sind es vier Sorten hochprozentiger italienischer Erze, die Stassano bei seinem Verfahren verwendet und die folgende Zusammensetzung aufweisen:

	Magnetit %	Hämatit %
Fe_3O_4	78,400	—
Fe_2O_3	—	88,850
MnO	0,700	0,470
SiO_2	8,650	2,960
Al_2O_3	7,330	3,420
CaO	2,100	0,870
MgO	1,030	—
S	0,055	0,078
P	0,008	0,093
Org.-Best.	—	2,561

	Limonit %	Limonit %
Fe_3O_4	—	—
Fe_2O_3	80,930	73,840
MnO	0,567	0,567
SiO_2	1,970	1,970
Al_2O_3	2,152	5,152
CaO	0,590	0,590
MgO	—	—
S	0,070	0,070
P	0,124	0,124
Org.-Best.	12,630	15,550

Die Erze werden fein gepulvert und einem magnetischen Aufbereitungsverfahren unterworfen, soweit dies ihrer Natur nach möglich ist. Läßt ihre Zusammensetzung es tunlich erscheinen, so werden sie auch direkt verwendet. Auch die Zuschläge und die Kohle werden fein gepulvert, und das Ganze wird dann unter Zusatz von Teer in Briketts gepreßt. Diese Briketts haben den Zweck, eine Entmischung der Beschickung im Schachte des elektrischen Ofens zu verhindern und die genaue Gleichmäßigkeit des erzielten Produktes zu gewährleisten. Ist mit Rücksicht auf diese Gleichmäßigkeit der Gedanke einer Brikettierung als ein guter zu bezeichnen, so verteuert er die Kosten des Verfahrens anderseits um ein beträchtliches.

Die Rücksicht auf die Kosten des Brikettierens war es, die Stassano zur Konstruktion seines rotierenden Ofens (siehe S. 14) veranlaßte. Die rotierende Bewegung soll ebenso wie das Brikettieren die Entmischung der Beschickung verhindern. Manche Erze zerfallen aber bei der Aufbereitung zu einem so feinen Pulver, daß das Brikettieren vorteilhaft sein kann; es seien daher die dabei zu beachtenden Gesichtspunkte nachstehend beschrieben.

Da auch der Teer, welcher den Briketts als Bindemittel zugesetzt wird, an der Reaktion teilnimmt, so ist bei der Zusammensetzung der Mischung auch auf ihn und in erster Linie auf seinen Gehalt an Kohlenstoff entsprechende Rücksicht zu nehmen. Stassano ermittelt die im Teer enthaltene Kohlenstoffmenge in der Weise, daß er eine genau gewogene Menge desselben auf die Temperatur von 800—900° erhitzt; nach der Abkühlung bestimmt er aus dem Gewicht des Rückstandes den Prozentgehalt an Kohlenstoff und vermindert die dem Erz beizufügende Kohlenmenge um den entsprechenden Betrag. Um nicht immerwährend Teeranalysen vornehmen zu müssen, sucht Stassano immer eine bestimmte Teersorte zu verwenden, die folgende Zusammensetzung hat:

Kohlenwasserstoffe	40,5 %
Kohlenstoff	59,2 »
Asche	0,27 »

Durch Veränderung des Kohlenstoffgehaltes der Mischung resp. der Briketts lassen sich verschiedenartige Eisen- und Stahlsorten erhalten. Sollen Eisenlegierungen hergestellt werden, so werden die hierzu nötigen Bestandteile ebenfalls bereits den Briketts beigemengt und Stassano erhält auf diese Weise Chromstahl, Wolframstahl usw.

Die Briketts werden durch Zusammenpressen der Mischung mittels hydraulischer Pressen gewonnen; zu ihrer Bereitung wird als Kohle eine sehr reine Holzkohle verwendet; sie kommen, nachdem sie in Stücke von 4—5 ccm Größe, welche, wie sich erwiesen hat, den Gasen den besten Durchzug gewähren, zerpocht worden sind, in den elektrischen Ofen.

Ähnlich wie Stassano die Zusammensetzung der Briketts genau auf Grund seiner Analyse berechnete, so versuchte er auch, zunächst den Stromverbrauch auf Grund thermochemischer Daten festzustellen, indem er sich hierbei auf die Formel von Gin und Leleux:

$$t = \frac{l}{A}\left(\frac{l}{S}\right)^2 \frac{R}{c},$$

wobei

R = Widerstand der Gashülle,
c = spezifische Wärme des Gases,
S = Querschnitt der Elektrode,
t = Temperatur des Lichtbogens

bedeutet, einerseits, sowie auf diejenige zur Berechnung der Jouleschen Wärme:

$$h = 0{,}24\, i^2 R^t$$

anderseits stützte. Es ergab sich jedoch die prinzipiell wichtige Tatsache, daß diese beiden Formeln für den elektrischen Ofen keine Geltung haben. Der Grund hierfür liegt darin, daß bei der ungewöhnlichen Temperatur, bei der man operiert, die die Elektroden umgebenden Gase sicher getrennt sind, und daß die Analyse über ihre Zusammensetzung nichts ergeben kann, weil beim Entnehmen von Proben die getrennten Gase, sobald sie nicht mehr der hohen Temperatur an den Elektroden ausgesetzt sind, sich sofort wieder verbinden. Es folgt daraus, wie auch schon Kershaw anläßlich verschiedener Berechnungen über den Stassano-Prozeß nachgewiesen hatte, daß die Werte von R und C der Gin- und Leleuxschen Formel bei diesem Prozesse und wohl auch bei elektrischen Öfen überhaupt niemals experimentell bestimmt werden können. Auch die theoretischen Reaktionen zur Bestimmung des thermischen Wirkungsgrades kann man einer Berechnung nicht zugrunde legen, weil die Ofentemperatur eine viel höhere ist, als sie es zur Einleitung dieser Reaktionen eigentlich sein müßte. Es blieb demnach Stassano nur der einzige Weg, die thermische Leistung seines Ofens durch praktische Versuche festzustellen.

Hierbei ergab sich, daß dem Ofen insgesamt 84012072 Kal. zugeführt wurden, von denen für die einzelnen Operationen im Ofen 52524805 verbraucht wurden, so daß sich der thermische Nutzeffekt zu

$$\frac{100 \cdot 52\,524\,805}{84\,012\,072} = 61{,}33\,\% \text{ berechnet.}$$

Im Einklange mit diesem günstigen Ergebnis stehen die wirklichen Gestehungskosten des Prozesses. Um 1000 kg Eisen oder Stahl zu erzeugen, sind je nach der Zusammensetzung des Erzes 1600—1700 kg desselben erforderlich. Unter Zugrundelegung der italienischen Verhältnisse und Preise für die einzelnen Posten berechnet sich dann nach Angabe von Stassano der Preis des erzeugten Eisens folgendermaßen, wobei zu bemerken ist, daß diese Zahlen sämtlich von dem als Vertreter des deutschen Patentamtes zur Stassanoschen Anlage entsandten Dr. Hans Goldschmidt nachgeprüft wurden, so daß sie also als authentisch zu bezeichnen sind, mit Ausnahme des Postens »Allgemeine Unkosten«, den Goldschmidt nachzuprüfen nicht in der Lage war, der aber für das Gesamtergebnis als unerheblich betrachtet werden kann:

1600 kg Erz à 12 M. ‰	19,20 M.
Für Pulverisierung desselben à 4 M. ‰ . .	3,84 »
200 kg Zuschlag à 4 M. ‰	0,80 »
250 kg Koks à 36 M. ‰	9,00 »
Für Pulverisierung desselben à 1,6 M. ‰ .	0,40 »
190 kg Beimengungen à 56 M. ‰ . . .	10,64 »
Für Herstellung der Mischungen à 2,4 M. ‰	5,40 »
Verbrauch der Elektroden 12 kg à 0,24 M. ‰	2,88 »
Unterhaltung des Ofens	9,60 »
Arbeitslohn	4,80 »
Utensilien	2,40 »
Elektrische Kraft 4000 PS-Stunden à 0,00456 Pf.	18,24 »
Allgemeine Unkosten	2,40 »
	89,60 M.
Abzüglich des Wertes der Energie der flüchtigen und brennbaren Gase	14,40 M.
	75,20 M.

Der vorstehenden Berechnung sind die Preise zu Darfo am Lago d'Iseo zugrunde gelegt, die sich, und mit ihnen die Gestehungskosten, je nach der örtlichen Preislage für die einzelnen Posten in der Gegend, in der das Verfahren ausgeübt wird, ändern werden.

Zu dem letzten der vorstehend angeführten Posten ist zu bemerken, daß ein besonderer Vorteil des Stassano-Verfahrens darin besteht, daß das Kohlenoxyd, das während des Prozesses im elektrischen Ofen gebildet wird, mit Vorteil in der Weiterverarbeitung des fertigen Metalles (als Heizgas für Schweißöfen usw.) verwendet werden kann. Die entweichenden brennbaren Gase betragen pro Kilogramm erzeugten Metalles 0,666 kg CO, und es können damit 1622 Kal. erzeugt werden. Die aus der Zerlegung gewonnene Wärme ist größer als die verbrauchte, welche sich auf 1314 Kal. beläuft, so daß bei diesem Prozesse in der Tat ein nicht zu unterschätzender Gewinn an Energie sich ergibt. Aus der obigen Berechnung ergibt sich auch, daß man unter Einrechnung etwaiger Verluste und vorher nicht zu bestimmender Schwankungen im Energieverbrauch mit 2,5—3 Pferdekraftstunden pro Kilogramm produzierten Eisens auskommt. Stassano arbeitet nicht immer mit Erzen, sondern er benutzt zur Herstellung von Stahl auch Roheisen und Eisenabfälle der verschiedensten Art; in diesem Falle stellt sich der Energieverbrauch natürlich noch günstiger, als er aus der obigen für Erze angestellten Berechnung hervorgeht. Zuweilen werden auch gemischte Chargen verwendet, die aus einem Gemenge von Erzen und Roheisen resp. Eisenabfällen bestehen.

Die in vorstehender Berechnung enthaltenen Ergebnisse sind mit zwei Versuchsöfen erhalten worden, die sich zu Darfo am Lago d'Iseo in Oberitalien befanden. Der kleinere dieser beiden Öfen, welcher zugleich das erste Ofenmodell darstellte, wurde für einen Kraftverbrauch von 100 PS gebaut; die Kraft wurde von zwei 300 PS-Dynamomaschinen geliefert, und ihre Spannung wurde zuerst auf 50—60, später auf 80 Volt bei 1000 Amp. herunter transformiert. Der zweite Ofen in Darfo war für einen Kraftverbrauch von 500 PS eingerichtet. Die Spannung in demselben betrug 170 Volt bei 2000 Amp. (Wechselstrom). Diese Zahlen über die Stromverhältnisse sind Durchschnittszahlen; die Regulierung des Stroms geschah mit der Hand durch Veränderung des Abstandes der Elektroden auf Grund der Angaben des Volt- und Amperemeters. Die Spannung, die am Beginn des Prozesses etwas niedriger ist, als oben angegeben, steigt dann während desselben an, um allmählich zu sinken und am Ende während etwa 20 Minuten noch einmal auf ein Maximum anzusteigen. Das Erblasen einer Charge von 30 kg Schmiedeeisen bei einer Charge von 70,25 kg Erzgewicht erfordert ziemlich genau zwei Stunden.

Der Abbrand der Elektroden war im Anfang ein sehr starker; es ist jedoch Stassano gelungen, denselben bedeutend herabzumindern (siehe S. 29). Ebenso traten beim Beginn der Versuche durch das Abschmelzen der kupfernen Elektrodenhalter mannigfache Störungen ein, die dadurch beseitigt wurden, daß man die Elektroden mit stärkerer Neigung nach unten im Ofen anordnete und mit kräftiger Wasserkühlung versah. Infolge dieser Stellung gleiten die Beschickung resp. das Metall und die Schlacke rasch über sie hinweg, und es ist dem fertigen Eisen keine Zeit gegeben, sich an ihnen zu kohlen, wodurch einerseits ein sehr reines Produkt von genau vorher bestimmbarem Kohlenstoffgehalte, anderseits das eben erwähnte günstige Resultat in bezug auf das Abschmelzen der Elektroden erzielt wird. Um auch eine Kohlung in den Schmelztiegeln, in die das fertige Metall abgelassen wird, zu vermeiden, werden dieselben jetzt, anstatt wie früher mit Graphit, mit Magnesia ausgekleidet.

Auch in bezug auf die Zusammensetzung des erzeugten Stahles hat Stassano wesentliche Fortschritte im Laufe der Durchbildung seines Prozesses erzielt. Bei den ersten Versuchen mit dem 100 PS-Ofen erwies sich der Kohlenstoffgehalt größer als erwünscht, da das Metall solchen von den Elektroden aufnahm. Es wurde damals aus den manganreichen Camonica-Erzen ein Stahl von großer Härte erhalten, der 1,02 % Mn und 2,06 % C enthielt. Die später erzielten Stahlsorten zeigen eine wesentlich günstigere Zusammensetzung. Nachstehend sind die Analysenresultate von vier Proben wiedergegeben, die im größeren Ofen von Darfo erzeugt wurden. Die Analysen rühren von Stassano her.

	I	II	III	IV	Mittel
Fe	99,695	99,647	99,704	99,690	99,684
Mn	0,068	0,106	0,095	0,109	0,094
Si	0,021	0,048	0,022	0,028	0,029
S	0,108	0,075	0,062	0,046	0,061
P	0,024	0,005	0,025	0,013	0,017
C	0,084	0,120	0,092	0,113	0,102

Eine Anzahl von Proben aus Darfo analysierte Goldschmidt, und es ergaben sich hierbei folgende Resultate:

	I	II	III	IV	V
C	0,04 %	0,04 %	0,17 %	0,09 %	0,77 %
Mn	0,05 »	0,12 »	0,07 »	0,18 »	0,65 »
Si	—	—	Spur	Spur	0,04 »
P	—	—	0,02 %	—	—
S	—	—	0,05 »	—	0,04 »

Ein ebenfalls von Goldschmidt analysierter Chromstahl hat die Zusammensetzung:

$$C = 1{,}51\,\%,\quad Mn = 0{,}26\,\%,\quad Cr = 1{,}22\,\%.$$

Bezüglich des einen der neuen rotierenden Öfen zu Turin macht Stassano[1]) nähere Miteilungen. Dieser absorbiert zwischen den Elektroden 140 KW elektrischer Energie und wird mit Drehstrom von 80 Volt gespeist. Versuche haben ergeben, daß darin aus Erz direkt Roheisen und schmiedbarer Guß erzeugt werden können. Da jedoch der in den Artilleriewerkstätten massenhaft abfallende Eisenschrott weggearbeitet werden muß, so wird der Ofen zunächst hauptsächlich als Frischofen und zum Schmelzen von Eisenschrott benutzt.

Die Beschickung besteht aus 200 kg eines Gemenges von Roheisen, Erz und Kalk. Hiervon liefert das Erz den Sauerstoff, der zum Verbrennen des im Roheisen vorhandenen Kohlenstoffes nötig ist, während der Kalk als schlackenbildendes Mittel dient. Hierzu kommen 200—300 kg Eisen- und Stahlabfälle sowie etwas Ferrosilicium und Ferromangan. Als Produkt wird Stahl für die Artilleriegeschosse erhalten, der folgende Zusammensetzung zeigt:

Kohlenstoff	0,3—0,4 %
Mangan	1,2—1,5 »
Phosphor . .	0,3—0,4 »
Rest: Eisen.	

[1]) Transactions of the Faraday Society 1906, 10. April.
Elektrochemische Zeitschrift 1906, 7, 151.
Zeitschr. f. angewandte Chemie 1907, 3, 99.

Der Elektrodenverbrauch beträgt stets weniger als 5 kg pro Tonne erzeugten Stahls, der Aufwand an elektrischer Energie schwankt zwischen 1,1 und 1,3 KW-Stunden pro Kilo ausgebrachten Stahls. Die Kosten für die Erneuerung der feuerfesten Bekleidung des Ofens betragen etw 8 M. pro Tonne fertigen Metalls; die Lebensdauer der feuerfesten Auskleidung beläuft sich bei kontinuierlichem Betriebe durchschnittlich auf etwa 30 Tage. Die Produktion des Ofens beträgt 2400 kg in 24 Stunden oder 1,4 kg pro KW-Stunde. Zur Bedienung des Ofens sind sechs Mann nötig.

Das Verfahren von Héroult.

Das Héroultsche[1]) Verfahren wurde in der Société Schneider & Cie. in Le Creusot sowie in der Aluminiumfabrik der »Société électrométallurgique française« zu La Praz in Savoyen ausgearbeitet, deren Direktor Dr.-Ing. h. c. Paul Héroult ist.

Das Prinzip, welches Héroult bei seinem Verfahren anwendet, um das fertige Metall vor der Berührung mit den Elektroden und damit vor Kohlung zu schützen, besteht

---

[1]) Berg- u. Hüttenm. Ztg. 1903, 41, 493.
Eisen-Ztg. 1903, 21, 231.
Elektrochemische Zeitschrift 1903, 10, 67, 123, 170; 1907, 245, 271; 14, 33.
L'Industrie électrochimique 1901, 4, 29; 1903, 3, 12; 4, 29; 8, 51.
Journal de l'Électrolyse 1900, 104, 91; 1901, 114, 1; 130, 1; 131, 1; 159, 1; 1902, 133, 1; 150, 17; 1903, 175, 2.
Kalender für Elektrochemiker 1904, 529.
Patente: D. R. P. 139 904, 142 830, 148 706, 161 610, 163 519.
England: 298 656.
Frankreich: 298 656, 305 317, 305 373, 307 379, 318 638, 362 286.
Österreich. 7 335, 11 495, 16 331, 18 583, 18 584, 23 796, 24 462.
Ungarn: 28.
Kanada: 79 716.
Stahl- u. Eisen 1907, 2, 41.
Zeitschrift für angewandte Chemie 1904, 4, 109; 1905, 14, 529; 1907, 3, 97.

darin, daß er zu den Erzen oder wo, wie in La Praz, mit Eisenabfällen und Roheisen gearbeitet wird, zu diesem einen geeigneten Zuschlag zugibt, der die Entstehung einer Schlacke bewirkt, die einen höheren elektrischen Widerstand besitzt als das unter ihr befindliche Metall. Die Bildung dieser Schlacke kann entweder, wenn man mit Erzen arbeitet, in einem besonderen elektrischen Schachtofen oder auch direkt (siehe unten bei Roheisenerzeugung nach Héroult) bewirkt werden, indem die Erze, mit einem Zuschlag von Kieselsäure und Kalk gemischt, unter der Hitze mehrfacher elektrischer Lichtbogen niedergeschmolzen werden, oder aber, wie bei der Erzeugung von Stahl aus Roheisen und Eisenabfällen, resp. Erz, Roheisen und Schrott, in der »elektrischen Bessemerbirne« durch entsprechende Zusätze vor sich gehen. Nach welcher Methode man auch arbeitet, es resultiert stets eine Schlackenschicht und eine unter ihr liegende Metallschicht. Der elektrische Widerstand der Schlackenschicht ist unter allen Umständen größer als derjenige der Metallschicht. Taucht man die Elektroden so weit in die Schlacke ein, daß sich zwischen dem Metall und dem unteren Elektrodenende noch eine Schlackenschicht befindet, so wird der Strom stets den Weg des geringeren Widerstandes wählen. Er wird also von der einen Elektrode, die parallel zur anderen und wie diese senkrecht zur Schlackenschicht in die letztere eintaucht, nicht durch die Schlacke, sondern durch das Metall hindurchgehen, so daß sein Weg der folgende ist: Anode — dünne Schlackenschicht — Metall — dünne Schlackenschicht — Kathode. Er wird also durch den hohen Widerstand der zwischen beiden Elektroden befindlichen Schlackenschicht gezwungen, das Metall zu passieren und dort seine schmelzende und reduzierende Wirkung auszuüben. Die Bildung eines elektrischen Lichtbogens ist hierbei nicht erforderlich und war auch bei den ersten Versuchen nicht beabsichtigt; es tritt auch Erhitzung durch den Strom selbst ein. Jetzt wird das Héroultsche Verfahren jedoch stets unter Benutzung eines Lichtbogens ausgeübt, wobei die unteren Enden des Elektroden stets etwa 4—5 cm über der Schlacke stehen. Bei der Leitung des Prozesses wurde zunächst so gearbeitet, daß das Eintauchen der Elektroden in die Schlacke stets in der Weise erfolgte, daß die zwischen ihnen und dem Metallbade befindliche dünne Schlackenschicht während des ganzen Arbeitsvorganges heißer, also leitfähiger blieb, als die zwischen den Elektroden selbst befindliche horizontale Schlackenschicht. Auch mußte die das untere Ende der Elektroden von der Metalloberfläche trennende Schlackenschicht dünner sein als die zwischen beiden Elektroden liegende. Nur durch genaue

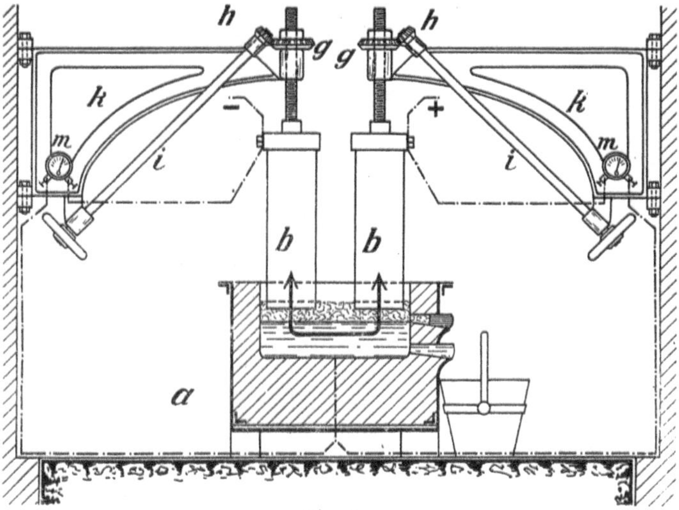

Fig. 12.

Befolgung dieser Regel ließ sich der beschriebene Weg des Stroms herbeiführen, und es mußte deshalb, ähnlich wie beim Stassano-Prozeß, während des ganzen Vorganges der Stahlbereitung eine ständige Regulierung der Elektroden auf Grund der Angaben der Meßinstrumente stattfinden. Jetzt arbeitet Héroult, wie bereits erwähnt, so, daß die Elektroden in der Luft über der Schlacke stehen und daß ein Lichtbogen entsteht; die Regulierung der Elektroden erfolgt entsprechend den Stromschwankungen automatisch,

Der Ofen, in dem Héroult dieses Prinzip zuerst zur Anwendung brachte, ist in Fig. 12 wiedergegeben. *a* ist ein mit feuerfestem Material ausgekleideter Tiegel, in dem sich das Metallbad und darüber die Schlacke befinden, *b b* die beiden in die Schlacke tauchenden Elektroden, die mittels der Vorrichtungen *i h g*, *i h g* nach Bedarf gehoben und gesenkt werden können. *m m* sind die im Nebenschluß zum Metallbade und den Elektroden liegenden Voltmeter (die gestrichelten Linien geben die Art des Anschlusses derselben an), nach deren Angaben die Regulierung des Elektrodenabstandes von der Oberfläche des Metallbades stattfindet. Der Weg des Stroms ist durch den Pfeil gekennzeichnet.

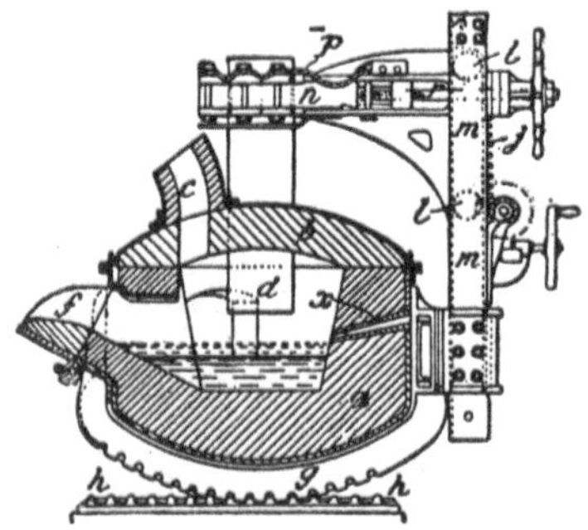

Fig. 13.

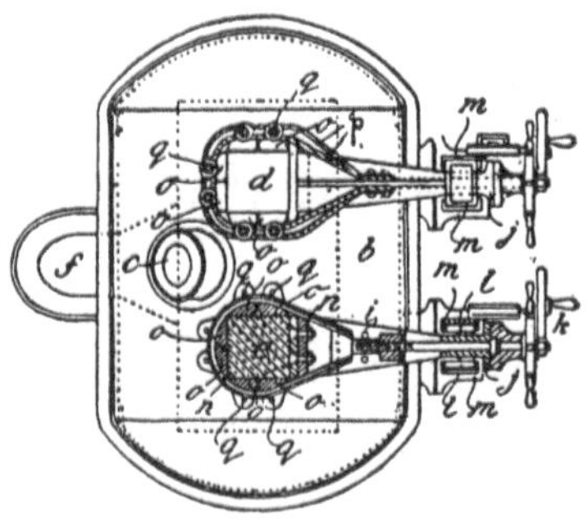

Fig. 14.

Die von Héroult dann verwendete und mit Unterstützung Saladins, Ingenieur bei Schneider & Cie. in Creusot, konstruierte Modifikation dieses Ofens ist die sog. »elektrische Bessemerbirne« (Fig. 13 u. 14). Dieselbe gleicht in bezug auf Größe und äußere Form einer derjenigen Birnen, wie sie in jüngster Zeit in den sog. »Kleinbessemereien« so vielfach in Aufnahme gekommen sind, und sie erinnert unter diesen am meisten an die Birne des Systems Raapke. Sie besteht aus einem Eisenmantel, der innen mit einer feuerfesten Ausmauerung *a* versehen ist. Die Beschickung wurde früher nach dem Öffnen des Deckels *b* von oben zugegeben; *c* war eine im Deckel angebrachte Öffnung für den Abzug des Rauches und der Gase. Mittels einer Zahnstangenvorrichtung *g*, *h*, *h* kann die Birne gekippt werden, so daß das Metall bei der Öffnung *f* auszufließen vermag. Winddüsen *x* waren bei den ersten Konstruktionen seitwärts angebracht und nicht, wie bei der eigentlichen Bessemerbirne, unter der Charge; also auch in dieser Beziehung gleicht die Birne denjenigen der Kleinbessemereien und insbesondere der des Systems Raapke. Man kann den ganzen Prozeß eigentlich als einen in die Bessemerbirne verlegten elektrischen Frischprozeß bezeichnen. Später hat Héroult diese Düsen weggelassen.

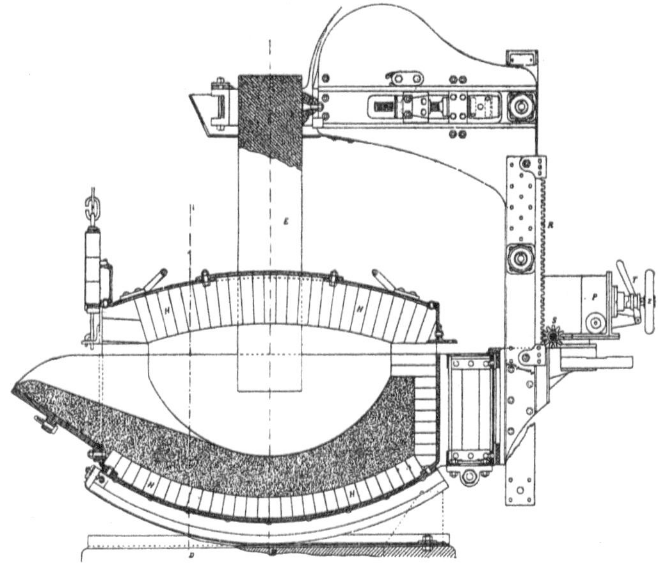

Fig. 15.

d sind die Elektroden, die von oben durch den Deckel hindurchgehen und mittels Reguliervorrichtungen *m*, *l*, *j* nach Bedarf gehoben und gesenkt werden können. Der Strom wird durch die Leitungskabel *p* zugeleitet, die an Isolatoren *p* befstigt sind; *e* zeigt die Öffnung im Deckel, durch welche die Elektrode *d* hindurchgeht und durch welche man bei herausgehobener Elektrode direkt auf die Schlacke blickt.

Die jetzt in den nach dem Héroultschen Verfahren arbeitenden Betrieben verwendete Birne hat die durch Fig. 15 und 16 wiedergegebene Ausgestaltung erhalten. Sie ist mit feuerfesten Steinen *H* und Dolomit *K* ausgekleidet; *P* sind Elektromotoren, die mittels der Auslagerarme *R* und des an ihnen angebrachten Zahntriebs die Elektroden *E* heben und senken. Die Regulierung geschieht vollkommen automatisch je nach den im Ofen stattfindenden Stromschwankungen mit

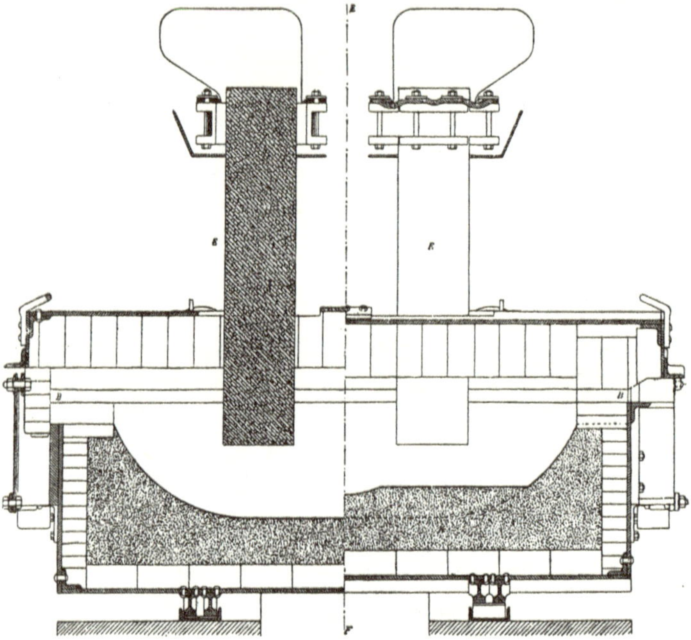

Fig. 16.

Hilfe von Reguliervorrichtungen, die auf die Elektromotoren *P* wirken. Fig. 17 zeigt die Birne im Betrieb, Fig. 18 gekippt, während des Abstechens. Da, wo die Elektrode durch den Deckel hindurchgeht, ist neuerdings eine Wasserkühlung angebracht worden.

Auf den ersten Blick mag es erscheinen, als ob sich diese Birne nur zur Herstellung von Stahl eignen würde; sie ist aber, wie unten noch eingehend besprochen werden soll, auch zur Gewinnung von Roheisen zu benutzen. Als besonderer Vorzug gegenüber den bisher üblichen Methoden der

Stahlbereitung wird hervorgehoben, daß die Hitze durch Regulierung des Stromes beliebig gesteigert werden kann. Es ist deshalb eine besondere Zugabe von Ferrosilicium zum Zwecke der Temperaturerhöhung im allgemeinen nicht mehr nötig (siehe unten).

Fig. 17.

Der Gang einer Operation in der elektrischen Bessemerbirne zu La Praz vollzieht sich nach dem Berichte der von der kanadischen Regierung zum Studium der elektrischen Verfahren der Eisengewinnung entsandten Kommission[1]) folgendermaßen, wobei zu bemerken ist, daß die Kommission eine Anzahl von Chargen sich vorführen ließ, die den Zweck hatten, die Herstellung aller möglichen nur erdenklichen Eisen- und Stahlsorten zu zeigen und Material zur Analyse

[1]) Report of the Commission appointed to investigate the different electrothermic processes for the smelting of iron ores and the making of steel in operation in Europe 1904.

zu liefern. Wir wählen aus diesen zahlreichen Beispielen eine Charge, die deshalb charakteristisch ist, weil sie zeigt, wie bei der Herstellung feinen Werkzeugstahls von geringem Kohlenstoffgehalt verfahren wird.

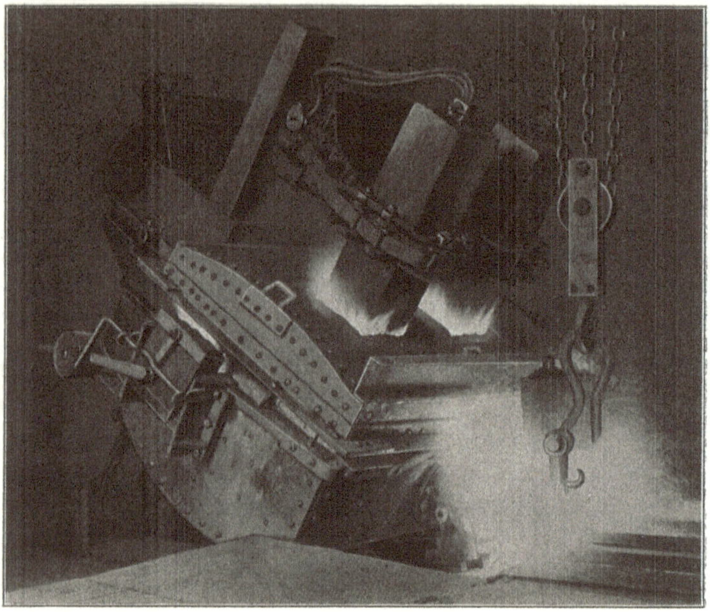

Fig. 18.

Es wurde zunächst die aus Eisenschrott, Erz und Kalk bestehende Beschickung, die folgende Zusammensetzung hatte, geschmolzen:

Eisen . . .	1,65 t
Eisenerz .	0,16 »
Kalk	0,123 »

(Die Charge wurde, um schneller zu einem Resultate zu kommen, mit Absicht klein gewählt; sonst werden gewöhnlich 5-Tonnenchargen erblasen.)

Als die Schmelzung vollständig war, wurde die Schlacke abgekratzt, wobei sehr sorgfältig darauf gesehen wurde, jede

Spur zu entfernen, und es wurde dann die Bildung einer neuen Schlacke unter Zuführung eines Gemenges eingeleitet, das folgende Zusammensetzung hatte:

Kalk	0,275 t
Sand	0,775 »
Flußspat	0,775 »

Dann wurde der Strom in der bekannten Weise an- und der Ofen einige Zeit im Betrieb gelassen. Nach einiger Zeit wurde auch diese Schlacke entfernt und nochmals dieselbe Quantität schlackenbildender Materialien zugegeben (an der Birne ist zum Entfernen der Schlacke und zum Neubeschicken eine besondere Öffnung direkt über dem Abstich angebracht). Es erfolgte zur Entfernung der letzten Unreinlichkeiten schließlich ein abermaliges Abkratzen der Schlacke und eine nochmalige neue Schlackenbildung; hierauf wurden 0,0775 t Ferromangan zugegeben und noch eine Weile weiter erhitzt. Vor dem Kippen und Ablassen in die Koquillen wurde dem stark wallenden Stahl in bekannter Weise noch das alte Hausmittel Aluminium zugesetzt.

Der Strom wirkte im ganzen $4^1/_2$ Stunden ununterbrochen ein. Die kurze Dauer der Operation rührt von der geringen Größe der Beschickung her, sowie daher, daß ein Nachkohlen des kohlenstoffarmen Stahls nicht stattfand. Der fertige Stahl rann heiß aus, ohne daß nennenswerte Schlackenmengen noch vorhanden waren. Er war in den Koquillen sehr ruhig. Die Ausbeute betrug:

Stahl	1,410 t
Abfall	0,0045 »

Der Stahl zeigte folgende Zusammensetzung:

Kohlenstoff	0,079 %
Silicium	0,034 »
Schwefel	0,022 »
Phosphor	0,009 »
Mangan	0,230 »
Arsen	0,096 »
Kupfer	Spuren.

Über den Energieverbrauch siehe die Tabelle S. 44.

Bezüglich der Gestehungskosten ist noch zu bemerken, daß bei ununterbrochenem Betrieb 500 kg Elektrodenmaterial in der Woche verbraucht werden und daß sich die Kosten für das Rohmaterial bei einer wöchentlichen Produktion von 30 t Stahl auf 24 M. beliefen. Der durchschnittliche Ertrag in 24 Stunden belief sich auf 4 t; in Übereinstimmung hiermit sind die Angaben von Héroult, der bei 30tägigem kontinuierlichen Betrieb eine Ausbeute von 120 t angibt; er glaubt jedoch, daß er diese Ausbeute auch auf 150 t zu steigern imstande ist. Die Durchschnittszeit zum Erblasen einer Charge betrug 9 Stunden, und in jeder Schicht waren einschließlich des Werkmeisters 5 Mann an einer Birne beschäftigt. Die Kosten für Reparaturen und Erneuerungen erwiesen sich als etwas hoch. Für gebrannten Dolomit war pro Tonne erzeugten Stahls eine Ausgabe von 2,40 M. nötig, für Magnesit eine solche von 1,20 M. Für Ausmauerungen einschließlich des Deckels 2 M. pro Tonne, so daß sich diese Unkosten zusammen auf 5,60 M. pro Tonne erzeugten Stahls belaufen. (Héroult selbst teilt mit, daß er seit dem Besuche der kanadischen Kommission noch einige wesentliche Verbesserungen angebracht habe; so habe er durch Wasserkühlung der Elektroden den Verschleiß an Elektrodenmaterial vermindert, ebenso sei die Ausbeute pro Ofen und Tag von 24 Stunden von 4 auf 7 t gesteigert worden. Auch der Verlust an Rohmaterial soll sich bedeutend vermindert haben.)

Die kanadische Kommission betont ganz besonders die für alle elektrometallurgischen Eisenverfahren zutreffende Tatsache, daß die Verwendung elektrischer Energie anstatt der Heizung eine Verbilligung bedeute. Legt man einen Preis von 42,50 M. für das elektrische Pferdekraftjahr zugrunde und rechnet man zu den Kosten der elektrischen Energie die für den Elektrodenverschleiß hinzu, so belaufen sich für die Tonne Stahl die Kosten der Erhitzung auf 7,35 M. bei Verwendung von Elektrizität, gegen 12,75 M. bei Verwendung von Gasfeuerung unter Benutzung guter Kohle. Die Kommission kommt zu dem Schluß, daß der Vorteil des elektrischen Betriebes gegenüber dem Betrieb mit Gasöfen ein so hervorragender ist, daß es wohl denkbar sei, daß unter bestimmten Arbeitsbedingungen der Siemensofen durch den elektrischen Ofen verdrängt werden würde.

Das seit dem Besuch der kanadischen Kommission in einzelnen Details weiter ausgestaltete Verfahren wird nunmehr folgendermaßen ausgeübt:

Die Elektroden tauchen, wie schon mehrfach erwähnt, nicht in die Schlacke ein, sondern stehen 4—5 cm darüber. Zwischen ihnen und der Schlacke resp. dem Bade spielen Lichtbogen. Die Elektroden werden da, wo sie durch den Deckel der Birne hindurchgehen, mit Wasser gekühlt. Als zu raffinierendes Rohmaterial werden je nach der Größe der Birne entsprechende Mengen flüssigen Stahls aus einem kippbaren Martinofen (System Wellmann) entnommen und durch eine vorgewärmte Rinne, die in die über dem Abstich befindliche Beschickungsöffnung hineinragt, in den Ofen gegossen. Auf das Metallbad kommt eine oxydierende Schlacke. Etwa eine halbe bis dreiviertel Stunde nach dem Anlassen des Stromes wird die Schlacke durch die Beschickungsöffnung resp. den Abstich hindurch abgekratzt, dann folgt Zugabe einer berechneten Menge Kohlenstoff sowie einer neuen oxydfreien Schlacke. Diese schmilzt; unter der Wirkung des Lichtbogens wird in ihr Calciumcarbid gebildet, das eine vollständige desoxydierende Wirkung ausübt. Das Bad wird fast vollkommen reduziert, und die wenigen noch in ihm enthaltenen Reste von Eisenoxydul werden durch die mit der neutralen Schlacke zugegebenen Anteile von Mangan vollkommen entfernt. Der Prozeß ist gut durchgeführt, wenn die Schlacke vollkommen weiß geworden ist, worauf die Entnahme einer Schmiedeprobe erfolgt. Ihr Bruch gibt über die noch zuzugebende Kohlenstoffmenge Aufschluß, die dann in Form von »Carburit« zugesetzt wird. »Carburit« ist eine aus Feilspänen und Kohle bestehende Eisenkohlemischung, die wegen ihres hohen spezifischen Gewichtes die Schlackendecke passiert und sich rasch auflöst. Sie wird in abgewogener Menge in Brocken durch die Beschickungsöffnung in das Bad hineingeworfen. Nach der Auflösung des Carburits kann noch Mangan und Ferrosilicum zugesetzt werden. Die Mengen derselben richten sich nach dem gewünschten Produkt, resp. der Analyse. Auch der bekannte Aluminiumzusatz findet statt. Es sei noch bemerkt, daß das Mangan und Silizium vollkommen in das Eisen gehen und an der Schlackenbildung nicht teilnehmen, so daß sich die Qualität leicht und in einfacher Weise im voraus berechnen und herstellen läßt.

Die Entschweflung erfolgt gegen Schluß des Prozesses in ziemlich vollständiger Weise derart, daß der Schwefelgehalt des Endproduktes zwischen 0,007 und 0,012 % schwankt. Die chemischen Details des Entschweflungsvorgangs sind noch nicht vollkommen aufgeklärt und beruhen jedenfalls auf der Basizität der Schlacke. Die Entphosphorung läßt sich bei richtiger Leitung des Betriebs gleichfalls sehr gut durchführen. Enthält der in stark überoxydiertem Zustand dem Wellmannofen entnommene Einsatz etwa 0,01 % Phosphor, so kann ein Endprodukt mit einem Phosphorgehalt von 0,003 bis 0,005 % erzielt werden.

Als Strom kommt Einphasenwechselstrom von 110 Volt zur Anwendung. Die Amperezahl hält sich im allgemeinen auf etwa 1200 Amp. Bei Zugabe der schlackenbildenden Materialien kommen, solange die einzelnen Bestandteile noch ungeschmolzen herumschwimmen und dadurch unter die Elektroden gelangen, sowie auch sonst vereinzelte kräftige Stromstöße vor, wodurch ein Ansteigen der Stromstärke erfolgen kann.

Der Betrieb eines Ofens erfordert zwei Mann und einen Jungen, bei kaltem Einsatz sind noch ein bis zwei Chargierer nötig. Der Elektrodenverbrauch schwankt nach der Natur des Einsatzes. Er beträgt bei kaltem 6 % (3—4 M.), bei heißem 2 1/2—3 % (1—2,5 M.). Die Gestehungkosten schwanken je nach der Größe des Ofens und den Gestehungskosten des Einsatzes nach Eichhoff[1]) zwischen 77,2 und 84,6 M. bei heißem, und 82,8 und 95,0 M. bei kaltem Einsatz bei einem Preise von 48 M. für den Schrott und 1,7 Pf. für die Kilowattstunde.

---

[1]) Stahl und Eisen 1907, 2, 58.

Die Gewinnung von Roheisen

direkt aus den Erzen wurde ebenfalls in der elektrischen Bessemerbirne und in Gegenwart der kanadischen Kommission durchgeführt. Neue Versuche wurden im Jahre 1905 in Sault Saint-Marie am Oberen See mit kanadischen Erzen unter Leitung Héroults und in Gegenwart der kanadischen Kommission vorgenommen. Es handelte sich bei diesen Versuchen[1]) hauptsächlich um die Aufklärung der folgenden drei Fragen:

1. Kann der in Kanada in großen Mengen vorkommende Magneteisenstein mit Vorteil auf elektrischem Wege zu Roheisen verschmolzen werden?

2. Können stark schwefelhaltige und manganarme Erze als Ausgangsmaterial für die elektrometallurgische Roheisengewinnung dienen?

3. Da die in Livet ausgeführten Versuche (siehe unten bei: Das Verfahren von Keller), bei denen anstatt Koks Holzkohle als Reduktionsmittel verwendet wurde, erfolglos verliefen, so ist festzustellen, ob durch eine etwaige Abänderung des Verfahrens die Verwendung von Holzkohle sich ermöglichen läßt, die in Kanada besonders billig zu beschaffen ist.

Die letztere Frage war dadurch bedingt, daß Kanada zwar große Wasserkräfte und Eisenerzlager besitzt, daß aber in verschiedenen Provinzen keine Steinkohlen oder Koks, außer zu sehr teuren Preisen, beschafft werden können.

Der verwendete Ofen war der oben beschriebene Héroultsche Tiegelofen (Fig. 12), der für die Versuche mit einigen sein Prinzip nicht berührenden Abänderungen versehen worden war. Seine Proportionen sowie die Materialien, aus denen er aufgebaut wurde, sind aus Fig. 19 und 20 zu ersehen. Er bestand aus einem zylindrischen, aus zwei Teilen zusammengesetzten eisernen Behälter, der unten auf einer gußeisernen Platte mittels Bolzen befestigt war. Um die

[1]) Elektrochemische Zeitschrift 1906, 6, 130; 1907, 1, 14; 2, 33. Zeitschrift für angewandte Chemie 1907, 3, 100.

Induktionserscheinungen zu verringern, war in die Gefäßwandung ein 10 Zoll breiter kupferner Streifen eingesetzt. Der Boden des Tiegels wurde mit Kohlenmasse ausgestampft.

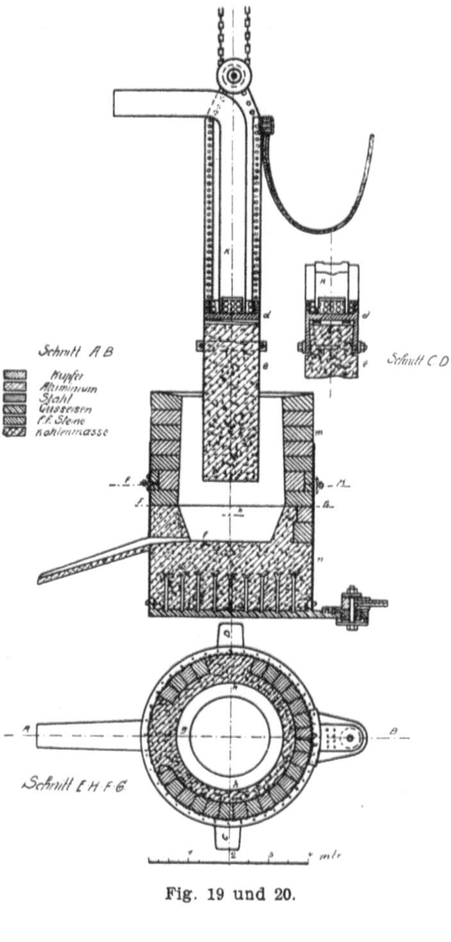

Fig. 19 und 20.

Die elektrische Energie, die durch Kabel aus Aluminiumdrähten zugeleitet wurde, kam in Form von transformiertem Wechselstrom zur Verwendung. Es standen 225 KW bei 50 Volt zur Verfügung.

Im Verlaufe von 7 Wochen wurden mit diesem Ofen 150 Abstiche gemacht und dabei 55 Tons (1 Ton amerikanisch = 907,18 kg) Roheisen erhalten. Es gelangten die verschiedenartigsten Erze zur Verarbeitung, und zwar Mangneteisensteine, Hämatit, gerösteter Magnetkies mit hohem Schwefel- und etwas Nickelgehalt sowie titanhaltiger Eisenstein. Die Beschickung war bei allen diesen Erzen in nahezu gleichmäßiger Weise zusammengesetzt.

Die Versuche bewiesen, daß unter normalen Bedingungen bei einem Kraftverbrauch von 1000 el. PS-Tagen etwa 10,4 Tons Roheisen erzeugt werden können. Bei einer gut durchkonstruierten Anlage kann man wohl mit 11—12 Tons rechnen.

Die Resultate der Versuche faßt Haanel[1]), der als Mitglied der kanadischen Kommission über sie berichtet, in einer Anzahl von Leitsätzen zusammen, in denen er sich dahin ausspricht, daß magnetische Eisenerze im elektrischen Ofen ebenso leicht auf Roheisen verschmolzen werden können wie nichtmagnetische.

Ferner lassen sich Erze mit hohem Schwefelgehalt, die frei von Mangan sind, zu Roheisen verarbeiten, das nur einige Tausendstel Prozente Schwefel enthält.

Der Siliciumgehalt kann im erzeugten Produkt nach Belieben variiert werden.

Holzkohle kann, ohne daß Brikettierung mit dem Erz nötig ist, als Ersatz für Koks dienen.

Aus nickelhaltigem, abgeröstetem Magnetkies kann ein Ferronickel von guter Beschaffenheit und sehr geringem Schwefelgehalt erzeugt werden.

Der mit einem titanhaltigen Eisenerz von 17,82 % Titansäuregehalt gemachte Versuch läßt den Schluß zu, daß titanhaltige Eisenerze bis zu einem Gehalt von etwa 5 % Titansäure erfolgreich auf elektrischem Wege verschmolzen werden können.

Aus einem von Héroult bis ins Detail durchgearbeiteten Kostenvoranschlag für eine Anlage von 1000 PS, die pro Tag von 24 Stunden 120 t Roheisen erzeugt, geht hervor, daß sich diese Anlage inklusive Kraftstation, Holzkohlenanlage und Anlage zur Herstellung der Elektroden für 700000 Doll. herstellen läßt.

Bei 5 % Amortisation, 5 % Zinsen und 5 % für Verluste sowie einer Jahresproduktion von 43200 t in 365 Tagen würden auf eine Tonne Roheisen 2,43 Doll. entfallen.

Die Gestehungskosten von einer Tonne Roheisen würden also betragen:

---

[1]) Transactions of the Faraday Soc. 1906, 2. Juli.
Teknisk Tidskrift 1906, 30, 94.
Elektrochemische Zeitschr. 1907, 1, 14; 2, 33.

Erz (55 % Eisen) pro Tonne 1,50 Doll. . . .	2,70 Doll.
1/2 t Holzkohle pro Tonne 6,00 Doll. . . .	3,00 »
Elektrische Energie, Amortisation usw. .	2,43 »
Löhne	1,00 »
Kalk	0,20 »
18 Pfd. Elektroden pro Pfund 2 Cts.	0,36 »
Generalunkosten	1,00 »
Summa:	10,69 Doll.

Aus den in Sault Saint-Marie durchgeführten Versuchen ergibt sich somit, daß die Erzeugung von Roheisen auf elektrischem Wege direkt aus den Erzen auch bei Verwendung nicht allzu hochprozentiger Erze in ökonomischer Weise durchgeführt werden kann.

Bereits Stassano hat (siehe S. 25) auf den Wert des bei der elektrischen Eisendarstellung entstehenden Kohlenoxyds hingewiesen. In Übereinstimmung damit hat die Analyse der aus der elektrischen Bessemerbirne sowie aus anderen in La Praz aufgestellten Versuchsöfen entströmenden Gase ergeben, daß sie bedeutend reicher an Kohlenoxyd sind als die Gichtgase der Hochöfen; Héroult beschäftigte sich daher damit, die in diesen Gasen aufgespeicherte Energie dem elektrometallurgischen Prozeß direkt wieder zuzuführen. Er berechnete sich, daß zur Ausbringung von einem Kilo geschmolzenen Metalls 2000—2500 Kal. nötig sind, die sowohl zur Schmelzung wie zur Reduktion des Metalls sowie zur Erzeugung und Schmelzung der Schlacke gebraucht werden. Für die Reduktion werden 330 g Kohle (auf Kohlenoxyd berechnet) gebraucht; die im Ofen während der Reduktion entbundene Wärme ist demnach $0,330 \cdot 2400 = 792$ Kal. Die Differenz, also 1200—1700 Kal., muß durch die elektrische Energie geliefert werden. Das Kohlenoxyd kann aber beim Verbrennen $0,330 \cdot 5600 = 1800$ Kal. liefern.

Um es auszunutzen, hat Héroult bereits früher einen Ofen, den er »Economiseur« nennt, konstruiert. Dieser Ofen[1])

---

[1]) D. R. P. 142830.
Eisenzeitung 1904, 163.
Zeitschrift für angewandte Chemie 1905, 14, 529.

(Fig. 21) besteht aus einem aus feuerfestem Mauerwerk *C*, *C* hergestellten Schachte, der sich auf einem Tiegelofen *B* erhebt. In den Schachtraum des Ofens führt von der Seite her ein schief angebrachter Einfüllschaft *a* hinein, durch den das reine, nicht mit Kohle gemengte Mineral niedergleitet und so langsam dem eigentlichen Schachte zugeführt wird. Dieser schiefe Schacht ist der wesentliche Teil des Economiseurs, denn in ihm strömt das brennende Kohlenoxyd den Erzen entgegen und gibt unter Schmelzung und teilweise Reduktion derselben die Wärmeeinheiten, die es mit sich führt, an sie ab. Über die übrigen Teile des Ofens sei noch kurz erwähnt, daß er bei *D* mit einer Abstichöffnung für das Metall versehen ist, während sich darüber im Mauerwerk bei *E* eine ebensolche für die Schlacke befindet. Inmitten des Schachtes ist gleichsam als Schwelle ein Kohlenblock *F* angeordnet, über den das aus *A* kommende Erz in den Ofenraum gleitet. Zwischen *F* und *G* spielt ein Flammbogen, dessen Hitze und Abgase gleichfalls durch *A* abziehen. In diesem Flammbogen wird das Erz noch weiter geschmolzen, so daß es in hinreichend flüssigem Zustande in den Schacht kommt, wo es sich innig mit den Zuschlägen und der Kohle mischt, die bei *H* eingeführt werden. Unterhalb des schiefen Schachtes *A* gelangen die Erze in den Bereich eines weiteren Flammbogens, der zwischen dem aus Kohle bestehenden Tiegel *B* und dem Block *G* gebildet wird. Um die Erze der vollen Wirkung dieses Bogens auszusetzen, ragt einerseits der Block *F* so weit in den Tiegel hinein, daß die Erze hauptsächlich in der Richtung nach *Z* zu herabsinken müssen, und anderseits erhält

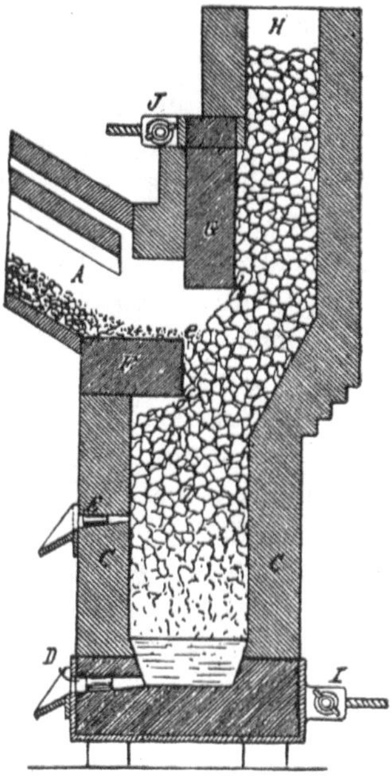

Fig. 21.

G eine Form, wie z. B. die eines Ringes oder eines Hufeisens, die es ermöglicht, daß der Bogen in der Tat auch durch die hohe zwischen *G* und *B* liegende Schicht hindurchgeht. Die Kontakte der beiden Blöcke *B* und *G* liegen so weit außerhalb des Ofens und sind noch durch besondere Wärmeisolatoren geschützt, daß ein Abschmelzen derselben nicht eintreten kann.

Es ist nichts darüber bekannt geworden, daß dieser Ofen sich bewährt hätte.

Bei Reduktionsversuchen mit Kohlenoxyd, die unter Héroults Leitung in Sault Saint-Marie angestellt wurden, sind Mißerfolge erzielt worden.[1]) Diese Mißerfolge haben Héroult zur Konstruktion eines neuen Ofens resp. Verfahrens geführt[2]), das im Prinzipe wenig Neues darbietet und das nur durch einige spezielle Anordnungen die aufgetretenen Übelstände zu vermeiden sucht. (Ähnliches bezweckt auch das französische Patent 6468/05 der Société électrométallurgique française.)

Das Verfahren gründet sich auf die Verwendung eines Ofens nach den bekannten Héroultschen Prinzipien, der durch Erhöhung des Schachtes von einem Tiegelofen zu einem Schachtofen ausgebildet ist. Hierdurch sowie durch Einblasen von Sauerstoff in den oberen Teil des Ofenschachtes soll bewirkt werden, daß aus der Gicht des Ofens nur Kohlendioxyd entweicht, d. h. daß alles im unteren Teil des Ofens gebildete Kohlenoxyd noch im Ofeninnern vollkommen verbrannt wird, so daß die ihm innewohnende Energie zum Vorwärmen der Beschickung und zum teilweisen Schmelzen derselben ausgenutzt wird. Das Reduktionsmittel (Kohle und Koks) wird an der Sohle des Ofens eingeführt, während die Beschickung ohne jeglichen Kohlenzusatz von der Gicht her zugegeben wird. So entsteht im unteren Teile des Ofens ein Gemisch von Kohlenoxyd und Kohlendioxyd, das durch die Charge hindurch nach oben steigt und die Reduktion bewirkt, ohne daß von oben her ein besonderes Reduktionsmittel zugegeben werden muß. In einer gewissen Höhe über

---

[1]) Elektrochemische Zeitschrift 1907, 10.
Vortrag von Haanel vor der Faraday Society am 2. Juli 1906.

[2]) Amerik. Patent 815016 und 815293.

der Bildungsstelle des Kohlenoxyds wird indessen das Gasgemisch bis zu einem solchen Grade mit Kohlendioxyd verdünnt sein, daß seine reduzierenden Wirkungen zu stark nachlassen. An dieser Stelle wird nun Sauerstoff (resp. ein anderes geeignetes Gas) eingeblasen und der Rest des Kohlenoxyds in Kohlendioxyd umgewandelt.

Die Einrichtung des von Héroult für das beschriebene Verfahren konstruierten Ofens ist aus den bereits oben gemachten Darlegungen ohne weiteres hinreichend verständlich und bietet keine besonderen neuen oder interessanten Momente dar. Betriebsresultate liegen über ihn noch nicht vor.

Das Verfahren von Neuburger-Minet.

Fast alle bis jetzt zur Erzeugung von Eisen und Stahl auf elektrischem Wege ausgearbeitete Verfahren eignen sich in erster Linie nur für solche Länder und Gegenden, die reich an Wasserkräften sind, in denen also die Elektrizität zu einem sehr niedrigen Preise erzeugt werden kann. Auch die bisher errichteten Anlagen stehen fast durchweg in Gegenden, wo die natürlichen Verhältnisse, in erster Linie die Wasserkräfte, es ermöglichen, Elektrizität auf billigem Wege zu gewinnen.

Betrachtet man die den jetzt ausgeübten Verfahren zugrunde liegenden Kostenberechnungen, so ergibt sich, daß in der Tat an eine Rentabilität der meisten derselben nur dann gedacht werden kann, wenn es möglich ist, entweder die Elektrizität auf billigem Wege zu erzeugen, also unter Zuhilfenahme billiger Wasserkräfte, oder den Elektrizitätsverbrauch beträchtlich einzuschränken. Noch besser ist es natürlich, wenn beide Wege zugleich beschritten werden können. Die aus Kohle erzeugte Elektrizität dürfte wohl durchweg zu teuer sein, um mit ihr elektrisches Eisen insbesondere Roheisen herzustellen.

Diese Umstände lassen im ersten Augenblicke die Aussichten für die elektrische Eisenindustrie in solchen Ländern als ungünstige erscheinen, die arm an Wasserkräften sind und die für die Erzeugung der in ihrer Industrie benötigten Kraft hauptsächlich auf Kohle angewiesen sind. Derartige Länder, wie z. B. in erster Linie Deutschland und England, würden dann, wenn sich die Industrie in den wasserreicheren Gegenden weiter entwickelt, unter schwerer Konkurrenz zu leiden haben, und bei dem beträchtlichen Preisunterschiede, der zwischen den nach den alten Methoden gewonnenen und den elektrisch erzeugten Eisensorten herrscht, ist die Frage gewiß berechtigt, in welcher Weise wasserarme, aber kohlenreiche Länder ebenfalls elektrisches Eisen zu einem Preise zu erzeugen vermögen, der es ihnen gestattet, erfolgreich in den Wettbewerb einzutreten.

Bei fast allen bisher besprochenen und den noch zu besprechenden Ofenkonstruktionen wird die ganze zur Vorwärmung der Beschickung benötigte Wärme ebenso wie die ganze zur Einleitung der Reduktion nötige Energie durch die teure Elektrizität geliefert. Wenn es auch möglich ist, die Elektrizität billig zu erzeugen, so läßt sich infolge der Eigenart dieser Verfahren jedoch eine Verminderung des zur Durchführung des Prozesses nötigen Elektrizitätsquantums nicht herbeiführen, und es sind deshalb diese Verfahren in erster Linie nur für wasserreiche Länder geeignet, und ihre Anwendung in wasserarmen Ländern, wie z. B. in erster Linie Deutschland, dürfte wohl im allgemeinen — von besonderen Fällen abgesehen — nicht angebracht sein.

Um nun auch wasserarmen Ländern, die auf die Verwendung von Kohle angewiesen sind, die Schaffung einer elektrischen Eisenindustrie und den Wettbewerb mit wasserreichen Ländern zu ermöglichen, haben Neuburger und Minet einen elektrischen Ofen konstruiert, der es einerseits ermöglicht, mit einer geringen Menge von Elektrizität auszukommen, und der außerdem die Erzeugung dieser Elektrizität auf billige Weise sowie die Verwendung von billigen Abgasen zur Eisenerzeugung selbst gestattet.[1]) In ihm kann jedes beliebige Verfahren ausgeübt werden.

[1]) Elektrochemische Zeitschrift 1902, 9, 139; 10, 106, 121.
Kraft und Licht 1903, 5, 55.
Patente: Verschiedene.
Ztschr. f. Elch. 8, 457, 830.
Eisenzeitung 1904, 44.
Mining Journal 1904, 672 usw.

Bei den bisherigen Verfahren wurde ein großer Teil, ja sogar der größte Teil der dem Ofen zugeführten elektrischen Energie zur Vorwärmung der Beschickung verwendet. Es erforderte also bereits die Vorwärmung einen beträchtlichen Teil der Kosten des ganzen Verfahrens, die beim Neuburger-Minetschen Ofen dadurch erspart werden, daß man zur Vorwärmung der Beschickung anstatt der teuren elektrischen Energie billige Gase verwendet. Es ist dann bei dem ganzen Prozeß nur noch der verhältnismäßig geringe Betrag an elektrischer Energie zuzuführen, der nötig ist, um die Reduktion einzuleiten resp. bis zu einem gewissen Grade durchzuführen. Auf diese Weise entsteht dann ein Produkt, das die beiden hauptsächlichsten Vorzüge des elektrisch gewonnenen Eisens, nämlich die Billigkeit und die Reinheit vereinigt. Die Billigkeit kann aber noch dadurch eine weitere Steigerung erfahren, daß man die zur Verfügung stehenden Gase nicht nur allein zur Vorwärmung, sondern anstatt der Kohle auch zur Erzeugung der Elektrizität, die im Ofen benötigt wird, verwendet.

Es entsteht so eine doppelte Ersparnis, nämlich einmal bei der Vorwärmung, und des weiteren bei der Erzeugung der Elektrizität.

Im Neuburger-Minetschen Ofen können nicht weniger als drei Wärmequellen entweder in gleichzeitigem oder in aufeinanderfolgendem Zusammenwirken ihre Ausnutzung finden, nämlich:

1. Die brennenden oder nicht brennenden Hochofengase, bei denen entweder ihre Eigenwärme, mit denen sie der Gicht des Hochofens entströmen, zur Ausnutzung kommt, oder die Verbrennungswärme, die sie beim Entzünden für sich allein oder zusammen mit Luft entwickeln, oder endlich beide Wärmearten zusammen und gleichzeitig.
2. Als zweite Wärmequelle kommen die armen oder reichen brennenden Gase in Betracht, die von Gaserzeugern geliefert werden und die ebenfalls entweder für sich oder gemischt mit Luft verbrannt werden können und deren Eigenwärme ebenso wie die der

Hochofengase zur Ausnutzung gelangen kann. Derartige Gase, und zwar sehr billige Gase, hat man speziell in jüngster Zeit in ganz besonders ökonomischer Weise herzustellen vermocht. Man verwendet zu ihrer Erzeugung Abfälle der verschiedensten Art, wie sie sich in der Kohlenindustrie ergeben, z. B. Staubkohle, Kohlengrus, ferner billige Braunkohle, Torf, Rückstände der Erdölfabrikation, Bitumen usw. Bekanntlich hat gerade die Möglichkeit, derartige Gase billig zu erzeugen, einen mächtigen Aufschwung der Gasmotorenindustrie sowie die Verwendung von Großgasmaschinen angebahnt.

3. Die dritte Wärmequelle bildet die Elektrizität in Form des elektrischen Lichtbogens, die, wie bereits erwähnt, mit Hilfe desjenigen Teiles der unter 1 und 2 erwähnten Gase, der nicht zur Vorwärmung dient, oder mit Hilfe der aus dem Ofen abströmenden Gase erzeugt werden kann.

Des weiteren bietet der Ofen die Möglichkeit dar, die reduzierenden Eigenschaften der unter 1 und 2 genannten Gase im Ofeninnern für den Prozeß auszunutzen, sowie die, die aus der Gicht abströmenden entweder zur Anreihung des Generator- resp. Hochofengases oder zur Elektrizitätserzeugung nutzbringend zu verwenden.

Der Ofen selbst, dessen Prinzip aus Fig. 22 (Vertikallängsschnitt) und Fig. 23 (Horizontallängsschnitt) hervorgeht, besteht aus einem zentral gelegenen Reaktionsherde *W*, der mit Abstichöffnungen *I* versehen und an den Seiten mit Heizkammern *SS* ausgestattet ist, die durch feuerfeste Wände *DD* von dem Reaktionsherd *W* getrennt sind. Unterhalb der Heizkammern *SS* befinden sich die Kanäle *CC*, *C' C'*, durch die hindurch die Hochofengase oder die Gase der Gasgeneratoren geleitet werden. Diese Kanäle stehen mit den Heizkammern *SS* durch die Öffnungen *OOOO* in Verbindung, und die Gase können, wenn sie diesen Öffnungen entströmt sind, in den Heizkammern *SS* entweder für sich allein entzündet und verbrannt werden, oder sie können zum

Zwecke der Erzielung einer noch höheren Temperatur vorher mit heißer und gepreßter Luft vermengt werden. Um die Luft erhitzen und so ein sehr heißes Gasluftgemisch herstellen zu können, sind in der Mauer *BB* die Kanäle *VV* vorge-

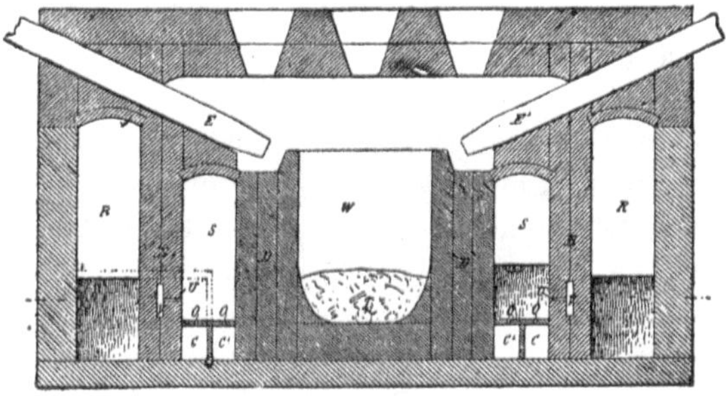

Fig. 22.

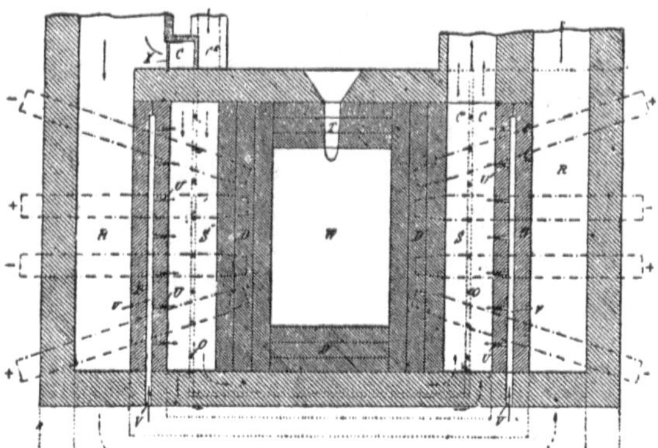

Fig. 23.

sehen, durch die die Luft eingepreßt wird, die dann durch die Düsen *UU* in die Heizkammern *SS* einströmt und sich mit den aus *OOOO* kommenden Verbrennungsgasen mischt. Da nun bei den meisten der bisher konstruierten und zur Eisenerzeugung dienenden elektrischen Öfen die durch Ausstrahlung der Wärme nach außen hin entstehenden Wärme-

4*

verluste sehr beträchtliche sind, so ist, um beim Neuburger-Minetschen Ofen die Wärmeausstrahlung möglichst zu verhindern, das Kammersystem *SS* noch von einem zweiten Kammersystem *RR* umschlossen, in das die heißen Abgase hineingeleitet werden, ehe sie in die Kanäle *CC*, *C'C'* gelangen, ehe sie also in *SS* verbrannt werden und das sie daher durch ihre Eigenwärme vorwärmen, wobei sie gleichzeitig selbst als Wärmeschutz gegenüber der von den Mauern *BB* stattfindenden Wärmeausstrahlung dienen. Zur Erwärmung dieses äußeren Kammersystems *RR* können aber auch die heißen aus dem Raume *SS* oder dem Reaktionsherde *W* abströmenden, bereits im Ofen ausgenutzten Gase verwendet werden. Um die Verbindung zwischen *R* und *C* herzustellen und die Gase in der geschilderten Weise beliebig umleiten zu können, kann bei *X* eine den Gaszutritt regulierende Klappe angebracht werden.

Die in den Ofen hineinragenden Elektroden *EE'* dienen zur Zuführung des elektrischen Stroms und zur Erzeugung des Lichtbogens, so daß also im Ofen in der Tat drei Wärmequellen zur Verwendung kommen, nämlich zunächst der zwischen den Elektroden *E* und *El* spielende elektrische Lichtbogen, dann die an die Kammersysteme *RR* und *SS* abgegebene Eigenwärme der Heizgase und endlich die in den Heizkammern *SS* durch Verbrennen der Gase für sich oder mit Luft entstehende Verbrennungswärme. Auch die reduzierenden Bestandteile der Gase können, wie bereits oben erwähnt, Ausnutzung finden.

Durch entsprechende Variation in der Menge der in jedes Kammersystem zugeführten Gase sowie durch geeignete Regulierung des Gasluftgemisches in *SS* und des elektrischen Stroms lassen sich mit diesem Ofen alle Temperaturen erzielen, die für die Elektrometallurgie des Eisens sowie für andere metallurgische Operationen, für die sich der Ofen ja ebenfalls eignet, in Betracht kommen. Man kann also z. B. zum Zwecke gelinder Erhitzung, wie sie für manche metallurgische Prozesse nötig ist, im ganzen Ofen dadurch eine Temperatur von 200° C herstellen, daß man einfach die von der Hochofengicht oder den Gasgeneratoren kommenden Gase

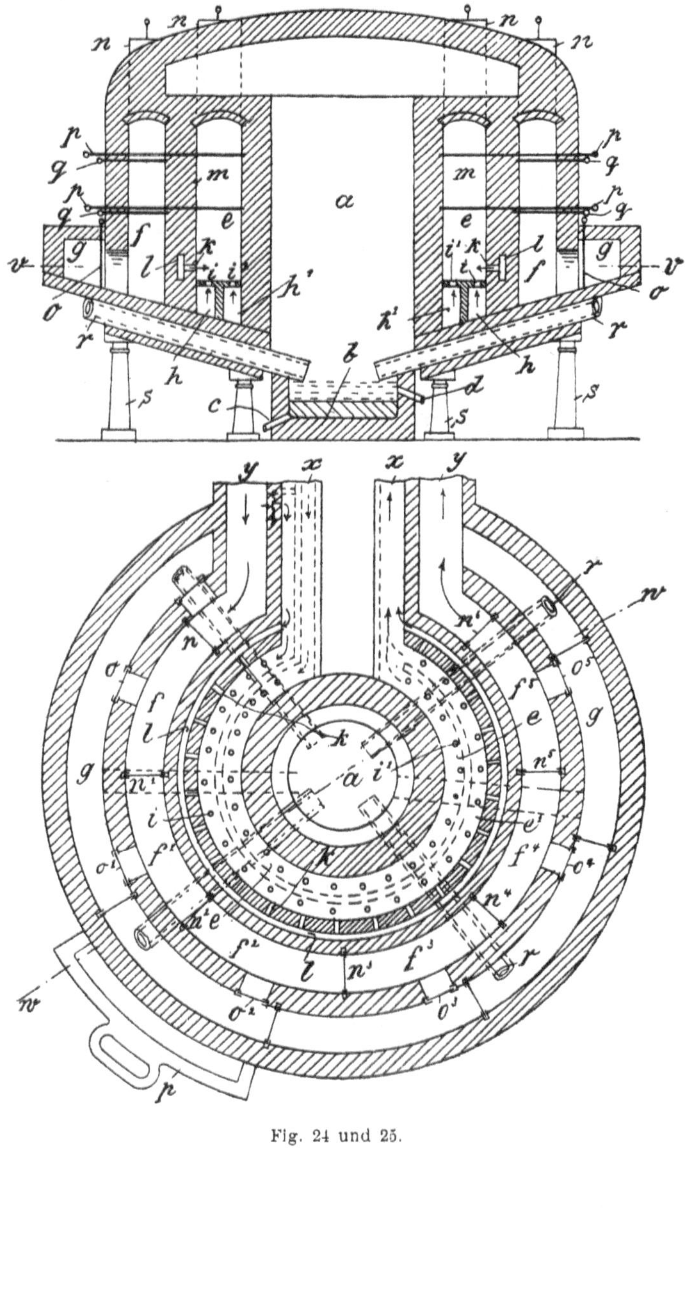

Fig. 24 und 25.

unangezündet durch den ganzen Ofen hindurchleitet. Will man hingegen die hohen, für die Gewinnung des Eisens aus den Erzen oder die Stahlgewinnung nötigen Temperaturen erzeugen, so wird die Beschickung des Ofens mit Hilfe des Vorwärmesystems *RR* und *SS* auf 15° vorgewärmt; der dann zur vollständigen Beendigung des Prozesses noch fehlende geringe Wärmebetrag von 200 bis 300° wird durch die Elektrizität geliefert, deren Verbrauch auf diese Weise nur ein sehr geringer ist, und die außerdem noch durch Verwendung der Abgase auf sehr billige Weise erzeugt werden kann.

Aus den vorstehenden Ausführungen geht das Prinzip des Ofens in seiner Allgemeinheit klar hervor. Der auf diesem Prinzip beruhende, ganz speziell für die Eisenerzeugung konstruierte, jedoch auch für verschiedene andere metallurgische Zwecke verwendbare Ofen ist in Fig. 24 im Längsschnitt und in Fig. 25 im Querschnitt dargestellt. Bei demselben fällt zunächst ein um den ganzen, in runder Form ausgeführten Ofen herumlaufender Kanal *g* auf, der dazu dient, die Gase, die aus dem Hochofen oder den Generatoren kommen, aufzunehmen und sie durch die Öffnungen *o*, o^1, o^2 usw. dem äußeren Kammersystem *ff*, das dem Kammersystem *RR* in Fig. 23 und 24 entspricht, zuzuführen. Von da strömen die Gase den bereits ausführlich beschriebenen Weg durch die Kanäle *hh* und die Öffnungen *ii'* nach den eigentlichen Heizkammern *mm*, die den Heizkammern *SS* in Fig. 22 und Fig. 23 entsprechen.

Der Schacht *a* (entsprechend *W* in Fig. 22 und 23) endigt in einen Herd *b*, der mit zwei Abstichöffnungen *c* für das fertige Eisen resp. den Stahl und *d* für die Schlacke versehen ist; *rr* sind die Fassungen für die kreuzweise angeordneten Elektroden. Die Elektroden werden in den mittleren Hohlraum der Fassungen hineingeschoben und durch Wasser, das in dem ebenfalls hohen Mantel von *rr* zirkuliert, gekühlt. Die Stellung der Elektroden kann beliebig variiert werden. Sie können entweder mit ihren Spitzen schief nach unten gerichtet, wie dies in Fig. 22 und 23 angegeben ist, angebracht werden, oder sie können auch von oben her, wie beim

Héroultschen Verfahren (siehe S. 33), in die Schlacke getaucht werden, wobei dann allerdings unter Beibehaltung des Prinzips eine andere Ausführungsform des Ofens gewählt werden muß.

Es sei noch erwähnt, daß in diesem Ofen außer Eisen und Stahl auch die verschiedenartigsten Eisenlegierungen, wie Ferromangan, Ferrosilicium, Ferrochrom, Ferrowolfram usw., unter ebenso günstigen Verhältnissen erzeugt werden können, wie dies für das Eisen der Fall ist.

Das Verfahren von Keller.

Das Kellersche Verfahren[1]) zur Erzeugung von Eisen und Stahl auf elektrischem Wege wird von der »Compagnie Electrothermique Keller, Leleux & Cie.« in Kerrousse bei Hennebont im französischen Departement Morbihan ausgeübt. Die Anlage ist mehrere Male abgeändert worden, bis sie zufriedenstellende Resultate ergab. Charakterisiert ist das Verfahren dadurch, daß zwei Öfen zur Verwendung kommen, deren erster als Schmelz- und Reduktionsofen, und deren zweiter als Raffinationsofen dient.

---

[1]) Berg- und Hüttenm. Ztg. 1903, 3, 38; 41, 419.
L'Eclairage électrique 1902, 41, 45.
Eisenzeitung 1903, 21, 231.
Electrochemical Industry 1903, 5, 162.
Elektrochemische Zeitschrift 1901, 8, 156; 1902, 9, 20; 1903, 10, 92; 1906, 13, 61, 82, 232.
Electrochemist and Metallurgist 1903, 14, 28.
Engineering and Mining Journal 75, 524.
Journal de l'Electrolyse 1901, 131, 1; 1902, 137, 4; 150, 3; 151, 3; 1903, 165, 2; 168, 4.
Kraft und Licht 1903, 7, 28.
Patente: D. R. P. 122 271.
D. R. P. 169 203.
Frankreich 312 470, 6./7. 1901.
England 24 234, 28./11. 1901.
Zeitschr. f. Elch. 9, 516, 555.
Zeitschrift für angewandte Chemie 1907, 3, 103.

Der erste der beiden Öfen (Fig. 26) steht etwas erhöht und ist ein Schachtofen, dessen Wände sich von oben nach unten erst allmählich, dann aber kurz über der Sohle plötzlich sehr stark erweitern, so daß Störungen im Niedergleiten des Schmelzgutes nicht stattfinden können. An der Erweiterungsstelle über der Sohle befinden sich die senkrecht

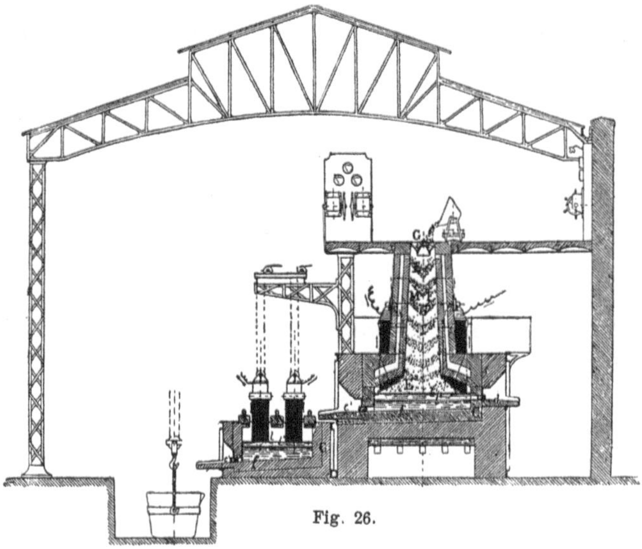

Fig. 26.

und parallel den Ofenwänden von oben ins Ofeninnere hineinragenden Elektroden. Eventuell können auch zwei Elektrodengruppen vorgesehen werden. Die Schmelzung sowohl wie die Reduktion finden ausschließlich mit Hilfe der zwischen den Elektroden spielenden mächtigen Lichtbogen statt. Die Sohle des Schachtofens ist geneigt, und über ihr befinden sich zwei Abstichöffnungen, die an entgegengesetzten Stellen angebracht sind: eine für die Schlacke, eine für das fertige Roheisen. Die Beschickung des Ofens mit Erzen, Kohle und Zuschlägen geschieht durch eine Gicht, die ähnlich wie die der Hochöfen ausgestaltet ist. Das während des Prozesses entstehende Kohlenoxyd wird in eine Kammer gesaugt und dort verbrannt. Die entstehende Wärme wird zum Vertrocknen des Rohmaterials verwendet. Je nach der Natur der Erze kann ein Teil des Kohlenoxyds auch zur Reduktion verwendet werden.

Das abgestochene Roheisen gelangt in den zweiten Ofen, den Raffinationsofen, der dem Héroultschen Ofen nicht unähnlich ist, sich von ihm jedoch dadurch unterscheidet, daß die Elektroden nicht in die Schlacke eintauchen, sondern lediglich auf ihr aufstehen. Es wird zunächst eine möglichst ausgiebige Schlackenbildung zu erzielen gesucht, was man dadurch erreicht, daß man nach der Methode des sog. »ore process« schlackenbildenden Zuschlag und eine geringe Menge des ursprünglichen Erzes zusetzt. Auf die über dem Metalle stehende Schlackenschicht werden dann vier senkrechte und parallele Elektroden niedergelassen, jedoch nur so weit, daß, ohne daß ein Eintauchen stattfindet, zwischen ihrem unteren Ende und der Metalloberfläche noch eine Schicht von Schlacke bleibt, so daß also Metall und Elektrode sich nicht berühren. Der Strom nimmt dann denselben Weg wie beim Héroultschen Ofen, und es findet durch Verbrennung des Kohlenstoffs und sonstiger Verunreinigungen sowie durch die Schlackenbildung selbst eine Raffination des Roheisens und die Umwandlung desselben in Stahl statt. Im Raffinierofen können auf einmal 15—20 t Stahl raffiniert und abgestochen werden. Fig. 27 zeigt den Kellerschen Ofen im Betrieb sowie den nebenan (rechts) befindlichen Raffinierofen, der eben abgestochen wird, weshalb die Elektroden in die Höhe gezogen wurden.

Über die Kosten seines Verfahrens gibt Keller an, daß zur Herstellung einer Tonne Stahl 2800 KW-Stunden nötig sind. Rechnet man das KW-Jahr von 8400 Stunden zu 50 Frs., so ergibt sich einschließlich der Amortisation für die elektrische Energie pro Tonne Stahl ein Betrag von 16,50 Frs. Der Preis der Energie schwankt jedoch nicht minder nach den örtlichen Verhältnissen wie die Preise für Arbeitskräfte, Erze usw., und er kann demnach, wie Keller angibt, pro Tonne Stahl, das KW-Jahr zu 400 Frs. gerechnet, auf 35 Frs. steigen. Entsprechend diesen Schwankungen wird auch der Preis für das fertige Produkt sehr verschieden sein, und während dasselbe z. B. in der Anlage zu Kerrousse 90 bis 100 Frs. beträgt, würde derselbe Stahl in Chile für 45 Frs. zu gewinnen sein.

Fig. 27.

Die Herstellung einer Anlage in Chile hat Keller Veranlassung zu einer interessanten Studie gegeben. Er kommt auf Grund dieser seiner Berechnungen zu dem Resultate, daß sich für manche Länder überhaupt nur ein elektrisches Verfahren zur Stahlerzeugung eignet, und daß in denselben die

Errichtung gewöhnlicher Hochöfen als ausgeschlossen betrachtet werden müsse. Zu diesen Ländern gehören außer Chile hauptsächlich noch Brasilien, Neu-Seeland usw. In denselben ist die Herstellung nicht nur des Stahls, sondern sogar diejenige des Roheisens wirtschaftlich nur auf elektrischem Wege möglich. Die Herstellungskosten der Tonne feinsten Stahls in Chile würden sich auf 45 Frs. pro Tonne belaufen, wobei noch zu beachten ist, daß die Erze aus Neu-Seeland importiert werden müßten.

Auch über das Kellersche Verfahren hat die kanadische Kommission eingehende Versuche angestellt, die jedoch, soweit sie sich auf den Verlauf des Prozesses selbst beziehen, keine besonders interessanten Momente darbieten. Es wurde hierbei mit dem großen Schmelzofen überhaupt nicht gearbeitet, sondern nur der kleine Raffinationsofen in Betrieb gesetzt. Der fertige Stahl wird nicht ausgegossen, wie beim Héroultschen Ofen, sondern abgestochen, ähnlich wie bei den Siemensschen Öfen. Die Charge hatte folgende Zusammensetzung:

Eisenabfälle	1500 kg
Elektrisch geschmolzenes Roheisen .	150 »
Spiegel: 46 % Silicium, 15 % Mangan .	15 »
Spiegel: 10 % Silicium, 50 % Mangan .	9 »

Die Analysen der Eisenabfälle und des erzeugten Stahls gaben folgende Resultate:

	Eisenabfälle %	Fertiger Stahl %
Kohlenstoff	0,142	0,576
Silicium	0,062	0,287
Schwefel .	0,072	0,055
Phosphor . .	0,044	0,046
Mangan . .	0,500	0,540
Arsen . . .	0,068	0,050
Aluminium	—	Spur

Die Dauer des Prozesses betrug sechs Stunden, wobei 0,203 elektrische Pferdekraftjahre (englisch) verbraucht wurden.

Die Erzeugung von Roheisen im Kellerschen Ofen konnte während der Anwesenheit der kanadischen Kommission nur in improvisierter Weise vorgenommen werden. Keller hat deshalb die Versuche hierüber selbst in ausführlichstem Maßstabe weiter fortgeführt[1]), und zwar mit einem Erze oolithischer Beschaffenheit, das er gleichzeitig in einem gewöhnlichen Hochofen verhüttete, um so vergleichbare Resultate zu erzielen. Die Zusammensetzung des Erzes war die folgende:

Fe_2O_3	59,86
SiO_2	20,56
Al_2O_3	3,49
Mn_3O_4	0,56
CaO	Spuren
MgO	0,15
P_2O_5	95,08
Glühverlust	14,43

Der von Keller verwendete Ofen hatte eine Kapazität von 1000 PS. Die Versuche wurden mit besonderer Rücksicht daraufhin durchgeführt, Endprodukte zu erhalten, deren Gehalt an Silicium und Kohle in möglichst weiten Grenzen schwankte. So wurden Abstufungen des Gehaltes an Silicium von 0,90 bis 8 % erzielt. Die erhaltenen Produkte hatten nachstehende durchschnittliche Zusammensetzung, an die anschließend gleichzeitig das Resultat einiger physikalischen Prüfungen wiedergegeben ist.

Zusammensetzung des Roheisens.

Si	3,70 %
S	0,01 »
M	0,555 »
Gelöster Kohlenstoff	0,745 »
Graphit	3,92 »
Gesamtkohlenstoff	4,30 »
Stoßwiderstand (Fallhöhe)	55 cm
Zugfestigkeit	17 kg

[1]) Elektrochemische Zeitschrift 1906, 13, 61.
Transactions of the Faraday Soc. 1906, 6. April.

Der Minimal- und Maximalgehalt der verschiedenen erblasenen Proben an jedem einzelnen Bestandteil ergibt sich aus nachstehender Zusammenstellung:

	Minimum	Maximum
Silicium .	1,5	3,8
Schwefel	0,05	0,10
Mangan . .	0,20	1,0
Phosphor . .	0,40	0,75
Kohlenstoff . . .	3,7	4,3

Auch Keller findet die Tatsachen bestätigt, daß insbesondere bei Anwesenheit von Mangan fast vollkommene Entschwefelung eintritt. Bezüglich des Phosphors gibt Keller an, daß er bei der elektrothermischen Ausbringung genau in denselben Mengen im Endprodukt bleibt, wie bei der rein thermischen im Hochofen. Bedeutend leichter jedoch als in diesem lassen sich beim elektrischen Ofen die Mengen des im fertigen Eisen enthaltenen Siliciums und der Kohle variieren, was insbesondere für die Herstellung von Walzeisen von Wichtigkeit ist. Auch im Gießereibetrieb läßt sich hierdurch eine bedeutend größere Auswahl in bezug auf das Material herstellen.

Ebenso wie Stassano und Héroult resp. die kanadische Kommission, kommt also auch Keller zu dem Ergebnis, daß sich die elektrothermische Gewinnung von Roheisen direkt aus den Erzen nicht nur in ökonomischer Weise durchführen läßt, sondern daß sie gegenüber der rein thermischen sogar noch eine Reihe sehr erheblicher Vorzüge darbietet.

Die günstigen Resultate der geschilderten Versuche haben dazu geführt, daß in Livet ein neuer elektrischer Ofen aufgestellt wird, der unter Verwendung von 2000 PS imstande sein wird, in 24 Std. ca. 20 t Roheisen zu erzeugen.

Der neue Schmelzofen der Werke zu Livet wird nur insofern eine Abänderrung aufweisen, als die beiden Elektroden *a* und *b* (Fig. 28) jede für sich in einem besonderen Raume *c* und *d* angeordnet werden, wobei die die Räume trennende Wand *ff* so ausgestaltet wird, daß sie eine Luftschicht enthält und von einer solchen umgeben ist. Diese Luftschicht soll eine Erhitzung der Wand und damit eine Energieverschwendung verhindern.[1])

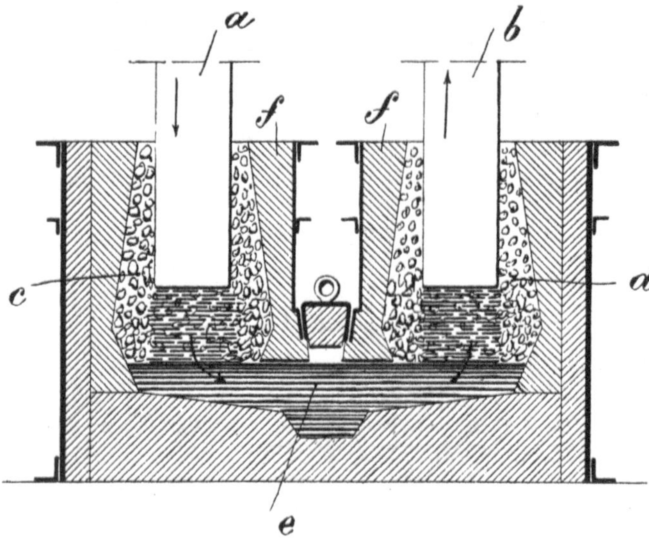

Fig. 28.

Das Verfahren von Harmet.

Während bei den bisher besprochenen Verfahren der ganze Prozeß der Eisen- oder Stahldarstellung in einem oder in zwei Öfen vorgenommen wird, sind zur Durchführung des Verfahrens von Harmet[2]), der von den »Fonderies, Forges et Acièries St. Etienne« ausgeführt wird, nicht weniger als drei Öfen nötig.

---

[1]) D. R. P. 169201.

[2]) Berg- und Hüttenm. Ztg. 1903, 3, 39.
Comptes rendus mensuels des réunions de la Société de l'Industrie minérale 1902, 115.
L'Eclairage électrique 1902, 228.
Eisen-Zeitung 1903, 21, 231.
Electrical World and Engineer 40, 765.
Elektrochemische Zeitschrift 1903, 10, 126, 237; 1906, 13, 233;

Der Grund hierfür liegt darin, daß Harmet den Reduktionsprozeß von dem Schmelzprozeß vollständig trennt, und daß er das Reduktionsmittel in festem Zustande auf die bereits geschmolzenen Oxyde in einem besonderen Apparat einwirken läßt. Von den drei Öfen dient demnach der erste zur Schmelzung des Erzes, der zweite zur Reduktion der geschmolzenen Erze und der dritte, der Raffinationsofen, zur Gewinnung von Stahl. Alle drei Öfen arbeiten kontinuierlich, und von den beiden ersten führt jeder das entstandene Produkt selbsttätig in den nächstfolgenden über, während es aus dem letzten von Zeit zu Zeit abgestochen wird. Alle drei Öfen sind elektrische Öfen; man könnte jedoch ebensogut an Stelle der beiden ersten Öfen, welche in ihrem Zusammenwirken gewöhnliches Roheisen liefern, einen gewöhnlichen Hochofen aufstellen und dann dessen Produkt im dritten Ofen mit Hilfe der Elektrizität in Stahl oder Flußeisen umwandeln. Wenn man zur Gewinnung des Roheisens elektrische Öfen oder Hochöfen nehmen will, ist eine reine Preisfrage, die je nach den örtlichen Preisverhältnissen verschieden zu beantworten sein wird und die mit der Qualität des Endproduktes wohl kaum etwas zu tun hat. Der dritte Ofen jedoch muß unbedingt ein elektrischer sein, da nur durch einen solchen ein Qualitätsstahl von den hervorragenden Eigenschaften, wie sie elektrisch erzeugte Eisensorten überhaupt besitzen, gewonnen werden kann. In neuerer Zeit will Harmet den Prozeß in den beiden ersten Öfen so vervollkommnet haben, daß er als dritten Ofen an Stelle eines elektrischen einen gewöhnlichen Frischherd verwenden kann. (Eigene Angabe.)

Engineering and Mining Journ. 75, 524.
Journal de l'Electrolyse 1902, 134, 1; 135, 1; 136, 2; 140, 3; 142, 5.
Le Mois scientifique et industriel 1903, 3, 39.
Patente: D. R. P. 142965, 143111.
Frankreich 308201, 309004, 313616, 314287, 315127, 318283.
Schweiz 25899.
Kanada 79297.
Zeitschrift für angewandte Chemie 1905, 5, 129.

Der erste Ofen, der Schmelzofen (Fig. 29), ist ein Schachtofen mit geneigter Herdsohle, die den geschmolzenen Oxyden einen leichten Abfluß gestatten soll. Die Schmelzung geschieht mit Hilfe der Gase, die aus dem zweiten Ofen, dem Reduktionsofen, entweichen, und die durch einen seitwärts eintretenden, gepreßten Windstrom verbrannt werden. Die Düsen, welche diesen Windstrom liefern, sind so angebracht, daß die Flamme den ganzen Herdraum erfüllt und den unteren Teil des Beschickungskegels vollständig umspielt. Durch

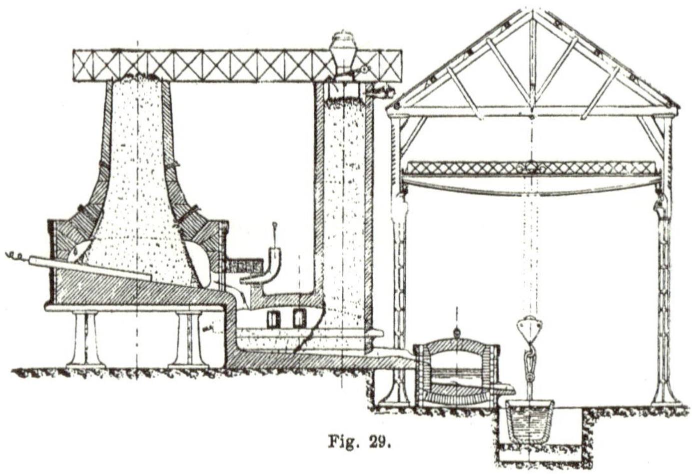

Fig. 29.

die Ummauerung des Ofenschachtes hindurch sind an zwei übereinander liegenden Stellen Kohlenelektroden eingeführt, und zwar, ringförmig angeordnet, je acht Stück. Mit Hilfe dieser Elektroden wird einerseits die Hitze im Schmelzofen im allgemeinen reguliert, anderseits soll für den Fall, daß die Reduktionsgase zur Schmelzung nicht genügen, durch Verstärkung des Stroms ein Wärmedefizit gedeckt werden. Von diesen Elektroden ist in der beistehenden Abbildung (Fig. 29) nur die eine auf der Herdsohle liegende sichtbar; die dunkel gezeichneten Kanäle in den darüber liegenden Teilen des Schachtes stellen verschließbare Öffnungen dar, die zum etwa nötigen Durcharbeiten der Beschickung dienen.

Der zweite Ofen, der Reduktionsofen, hat die Form eines stehenden Zylinders. Er wird mit Koks, Holzkohle oder Anthrazit beschickt. Die Sohle ist derartig angeordnet, daß die aus dem Schmelzofen kommenden geschmolzenen Erze durch die unteren Schichten des glühenden Kohlenmaterials hindurchfließen müssen, ehe sie in den dritten Ofen gelangen, wobei sie eine vollständige Reduktion erfahren. Hierbei findet zugleich die Bildung der Schlacke statt, für welche eine besondere Abstichöffnung vorhanden ist. Die Reduktion erfordert mehr Wärme, als durch die Verbrennung des Kohlenstoffs zu Kohlenoxyd entsteht, und es ist deshalb nötig, den entstandenen Wärmeverlust durch den elektrischen Strom auszugleichen. Zu diesem Zwecke sind in geringer Höhe über der Ofensohle eine oder mehrere Reihen von Elektroden angebracht. (In der Figur zwischen dem ersten und zweiten Ofen durch zwei Öffnungen von rechteckigem Querschnitt angedeutet.)

Der dritte Ofen endlich dient der Raffination und bietet keine besonders bemerkenswerten Momente dar. Er gleicht dem von Keller verwendeten (Aufstehen der Elektroden auf der Schlacke). Sowohl in ihm als auch in dem Reduktionsofen ist eine direkte Berührung des Metalls mit den Elektroden durch die dazwischenliegende Schlackenschicht vermieden. Harmet glaubt, in jüngster Zeit den Reduktionsofen derart verbessert zu haben, daß die elektrische Raffination eventuell ganz fortfallen und durch einen gewöhnlichen abgekürzten Frischprozeß ersetzt werden kann.

Die benötigte Kraft gibt der Erfinder mit 3600 Pferdekraftstunden für eine Tonne erzeugten Stahles an; die Kosten sollen sich auf 29,24 Frs. pro Tonne belaufen[1]) — eine kaum glaubliche Zahl!

Das Verfahren von Kjellin.

Ein Verfahren, das sich in jeder Hinsicht von den vorstehend beschriebenen unterscheidet und das in einer an kein Vorbild sich anlehnenden originellen Weise aufgebaut

[1]) Eigenbericht Harmets an die kanadische Kommission S. 138.

ist, ist das, wie es auf dem Werke von Benedicks in Gysinge in Schweden zuerst ausgeübt wurde. Der Erfinder ist der schwedische Ingenieur F. A. Kjellin.[1]) Das Verfahren selbst liefert nur Stahl, kein Roheisen.

Kjellin ging bei der Ausarbeitung seines Verfahrens von der Erwägung aus, daß die hohe Temperatur des Lichtbogens einerseits leicht zu einer Überhitzung und Verbrennung des erzeugten Stahles führen könne, eine Befürchtung, die, wie die bisher besprochenen Verfahren gezeigt haben, im allgemeinen nicht zutrifft. Aber damals, nämlich im Mai 1899, als Kjellin an die Ausarbeitung seines Verfahrens ging, waren, wie wir eingangs erfahren haben, nur ungünstige Erfahrungen bei den Versuchen, elektrisch dargestelltes Eisen zu erhalten, gewonnen worden, und es mochte somit das Bedenken Kjellins damals vollauf berechtigt sein. Des weiteren fürchtete Kjellin, daß der Stahl bei der Berührung

---

[1]) Berg- u. Hüttenm. Zeitschr. 1903, 41, 494.
Dinglers polyt. Journal 1902, 49, 784.
Electrical World and Engineer 1903, 551.
Electrochemical Industry 1903, 5, 162; 10, 576; 11, 376.
Elektrochemische Zeitschr. 1903, 10, 122; 1904, 7, 150; 1905, 1, 18; 5, 101; 1906, 12, 259; 13, 8.
Eng. and Min. Journ. 74, 78; 75, 524.
Electrical Review 1902, 41, 112.
Journal de l'Electrolyse 1902, 149, 1; 150, 3; 151, 3; 153, 2; 154, 1.
Kalender f. Elektrochemiker 1904, 526.
Le Mois scientifique et industriel 1903, 43, 7.
Österr. Zeitschr. f. Berg- u. Hüttenwesen 1905, 53, 31.
Patente: D. R. P. 126 606.
Frankreich 305 111.
England 18 921.
Amerika 682 008.
Österreich 5049 u. a. m.
Polyt. Zentralbl. 1903, 13, IV, S. 6.
Stahl u. Eisen 1902, 18, 1022; 1905, 25, 3.
Zeitschrift f. angew. Chemie 1904, 17, 132; 1905, 18, 482; 1907, 20, 104.
Zeitschr. f. Elch. 8, 710; 9, 517, 555.

mit den Elektroden Kohle aufnehmen könne, und endlich sah er auch in dem — damals noch durchweg hohen — Elektrodenverschleiß, den man zu jener Zeit noch nicht zu vermeiden wußte, ein Moment, das das Verfahren nicht unwesentlich verteuerte und das außerdem durch Bildung zu

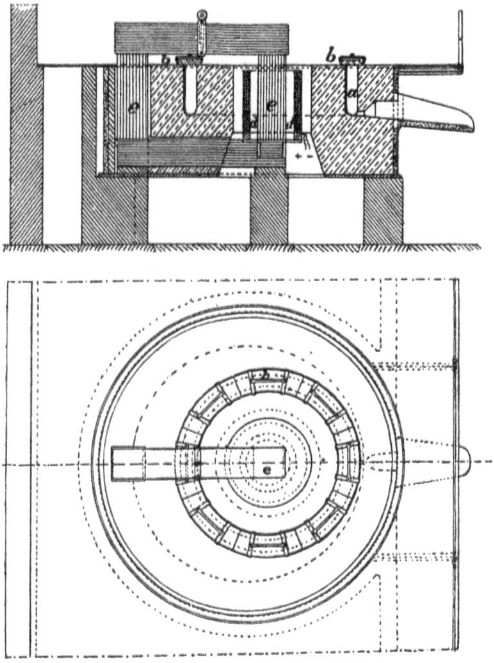

Fig. 30 und 31.

großer mit Wärmeenergie beladener und nicht weiter verwendbarer Mengen von Kohlenoxyd zu Wärmeverlusten führt. Diese Erwägungen waren es, die Kjellin veranlaßten, ein Verfahren zu erdenken, dessen wesentliches Charakteristikum darin besteht, daß es vollkommen ohne Elektroden arbeitet.

Es wurde deshalb im Jahre 1899 in Gysinge ein elektrischer Ofen nach ganz neuen Prinzipien gebaut, mit dem solche Resultate erhalten wurden, daß Benedicks beschloß, das Verfahren selbst in einem zweiten Ofen fabrikmäßig in

Betrieb zu setzen. Dieser zweite größere Ofen wurde am 18. März 1900 zum ersten Male abgestochen, und der erzeugte Guß bewies durch seine vorzügliche Beschaffenheit, daß das Verfahren in der Tat geeignet war, einen Stahl von ganz hervorragenden Eigenschaften zu liefern. Es wurde daher im November 1900 noch ein zweiter, größerer Ofen erbaut, dem seitdem in Gysinge und auch sonst noch eine Anzahl weiterer gefolgt sind. So sehr auch die Qualität des Produktes befriedigte, so wenig günstig waren zunächst die finanziellen Resultate. Eine Unterbilanz wäre die unausbleibliche Folge des hohen Stromverbrauches gewesen, wenn nicht das vorzügliche Produkt eben infolge seiner außerordentlich guten Eigenschaften zu hohem Preise hätte verkauft werden können. Um nun auch die Verhältnisse in bezug auf den Stromverbrauch zu sanieren, wurde beschlossen, an Stelle der am 11. August 1901 abgebrannten »Gysinge-Sulfitfabrik« ein größeres Stahlwerk zu erbauen, denn eine sogleich anzustellende Berechnung wird zeigen, daß dieses Verfahren nur bei der Anlage größerer Öfen rentabel sein kann.

Das Prinzip des Gysingeofens geht aus Fig. 30 und 31 hervor, von denen die erstere den Ofen im Durchschnitt, die zweite von oben gesehen zeigt. Eine kreisförmige Rinne *a, a* bildet den Schmelzraum, dessen Boden und Seiten aus feuerfesten Steinen ausgeführt sind. Diese Rinne kann durch oben aufgelegte Deckel *b, b* geschlossen werden. In der Mitte derselben befindet sich ein Eisenkern *e*, der sich außerhalb des Ofens zu einem Rechteck fortsetzt und ungefähr in der Weise in den Schmelzraum hineingreift, wie ein Kettenglied in das andere. Dieser Eisenkern besteht aus dünnen Blechen weichen Eisens und ist an einer seiner Seiten von einer Spule isolierten Kupferdrahtes *d, d* umschlossen, die mit den Klemmen eines Wechselstromgenerators verbunden ist. Geht nun durch diese Primärspule Wechselstrom, so entsteht im Eisenkern eine magnetische Strömung, die unaufhörlich Richtung und Stärke ändert und die auch in dem in der Rinne befindlichen Eisen einen in bezug auf Richtung und Stärke ständig wechselnden Strom erzeugt. Das Metallbad bildet rings um den Kern nur eine einzige Windung, und es entsteht daher in dem zu schmelzenden Stahl ein Strom, dessen Stärke gleich dem Primärstrom multipliziert mit der Windungszahl der Primärspule ist, während die Spannung natürlich in demselben Verhältnis kleiner ist. Auf diese Weise kann ein Hochspannungsgenerator verwendet, trotzdem aber ein niedrig gespannter Strom von großer Intensität im Ofen erzeugt werden, ohne daß man kostspielige Transformatoren mit starken Kupferkabeln oder Elektroden braucht. Die ganze Ofeneinrichtung stellt weiter nichts dar, als einen Transformator, dessen Sekundärkreis der Ring von geschmolzenem Metall bildet. Infolge der hohen Intensität des niedrig gespannten Stroms erhitzt sich das Eisen, der in demselben enthaltene Kohlenstoff verbrennt hierbei und es findet eine Umwandlung in Qualitätsstahl statt.

Der Schmelzprozeß selbst geht in Gysinge in folgender Weise vor sich: nach dem Abstechen bleiben, um den Strom nicht zu unterbrechen, etwa 800 kg Stahl im Ofen zurück, zu dem die nötige Menge Roheisen, Schrott usw. hinzugefügt

Fig. 32.

Fig. 33.

werden, deren Mischung so bemessen wird, wie es der gewünschte Kohlenstoffgehalt des Stahles nötig macht. Der Strom beginnt sofort seine erhitzende Wirkung, und nachdem die Charge geschmolzen und überhitzt ist, wird noch Ferromangan zugesetzt, hierauf noch eine weitere halbe Stunde erhitzt und dann endlich abgestochen. Nach Bedarf kann auch kohlenstofffreies Eisen erzeugt und durch Zugabe von Kohlenpulver auf den gewünschten Kohlenstoffgehalt gebracht werden.

Fig. 32 und 33 zeigen den Ofen im Betriebe resp. während eines Abstiches. Es ist aus denselben zu ersehen, daß sich der obere Teil des Ofens auf der Höhe einer Arbeitsgalerie befindet, so daß die Beschickung in einfachster Weise durch Wegnahme der Deckel und Hineinwerfen des Materials erfolgen kann. Unterhalb der Arbeitsgalerie befindet sich die Abstichsöffnung.

Ein besonderer Vorteil des Verfahrens liegt darin, daß die Hitze nur in dem metallischen Bade entsteht, während die elektrisch nicht oder nur sehr schwer leitende Schlacke nur einen geringen Anteil an der Hitzebildung nimmt.

Infolgedessen erhitzt sie sich auch nicht in dem Maße wie bei anderen Stahlerzeugungsprozessen, und die Arbeiter haben unter ihrer Temperatur weniger zu leiden.

Die Ursache der — insbesondere bei Benutzung kleinerer Öfen — höheren Kosten des Kjellinschen Verfahrens erhellt aus folgender Betrachtung. Siemens, der sich, wie eingangs erwähnt, bereits in den 70er Jahren des vorigen Jahrhunderts mit Versuchen zur elektrischen Darstellung von Stahl beschäftigte, berechnet die zur Herstellung von einem Kilogramm geschmolzenen Stahls erforderliche Wärmemenge auf 182 Kal., einer theoretischen Ausbeute von 84 kg Stahl pro 24 Stunden und Pferdekraft entsprechend. Diese Berechnung hat den Fehler, daß sie weder Wärme, die das Roheisen aus dem Hochofen mitführt und die nach Ledebur auf 265 Kal. zu veranschlagen ist, noch die Zapfungstemperatur des Stahls, die etwa 350^0 höher ist als die des Roheisens, richtig in Anschlag bringt. Berücksichtigt man diese beiden Daten, so würde die erforderliche Wärmemenge pro Kilogramm Stahl (spez. W. = 0,3; Temp. = 1500^0) 265 + 350 · 0,3 = 370 Kal. betragen, so daß man also mit einer KW-Stunde, die 860 Kal. entspricht, 2,34 kg Stahl erschmelzen könnte, resp. nach Abzug des praktisch gefundenen Materialverlustes von 4% 2,2 kg. Im Gegensatz zu dieser theoretischen Ausbeute betrug die technische in Gysinge zunächst aber nur 1,03 kg, was 47% der theoretischen entspricht und einem Energieverlust von 87,5 KW = 53% gleichkommt. Dieser Verlust setzt sich, wie besondere Versuche ergeben haben, in der Weise zusammen, daß 79,25 KW als thermische Verluste und 8,25 KW als elektrische und magnetische zu rechnen sind. Diese Zahlen treffen für den Fall zu, daß das Roheisen kalt in den Ofen kommt. Arbeitet man mit heißem Einsatz, so stellen sich die Verhältnisse bedeutend günstiger. Der große Betrag des thermischen Verlustes läßt es begreiflich erscheinen, warum nur bei Verwendung großer Öfen das Verfahren rentabel sein kann, also von Öfen, deren Ummauerung die Wärme nur langsam an die Umgebung abgibt und deren abkühlende Wandflächen nicht in einem Mißverhältnis zu der im Ofenraum entwickelten Wärmemenge stehen.

In welcher Weise die elektrischen Verhältnisse des Kjellinschen Prozesses an den Verlusten beteiligt sind, geht aus dem Berichte des Elektrotechnikers der kanadischen Kommission, des Herrn C. E. Brown, besonders anschaulich hervor. Es wurden beim Besuch der Kommission in Gysinge in vier Öfen Stahlproben erzeugt, wobei der Stromverbrauch teils mit einem Wattmeter, teils mit Volt- und Ampèremeter gemessen und unter Berücksichtigung der Phasenverschiebung bestimmt wurde. Es zeigte sich, daß hierbei der Verbrauch an elektrischer Energie pro Tonne an zweien der Öfen weniger als einhalbmal so groß war als an den beiden anderen Öfen. Der Grund dieses großen Unterschiedes lag nicht in Verschiedenheit des Materials oder der Konstruktion, sondern in den Versuchsbedingungen. Bei zweien der Öfen war nämlich der Schacht des Ofens mit einem Eisenmantel umgeben, der durch den starken Strom hoch magnetisiert wurde. Es empfiehlt sich somit, diesen Eisenmantel an bestimmten Stellen oder ganz wegzulassen. Hierdurch würde eine große Stromersparnis eintreten. Eine weitere Verbesserung des Nutzeffektes würde sich ergeben, wenn anstatt der bisherigen Ströme solche von 25 Phasenwechseln zur Verwendung kämen (siehe unten). Außerdem wirken noch die große räumliche Trennung des Sekundärstromkreises von dem Primärstromkreis, die durch die zwischen beiden liegenden Ofenwände bedingt wird, infolge der hierdurch entstehenden hohen Selbstinduktion, sowie der geringe Widerstand des Sekundärstromkreises ungünstig ein. Die Wechselzahl betrug 13—14, und Kjellin hat berechnet, daß es für einen Ofen von 15 t Kapazität pro Charge nötig sein würde, die Zahl der Wechsel auf 4 pro Sekunde zu reduzieren, oder daß man für die jetzige Wechselzahl 3 Öfen, die um einen Dreiphasentransformator symmetrisch gelagert sind, aufstellen müßte. Auch diese geringe Periodizität, verbunden mit einem geringen Nutzeffekt, macht die Kosten des Verfahrens zu ziemlich hohen. Den Nachteilen stehen aber wieder Vorteile gegenüber, unter denen in erster Linie der zu erwähnen ist, daß der Strom direkt mit solcher Spannung gewonnen wird, daß er eine Übertragung auf große Entfernungen verträgt; dann aber macht sich noch der Umstand vorteilhaft geltend, daß in dem ganzen System keine Kabel, keine Verbindungen oder Elektroden nötig sind, die Kraftverlust herbeiführen, Aufmerksamkeit erfordern und Kosten verursachen.

Bezüglich der Gestehungskosten ist zu bemerken, daß am Gysingeofen beim Besuch der Kommission in zwölfstündiger Schicht fünf Mann und ein Knabe beschäftigt waren, und daß sich die Ausbeute auf etwa 3 t in 24 Stunden belief. Die tatsächlichen Ausgaben für Arbeitskräfte für 3000 kg wurden zu 30,70 Kronen festgestellt. Die Kosten für Reparaturen konnten nicht festgestellt werden; man mußte sich bezüglich dieser auf die Kjellinschen Angaben verlassen, wonach sie sich auf etwa 2,30 M. pro Tonne beliefen. Die Kosten des Elektrizitätsverbrauchs wurden aus dem Mittel mehrerer Chargen zu 5,95 M. pro Tonne erzeugten Stahls festgestellt. Rechnet man hierzu noch den Preis von Materialien, der zerschmolzenen Ingots und der sonstigen Unkosten, so belaufen sich die Kosten der Tonne Gysingestahl auf 144,50 M., wobei das elektrische Pferdekraftjahr (englisch), wie stets von der Kommission, mit 42,50 M. in Rechnung gesetzt wurde. Diese Zahl weist keine allzu große Differenz gegenüber derjenigen auf, die Kjellin selbst angab, und wobei er den Preis pro Tonne Gysingestahl mit 171 M. berechnet. Engelhardt[1]) macht andere, niedrigere Angaben bezüglich des Preises, die er mit Unterschieden im Preise des verwendeten Flußeisenschrotts begründet.[2])

Auf die gute Qualität des Gysingestahls haben wir bereits oben hingewiesen; über seine physikalischen Eigenschaften sowie Zusammensetzung gibt nachstehende Tabelle nach Engelhardt[3]) Aufschluß:

---

[1]) Elektrochemische Zeitschrift 1905, 1, 18.

[2]) Elektrochemische Zeitschrift 1905, 5, 101.

[3]) Stahl und Eisen 1905, 25, 3.
Österr. Zeitschr. für Berg- und Hüttenwesen 1905, 31.

Proportionsgrenze	Streckgrenze	Bruchgrenze	Dehnung	C %	P %	Si %	Mn %	S %
38,2	56,7	77,2	0,5	2,32	0,015	0,21	0,77	0,011
44,0	51,0	96,3	7,1	0,91	0,019	0,23	0,33	0,011
44,3	50,7	97,6	10,6	0,91	0,018	0,30	0,47	0,010
33,0	43,3	93,2	10,0	0,89	0,015	0,27	0,30	0,015
33,8	48,3	94,9	9,0	0,80	0,015	0,27	0,48	0,007
36,8	40,8	76,0	15,0	0,63	0,017	0,30	0,44	0,008
30,2	33,4	43,3	23,8	0,18	0,014	0,12	0,17	0,008
14,3	19,9	32,1	28,0	0,07	0,013	0,12	0,06	0,009

Das Kjellinsche Verfahren wird für eine Anzahl von Ländern von der Firma Siemens & Halske exploitiert.

Das Verfahren von Schneider (Schneider & Co.).

Der in seiner Eigenart einzig dastehende Kjellinsche Ofen war vorbildlich für eine Anzahl weiterer Konstruktionen, für die sich inzwischen die Kollektivbezeichnung »Transformatoröfen« oder »Induktionsöfen« eingeführt hat. Sie lehnen sich alle mehr oder minder an das Kjellinsche Prinzip an.

Der geringe Nutzeffekt, der (siehe S. 71) oft nur 47% beträgt und das Verfahren unrentabel machen würde, wenn nicht die außerordentliche Güte des erzeugten Produktes den Verkauf desselben zu hohen Preisen ermöglichte, mußte natürlich verschiedene Erfinder veranlassen, auf eine Verbesserung des Kjellinschen Ofens hinzuarbeiten. Unter diesen Erfindern, die das Kjellinsche Prinzip aufgenommen und auf seine Verbesserung hingearbeitet haben, steht in erster Linie die Firma Schneider & Co. in Creusot.

Schneider[1]) geht von der Erwägung aus, daß die Sekundärwindung, wenn sie in der Weise wie beim Kjellinschen Ofen in Form eines einzelnen Ringes von gleichförmigem Querschnitt ausgestaltet ist, Veranlassung zur Ent-

[1]) Electrical World and Engineer 1904, 25, 1163.
Zeitschrift für angewandte Chemie 1905, 18, 13.

stehung eines unnötig hohen Sekundärstromes wird, der wiederum auf den Primärstromkreis in der Weise zurückwirkt, daß hier ungünstig große Phasendifferenzen entstehen. Infolgedessen versucht Schneider den Widerstand des Sekundärkreises dadurch zu vermehren, daß er demselben die Form eines Rohres von kleinem Querschnitt gibt, das an zwei einander gegenüberliegenden Stellen mit Rinnen in Verbindung steht, die so dimensioniert sind, daß sie den größeren Teil der Charge aufnehmen, während der kleinere Teil sich in dem Rohr befindet. Dieser letztere wird somit eine bedeutend höhere Temperatur haben als derjenige, der sich in den beiden Rinnen befindet, da ja die Temperatur eine Funktion des Widerstandes ist, der selbst wieder vom Querschnitt des Leiters

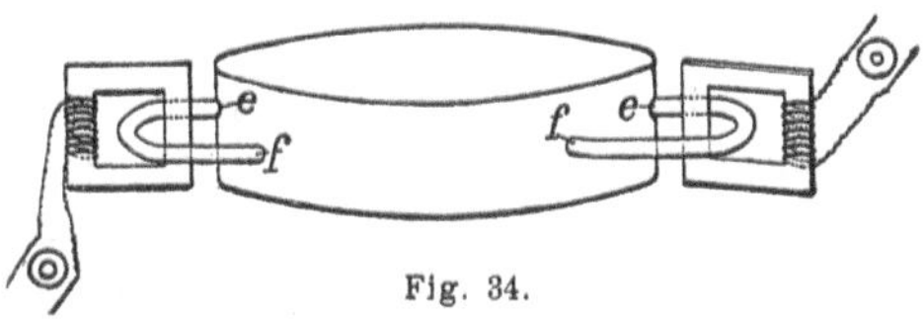

Fig. 34.

abhängt. Die eine Rinne ist wieder etwas höher angebracht als die andere, und unter dem Einfluß der verschiedenen Dichte der einzelnen Teile der Charge in dem Rohre und in den beiden Rinnen, sowie infolge des verschiedenen Niveaus der beiden letzteren, wird die geschmolzene Charge in lebhafte Bewegung geraten.

Das Prinzip, das dem Schneiderschen Verfahren zugrunde liegt, geht aus Fig. 34 hervor, in der man leicht die Anordnung Kjellins wiedererkennt. Denkt man sich die Rinne des Kjellinschen Ofens in der Mitte auseinandergeschnitten, so daß zwei Halbrinnen *e*, *f* und *e*, *f* (Schneider nennt sie »Heizrohre«) entstehen, die auseinandergezogen und durch ein Rohr von schmalem Querschnitt und großem Durchmesser verbunden sind, an dem sie in verschiedener Niveauhöhe anliegen, so hat man den Grundgedanken, nach dem der Schneidersche Ofen konstruiert ist. Dieser Gedanke läßt sich natürlich auch so ausgestalten, daß man beide Rinnen auf dasselbe Niveau legt und mechanische Vorrichtungen vorsieht, die es ermöglichen, das ganze System schief zu neigen, so daß die Charge nicht mehr horizontal liegt.

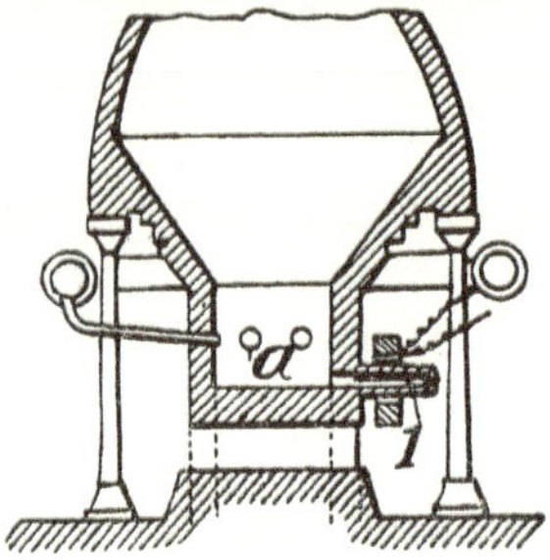

Fig. 35.

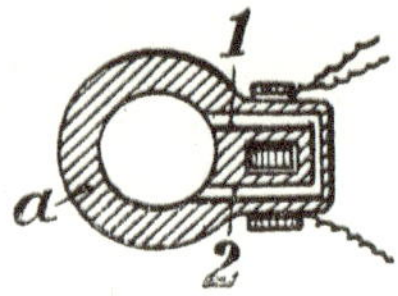

Fig. 36.

Schneider betrachtet diesen Ofen nicht, wie Kjellin, als Selbstzweck, sondern nur als ein Hilfsmittel, das an gewöhnlichen metallurgischen Öfen angebracht wird. Er will also durch denselben keineswegs die bisherigen Hochöfen oder

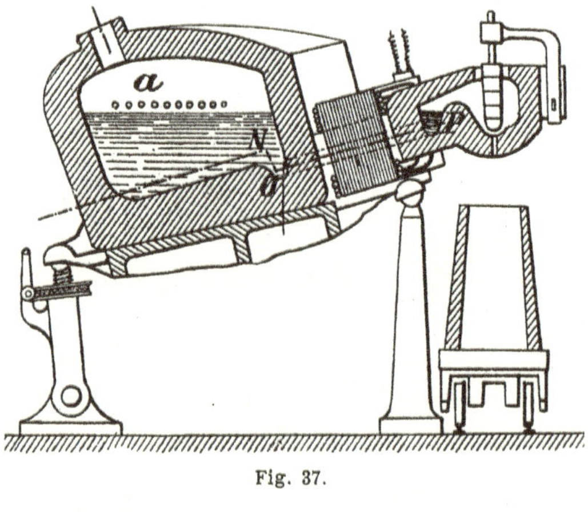

Fig. 37.

Martinsöfen ersetzen, sondern will nur ihre Vorteile mit denen der elektrischen Ausbringung resp. Raffination verbinden. Das Eisen soll also nach alter Methode gewonnen werden, und nur die letzten wenigen hundert Grade der zu seiner vollkommenen Ausbringung nötigen Temperatur sollen durch den elektrischen Strom erzeugt werden, ev. soll eine Raffination des aus dem Hochofen abgestochenen Roheisens stattfinden. Die Anbringung der »Heizrohre« (1 und 2) und Induktionsspulen am Tiegel *a* eines Hochofens ist in Fig. 35 und 36, die an einem kippbaren Martin- oder dergl. Ofen *a* in Fig. 37 schematisch wiedergegeben.

Das Verfahren von Colby.

Auch das Colbysche Verfahren[1]), das auf den Werken von Henry Disston and Sons zu Tacony bei Philadelphia ausgeübt wird, beruht auf der Verwendung eines Transformatorofens, der sich nur in einzelnen unwesentlichen Details von dem Kjellinschen unterscheidet. Das zu schmelzende Metall ist in einer im Ofenmauerwerk ausgesparten ringförmigen Rinne um den in der Mitte befindlichen Eisenkern angeordnet, der an der Stelle, wo er der Rinne am nächsten ist, mit Wasser gekühlt wird. Der Ofen ist — und hierin besteht einer der Unterschiede gegenüber dem Kjellinschen — kippbar angeordnet, so daß er also nicht abgestochen zu werden braucht. Um den Prozeß einzuleiten, läßt man entweder, wie Kjellin dies tut, einen Teil der vorherigen Charge, und zwar etwa 22—27 kg im Ofen, oder man legt einen Ring von gegossenem Stahl in den Schmelzraum ein. Die weitere Beschickung erfolgt mit Schrott- oder Roheisen. Der Primärstrom hatte 220 Volt, der Sekundärstrom im Stahlring etwa 8 Volt. Zum Erschmelzen einer Tonne (amerikanisch) Stahl sind etwa 640 KW-Stunden nötig, woraus sich die Gestehungskosten je nach dem Elektrizitätspreis berechnen lassen.

Das Verfahren von Frick.

Bei dem Frickschen Verfahren[2]) wird der Vorgang, der im Kjellinschen Ofen in einem einzigen Raume vorgenommen wird, in zwei voneinander getrennte und als Transformatoröfen ausgebildete Räume verlegt. Frick hält es für

---

[1]) The Iron Age 1906, 77, 1811.

[2]) D. R. P. 173 247.

unvorteilhaft, das eigentliche Schmelzen der Hauptbestandteile der Beschickung, wie die nachherige Behandlung, d. h. das Raffinieren, in ein und demselben Ofen auszuüben, da das Schmelzen dabei die Hauptmenge der Energie, das nachherige Behandeln hingegen die Hauptmenge der Zeit verzehrt. Um bei derartigen mit einem einzigen Arbeitsraum versehenen Öfen das Material in einer Beschickung verarbeiten zu können, muß man dem Schmelzbade einen großen Querschnitt geben; aber mit dem Querschnitte steigt auch der Verlust durch Selbstinduktion und Phasenverschiebung.

Nach den Berechnungen von Frick ist man gezwungen, bei einem derartigen Ofen, der pro Beschickung 15 t Stahl aufnimmt, die Primärspule des Ofens, die Leitungen und den Generator fünfmal so groß zu nehmen, als es eigentlich der Leistung des Ofens entspricht. In ähnlicher Weise, wie sich bei den Öfen mit Lichtbogenerhitzung zwei Ofensysteme, wie z. B. das Kellersche, herausgebildet haben, konstruiert Frick auch in bezug auf Transformatoröfen ein Zweiofensystem. In dem kleineren der beiden Öfen wird die Schmelzung vorgenommen, die 90% der aufgewendeten Energie verbraucht, in dem größeren hingegen geschieht die Nachbehandlung.

Das Verfahren von Hiorth.

Auch der Ofen von Hiorth[1]) besteht in seinem Wesen aus nichts anderem, als aus zwei aneinandergestellten Kjellinschen Schmelzöfen und weist nur in der eigenartigen Anordnung und Verwendung des Solenoids charakteristische Merkmale auf.

Bei ihm wird der hochgespannte Wechselstrom der Spule *S* (Fig. 38) (die aus Windungen isolierten Kupferdrahts besteht und um den festen Teil des Magneten *M* gelegt ist) zugeführt, wobei in dem ringförmigen Ofen *I* ein sekundärer Niederspannungsstrom von hoher Intensität

---

[1]) Elektroteknik Tidskrift 1906, 4.
Teknisk Ugeblad 1906, 53, 252.
Elektrotechnischer Anzeiger 1905, 50, 634.
Zeitschrift für angewandte Chemie 1907, 3, 105.

induziert wird, da er um den einen Schenkel des Magneten *M* herumgelegt ist und somit für den vorliegenden Fall die Sekundärwicklung des Transformators darstellt.

Da nun die Reparaturen an solchen Öfen viel Zeit wegnehmen, und da auch das Austrocknen derselben ziemlich lange dauert, so leiden alle Einofensysteme an dem Übelstand, daß der Betrieb während derartiger Reparaturen unterbrochen werden muß. Um ihn nun kontinuierlich zu gestalten, ist

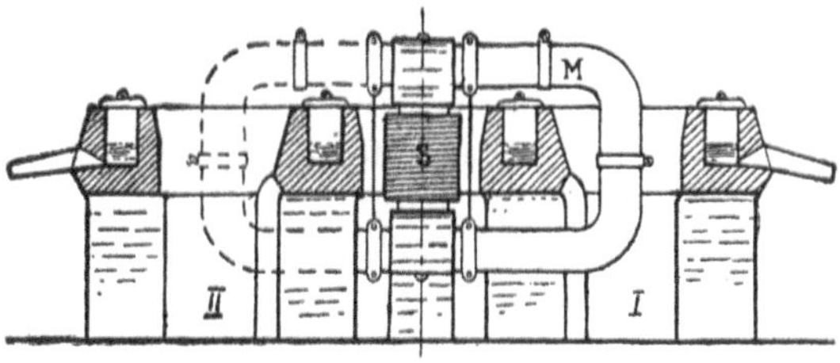

Fig. 38.

bei dem Hiorthschen Ofen die Einrichtung getroffen, daß derselbe Magnet *M* für zwei oder mehr Öfen verwendet werden kann. Muß daher der eine Ofen umgebaut werden, so wird ein Teil der Beschickung aus ihm in den anderen geleitet und gleichzeitig der in den Ofen eingreifende Teil des Magneten *M* in der Weise, wie es die punktierten Linien angeben, nach dem anderen Ofen *II* umgestellt. Hier kann dann das Verfahren sogleich fortgesetzt werden, so daß der Betrieb kontinuierlich aufrecht erhalten und vor allem eine vollkommene Ausnutzung des kostbarsten Teils der Anlage, des elektrischen, erzielt wird.

Das Verfahren Röchlingsche Eisen- und Stahlwerke-Rodenhauser.

Ein weiteres Ofensystem unter Verwendung des Transformatorprinzips rührt von den Röchlingschen Eisen- und Stahlwerken G. m. b. H. und Rodenhauser[1]) her. Auch dieser Ofen beruht auf dem Kjellinschen Prinzip,

[1]) Belg. Patent 192 272.

und die einzelnen konstruktiven Details bieten keine so bemerkenswerten Momente dar, als daß wir sie hier wiedergeben sollten, wie es überhaupt unmöglich ist, auf die zahlreichen Nach»empfindungen« des Kjellinschen Ofens alle einzugehen. Es sei deshalb nur zur Aufklärung über die Art seines Prinzips hier angeführt, daß der Ofen kippbar eingerichtet ist. Die mit ihm erzielten Resultate sollen[1]) einem Vortrage Röchlings zufolge gute sein. Der Ofen kann infolge seiner Kippeinrichtung vollkommen entleert werden. In einem 300 kg-Ofen waren zum Einschmelzen von Roheisen und Erhitzen auf etwa 1200° etwa 385 KW-Stunden auf die Tonne berechnet, nötig. Der Schrott wird vollkommen heruntergefrischt und hierauf auf den gewünschten Kohlenstoffgehalt zurückgekohlt. Schwefel und Phosphor sollen sich bis auf geringe Spuren entfernen lassen.

Die Verfahren von Gin.

Auch diese Verfahren[2]) arbeiten ohne Kohlenelektroden und sind lediglich Raffinationsverfahren, bei denen eventuell der »ore-process«, d. h. die Zugabe oxydischen Erzes zu dem zu raffinierenden Roheisen, Verwendung finden kann.

Der Ginsche Ofen (Fig. 39—42) besteht aus einem Kanale von großer Länge und geringem Querschnitt, also einem Kanale, wie ihn, wenn auch nicht ganz so lang, bereits Kjellin angewendet hat. Der Kanal *A* ist in mehrfachen Windungen in einer Bettung von feuerfestem Mauerwerke ausgespart und endigt in zwei große Stahlblöcke *B*, die durch in ihrem Innern angebrachte Wasserkühlung am Schmelzen verhinderr werden. Sie dienen zur Zuführung des Stroms,

---

[1]) Stahl und Eisen 1907, 3, 81.
Gießerei-Zeitung 1907, 1, 11.

[2]) Elektrochemische Zeitschrift XI, 3, 67.
Electrochemist and Metallurgist 1904, 22, 573.
L'éclairage électrique 1904, 48.
Patente: D. R. P. 188253 u. a. m.
Franz. Patent 263783 u. a. m.
Zeitschrift für angewandte Chemie 1905, 13.

der bei *G* ein- und austritt. Fig. 42 zeigt die Art und Weise, wie die Wasserkühlung der Blöcke *B* ausgestaltet ist; sie ist übrigens auch aus Fig. 39 ersichtlich. Die ganze hier beschriebene Anordnung ist auf einer Art von kleinem Lowrywagen

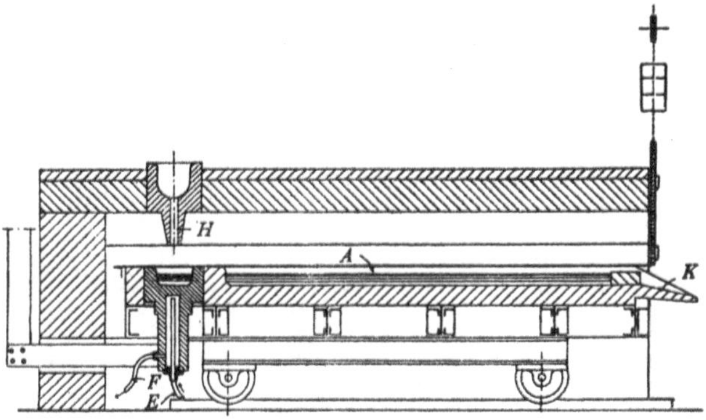

Fig. 39.

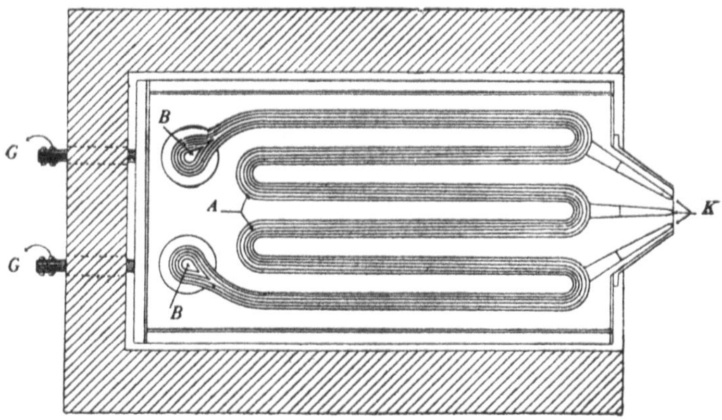

Fig. 40.

montiert, der auf Schienen läuft und der, sobald der Prozeß in Gang gesetzt werden soll, unter ein Gewölbe (siehe Fig. 39 und Fig. 41) gefahren wird, das den Zweck hat, die Wärmeausstrahlung zu verhindern. Das Roheisen wird durch die im Gewölbe angebrachten Einfüllöffnungen *H* eingegossen; ferner sind in der Stirnwand des Gewölbes die Stromzuführungsschienen *G* angebracht. Der durch diese zugeführte Strom findet in den großen Metallblöcken *B* keinen oder nur geringen Widerstand und erhitzt sie daher nicht sehr stark; hingegen wirkt der lange und schmale mit der Beschickung gefüllte Kanal als Widerstand, und es tritt infolgedessen Erhitzung und Läuterung des Eisens ein. Sehr treffend hat Gin seinen Ofen mit einer elektrischen Glühlampe verglichen, deren Faden anstatt aus Kohle aus geschmolzenem Metall besteht.

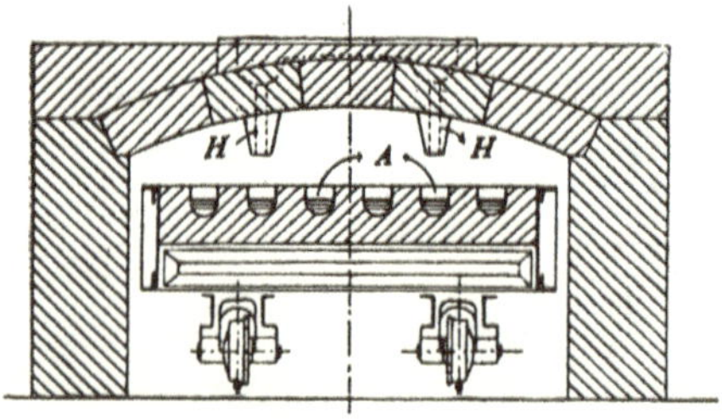

Fig. 41.

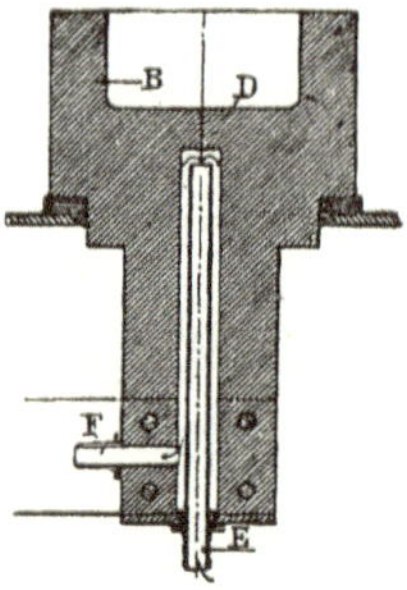

Fig. 42.

In dem Ofen soll sowohl der Schrottprozeß wie auch der Erzprozeß durchführbar sein. Der letztere wird in der Weise ausgeführt, daß zu dem Roheisen, wenn es die nötige Temperatur erlangt hat, Erz zugesetzt wird. Es tritt dann ein leichtes Aufkochen ein, das allmählich wieder nachläßt, worauf das Erscheinen kleiner blauer Flammen auf der Oberfläche des Bades von dem Verbrennen des Kohlenstoffs Kunde gibt. Sind diese Flammen verschwunden, so wird eine neue Menge Erz zugegeben, wobei dieselben Erscheinungen, allerdings in schwächerem Maße, auftreten; es wird dann in dieser Weise so lange fortgefahren, bis die Kleinheit der blauen Flammen anzeigt, daß eine weitere Entkohlung nicht mehr durchführbar ist. Dies ist der Zeitpunkt, wo Testproben entnommen werden und wo, wenn es sich als nötig erweist, Spiegeleisen oder Ferromangan zugegeben wird. Die ganze Oxydation des Kohlenstoffs vollzieht sich also ohne Luftzutritt und lediglich durch den Sauerstoff des oxydischen Eisenerzes.

Infolgedessen ist die Menge, die bei jeder Charge reduziert werden kann, beschränkt. Die zur Entphosphorung und Entschwefelung dienenden Materialien können jederzeit, sobald das Metall sich in gutem Schmelzfluß befindet, zugegeben werden: also sowohl vor als während sowie nach der Entkohlung. Die Schlacke wird mittels einer eisernen Krücke durch einen vor dem Ofen stehenden Arbeiter entfernt. Das fertige Metall wird bei *K* abgezogen.

In diesem Ofen will Gin auch Spezialstahl darstellen[1]). Die Oxydation des Siliciums soll dabei durch Mangansuperoxyd nach folgender Formel stattfinden:

$$\underbrace{\frac{m\,Fe + 2n\,Si\,Mn_2}{\text{Metallbad}}} + 3\,Mn\,O_2 =$$

$$\frac{m\,Fe + 5n\,Mn}{\text{Manganstahl}} + \frac{2n\,Mn\,Si\,O_3}{\text{Schlacke}}.$$

Das Material für den Ofen besteht aus Bauxit oder Chromeisenstein.

Zur Verarbeitung eines Eisens von folgender Zusammensetzung:

Kohlenstoff	3,60 %
Silicium	1,68 »
Mangan	1,10 »
Phosphor	1,62 »

wendet Gin die nachstehende Charge an:

Roheisen resp. Eisenschrott .	924 kg
Eisenerz (mit 75 % Eisenoxyd)	320 »
Kalk	56 »

Die Kosten seines Verfahrens berechnet Gin in langen theoretischen Ausführungen, auf Grund deren er zu dem Resultate kommt, daß sich die Gestehungskosten der Tonne elektrisch hergestellten Stahls bei einer Jahresproduktion von 30000 t sowohl beim Schrottprozeß wie beim gemischten Erzprozeß auf etwa 62 M. stellen würden. Leider ist diese

[1]) Franz. Patent Nr. 316111.

Berechnung eben nur eine theoretische, und über die Anlage zu Plettenberg, in der das Verfahren erprobt werden sollte, sind genaue Betriebsergebnisse bisher nicht bekannt geworden.

Außer diesem Ofen hat Gin noch eine ganze Anzahl weiterer konstruiert[1]), die absolut nichts Wesentliches darbieten, so daß sie übergangen werden können. In allerneuester Zeit soll er sich dem Induktionsprinzip zugewendet haben.[2]) Bei den vielen von ihm ausgehenden Veröffentlichungen, in denen wenig tatsächliche Betriebsergebnisse enthalten sind, ist ein klares Bild vom gegenwärtigen Stand der Versuche nicht zu gewinnen.

Eine neuere der Ginschen Ofenkonstruktionen soll folgende Operationen verwirklichen: Schmelzung, Oxydation der Verunreinigungen, Reduktion des gelösten Kohlenoxyds, Rückkohlung und Einführung bestimmter Metallzusätze. Der Ofen hat 3 Abteilungen, in zweien werden je zwei Elektroden, in einer drei Elektroden von oben eingeführt. Die Abteilung mit den drei Elektroden dient zur Schmelzung und Raffination durch Oxydation, die eine der anderen Abteilungen zur Reduktion und Kohlung. Die drei Elektroden sind direkt mit den Klemmen der Stromquelle verbunden, die andern sind parallel dazu geschaltet. Der Strom geht durch eine Schlackenschicht zum Metall. Die Schlacke ist der eigentliche Sitz der Hitze. Die Ausmauerung in der ersten Abteilung ist sauer oder basisch, in den anderen Abteilungen besteht sie aber unten aus Magnesia, oben aus Chromerz. Man setzt zuerst Schrott ein, gießt flüssiges Eisen oder Stahl auf und setzt dann Erz oder oxydreiche Schlacke und etwas Kalk bei phosphorhaltigen Erzen nach. Das Metallbad in den anderen Abteilungen soll neutral gehalten werden. Das Metall zirkuliert von der ersten Abteilung nach den beiden anderen. In der dritten Abteilung geschieht das Fertigmachen.

---

[1]) Eng. and Min. Journal 1905, 80, 875.
La Revue électrique 1905, 44, 243.
Gießerei-Zeitung 1906, 527 usw.

[2]) Stahl und Eisen 1907, 2, 42.

Das Prinzip scheint demnach dasselbe zu sein wie beim Héroultofen. Ob jedoch der komplizierte Ofen, in dem es ausgeübt werden soll, ein bequemes Arbeiten gestatten wird, bleibt abzuwarten.

Ebenso wie Öfen, hat Gin auch eine Menge von Verfahren zur Gewinnung von Eisen und Eisenlegierungen angegeben, die aber allesamt keine Gesichtspunkte enthalten, welche uns erwähnenswert erscheinen. Wir haben uns daher darauf beschränkt, obiges Verfahren, das in Plettenberg tatsächlich probeweise in Betrieb steht, wiederzugeben, während wir von den anderen nicht einmal erfahren konnten, ob die Absicht besteht, sie zu erproben. Wer sich dafür interessiert, sei daher auf die angegebene Literatur verwiesen.

Das Verfahren von Grange.

Einige Verfahren stellen sich die Aufgabe, durch das Zusammenwirken reduzierender Gase und der elektrischen Lichtbogen- resp. Widerstandserhitzung zunächst reinen Eisenschwamm zu gewinnen, der dann mit Hilfe der elektrischen Energie geschmolzen wird. Da bei einem solchen Verfahren die Verunreinigungen der Kohle die Beschaffenheit des Produktes nicht in ungünstiger Weise zu beeinflussen vermögen, so ließe sich darnach theoretisch ein gutes Qualitätseisen erzielen. Praktisch ist jedoch die Lösung dieser Aufgabe noch nicht gelungen, da einerseits genügend reine Gase schwer in großen Mengen herzustellen sind, da sie ferner bald durch zu große Mengen Kohlenoxyds verdünnt werden, da infolge der vorhandenen nicht reduzierenden Gasmengen die Wärmeökonomie eine unrationelle ist und die Temperaturen nicht hoch genug gebracht werden können usw. Außerdem sind beträchtliche Höhen des Ofenschachtes nötig, wodurch infolge der Wärmeableitung durch das Mauerwerk ebenfalls starke Wärmeverluste entstehen. Verfahren, die dieses Prinzip in mehr oder weniger klarer Ausgestaltung zu verwirklichen suchen, sind die von Charles Grange, von Gérard, Petersson und von Ruthenburg. Auch die neuesten amerikanischen Patente sowie der Economiseur Héroults (siehe S. 44) bezwecken eine wenigstens teilweise Ausgestaltung desselben.

Das Verfahren von Grange[1]) hat mit dem sogleich zu besprechenden Verfahren von Gérard das gemein, daß zunächst in einem ersten Prozeß, wie oben beschrieben, Eisenschwamm gebildet werden soll, der dann in einem Raffinationsprozeß geschmolzen resp. in Stahl umgewandelt wird. Während Gérard den Prozeß in zwei Öfen vornimmt, behauptet Grange, mit einem einzigen Ofen auszukommen. In Wirklichkeit liegt aber auch hier ein Zweiofensystem vor, bei dem nur die beiden

Fig. 43.

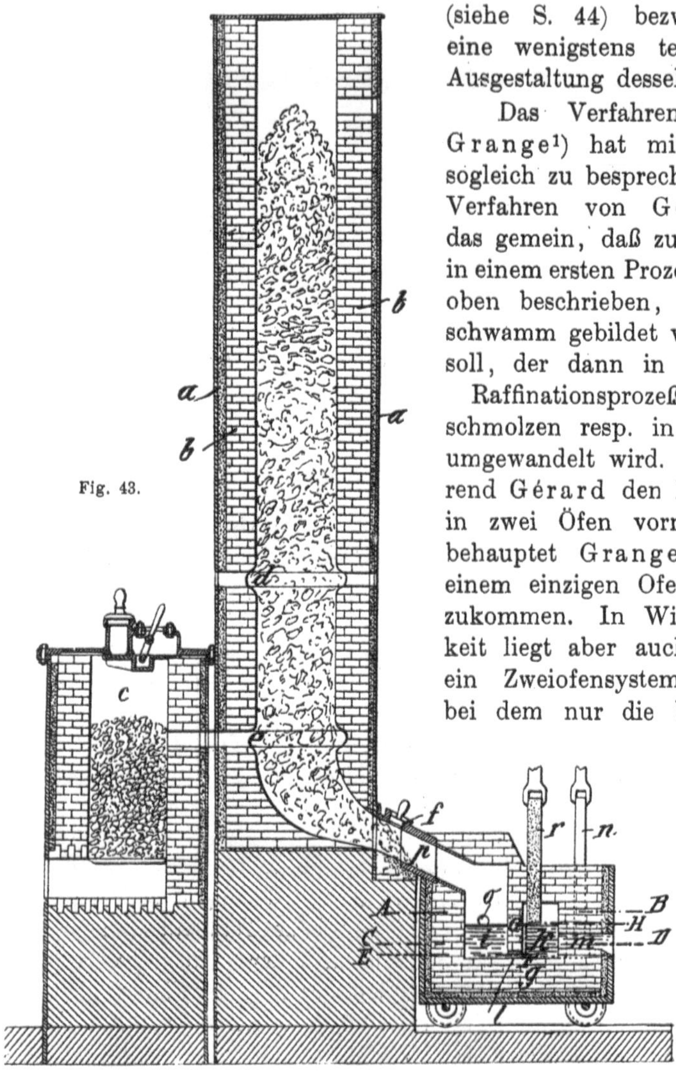

[1]) Elektrochemische Zeitschrift X, 10, 238.
D. R. P. 139 097.
Zeitschrift für angewandte Chemie 1905, 13.

Öfen durch ein gemeinsames Mauerwerk umschlossen sind. Betrachtet man den hohen Schachtofen als einen besonderen Ofen, so kann man mit Recht sogar von einem Dreiofensystem sprechen.

Eine Anlage von Grange in Aiguebelle in Frankreich dient zu Versuchen. Der Ofen ist folgendermaßen konstruiert: In dem in Fig. 43 dargestellten hohen Schachtofen *a, b* wird aus den Erzen unter Verwendung von reduzierenden Generatorgasen, die in dem Generator *c* erzeugt werden, Eisenschwamm hergestellt. Der Schachtofen mündet in den schrägen Kanal *p*, der mit einer Öffnung versehen ist, durch die man einen Schieber od. dgl. einführen kann, um den reduzierten Eisenschwamm in den Schmelzofen hinab zu befördern. Dieser Schmelzofen, den, wie wir bereits erwähnten, Grange als eine Einheit ausgibt, während er in Wirklichkeit ein Zweiofensystem darstellt, schließt sich unten direkt an den Schachtofen an. Er besteht aus einem von feuerfestem Mauerwerk *g* umschlossenen Schmelzraum, der durch eine Zwischenwand *G* in zwei Kammern *i* und *k* geteilt ist, die durch eine unterhalb der Zwischenwand befindliche schmale Öffnung *l* miteinander in Verbindung stehen. Die Zwischenwand hat den Zweck, zu vermeiden, daß die Schlacken mit der Kohlenelektrode *r* in Berührung kommen, da sonst die Arbeitsleistung infolge der schlechten Leitfähigkeit der Schlacken verringert und das Verfahren infolge erhöhten Stromkonsums verteuert werden würde. Sie hat aber auch den weiteren Zweck, beim Abstechen des Metalls keine Luft zu dem reduzierten Eisenerz gelangen zu lassen. Um dies zu erreichen, wird die Abstichöffnung *m* etwas oberhalb der Oberkante der Öffnung *l* angeordnet, so daß beim Abstechen stets Metall in der Öffnung *l* bleibt.

Von den durch die Scheidewand entstandenen beiden Kammern ist die dem Schachtofen zunächst liegende, also die Kammer *i*, durch den Kanal *p* mit demselben verbunden. Sie stellt insofern einen Ofen dar, als sich in ihr unter dem Einfluß der durch das Metallbad weitergeleiteten Hitze, die in der benachbarten Kammer *k* infolge der durch den Lichtbogen eingeleiteten Reaktion sich entwickelt, der letzte Teil des

Schlackenbildungsprozesses vollzieht, so daß nach der Kammer k nur solches Material gelangen kann, das keine am Schlackenbildungsprozeß beteiligten Stoffe mehr enthält. In dieser ersten Kammer resp. dem ersten Ofen i befindet sich auch die Abstichöffnung o für die Schlacke. Die Kammer, resp. der Ofen k hingegen ist der eigentliche elektrische Teil der Anordnung. Durch sein Mauerwerk geht außer der Kohlenelektrode r auch noch ein Eisenstück n hindurch, das ebenfalls als elektrischer Leiter dient und das während des Schmelzens beständig mit dem Metall in Berührung steht. Fig. 44—46 erläutern die Ausgestaltung des Schmelzofens nach den Schnitten $A—B$, $C—D$, $E—F$, $G—H$ der Fig. 43.

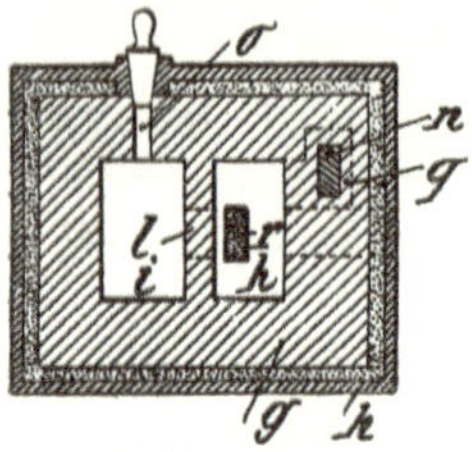

Fig. 44.

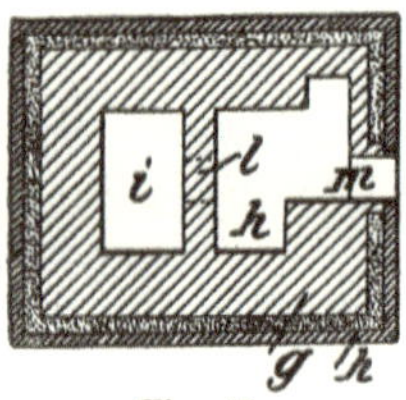

Fig. 45.

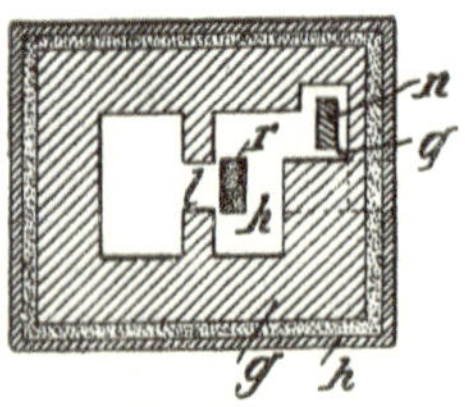

Fig. 46.

Der Betrieb mit diesem Ofen gestaltet sich folgendermaßen: es wird zunächst die Kammer i mit reduziertem Erz, also Eisenschwamm aus dem Schachtofen, beschickt, und ebenso wird auch die Kammer k bis zur richtigen Höhe mit Eisenschrott beschickt; hierauf läßt man das Eisenstück n so weit nieder, daß es mit dem Eisenschrott in Berührung kommt, worauf man auch die Kohlenelektrode r so weit senkt, daß ein Lichtbogen entsteht. Unter der Hitze dieses Bogens schmilzt zunächst das Eisen in k und hierauf, nachdem durch das geschmolzene Eisen die wärmeleitende Verbindung mit i hergestellt ist, auch der Eisenschwamm in dieser Kammer. Hier tritt nun sofort die Schlackenbildung ein, und die fertige, obenauf schwimmende Schlacke wird bei o abgelassen. Nunmehr, nachdem so der Prozeß eingeleitet ist, läßt man in demselben Maße, wie bei m fertiges Eisen abgestochen wird, durch p neues Material zufließen, und der Prozeß geht nun kontinuierlich weiter. Ein Schachtofen versorgt immer mehrere an seinem unteren Teile angebrachte derartige Raffinieröfen mit Material. Diese sind auf Schienen angebracht, so daß sie zur ununterbrochenen Aufnahme neuer Beschickung in dem Maße, wie der Abstich erfolgt, an den Schachtofen herangefahren werden können. In dem Ofen lassen sich auch Spezialstahle, wie Chromstahl, Nickelstahl usw., in der Weise darstellen, daß man in die Kammer *k* die entsprechenden Mengen von Chrom oder Nickel bringt, die sich dann ohne weiteres mit dem Eisenmetall legieren.

Es ist wohl anzunehmen, daß auch in *k* noch eine geringe Schlackenbildung stattfindet, so daß zwischen dem Metalle und dem unteren Teile der Kohlenelektrode *r* eine dünne trennende Schlackenschicht sich vorfindet, die eine Kohlenaufnahme von dieser Elektrode aus verhindert.

Das Verfahren von Gérard.

Dieses Verfahren[1]) ist Eigentum des »Syndicat de l'acier Gérard« (Société civile d'étude) in Paris, das es in einer Versuchsanlage in Savoyen ausübt. Das Verfahren erinnert insofern an dasjenige von Harmet (siehe S. 62), als auch bei ihm eine möglichst intensive Wärmeausnutzung dadurch zu erzielen gesucht wird, daß die heißen Abgase einen geschlossenen Kreislauf im Ofensystem vollenden. Während aber beim Harmetschen Verfahren die der Gicht des Reduktionsofens entströmenden Gase in den unteren Teil des Schmelzofens geleitet werden, hat Gérard dieses System noch weiter ausgebildet, indem er die Gase aus dem Reduktionsofen in den Schmelzofen und umgekehrt wieder die aus dem Schmelz- resp. Schachtofen in den Reduktionsofen leitet. Es ist so in der Tat eine Art der Ausnutzung dieser Gase geschaffen, die an Vollkommenheit nichts zu wünschen übrig läßt.

---

[1]) Elektrochemische Zeitschrift XI, 6, 132.
D. R. P. 147236.
Zeitschrift für angewandte Chemie 1905, 13.

Der Ofen (Fig. 47) besteht aus einem Schachtofen *a* und einem Raffinierofen *e*. Der Schachtofen ist in der üblichen Weise mit einer Gichtungsvorrichtung *b*, *c* versehen, die den Zweck hat, das Gichten unter möglichster Vermeidung von Luftzutritt zu ermöglichen. Die Form des Schachtofens gleicht fast vollkommen der des gewöhnlichen Hochofens; am Rast-

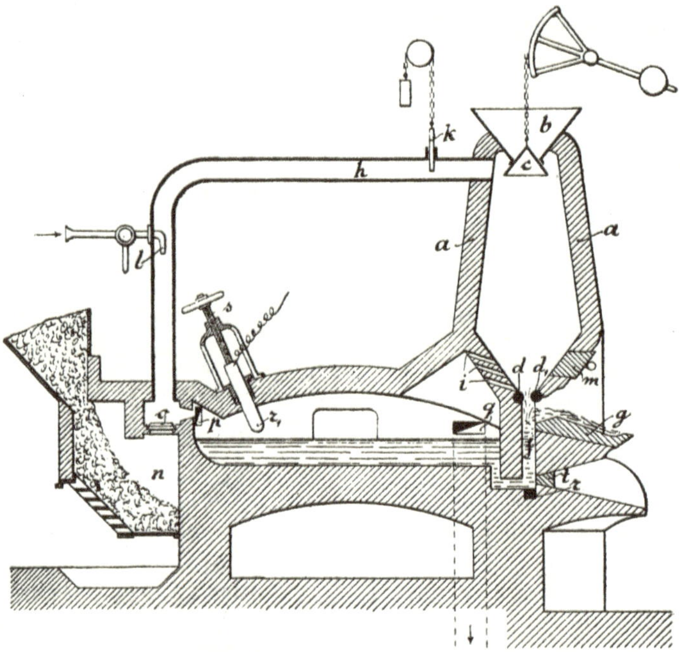

Fig. 47.

ansatz befinden sich die Elektroden d, d_1. Verschiedenheiten baulicher Art gegenüber dem Hochofen treten erst unterhalb des Rastansatzes auf, wo der Herd des Hochofens durch einen schmalen Kanal *f* ersetzt ist, der nach dem Raffinierofen *e* hinführt. In ähnlicher Weise wie bei dem oben besprochenen Ofen von G r a n g e findet durch einen Mauereinsatz die Zurückhaltung der Schlacke statt, die beim Überlauf *g* abfließt. Außer durch den Kanal *f* steht der Schachtofen noch durch die in der Rast angebrachten Öffnungen *i* sowie durch das Rohr *h* mit dem Raffinierofen in Verbindung. Dieses Rohr *h* ist mit einem Absperrschieber *k* sowie mit einer Dampfzuleitung *l* versehen, von denen der erstere zur Regulierung und eventuellen gänzlichen Absperrung der Gasmenge, die Dampfzuleitung zum Anreichern des Gases mit Wasser dient. Die gegenüber den Öffnungen *i* angebrachte Schieberöffnung *m* ermöglicht das Reinigen der Rast. Am Raffinierofen ist ein Gasgenerator *n* angeordnet, der durch einen Absperrschieber *o* verschlossen werden kann. Durch *p* kann erhitzte Luft zugeführt und bei *q* können überschüssige Gase abgeführt werden. Wenn wir noch hinzufügen, daß im Raffinierofen die negative Elektrode *r* an der Sohle im unteren Teil des Kanals *f*, und die positive Elektrode r_1 an der Ofendecke so angebracht ist, daß sie mittels der Einstellvorrichtung *s* in das flüssige Metall eingetaucht werden kann, so ist das Prinzip des Ofens wohl ohne weiteres klar, und wir können uns darauf beschränken, den Gang eines Prozesses in aller Kürze anzugeben.

Das vorbereitete Erz wird in den Schachtofen gegeben und dort zu Eisenschwamm reduziert. Der Kreislauf der Gase wird dadurch eingeleitet, daß man zunächst Gas vom Generator aus eintreten läßt, den man aber dann, sobald der Prozeß im Gange ist, wieder absperrt. Die Schachtofengase treten nun unter der Einwirkung des aus *l* ausströmenden Dampfstrahls in den Raffinierofen, werden dort mit Luft verbrannt und ziehen durch *i* in den Schachtofen, von wo der Kreislauf von neuem beginnt. Die in der Rast des Schachtofens angebrachten Elektroden sollen das Metall nur schmelzen; zu diesem Zwecke hat der verwendete Strom eine niedrige Spannung und eine hohe Stromstärke. Das geschmolzene Metall läuft in den Raffinierofen und wird dort in bekannter Weise raffiniert. Während des Raffinationsprozesses kann der Schachtofen außer Betrieb gesetzt und die Gichtgasleitung abgesperrt werden. Ein besonderer Vorteil des Verfahrens soll darin liegen, daß infolge der eigenartigen Anordnung der Elektroden ein starkes Aufwallen und Durchrühren (Puddeln) des Metalls stattfindet, wobei zahlreiche Tropfen in die Höhe geschleudert werden, die dadurch in innige Berührung mit dem den Ofenraum erfüllenden Gas kommen; hierdurch findet eine kräftige Reduktion statt, die in kürzester Zeit vollendet ist. Auch hier soll, ähnlich wie beim Prozeß Grange, ein Schachtofen immer mehrere Raffinieröfen versorgen, die um ihn herum angeordnet sind.

Das Verfahren von Petersson.

Bei diesem Verfahren[1]) wird zunächst in ähnlicher Weise wie bei den Verfahren von Grange und Gérard in einem Schachtofen Eisenerz durch überhitztes Kohlenoxydgas in Eisenschwamm umgewandelt, wobei die Gase einen ähnlichen Kreislauf durchmachen wie bei dem Gérardschen Verfahren. Der wesentliche Unterschied liegt nur darin, daß die Gase, um sie möglichst stark zu überhitzen, im Reduktionsofen so geführt werden, daß sie durch den zwischen den Elektroden spielenden Flammenbogen hindurchstreichen müssen, so daß sie von diesem Hitze aufnehmen. Ob das Verfahren als ein ökonomisches bezeichnet werden kann, da doch hierbei die Umgebung des Flammbogens eine entsprechende Abkühlung erfährt, mag dahingestellt bleiben. Betriebsergebnisse sind nicht bekannt gegeben worden.

Die Verfahren von Ruthenburg.

Es wurden bisher durchweg Öfen betrachtet, die gewöhnliche oxydische Erze oder Roheisen oder Eisenschrott oder Gemenge dieser drei Substanzen verarbeiten. Nun gibt es aber eine ganze Anzahl von Erzen, die von außerordentlicher Reinheit sind, so rein, daß sie nach der magnetischen Aufbereitung ein Produkt liefern, dessen Zusammensetzung nahezu vollkommen der chemischen Formel Fe_3O_4 entspricht. Diese Erze, die wegen ihrer Reinheit einen großen Wert repräsentieren, haben die unangenehme Eigenschaft, daß sie außerordentlich schwer zu bearbeiten sind. Sie zerfallen schon beim Pochen in ein feines Pulver, das so fein ist, daß es den

[1]) D. R. P. 148541.

Luftdurchzug im Hochofen hindert und denselben versetzt. Man hat nun alles mögliche probiert, um auch diese Erze resp. das Aufbereitungsprodukt aus denselben, die sog. »Concentrates«, zur Verarbeitung zu bringen. So hat man zunächst für den Hochofenprozeß ein Brikettierverfahren angewandt, das aber eine erhebliche Verteuerung bedingte und außerdem nicht leicht auszuführen war. Ferner hat man versucht, die Erze mit 5—10 % Zement zu binden, und Mathesius hat ein Brikettierungsverfahren in Anwendung gebracht, bei dem Hochofenschlacke zur Verwendung kommt, die nach einer eigenartigen Methode aufgeschlossen und in einen Zement umgewandelt wird. Diese Schwierigkeiten, die sich bei der Verarbeitung der genannten Erze ergaben, legten nun den Gedanken nahe, diese Verarbeitung auf elektrischem Wege zu versuchen. Markus Ruthenburg hat in der Tat ein Verfahren[1]) ausgearbeitet, das sehr zufriedenstellende Resultate liefert, soweit es sich nur darum handelt, die »concentrates« in eine zur weiteren Bearbeitung geeignete Form zu bringen. Eine vollkommene Reduktion ist nach demselben jedoch nicht möglich.

Der Apparat besteht (Fig. 48) aus einem großen Trichter *1*, in den die aufbereiteten und gepulverten Erze *5* eingefüllt werden, die dann aus der engen unteren Öffnung des Trichters herausgleiten. Das Erz fällt direkt in den Zwischenraum

---

[1]) Chemikerzeitung 1903, 88, 1083.
Electrical World and Engineer 1901, 22, 895.
Electrochemical Industry 1902, 4, 141; 1903, 6, 202.
Elektrochemische Zeitschrift 1903, 10, 124, 216.
Journal de l'Electrolyse 1902, 139, 2; 1903, 164, 1.
Patente: D. R. P. 138659.
Amerika 687505 u. a. m.
England 13867, 02.
Transactions of the American Electrochemical Society, 1903, 4, 19.
Zeitschrift für angewandte Chemie 1904, 5, 138; 1905, 13, 536,
Bericht der kanadischen Kommission.
Ztschr. f. Elch. 1904. 30, 529.
Sitzungsberichte d. Ver. f. Gewerbefleiß 1905, 102.

zwischen zwei Walzen, von denen in Fig. 48 jedoch nur die eine im Durchschnitt wiedergegeben ist. Diese Walzen stellen die Umkleidung der beiden Pole eines starken Hufeisenmagneten dar, dessen einer Pol in Fig. 48 bei *6* sichtbar ist. Sie sind mit Wasserkühlung *8* versehen, und ihr äußerer Rand *12* ist aus Bronze hergestellt. Um diesen Rand herum ist nochmals eine Schicht *2* aus Retortenkohle gelegt. Die beiden Walzen werden von einem Elektromotor *15*, dem durch die Leitung *16* und *17* der Strom zugeführt wird, angetrieben und drehen sich in entgegengesetztem Sinne. Ihre nähere Einrichtung ist auf der photographischen Aufnahme Fig. 49 deutlicher vielleicht als aus der eben besprochenen Durchschnittszeichnung zu erkennen. Um den Elektromagneten kreist ein elektrischer Strom von 500 Amp. und 100 Volt.

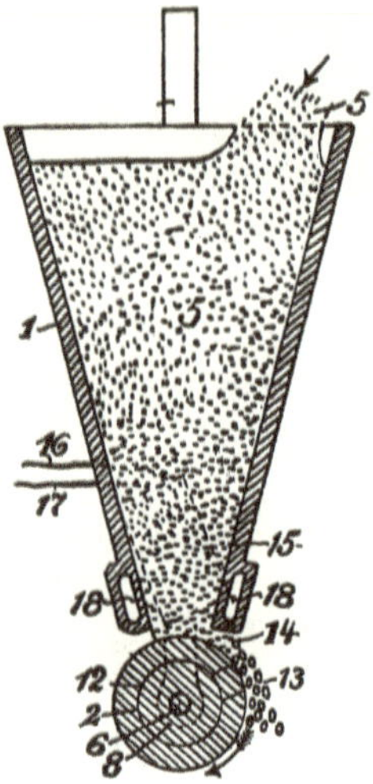

Fig. 48.

Das Eisenerz tropft aus der Trichteröffnung *18* auf diese Walzen und wird, da es, wie schon aus seiner chemischen Zusammensetzung hervorgeht, selbst magnetisch ist, auf ihrer Oberfläche festgehalten. Es füllt sich so der Zwischenraum zwischen den beiden Walzen mit Erz aus, das zuletzt eine magnetische Brücke von Walze zu Walze bildet, durch die der Strom hindurchgeht. Infolge dieses Stromdurchgangs gerät das Erz in Glut, es wird geschmolzen, und es tritt hierbei ein Zusammenbacken (mit einem etwa beigefügten Zuschlag) ein. Das Produkt tropft von der Brücke in Form walnußgroßer Stücke *13* ab, die Ruthenburg »beans« (Bohnen) nennt und die aus zusammengesintertem und eventuell mit Zuschlag gemischtem Erze bestehen, das nun zur Weiterverarbeitung im Hochofen oder im elektrischen Ofen geeignet ist. Die genannte Vorrichtung dient also in erster Linie zur Vorbereitung des Erzes für einen nachfolgenden Läuterungsprozeß. Ruthenburg läßt die »beans« direkt in einen Schacht fallen, in dem ihnen heiße reduzierende Gase entgegenströmen, durch die bereits eine teilweise Reduktion bewirkt wird, besonders wenn vorher eine Vermischung der Concentrates mit Reduktionsmitteln stattgefunden hat.

Wie das Verfahren arbeitet, darüber geben die nachstehenden Analysen Aufschluß, die von der kanadischen Kom-

Fig. 49.

mission herrühren. Zunächst sind die Veränderungen, die die Erze bei ihrer Aufbereitung zu »Concentrates« erfahren, aus nachstehenden Untersuchungen ersichtlich:

	Erze	Concentrates
SiO_2 .	8,46 %	1,21 %,
Fe . .	56,22 »	68,88 »
O .	19,66 »	25,34 »
TiO_2	14,93 »	3,01 »
MnO	0,41 »	0,27 »
P	0,008 »	0,004 »
S	0,005 »	Spur.

Für den Prozeß im magnetischen Ofen werden die in Spalte 2 in ihrer Zusammensetzung charakterisierten Concentrates mit Koks und Sägespänen vermischt, und zwar in der Weise, daß 80 Gewichtsteile Concentrates, 20 Teile Koks und 5 Teile Sägespäne miteinander gemengt werden. Der verwendete Koks enthielt 88,21 % Kohlenstoff, die Sägespäne ungefähr 50 %. Sieht man von dem Aschengehalt des Koks ab, so würde demnach die Charge folgende Zusammensetzung zeigen:

SiO_2	0,93 %
Fe_3O_4	69,98 »
Fe (nicht mit Sauerstoff verbunden)	1,98 »
TiO_2	2,29 %
C	19,16 »

Die aus den Walzen abtropfenden Bohnen wurden teilweise in Wasser fallen lassen und dadurch schnell gekühlt, teilweise am Boden des Ofens langsam abkühlen lassen. Ihre Analyse ergab folgende Resultate:

	abgeschreckt	langsam gekühlt
SiO_2	1,71	1,76
Fe_3O_4	77,43	70,65
Fe	3,90	10,39
TiO_2	2,24	2,56
C	14,72	14,64

Aus diesen Analysen geht deutlich hervor, daß die Reduktion der Erze im magnetischen Ofen eine außerordentlich unvollkommene ist, und der Wert des Verfahrens dürfte demnach wohl nur darin liegen, daß durch dasselbe das feine Pulver in eine andere Form gebracht wird. Die Reduktion der heißen »beans« im Schacht hat nichts mit dem elektrischen Teil des Verfahrens zu tun, und ihr Wirkungsgrad hängt von der Natur der Gase sowie der Geschwindigkeit und Temperatur der »beans« ab.

Die Angaben über die Kosten des Verfahrens widersprechen sich. Ruthenburg gibt den Energieverbrauch für 1 t (nicht fertigen Eisens) auf 250 KW-Stunden an.

Goldschmidt[1]) berechnet denselben folgendermaßen:

Schmelzpunkt des Fe_3O_4 1500° (angenommen),
Spezifische Wärme 0,156° (Kopp),
Latente Schmelzwärme 50 Kal. (angenommen),
Wärmewert von 1 Watt 0,25 Kal.

---

[1]) Zeitschr. f. Elch. 1904, 30, 530.

Daher zum Schmelzen von 1 t Fe_3O_4

$$1000 \frac{1500 \cdot 0{,}156 + 50}{0{,}24 \cdot 3600} = 229 \text{ KW-Stunden.}$$

Die Kommission kommt auf Grund ihrer Messungen zu dem Resultate, daß in 24 Stunden 1,18 t verarbeitet werden können, und daß der gesamte Energieverbrauch hierfür sich

Fig. 50.

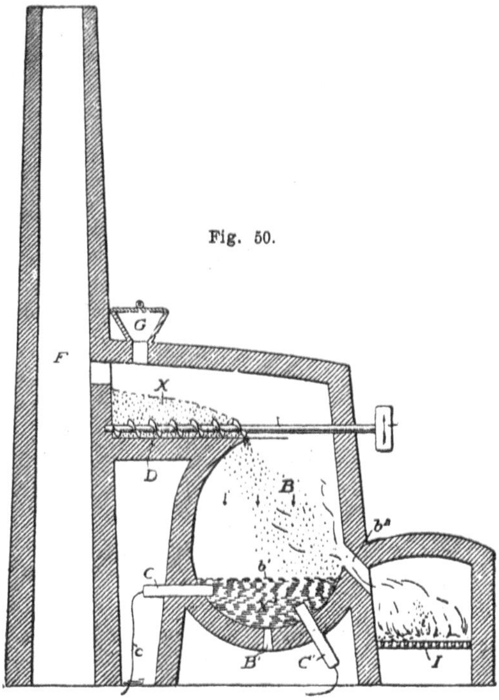

auf 417,6 KW-Stunden beläuft. Es wäre demnach der Energieverbrauch für 1 t Erz 345,9 KW-Stunden.

Das Ruthenburgsche Verfahren wurde von den »Cowler Electric Smelting and Aluminium Works« zu Lockport N. Y. erworben.

Ruthenburg hat einen weiteren Ofen konstruiert, der, ebenso wie sein erster Ofen, dazu dienen soll, solche Erze, die bei der Aufbereitung in ein feines Pulver zerfallen, so daß sie im Hochofen nicht verarbeitet werden können, der Reduktion und Verarbeitung auf Eisen zugänglich zu machen. Dieser Ofen[1]) (Fig. 50) besteht aus einem Tiegel *B*, in den zwei Elektroden *C*, *C'* hineinragen. Oberhalb dieses Tiegels befindet sich zwischen seinem oberen Rande und dem Kamine *F* der Schraubengang *D*. Die Charge wird bei *G* zugegeben und mit Hilfe der Schraube dem Tiegel *B* in regelmäßigen Anteilen zugeführt. Schon während der Zeit, wo das feinpulverige Material bei *X* aufgeschichtet liegt, wird es bis fast zu seiner Reduktionstemperatur vorgewärmt und teilweise geschmolzen; während es allmählich in den Tiegel niederfällt, wird die Reduktion durch die Gase, die ihm aus der Feuerung *I* entgegenströmen, vollendet, und die Masse, die, wenn sie auf dem Boden des Tiegels anlangt, in der Hauptsache aus geschmolzenem Eisen besteht, wird dort durch den zwischen den beiden Elektroden spielenden Lichtbogen gar vollkommen raffiniert; das fertige Produkt wird bei *B* abgestochen.

Das Verfahren von Galbraith und Steuart.

Das Verfahren von Galbraith und Steuart soll in ähnlicher Weise wie der Ofen von Ruthenburg[2]) zur Verarbeitung pulverförmiger Erze dienen und steht in England zu ihrer Verarbeitung in Betrieb. Seine Konstruktion geht aus Fig. 51 ohne weiteres hervor. Fig. 52 gibt die Form eines Rostes und des darüber liegenden Verteilungstrichters

---

[1]) Le Mois scientifique et industriel 1904, 517.
Amer. Patent 722 253. Zeitschrift für angewandte Chemie 1905, 13.

[2]) Amer. Pat. 779 844 und 796 312. D. R. P. 166 160.
Electrical Engineer 1905, 21. The Electrical Review 1905, 57, 128.
The Electrician (London) 1905, 55, 539;
Electrochem. and Metallurg. Industry 1905, 112 und 346;
Elektrochemische Zeitschrift 1906, 8, 171.
Ztschr. f. Elch. 11, 32, 515 (1905).
Zeitschrift für Elektrotechnik, Wien 1905, 37.
Zeitschrift f. angewandte Chemie 1907, 3, 105.

wieder. Die pulverförmigen Erze fallen im Ofenschacht auf Verteilungstrichter und vor diesen auf Roststäbe aus nicht leitendem Material, die an ihren beiden Enden mit Stromzuführungen versehen sind, so daß das auf den Roststäben liegende Gut den Heizwiderstand bildet. Dasselbe sintert zusammen und bildet »beans«, die dann von den untersten Roststäben in den eigentlichen darunter befindlichen Schmelzofen fallen, den sie nunmehr infolge ihrer Gestalt, die den Durchzug der Gase ermöglicht, nicht mehr zu versetzen vermögen.

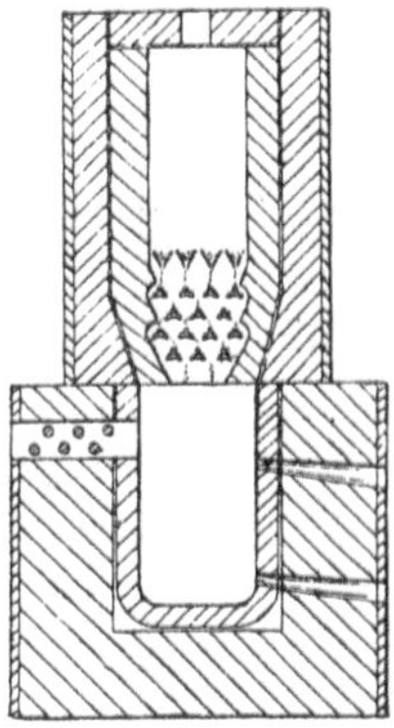

Fig. 51.

Die Roste sind aus Graphit hergestellt. Ihre Stäbe haben eine Dicke von etwa 2,5 cm. Der Strom kam mit 100 KW bei 300 Volt aus einer Einphasenmaschine und wurde so transformiert, daß er mit 18 Volt in den Ofen gelangte.

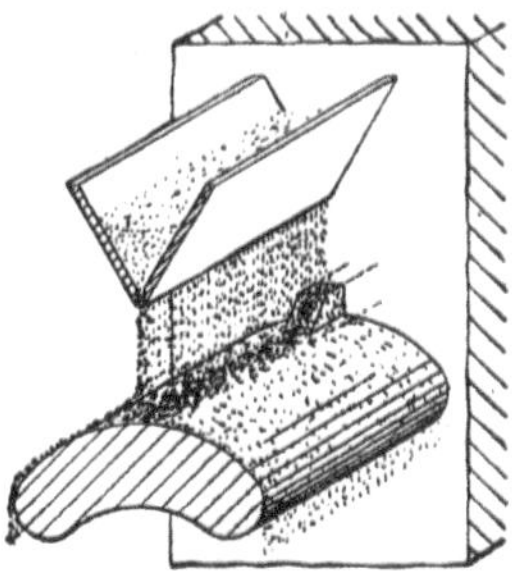

Fig. 52.

Der Ofen ist Eigentum der »Galbraith Iron and Steel Company« in London, die in der Fabrik der »Brush Electric Company« einen Ofen aufgestellt hat, in dem eisenhaltiger Sand verarbeitet wird, wie er sich an der Küste von Neuseeland findet. Seine Verhüttung war selbst in Form von Briketts in elektrischen Öfen anderer Typen sowie in Hochöfen unmöglich. Dieser Sand bedeckt große Strecken der Bucht von Tarnaki und soll später entweder an Ort und Stelle oder in Chile unter Verwendung der dortigen reichlichen Wasserkräfte verarbeitet werden.

Die chemische Zusammensetzung dieses Sandes ist die folgende:

Fe_2O_3 . . .	67,04 %
FeO	30,17 »
Mn_3O_4	0,22 »
Al_2O_3	0,16 »
SiO_2	0,50 »
Ca und Mg .	Spuren
Ti	1,60 %
Rest	0,31 »

Der Titangehalt steigt oft höher an, doch niemals über 4 %.

Der Eisensand wurde mit Kohlenpulver gemischt und oben in den Ofen gefüllt, in dem er über die Graphitgitter herabfiel. Er wird zuerst teilweise reduziert und dann geschmolzen. Die geschmolzene Masse wird unten durch eine Öffnung herausgenommen und in einem weiteren Ofen einem Raffinationsverfahren unterworfen. Das Produkt hat vor der Raffination folgende Zusammensetzung:

C	2,891 %
Si	0,201 »
S	0,189 »
P . . .	0,453 »
Mn . .	0,139 »
Cu	0,034 »
Fe	96,095 »
Ti	0,000 »

Zu dieser Analyse ist zu bemerken, daß der Sand, der bei der Erzeugung des analysierten Eisens als Beschickung diente, stark phosphorhaltig war. Solcher Sand kommt in der erwähnten Bucht an einzelnen Stellen vor; im allgemeinen sind die Sande jedoch phosphorfrei oder phosphorarm.

Der Energieverbrauch betrug 1,1 KW-Stunden für die Erzeugung von 17 kg Bohnenmaterials.

Das Verfahren von Gates.

Auch Gates[1]) sucht aus magnetischen Sanden und Erzen »beans« zu erhalten, indem er dieselben mit einer be-

[1]) Electrochem. and Metallurgical Industry 1905, 153.

stimmten Geschwindigkeit durch einen Lichtbogen hindurchfallen läßt. Ein besonderes Interesse bietet sein Verfahren nicht.

Das Verfahren von Wilson.

Dieses Verfahren[1]) dient gleichfalls zur Verarbeitung magnetischer Sande.

Der Ofen, der dazu bestimmt war, die schwarzen Sande der Pacific Bay auf Stahl zu verarbeiten, wurde von C. E. Wilson von der Wilson Aluminium Company in New York im Verlaufe einer Woche aufgebaut. Interessant ist die Art und Weise, nach der die Fertigstellung innerhalb so kurzer Zeit gelang. Zuerst wurde eine Schicht von feuerfesten Steinen (aus den Carnegiewerken) gelegt. Auf diese kam eine gußeiserne Platte von quadratischem Querschnitt und 1 m Seitenlänge. Auf diese wurde eine ebenfalls 1 m hohe Eisenblechtrommel gestellt, deren Seiten mit feuerfesten Steinen zu einem Tiegel ausgemauert wurden. Der Boden des Tiegels wurde von der Gußeisenplatte an bis zur Abstichöffnung mit zerstoßener Kohlenelektrodenmasse bedeckt. Von oben her wurde die Gegenelektrode an einem Flaschenzug senkrecht in den Tiegel hereingehängt. Der Ofen selbst wurde mit zwei Doppelblechen aus Schmiedeeisen bedeckt, zwischen denen Wasser zur Kühlung der Elektrode zirkulierte, die durch eine Aussparung in den Blechen hindurchragte. Dieser Ofen erhielt die Bezeichnung »Ofen A«.

Der Strom wurde aus den Werken der Portland General Electric Company als hochgespannter Wechselstrom von 2300 Volt zugeleitet und durch sechs Transformatoren so herabtransformiert, daß er mit 20 bis 50 Volt bei 1000 bis 2000 Amp. in den Ofen gelangte. Zum Erzeugen des Lichtbogens wurde der Strom mit 57 Volt und 1000 Amp. angelassen.

---

[1]) Deutsche Bergwerkszeitung 1, 11, 1906.
Electrochemical and Metallurgical Industry 1905, 153.
Engineering and Mining Journal 1905, 80, 837.

Die Beschickung wurde erst nach der Einleitung des Lichtbogens zugegeben und bestand aus einer Mischung von 200 Gewichtsteilen Magneteisensand, 44 Gewichtsteilen Koks mit 25 % Aschengehalt sowie 24 Gewichtsteilen Kalk.

Die Zusammensetzung des Magneteisensandes war die folgende:

Fe_3O_4	79,06 %
TiO	16,00 »
MnO_2	2,45 »
SiO_2, Feuchtigkeit usw.	2,49 »

Die Chargen waren nur sehr klein. Es wurden von der Beschickung zunächst 150 Pfd. (englisch = 68 kg) allmählich in den Ofen gegeben, und nach einer Stunde konnten 70 Pfd. (= 31,75 kg) Stahl und Schlacken abgestochen werden. Eine Analyse des erzeugten Stahls wird nicht gegeben, hingegen wird angeführt, daß die Schlacke 8 % Eisen und 53 % Titansäure enthielt. Da sich gezeigt hatte, daß die Beschickung zu kalkreich war, so wurden die weiteren Chargen unter Zusatz geringerer Kalkmengen hergestellt und damit erfolgreiche Stahlgüsse erzielt, bei denen im Verlauf von zwei Stunden aus 300 Pfd. Eisenerz (136 kg) 90 Pfd. (40,8 kg) Stahl erhalten wurden.

Die Kapazität des Ofens wurde zu 653 kg bei 24stündigem, ununterbrochenem Betrieb festgestellt.

Die vom Strom in Form des Lichtbogens gelieferte Temperatur reichte aus, um die Schlacke flüssig zu erhalten, ganz gleich, ob viel oder wenig Titansäure vorhanden war. Das Titan ging stets vollständig in die Schlacke, und der erzeugte Stahl war in allen Fällen titanfrei. Einzelne Chargen lieferten anstatt Stahl Roheisen. Mit der Zeit gelang es, die Schlackenmenge, die anfänglich infolge des großen Aschengehaltes der Kohlen groß gewesen war, zu verringern und auch eine spezifisch leichtere Schlacke herzustellen.

Die Versuche führten zur Aufstellung eines größeren Ofens, der mit dickeren Wänden ausgestattet wurde, um eine höhere Wärmekonzentration zu erzielen. Die Spannung des Stromes erfuhr eine Erhöhung bis auf 90 Volt. Der Ofen arbeitete bei sehr hoher Temperatur zufriedenstellend, und es wurden dichte Güsse sowie eine Schlacke erhalten, die in bezug auf ihre Farbe der Hochofenschlacke glich. Der Stahl enthielt jedoch vielfach kleine Blasen, die überall an den Stellen entstanden, wo während des Reduktionsprozesses noch unreduzierte Körner von Magnetit in die Masse eingebettet gewesen waren. Die Leistungsfähigkeit dieses zweiten Ofens, des »Ofens *B*«, beträgt 2000 Pfd. (907 kg) in 24 Stunden bei 125 Volt und 1200 Amp.

Das Verfahren von Girod.

Das Girodsche Verfahren[1]) wird in zwei Anlagen der »Société anonyme électrométallurgique Procédés P. Girod« in Courtepin in der Schweiz und in Ugine in Savoyen ausgeübt. Nach demselben werden hauptsächlich Legierungen hergestellt sowie teilweise Stahl.

Die Grundlage des Prozesses bildete ursprünglich ein Ofen, der aus einem mit Magnesia ausgestampften Tiegel *A* (Fig. 53) bestand, der durch den Widerstand, den eine um ihn gebettete Masse *B*, die aus einem Graphitgemenge hergestellt ist, dem Strome darbietet, in Glut versetzt wurde. Der Strom trat durch die Elektroden *PP* ein, die voneinander isoliert waren. Er ist ähnlich wie eine Bessemerbirne um eine horizontale Achse *FC*, die gleichzeitig der Stromzuleitung dient, drehbar. Als ein Vorzug wird hervorgehoben, daß sich die Elektroden niemals abnutzen können, da sie mit dem zu reduzierenden Material nicht in direkte Berührung kommen. Die Regelung der Temperatur soll keine Schwierigkeit darbieten. Als Strom kommt Wechselstrom zur Verwendung.

Die Versuche mit diesem Ofen, der unterdessen abgeändert worden ist, gehen weiter.

---

[1]) L'Industrie électrochimique 1903, 9, 63; 10, 72.
Journal de l'Electrolyse 1903, 160, 4; 176, 1.
Patente: Frankreich 329822, 28./2. 1903.
Elektrochemische Zeitschrift 1904, 10, 236.
Zeitschrift für angewandte Chemie 1904, 5, 135.
La Revue électrique 1905, 44, 241.

Die Tiegel werden nunmehr anstatt mit einer Widerstandsmasse umkleidet zu werden, einfach in einem allseits geschlossenen Ofenraum auf eine solche (*1, 2* in Fig. 54), die durch

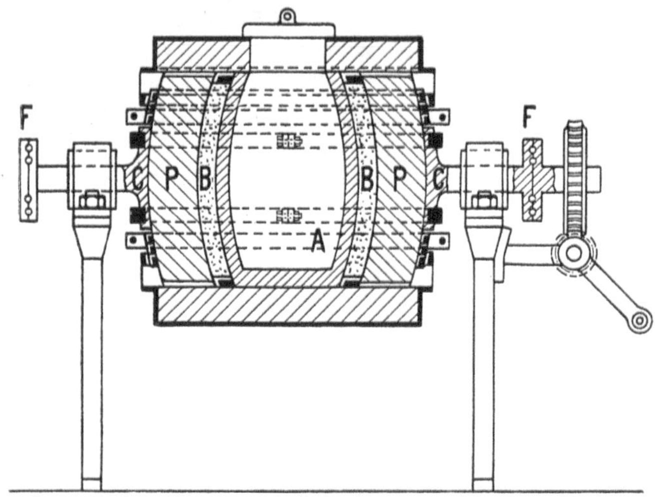

Fig. 53.

den Strom in Glut gesetzt wird, aufgesetzt. In Fig. 54 ist die Anordnung eines Tiegels, in Fig. 55 die Aufstellung der Tiegel im Ofen wiedergegeben. Es soll auf diese Weise möglich sein, eine Steigerung der Temperatur auf 2000° zu erzielen (? Angabe der Gesellschaft). Die Zusammensetzung des in die Widerstandsmasse eingebetteten Untersatzes wird geheim gehalten. Als Gestehungskosten werden für die Tonne Stahl 26,50 Frs. angegeben.

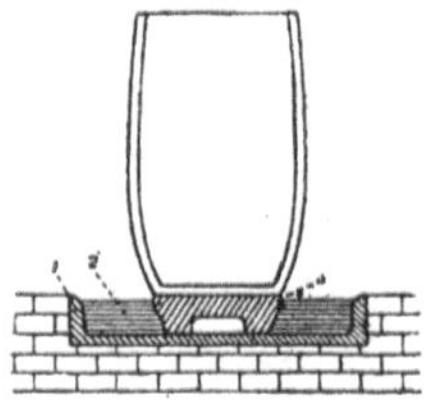

Fig. 54.

In der Anlage zu Ugines wird nach einem anderen Verfahren der Gesellschaft gearbeitet, dessen Grundlage der in Fig. 56 und 57 dargestellte Ofen bildet. Auch dieser Ofen ist kippbar, und es ragen in ihn von oben eine oder mehrere (in der Figur vier) Elektroden hinein.

In Ugines wird[1]) mit einer über dem Bade stehenden Kohlenelektrode gearbeitet, zwischen der und dem Bade ein Flammbogen spielt. Die zweite Stromzuleitung erfolgt

Fig. 55.

in der Höhe der Herdsohle durch sechs oder acht Stahlgußsegmente, die in der Nähe des runden tiegelartigen Herdes angeordnet und in ihrem vorderen Teile mit Wasserkühlung versehen sind; von hier aus ragen sie mit massiven, etwa 7 cm starken Dornen bis ins Innere des Ofens.

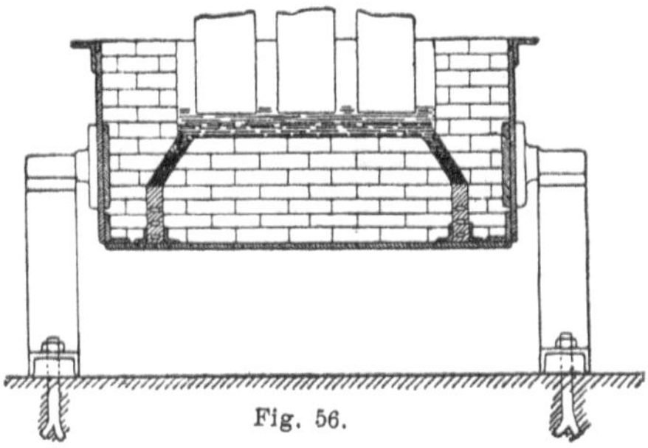

Fig. 56.

Zur Stahlbereitung wird Eisenschrott gemischt mit Hämatit von Batère verwendet. Die Entkohlung wird sehr weit getrieben und dann nachgekohlt. Bezüglich der Gestehungskosten für eine Tonne Stahl macht die Gesellschaft folgende Angaben:

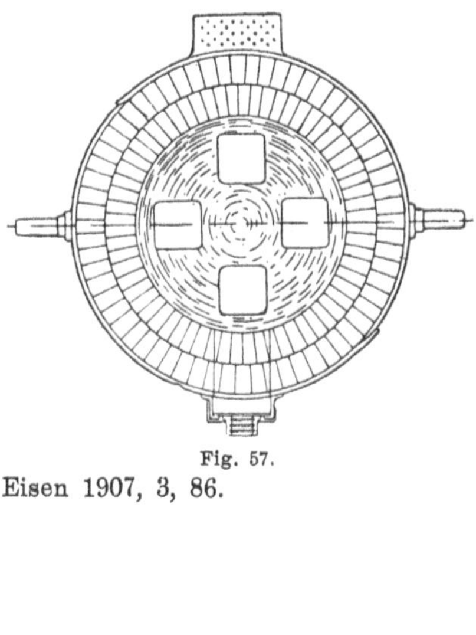

Fig. 57.

[1]) Eilender, Stahl und Eisen 1907, 3, 86.

Energieverbrauch (1060 KW-Stunden à 0,025 Frs.)	26,50 Frs.
Elektroden (10 kg)	1,00 »
Unterhaltung des Ofens	8,00 »
	35,50 Frs.

Energieverbrauch elektrothermischer Verfahren zur Herstellung von Eisen und Stahl.

Der Energieverbrauch der verschiedenen zur Eisen- und Stahlgewinnung dienenden elektrischen Verfahren läßt sich nicht bei allen einwandsfrei feststellen. Thermochemische Berechnungen versagen, wie so oft, ebenso die Formeln, wie sie z. B. Gin und Leleux für die Berechnung des Nutzeffekts elektrischer Öfen aufgestellt haben. Einzelne Versuche, wie sie z. B. in Gegenwart der kanadischen Kommission angestellt wurden, sind nicht immer maßgebend, da sich die Verhältnisse beim Dauerbetrieb vielfach anders gestalten. Die Angaben der Erfinder sind oft nicht ganz einwandfrei, und endlich werden die Betriebsergebnisse vieler Verfahren vollkommen geheim gehalten.

Wie weit die Angaben zuweilen differieren, ist bereits oben bei Betrachtung des Kjellinschen Ofens ausgeführt worden. Ein weiteres Beispiel bildet das Héroultsche Verfahren bezüglich dessen der Erfinder den Energieverbrauch beim Schrottprozeß mit kaltem Einsatz auf 882 KW-Stunden pro Tonne ausgebrachten Stahls angab, während die kanadische Kommission 1100 KW-Stunden feststellte; auf der Hauptversammlung des Vereins deutscher Eisenhüttenleute in Düsseldorf am 9. Dezember 1906 gab Eichhoff hingegen 750 KW-Stunden an, Differenzen, die auch aus den verschiedenen Chargengrößen nicht erklärt werden können, da bei den Versuchen der kanadischen Kommission eine Veränderung dieser Größe um das erst $1^1/_2$- und dann $2^1/_2$fache absolut keinen Unterschied bezüglich des Energieverbrauchs, sondern wieder genau dieselben Zahlen ergab.

Unter Berücksichtigung dieser Umstände sind die nachstehenden Zahlenangaben des Energieverbrauchs aufzufassen.

Zahlen, die in irgendeiner Hinsicht Bedenken erregten, sind weggelassen; man wird daher so manche Verfahren überhaupt nicht erwähnt finden.

Eine Tonne Eisen erforderte zur Ausbringung:

1. Roheisengewinnung.

Stassano: kleiner Ofen in Darfo: 3155 KW-Stunden (Goldschmidt).

do. größerer » » » 2914 KW-Stunden (Goldschmidt).

Harmet . . 2573 KW-Stunden (eigene Angabe).

Héroult und Keller (kanadische Kommission):

	Prozeß Héroult	Prozeß Keller	
		große (erste) Charge	kleine (zweite) Charge
Totalverbrauch in KW-Stunden .	3280	33700	10840
Totalverbrauch in PS-Jahren (engl.) .	0,51	5,23	1,69
Ausbeute an Roheisen in kg . . .	969	9868	6692
Verbrauch pro Tonne Roheisen in KW-Stunden	3380	3420	1620
Verbrauch pro Tonne Roheisen in PS-Jahren (engl.)	0,525	0,53	0,25
Kosten der elektrischen Energie pro Tonne Roheisen (das PS-Jahr zu M. 42,50) . . . . M.	22,31	22,53	10,63

2. Stahlgewinnung.

Gin . .	600 KW-Stunden	eigene Angaben	heißer Einsatz.
Harmet .	620 »		
Girod . .	1060 »		kalter Einsatz.

Kjellin
Héroult
Keller } kanadische Kommission (kalter Einsatz):

	Prozeß Kjellin		Prozeß Héroult			Prozeß Keller
	Charge Nr. 546	Charge Nr. 547	Charge Nr. 658	Charge Nr. 660	Charge Nr. 662	
Totalverbrauch in KW-Stunden	857	994	1410	2580	1680	1325
Totalverbrauch in PS-Jahren	0,133	0,154	0,219	0,40	0,261	0,206
Ausbeute an Stahl in kg	1030	955	1283	2341	2341	1650
Verbrauch pro Tonne Stahl in KW-Stunden	832	1040	1100	1100	718	804
Verbrauch pro Tonne Stahl in PS-Jahren	0,13	0,16	0,17	0,17	0,111	0,125
Kosten der elektrischen Energie pro Tonne Stahl (das PS-Jahr zu M. 42,50) . . M.	6,52	6,80	7,23	7,23	4,72	5,31

Die wirtschaftliche Bedeutung der elektrothermischen Verfahren zur Herstellung von Eisen und Stahl.

Die wirtschaftliche Bedeutung der elektrothermischen Verfahren zur Gewinnung von Eisen und Stahl liegt, abgesehen von der sogleich zu erörternden Frage des Preises, der ja je nach den örtlichen Verhältnissen Schwankungen unterliegt und der bei günstigen lokalen Umständen oft eine große Verbilligung erfahren kann, zunächst in der größeren Beweglichkeit, die sie dem Produzenten verleihen. Man wird nicht mehr genötigt sein, so große Ofeneinheiten aufzustellen wie bei den bisherigen rein thermischen Verfahren. Daraus ergibt sich der Vorteil, daß man sich den Schwankungen des Konsums besser anzupassen vermag, indem man je nach der Größe der Bestellung mehr oder weniger Öfen in Betrieb setzt. Ferner wird durch die an einzelnen Öfen sich als nötig erweisenden Reparaturen nicht der ganze Betrieb still gelegt, da es genügt, diese Öfen während der Zeit der Reparatur auszuschalten. Endlich ist es möglich, beim Vorhandensein einer Anzahl von Öfen je nach Bedarf gleichzeitig verschiedene Stahlsorten oder Eisenlegierungen zu produzieren. Die Leistungsfähigkeit jedes einzelnen Werkes läßt sich durch Erbauung neuer Öfen bequem und ohne daß allzu große Kosten auf einmal aufgewendet werden müssen steigern.

Die allgemeine wirtschaftliche Bedeutung ist natürlich eine weitgehendere. Heute bereits beginnt sich eine Verschiebung der Industriegebiete anzubahnen, und Länder, die niemals zu den eisenproduzierenden gehört haben, fangen an, elektrische Eisenanlagen zu errichten. Es sind dies natürlich in erster Linie solche Länder, die über reichliche Wasserkräfte verfügen, wie z. B. Chile, das selbst keine Eisenerze besitzt, wo sich aber infolge der billigen Wasserkräfte die Verarbeitung neuseeländischer Erze trotz des weiten Transportwegs als äußerst rentabel erweist. Ähnlich liegen die Verhältnisse in einer ganzen Anzahl weiterer Länder, die billige Wasserkräfte besitzen und die entweder eigene oder importierte Erze zu verarbeiten beginnen. Diese Verschiebungen werden vielleicht in nicht allzu ferner Zeit ihre Folgen auf dem Eisenmarkte geltend machen, um so mehr, da auch bereits einzelne wasser- und erzreiche Länder Gesetze vorzubereiten beginnen, die die Erzausfuhr beschränken und die Eisenindustrie mit Hilfe der Wasserkräfte nationalisieren sollen.

Es fragt sich nun, ob unter solchen Umständen und insbesondere bei erschwerter Einfuhr ausländischer Erze die Länder, die bisher Eisen produzierten, imstande sein werden, konkurrenzfähig zu bleiben. Daß auch hier bei weiterer Einführung der elektrischen Stahlgewinnungsverfahren die Preise — insbesondere für Qualitätsstahl — sinken werden, muß unzweifelhaft erscheinen. Auf die Dauer jedoch und besonders bei dem unausbleiblichen weiteren Steigen der Kohlenpreise wird der Elektrizitätspreis in ihnen ein solcher werden, daß er ein Übergewicht der wasserreichen Länder zur Folge haben wird, besonders dann, wenn den kohleführenden Ländern die Einfuhr der Erze erschwert wird.

Die Art und Weise, wie diese Länder den Folgen eines etwaigen Wettbewerbs mit wasserreichen Staaten vorzubeugen vermögen, sind in den vorstehenden Ausführungen bereits angedeutet: durch Verwendung von Öfen mit Vorwärmesystem lassen sich Ersparnisse an der teuren elektrischen Energie erzielen, und gleichzeitig läßt sich durch sie eine Verlegung der Industrie in Gegenständen ermöglichen, in denen durch Verwertung billiger Brennmaterialien in Generatoren sowohl die zur Vorwärmung wie zur Elektrizitätserzeugung nötigen Gase billig gewonnen werden können. Daß die Eisenindustrie — insbesondere in Deutschland — durchaus nicht an die Erzreviere gebunden ist, ergibt sich schon aus dem Umstande, daß fast die Hälfte aller in Deutschland verhütteten Erze aus dem Auslande importiert wird. Außerdem ist durch die Errichtung von Hüttenwerken bei Stettin, Lübeck und Emden bewiesen, daß die Gegenden mit Vorkommnissen von Eisenerz durchaus nicht auch die der Eisenindustrie selbst sein müssen. Auch durch intensive Ausnutzung der Eigenwärme und des Brennwerts der Hochofengase zum Betrieb von Vorwärmeöfen für die Stahlerzeugung läßt sich eine Verbilligung der erzielten Produkte herbeiführen.

Die Gewinnung von Eisen auf elektrolytischem Wege (Elektrolyteisen).

Im Anschluß an die vorstehenden, die thermoelektrische Gewinnung des Eisens betreffenden Mitteilungen sei noch auf die für die Elektrometallurgie des Eisens gleichfalls sehr bedeutsamen Bestrebungen kurz eingegangen, die darauf hinzielen, Eisen auf nassem Wege in solchen Mengen darzustellen, daß sie in großem, technischem Maßstabe durchgeführt werden und eventuell mit den thermoelektrischen Methoden in Konkurrenz treten können.

Eine Aufsehen erregende Mitteilung über ein solches Verfahren, die auf den ersten Blick seine technische Verwertbarkeit in ziemliche Nähe zu rücken schien, wurde von

Burgeß und Hambuechen[1]) in der Sitzung der amerikanischen elektrochemischen Gesellschaft zu Washington gemacht. Zur Darstellung des Elektrolyteisens diente ein Elektrolyt, der aus Eisenammoniumsulfat bestand; die Stromdichte an der Kathode betrug 5—10 Amp. pro Quadratzoll (ein englischer und amerikanischer Zoll = 0,025 m) Kathodenoberfläche und an der Anode etwas weniger. Die EMK. für jede Zelle hielt sich etwas unter 1 Volt, die Temperatur des Elektrolyten betrug etwa 30°. Die Ausbeute betrug ziemlich genau 100%, d. h. es wurde pro Amperestunde etwa 1 g niedergeschlagen. Die KW-Stunde ergab etwa 2,2 Pfd. englisch (1 Pfd. = 453,6 g), also 1,021 kg Eisen, was mit der vorhergehenden Angabe über die Ausbeute ziemlich genau übereinstimmt.

Fragen wir uns nun, ob die technische Gewinnung von Eisen auf diesem Wege jemals möglich sein wird, so hat bereits Neumann[2]) darauf hingewiesen, daß 736 Amp. aus einer Eisenoxydverbindung nur 512 g Metall abscheiden; wenn nun auch bei der von Neumann viel zu hoch angenommenen Badspannung von 10 Volt an eine Rentabilität niemals zu denken ist, so haben anderseits wieder Burgeß und Hambuechen gezeigt, daß man für die elektrolytische Eisenerzeugung mit sehr niedrigen Spannungen auszukommen vermag, und es dürfte sich die Spannung von 1 Volt vielleicht noch ganz erheblich reduzieren lassen, worüber weitere Versuche Aufschluß zu geben hätten. In dieser Richtung werden sich also die zukünftigen Arbeiten bewegen müssen, und wenn sie auch vielleicht niemals ganz zum Ziele führen, so erscheint doch, wenn der angedeutete Weg bei gewisser Zusammensetzung des Elektrolyten sich überhaupt als gangbar erweisen sollte, die Möglichkeit einer technischen Verwendung des nassen Verfahrens für gewisse Zwecke nicht ausgeschlossen. Dies ist um so mehr der Fall, als das gewonnene Eisen eine

---

[1]) Electrochemical Industry 1904, 183.
Elektrochemische Zeitschrift XI, 4, 76.
Zeitschrift für angewandte hemie 1905, 13.

[2]) Stahl und Eisen 1904, 12, 683.

außerordentliche Reinheit aufweist und sehr wertvolle Eigenschaften hat. Unter diesen Eigenschaften steht, wie Neuburger[1]) bereits bei früheren Untersuchungen (zusammen mit v. Klobukow) nachgewiesen hat, die, nicht zu rosten, obenan. Skrabal[2]) konnte zu dem Eisen, das unter etwas anderen Bedingungen wie den von Neuburger und v. Klobukow angewendeten dargestellt war, die Eigenschaft, nicht zu rosten, nicht in dem Maße feststellen, wie die beiden genannten Autoren, die bei halbjährigen Versuchen keinen Rost erhielten; hingegen vermochte auch er zu bestätigen, daß elektrolytisches Eisen, der feuchten Luft ausgesetzt, nicht so leicht rostet wie technisches Eisen, daß es gegenüber chemischen Einflüssen mitunter sehr widerstandsfähig ist, und daß es z. B. in Jod und Wasser nicht angegriffen wurde. Ebenso erhielt Hanamann[3]) solches Eisen, das sehr bald passiv wurde und durch keine Säure mehr in Lösung gehen wollte, und von dem erst nach tagelanger Behandlung mit Königswasser merkliche Mengen gelöst wurden. Selbst wenn diese Fälle wirklich nur Ausnahmefälle darstellen sollten, so sind doch die physikalischen Eigenschaften des Elektrolyteisens derartige, daß sie seine technische Verwendung für gewisse Zwecke sehr wünschenswert machen. Manche Sorten erreichen nach Roberts-Austen zuweilen Diamanthärte, manche lassen sich wieder nach dem Glühen biegen und falten wie Blei. Jedenfalls verdient die Frage der Gewinnung und der Verwendungsgebiete der Elektrolyteisen weitere Beachtung.

(Weitere interessante Studien über Elektrolyteisen, die jedoch in bezug auf die technische Seite der Frage wenig Neues bringen, rühren von Maximowitsch[4]) sowie Ryß und Bogomolny[5]) her.)

---

[1]) Electrochemical Industry 1904, 319.
Elektrochemische Zeitschrift XI, 4, 77.

[2]) Ztschr. f. Elch. X, 39, 751.

[3]) loc. cit.

[4]) Ztschr. f. Elch. 1905, 13, 52.

[5]) loc. cit. 1906, 37, 697.

Die Eisenlegierungen.

Allgemeines.

Zur Gewinnung von Eisenlegierungen ist ein bestimmter Ofentypus durchaus nicht erforderlich, es sind dazu vielmehr die verschiedenartigsten Typen von Öfen mit Erfolg verwendet worden.

Im Anfang adaptierte man für die Zwecke der Herstellung von Eisenlegierungen vielfach gewöhnliche Carbidöfen, wie sie für die Darstellung von Calciumcarbid gebraucht werden. Erst später paßte man die Öfen den speziellen Verhältnissen der Eisenindustrie und der darzustellenden Legierungen an.

Da alle Eisenverbindungen die Eigenschaft haben, ebenso wie das Eisen selbst, Kohlenstoff leicht aufzunehmen, und da die Kohlenelektroden diesen das Endprodukt verschlechternden Kohlenstoff sehr leicht abgeben, so erhält man, wenn man das fertige Material zu lange mit den Elektroden in Berührung läßt, einerseits ein sehr kohlenstoffreiches und daher minderwertiges Produkt, und anderseits wird der Elektrodenverschleiß ein sehr großer, wodurch sich die Betriebskosten erhöhen.

Infolgedessen sieht man jetzt, ebenso wie bei der Eisengewinnung, bei allen Ofenkonstruktionen darauf, das fertige Material möglichst schnell aus dem Bereich der Elektroden zu bringen oder es durch dazwischen geschaltete Schlacke von diesen zu trennen. Es gilt in dieser Hinsicht genau dasselbe, was beim Eisen bereits ausgeführt wurde.

Die Temperaturen, bei denen sich die Bildung von Eisenlegierungen vollzieht, schwanken je nach der Natur dieser Legierungen innerhalb weiter Grenzen. In der Literatur kann man Angaben finden, die zwischen 500^0 und 4000^0 schwanken. Es sei hierzu bemerkt, daß sich allerdings einige Legierungen bei niederen Temperaturen bilden, insbesondere solche mit leicht schmelzbaren Metallen. Im allgemeinen jedoch darf man die Temperaturen, die für die Herstellung von Eisenlegierungen nötig sind, als zwischen 1200 und 1800^0 liegend ansehen. Was die Angaben von 3000 und 4000° anbetrifft, die man zuweilen findet, so handelt es sich hier sicherlich um pure Überschätzungen, niemals aber um genaue Bestimmungen.

Tatsache ist, daß fast alle Eisenlegierungen nicht schwerer schmelzbar sind als das Platin, so daß sich ihre Bildung fast durchweg unterhalb der Schmelztemperatur dieses Metalles vollziehen dürfte.

Von den Legierungen, die im elektrischen Ofen hergestellt werden, ist das Ferrosilicium die älteste, und seine Gewinnung hat gegenwärtig große Dimensionen angenommen.

Diejenigen Eisenlegierungen, die in der Eisenindustrie, und zwar in erster Linie in der Stahlfabrikation nach Bessemer zur Verwendung gelangen, sind das Ferromangan und das Ferrosilicium. Als weitere für die Herstellung bestimmter Stahlsorten, insbesondere sehr harten Stahls, wichtige Legierungen wäre das Ferrochrom und das Ferrowolfram zu nennen. Diesen schließen sich eine Anzahl von Legierungen an, deren Herstellung und Verwendung teilweise erst aus neuerer Zeit datiert und die nachstehend ebenfalls besprochen werden sollen.

Ferromangan.

Allgemeines.

Der größte Teil des in der Eisenindustrie zur Verwendung gelangenden Mangans kommt aus Rußland, speziell aus dem Kaukasus.

Die Rolle des Mangans in der Eisenindustrie ist eine zweifache: Zunächst soll es dazu dienen, Verbindungen zu bilden, die unter größerer Hitzeentwicklung entstehen, als die ist, die den entsprechenden Eisenverbindungen zukommt, dann aber erleichtert es die Schlackenbildung und das Eintreten solcher Bestandteile in die Schlacke, die ohne Manganzusatz dem Eisen beigemischt bleiben würden. Bei der Stahlherstellung nach Bessemer beruhigt der Manganzusatz die wallende Stahlmasse; es erhöht die Schmiedbarkeit und die Walzbarkeit des fertigen Produktes, und je nach der Menge, in der es diesem zugesetzt wird, verleiht es dem Stahl eine mehr oder minder große Härte.

Die Manganmengen im Stahl können von 0,25 bis zu 2 % schwanken; im allgemeinen wächst mit dem Mangangehalt auch die Härte. Die Hinzufügung einer größeren Manganmenge als 2 % empfiehlt sich nicht, da der Stahl sonst brüchig wird.

Bei steigendem Mangangehalt läßt der Magnetismus des Eisens merkwürdigerweise nach, um bei einer bestimmten Grenze dann ganz zu verschwinden.

Das hauptsächlichste zur Gewinnung von Ferromangan verwendete Manganerz, der Braunstein, kommt meist in Nestern vor und zeigt eine ziemlich wechselnde Zusammensetzung. Wir geben nachstehend einige Analysen wieder:

<table>
<tr><td>Wasser</td><td>2,40</td><td>1,61</td><td>1,20</td><td>0,74</td><td>1,26</td></tr>
<tr><td>Silicium</td><td>4,49</td><td>6,67</td><td>2,88</td><td>0,74</td><td>1,69</td></tr>
<tr><td>Aluminium</td><td>1,68</td><td>2,14</td><td rowspan="2">2,34</td><td rowspan="2">1,12</td><td>1,27</td></tr>
<tr><td>Fe_2O_3</td><td>0,53</td><td>0,03</td><td>0,26</td></tr>
<tr><td>MnO_2</td><td>85,67</td><td>85,77</td><td>84,90</td><td>94,32</td><td>91,23</td></tr>
<tr><td>MnO</td><td>1,98</td><td>0,80</td><td>2,50</td><td>1,82</td><td>2,50</td></tr>
<tr><td>CaO</td><td>0,76</td><td>0,87</td><td>0,33</td><td>Spuren</td><td>0,58</td></tr>
<tr><td>MgO</td><td>0,20</td><td>0,24</td><td>0,32</td><td>0,20</td><td>0,31</td></tr>
<tr><td>BaO</td><td>0,88</td><td>0,68</td><td>3,11</td><td>Spuren</td><td>Spuren</td></tr>
<tr><td>SO_3</td><td>—</td><td>—</td><td>1,19</td><td>—</td><td>—</td></tr>
<tr><td>P_2O_5</td><td>0,42</td><td>0,40</td><td>0,35</td><td>0,06</td><td>0,08</td></tr>
<tr><td>Total</td><td>99,01</td><td>99,21</td><td>99,12</td><td>99,00</td><td>99,08</td></tr>
<tr><td>Mangan %</td><td>55,70</td><td>54,83</td><td>56,60</td><td>61,05</td><td>59,53</td></tr>
<tr><td>Phosphor %</td><td>0,18</td><td>0,17</td><td>0,15</td><td>0,03</td><td>0,035</td></tr>
</table>

Der Gehalt der Mineralien an reinem Mangan beläuft sich im allgemeinen auf 48—50 % und der an reinem Silicium auf 8—9 %.

Die ersten Versuche, reines Mangan zum Zweck der Fabrikation von Spiegeleisen, das 8—10 % davon enthält, herzustellen, fallen bereits in die dreißiger Jahre des vorigen Jahrhunderts. In den sechziger Jahren stellte man schon 80 proz. Ferromangan in Tiegeln her; das Tiegelverfahren wurde dann später durch einen Prozeß im Siemens-Martin-Ofen ersetzt, bis man zuletzt zur Herstellung dieser wichtigen Legierung im Hochofen überging. Neuerdings ist an seine Stelle der elektrische Ofen getreten. Um die Ausbildung der Verfahren zur Herstellung von Mangan im elektrischen Ofen haben sich in erster Linie Simon und dann Gin Verdienste erworben. Bezüglich der Priorität ihrer Arbeiten und der Darstellung reinen Mangans siehe unter »Mangan«.

Das im elektrischen Ofen dargestellte Ferromangan enthält meist 4—7,5 % Kohlenstoff. In neuerer Zeit ist es jedoch gelungen, auch ein kohlenstofffreies Produkt zu erhalten.

Bei der Darstellung ergaben sich manchmal gewisse Schwierigkeiten, so z. B. Verflüchtigungen und daher geringe Ausbeuten, infolge zu hohen Ansteigens der Temperatur im elektrischen Ofen.[1])

Das Verfahren von Gin (Simon).

Um aus dem Braunstein nach dem Ginschen Verfahren[2]) Mangan resp. Ferromangan im elektrischen Ofen herzustellen, wird in demselben ein Gemenge von Braunstein, Kohle und schwefelsaurem Natron der Erhitzung durch den elektrischen Flammbogen ausgesetzt.

Es bildet sich zunächst in einer ersten Reaktion Natriummanganat, das dann, wenn es im Schachte des elektrischen Ofens tiefer hinabgleitet und sich auf diese Weise der Stelle der größten Hitze nähert, unter der Einwirkung des Kohlenstoffs in basisches mangansaures Natron und ein höheres Manganoxyd zerfällt. Aus diesem bildet sich dann bei weiterer Behandlung ein reines, kohlenstoffhaltiges Mangan, bei dem der Kohlenstoff wahrscheinlich in der Weise gebunden ist, daß man das Vorliegen eines Mangancarbids annehmen kann.

Dieses kann man entweder für sich aus dem Ofen abstechen und dann als Mangan in den Handel bringen, oder man kann — und dies ist der Fall, der wohl am häufigsten vorliegen dürfte — es durch weitere und gleichzeitige Behandlung mit Eisen im elektrischen Ofen in Ferromangan umwandeln.

---

[1]) Pitaval: Journal de l'Électrolyse 1904, 13, 4.

[2]) La fabrication électrique du Ferro-Manganèse. Paris 1901.

Diese Behandlung mit Eisen geschieht nach der Ginschen Methode am besten dadurch, daß man der Beschickung schon von vornherein eine gewisse Quantität abgerösteten Pyrits zusetzt.

Aus dem Mangan oder aus der Schlacke des erstgenannten Prozesses, die immer noch eine große Menge von Mangan enthält, läßt sich durch Schmelzen mit siliciumhaltigen Mineralien im elektrischen Ofen eine Silicium-Mangan-Verbindung, der bekannte, ebenfalls in der Eisenindustrie vielfach verwendete »Silicospiegel« herstellen.

Bezüglich der zur Behandlung der Ausgangsmaterialien und damit zur Gewinnung der verschiedenen eben genannten Produkte nötigen Öfen hat es sich als wichtig herausgestellt, daß man am besten fährt, wenn man bei nicht zu hoher Spannung arbeitet und hingegen größere Stromstärken anwendet. Die Öfen selbst sind Schachtöfen, und die Stromdichte beträgt am besten 70—80 Watt pro qcm Elektrodenoberfläche. Die mittlere Spannung in jedem Ofen beläuft sich auf etwa 27 Volt, die Stromdichte auf angenähert 3 Amp. pro qcm.

Jeder Ofen enthält zwei Elektroden von je 2400 qcm im Querschnitt, und bei voller Charge erreicht die Stromintensität demnach 7200 Amp. Der Energieverbrauch eines Zweiofensystems, wie sie Gin vorsieht, steigt deshalb auf nahezu 400 KW an. (Weiteres siehe unter »Mangan«).

Ferrosilicium.

Die Methoden zur Herstellung der Eisensilicide sind verschieden. Meist werden sie im Hochofen durch Reduktion von Eisenerzen und siliciumhaltigen Mineralien hergestellt oder — was dasselbe ist — durch die Reduktion von niederprozentigen Eisenerzen, die eine große Menge Silicium enthalten und die deshalb von nur geringem Wert für den Hochofenprozeß sind. Gin[1]) hat sogar vorgeschlagen, metall-

[1]) L'Industrie électrochimique 1901, 22.
Eisenzeitung 1906, 410.

haltige Schlacke von dem sauren Bessemer- oder Siemens-Martin-Ofen zu nehmen und sie mit einem Strom von 20—30 Volt Spannung zu behandeln. Eine weitere Methode besteht in der Reduktion von Kieselsäure mit Kohle und in der sofortigen Absorption des gebildeten Siliciums durch hinzugefügtes metallisches Eisen. Wie Jouve festgestellt hat, ist das Silicium unter diesen Bedingungen flüchtiger als das Eisen, und außerdem hat es ein spezifisches Gewicht, das dem einer Mischung von Kohlenstoff und Kieselsäure sehr nahe steht, die in einem halb geschmolzenen und zähflüssigen Zustande sich befindet. Infolgedessen entsteht, da sich das Silicium in sehr feiner Verteilung ausscheidet, eine Emulsion desselben in der Masse, und es hat die Tendenz, sich darin zu verteilen und nicht auf dem Boden des Ofens sich anzusammeln. Es wird dann von dem zugesetzten Eisen aufgenommen, mit niedergerissen, und das fertige Ferrosilicium sammelt sich am Herde des Ofens an.

Die elektrischen Methoden zur Herstellung von Ferrosilicium unterscheiden sich wenig voneinander, und es sei deshalb nur bemerkt, daß es wesentlich darauf ankommt, die Schmelzung unter einer stark sauren Schlacke vorzunehmen. Es werden auf diese Weise jetzt Ferrosilicium-Qualitäten erhalten, die bis zu 80% und darüber Silicium enthalten und die in großen Massen in der Bessemerei Verwendung finden. Wie aus nachstehenden beiden typischen Analysen eines niederprozentigen, im Hochofen erzeugten Ferrosiliciums und eines hochprozentigen auf elektrischem Wege gewonnenen hervorgeht[1]) enthält das letztere — auf den Siliciumgehalt bezogen — bedeutend weniger Verunreinigungen:

	Si	Fe	C	Mn	S	P	Al
Hochofenprodukt . .	10,55	83,16	2,36	3,86	0,03	0,04	—
Produkt d. elektr. Ofens	51,80	46,13	0,15	0,08	0,003	0,57	1,61

Wie sehr es unter Umständen darauf ankommen kann, daß das Ferrosilicium möglichst rein ist, und daß es insbesondere keinen zu hohen Prozentsatz an Phosphor enthalten

---

[1]) Electrochemical Industry 1904, 122.

soll, mag man daraus ersehen, daß vor einigen Jahren nach dem Zusatz von Ferrosilicium zu einer Bessemercharge eine heftige Explosion erfolgte.[1]) Es hat sich dann herausgestellt, daß diese wahrscheinlich von einem sehr hohen Phosphorgehalt des verwendeten Ferrosiliciums herrührte.

Gin[2]) erhielt aus 1680 kg Martinschlacke (50,42 % SiO_2, 34,1 % Fe O und 9,92 % Mn O) und 600 kg Koks eine Tonne 29,64 proz. Ferrosilicium mit einem Mangangehalt von 13,18 %. Hierzu waren 5580 KW-Stunden an elektrischer Energie nötig. 6950 Amp. und 29 Volt lieferten in 110 Stunden 4090 kg Ferrosilicium.

Eisensilicide der verschiedensten Zusammensetzung stellte de Chalmot[3]) aus Silicium und Eisen oder Eisenoxyd und überschüssigem Silicium sowie aus Eisenerz, Koks und Sand sowie aus Kupfersilicid und Eisenfeilspänen im Tiegel des elektrischen Ofens her, indem er die Beschickung 4 bis 5 Minuten lang der Einwirkung von Strömen von 900 bis 950 Amp. und 45—50 Volt aussetzte.

Keller[4]) hält das Einschmelzen von Quarz, Eisenabfall und Kohle im elektrischen Ofen für die beste von allen zur Ferrosiliciumdarstellung vorgeschlagenen Methoden.

Ferrochrom.

Auch diese Legierung ist schon seit langem im elektrischen Ofen hergestellt worden. Man kann sie zwar auch im Hochofen wie im Tiegelofen erhalten, doch man hat sich in neuerer Zeit in weiterem Umfange der Gewinnung mit Hilfe des elektrischen Ofens zugewandt, weil im Hochofen die Legierung nicht höher als auf 30—40 % angereichert werden kann, während jetzt von seiten der Konsumenten vielfach eine Legierung mit 60 % Gehalt verlangt wird. Die Herstellung im Tiegel liefert zwar ein hochprozentiges Produkt,

[1]) Chemikerzeitung 1904, 42, 504.

[2]) L'industrie électrochimique 1901, 22.

[3]) Journ. of the American Chemical Society 1899, 21, 59.

[4]) Trans. of the British Iron and Steel Institute 1903.

es lassen sich aber immer nur verhältnismäßig kleine Mengen auf einmal gewinnen, und es stellt somit der elektrische Ofen das einzige Mittel dar, um große Mengen hochprozentiger Ware zu erzeugen.

Als Ausgangsmaterial für die Ferrochromdarstellung dient Chromeisenstein, und wir geben nachstehend einige Analysen dieses Minerales sowohl wie des fertigen Produktes.[1])

Chromeisenstein	I.	II.	Ferrochrom	
Cr_2O_3	50,00 %	52,80 %	Cr	70,96 %
FeO	18,57 »	10,24 »	Fe	23,23 »
Al_2O_3	12,44 »	10,48 »	Si	0,50 »
MgO	13,38 »	13,96 »	C	5,21 »
CaO	2,16 »	2,37 »	P	0,008 »
SiO_2	3,82 »	6,95 »	S	0,078 »
S	0,69 »	0,06 »		
P	0,20 »	—		

Der Stromverbrauch stellt sich auf ungefähr 10,6 Pferdekraftstunden für das Kilogramm des erzeugten Produktes. Es kommt hierbei ein Strom von 110 Volt Spannung zur Anwendung. Der Prozeß der Herstellung ist ein sehr einfacher und kann ebenso wie die Aluminiumdarstellung in einem Wilsonschen elektrischen Ofen erfolgen. Es läßt sich aber jeder beliebige andere elektrische Ofen wohl ebensogut hierfür verwenden.

Stassano und Héroult haben Ferrochrom in ihren zur elektrischen Eisendarstellung dienenden Öfen gewonnen.

Héroult hat dabei auch niederprozentiges Ferrochrom (2—6 % Cr) in der Weise erzeugt, daß er den Ofen mit Chromit ausfütterte. Durch nochmalige Raffination konnte ein Endprodukt mit 1 % Chrom erhalten werden.

Nach dem Verfahren von Price[2]) wird Ferrochrom durch Reduktion von Chromverbindungen mittels Ferrosilicium in

[1]) Scholl: Electrochemical Industry 1904, 349. Eisenzeitung 1906, 411.

[2]) Amerikanisches Patent 825348.

einem elektrischen Ofen erhalten, der dem Héroultschen sehr ähnelt; es findet Lichtbogenerhitzung statt, doch wird, um Stromverluste zu verhindern, bei möglichst niedriger Spannung gearbeitet. Je nach der Natur der Chromverbindungen können sich basische Zuschläge als notwendig erweisen.

Aschermann gewinnt Ferrochrom durch Schmelzen vom Chromoxyd mit Schwefeleisen im elektrischen Ofen[1]) und andere Eisenlegierungen auf ähnlichem Wege.

Krupp[2]) stellt reines Ferrochrom aus unreinem durch Elektrolyse von Chromalkalichlorid mit einer Ferrochromanode aus unreinem Ferrochrom dar.

Ferrowolfram.

Während die Herstellung der bisher besprochenen Legierungen auch im Hochofen vorgenommen werden kann, eignet sich wegen der dabei nötigen hohen Temperaturen zur Gewinnung von Ferrowolfram der elektrische Ofen in erster Linie, indem man entweder ein wolframhaltiges Bohnerz im Ofen mit Kohle reduziert, oder indem man gepulvertes Wolfram, wie es von chemischen Werken geliefert wird, zusetzt. Es lassen sich so, wie Scholl[3]) angibt, Legierungen mit einem Wolframgehalt bis zu 85 % erhalten. Ein solches (mit 0,5 % Kohlenstoff) hat z. B. Girod in seinem elektrischen Tiegelofen (siehe S. 103) erhalten. Auch bei dieser Legierung spielt der Kohlenstoffgehalt eine wesentliche Rolle, und sie fällt um so besser in bezug auf Qualität aus, je geringer derselbe ist. Das Ferrowolfram findet ebenso wie das Ferrochrom zur Herstellung von Werkzeugstählen Verwendung, doch hat sich sein Gebrauch hierzu im Auslande, besonders in Amerika und Frankreich, in bedeutend höherem Grade eingebürgert als in Deutschland. Die Vorzüge, die dem Ferrowolfram nachgerühmt werden, bestehen darin, daß es sich in jeder beliebigen Quantität mit dem Stahl verbindet, daß es — und

[1]) D. R. P. 94405.
[2]) D. R. P. 81225.
[3]) Electrochemical Industry 1904, 349.

das ist ein Vorzug gegenüber dem Zusatz von metallischem Wolfram — keinen Sauerstoff aus der Luft aufnimmt, und daß es endlich weniger Verunreinigungen enthalten soll als dieses. Außerdem stellt sich das Wolfram selbst, wenn man es in Form von Ferrowolfram bezieht, billiger als reines Wolfram.

Ferrovanadium.

Über diese Eisenlegierung sind ebenso wie über Vanadiumstähle die Ansichten noch geteilt. Hieran trägt wohl der Umstand mit Schuld, daß im Anfang, als diese Legierung auftauchte, zum Teil recht unreine Materialien in den Handel gebracht wurden, die natürlich die Ursache schlechter Erfahrungen gewesen sind. Solche verunreinigte Legierungen enthielten oft bis zu 10 % Aluminium und bis zu 3 % Kohlenstoff; daß sich mit solchem Ausgangsprodukt keine gleichmäßigen und guten Qualitäts-Vanadiumstähle erzeugen lassen, liegt auf der Hand.

Jetzt wird von verschiedenen Seiten Vanadium in den Handel gebracht, das garantiert frei von Kohlenstoff ist, und da außerdem vielfach eine Ferrosiliciumvanadium-Legierung zur Verwendung gelangt, die den Vorzug hat, daß bei ihrer Verwendung infolge des Siliciumgehalts eine sehr starke Temperaturerhöhung eintritt, wodurch eine gleichmäßige Durchmischung der Körper stattfindet und im Stahl enthaltene Gaseinschlüsse ausgetrieben werden, so sind in neuerer Zeit die Erfahrungen mit der Verwendung von Vanadium ganz entschieden bessere geworden. Trotzdem kann Hadfield[1]) keine Vorteile der Eisenvanadiumlegierungen gegenüber dem Ferrochrom finden.

Zur Herstellung von Ferrovanadium wird nach dem Verfahren von Gin Vanadiumfluorid in Flußspat aufgelöst und mit Hilfe einer Kathode, die aus einem Bad von flüssigem Eisen besteht, und einer Anode, die aus besonders hergestelltem und komprimiertem Vanadiumtrioxyd und Kohle hergestellt ist, elektrolysiert (siehe bei Vanadium).

---

[1]) Iron and Steel Metallurgist 1904, I.

Ferromolybdän. — Ferrotitan.

Weitere neuere Eisenlegierungen, die vielleicht in der Zukunft der Eisenindustrie noch eine Rolle zu spielen berufen sein dürften, sind das Ferromolybdän und das Ferrotitan. Von diesen hat sich das erstere noch wenig Eingang in Deutschland verschafft, da man vielfach die Verwendung des reinen Metalls vorzieht. Es enthält gewöhnlich 60% Molybdän und nur geringe Mengen Kohlenstoff sowie sehr wenig Schwefel und Phosphor. Seine Verwendung liegt ebenfalls auf dem Gebiete der Herstellung von Qualitätsstahl.

Das Ferrotitan hat sich ebenfalls in Deutschland noch recht wenig eingeführt, doch wird es in Frankreich bereits in ziemlichen Mengen gebraucht.

Auch diese beiden Legierungen werden im elektrischen Ofen dargestellt, und der hierzu dienende Prozeß schließt sich im allgemeinen demjenigen der Darstellung des Ferrosiliciums und Ferromangans an.

Ferrotitan kann aus stark titanhaltigen Eisenerzen direkt erhalten werden. Sodyguine[1]) empfiehlt, derartige Erze einfach im elektrischen Ofen niederzuschmelzen, da hierbei ohne weiteres Titanlegierungen entstehen. Der Titangehalt kann durch Zugabe von Eisen geregelt werden (siehe auch bei Titan).

Mangan.

Vorkommen.

Das wichtigste Manganerz ist der Braunstein oder Pyrolusit MnO_2; weitere Oxyde finden sich im Braunit, im Hausmannit usw., doch treten diese Vorkomnisse an Wichtigkeit gegenüber dem Braunstein zurück, ebenso wie verschiedene in der Natur vorkommende Mangansalze.

[1]) Elektrochemische Zeitschrift 1906, 7, 147.
Electrochemical and Metallurgical Industry 3, 178.

Der Braunstein ist das hauptsächlichste Ausgangsprodukt für die Darstellung des Mangans und seiner Legierungen. Er findet sich in größeren Mengen in den Vereinigten Staaten und in Rußland; auch in Deutschland kommt er, und zwar hauptsächlich in Thüringen, im Harz, in der Rheinprovinz, in Westfalen, in Sachsen, Bayern, Baden und Hessen vor.

Geschichtliches.

Bereits den Alten war der Braunstein bekannt; er wurde aber für ein Eisenerz gehalten; erst 1740 wies Pott nach, daß er kein Eisen enthält. Bergmann vermutete schon 1744 in ihm das Vorhandensein eines neuen Metalls, das Hahn auch daraus darstellte und »Manganesium« nannte, woraus dann später (1808) die Bezeichnung Mangan entstand.

Die elektrolytische Abscheidung des Mangans führte im Jahre 1854 Bunsen durch, indem er siedende Manganchlorürlösung durch den elektrischen Strom zersetzte.[1]) Auf dem Wege der Schmelzflußelektrolyse hat Moissan kohlenstoffhaltiges Mangan durch Erhitzen eines Gemisches von Manganoxydul oder Braunstein mit Kohle im Lichtbogen erhalten.[2]) Auch andere Reduktionsmittel als Kohle gelangten zur Anwendung, wie z. B. Natrium (Brunner), Magnesium (Glatzel) usw.

Infolge der Entdeckung des Goldschmidtschen Verfahrens gilt seit dem Jahre 1898 für die Gewinnung des Mangans auf elektrischem Wege genau dasselbe, was beim Chrom (siehe dieses) ausgeführt ist. Dieses Verfahren gestattet, auf billigstem Wege große Mengen reinen Mangans zu erhalten, und es sind deshalb die elektrischen Methoden an Bedeutung erheblich zurückgegangen. Sie dienen in erster Linie noch zur Gewinnung von Manganlegierungen. Das reine Mangan selbst wird außer zur Herstellung von Kupferlegierungen in der Technik wenig verwendet.

---

1) Poggendorffs Annalen 1854, 91, 610.

2) Moissan, Der elektrische Ofen, Berlin 1897, S. 203.

Gewinnung.

Zur Gewinnung des Mangans sind früher, ehe das Goldschmidtsche Verfahren aufkam, eine ganze Anzahl von Methoden vorgeschlagen und zum Teil auch ausgeführt worden. Infolge der unter »Geschichtliches« bereits geschilderten Verhältnisse haben sie, soweit sie nicht zur Herstellung von Legierungen dienen, meist nur noch historisches und wissenschaftliches Interesse. Die wichtigsten Manganlegierungen, insbesondere das Ferromangan, sind im Anschluß an die elektrische Eisendarstellung besprochen.

Die Gewinnung des Mangans durch Elektrolyse wäßriger Lösungen.

Das Verfahren von Bunsen.

Der von Bunsen eingeschlagene Weg zur Herstellung von Mangan[1]) vermochte niemals eine technische Bedeutung zu erlangen. Das erhaltene Produkt war durch Oxyd verunreinigt und dann waren im Verhältnis zu der hohen zur Verwendung kommenden Stromdichte die abgeschiedenen Mengen des Metalls zu gering. Das Verfahren selbst bestand darin, daß eine heiße konzentrierte Lösung von Manganchlorür bei einer Stromdichte von 6,7 Amp. pro qcm zersetzt wurde.

Die Gewinnung des Mangans durch Schmelzflußelektrolyse.

Das Verfahren von Krupp.

Dieses Verfahren[2]) besteht in seinem Wesen darin, daß geschmolzene Mangansalze mit Anoden aus Ferromangan elektrolysiert werden. Der Prozeß wurde zunächst in der Weise eingeleitet, daß die Anoden von Ferromangan in geschmolzenes Kochsalz getaucht und die Elektrolyse mit diesem

[1]) Poggendorffs Annalen 1854, 91, 619.

[2]) D. R. P. 81225.

eingeleitet wurde. Das sich hierbei an der Kathode abscheidende Natrium sollte verbrennen, während das Chlor die Anode zersetzen und daraus Chlormangan abscheiden sollte Beim weiteren Fortschreiten des Prozesses stellte nun dieses den Elektrolyten dar, und es sollte an der Kathode die Abscheidung von reinem Metall resp. die Bildung von Legierungen stattfinden. Das Verfahren ist eine Zeitlang ausgeübt worden und dürfte jedenfalls sehr kostspielig gewesen sein.

Das Verfahren von Voltmer.

Voltmer[1]) geht ebenso wie Krupp von der Elektrolyse geschmolzener Manganhalogensalze aus. Als Apparat (Fig. 58) dient ein metallener Schmelzkessel *a*, der mit ge-

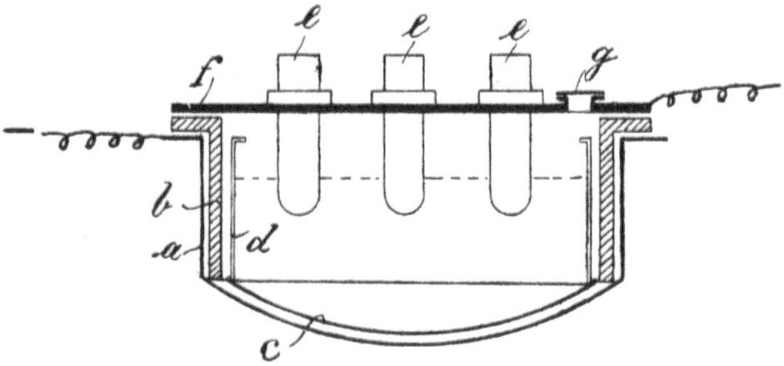

Fig. 58.

schmolzenem, entwässertem Halogenmangan gefüllt wird. Am besten eignen sich Chlor- und Fluormangan. Die Schmelztemperatur liegt unter Rotglut und wird entweder durch eine geeignete Heizung oder aber durch die Wirkung des elektrischen Stroms selbst hervorgebracht. Der obere Teil des Schmelzkessels wird mit einer schützenden Auskleidung *b* aus Schamotte, Porzellan oder einem anderen isolierenden Material versehen, während in dem unteren, schalenförmigen Teil ein passender metallener Einsatz *c* angeordnet ist, der sich mit zweckmäßig von isolierenden Hüllen umgebenen Stangen *d d* bequem aus dem Apparat herausheben läßt und unter dem

[1]) D. R. P. 74959.
Elektrochemische Zeitschr. 1894, 5, 94.

sich zur besseren elektrischen Verbindung ein Leitungsmaterial, etwa geschmolzenes Zinn, Blei usw., befinden kann. Das eiserne Schmelzgefäß *a* und damit auch der Einsatz *c* stehen mit dem negativen Pol der Elektrizitätsquelle in Verbindung, während die in die Schmelze eintauchende Elektrode *e* mit dem positiven Pol verbunden wird. Am besten werden mehrere positive Elektroden durch den Deckel *f* hindurchgeführt. Dieser Deckel ist mit einer verschließbaren Beschickungsöffnung *g* versehen.

Der Prozeß selbst wird in der Weise gehandhabt, daß man regelmäßig so viel Manganoxyde frisch zugibt, als der durch den elektrischen Strom abgeschiedenen Manganmenge entspricht. Anstatt die Manganoxyde der Schmelze unter guter Durchmischung einfach zuzusetzen und positive Kohlenelektroden anzuwenden, kann man auch positive Elektroden aus einem mit Kohle gemengten Manganoxyd formen, wobei die Kohlenmenge so berechnet sein muß, daß sie zur Bindung des Manganoxydsauerstoffs ausreicht. Das Mangan sammelt sich als kristallinisches Pulver in dem Einsatz *c* an, und kann durch Herausheben desselben von Zeit zu Zeit aus dem Apparate entfernt werden, worauf es durch Auspressen in heißem Zustande oder durch Auswaschen von der beigemengten Schmelze befreit wird. Um Legierungen darzustellen, wird der Einsatz *c* mit dem betreffenden Metall beischickt, das darin in Schmelzfluß erhalten wird, wobei je nach den Umständen anstatt der metallenen auch Schmelzgefäße aus feuerfestem Material zur Anwendung zu kommen hätten.

Die Elektrolyse kann auch ohne Zusatz von Manganoxyden einzig und allein durch direkte Einwirkung des Stroms auf die Chlor- bzw. Fluormanganschmelze stattfinden. Bei dieser Art der Elektrolyse ist es jedoch vorteilhafter, vom Fluormangan wegen der Eigenschaften des Fluors abzusehen und statt dessen Chlormangan allein zu verwenden.

Es ist nichts darüber bekannt geworden, wie sich dieses Verfahren in der Praxis bewährt hat; das größte Bedenken gegen dasselbe besteht in der leichten Oxydierbarkeit des Mangans, das kaum aus der Schmelze zu entfernen sein dürfte, ohne daß sich beträchtliche Mengen davon oxydieren.

Das Verfahren von Gin (Simon).

Die Urheberschaft dieses unter dem Namen des Simonschen Prozesses bekannt gewordenen Verfahrens ist durch Urteil des Appellgerichtshofes zu Paris Gin zugesprochen worden.

Es beruht[1]) darauf, daß nach einem ähnlichen Prinzip wie bei der Aluminiumgewinnung Manganoxyde in einer Schmelze von Flußspat gelöst und durch den elektrischen Strom zersetzt werden. Der hierzu verwendete Ofen zeigt die Prinzipien des Héroultschen Ofens zur Eisengewinnung (siehe bei Eisen) und unterscheidet sich von diesem im wesentlichen nur dadurch, daß den von obenher senkrecht in die Schmelze getauchten Anoden eine Bodenkathode gegenübergestellt wird. Für den einzelnen Ofen ist eine Kapazität von 150 KW vorgesehen, und es soll darin bei einem normalen Strom von 7500 Amp. und 20 Volt in 23 Arbeitsstunden eine Tonne Mangan erzeugt werden. Als günstigste Stromdichte werden 2,5—3,25 Amp. pro qcm Elektrodenquerschnitt angegeben. Der Gesamtquerschnitt der Elektroden beträgt zwischen 2400 und 2850 qcm, die sich auf vier Elektroden verteilen. Auf eine Gruppe von drei Öfen ist jeweils ein Reserveofen vorgesehen.

Der Prozeß wird durch Heben und Senken der Elektroden so geleitet, daß sich die Schmelze nur wenig über den Schmelzpunkt des Mangans erhitzt, wodurch Verdampfungsverluste ausgeschaltet werden sollen. Das Mangan scheidet sich in geschmolzenem Zustande ab.

Neben der elektrolytischen Zerlegung des Oxyds geht gleichzeitig eine elektrothermische Reduktion desselben durch die Kohle einher, sobald dem Bade gleichzeitig noch ein

---

[1]) Engl. Pat. 17190/1900.

The Electrochemist and Metallurgist 1901, 1, 55.

Jahrb. f. Elektrochemie 1902, 550.

Gin, La Fabrication électrique du Ferro-Manganèse en France. Procédé Simon. Paris 1901. Imprimerie Chaix.

Gin, Mémoire sur l'électrométallurgie du Manganèse en Russie. Paris, Selbstverlag.

Gemisch von Manganoxyd nebst der zur Reduktion desselben genügenden Kohle zugesetzt wird. Dieser Zusatz hat den Zweck, durch Steigerung der Leistungsfähigkeit des einzelnen Ofens infolge zweier nebeneinander verlaufender Prozesse die Anlagekosten für die Öfen zu verringern (siehe unten).

Infolge der Elektrolyse wird Fluor frei, das sich einerseits mit dem Mangan zu Manganfluorür verbindet, das dann von neuem elektrolytisch zersetzt wird, während es anderseits mit dem Kohlenstoff Kohlenstofftetrafluorür bildet, das die Verflüchtigung des Phosphors und des Siliciums nach folgenden Formeln bewirkt:

$$2\,P_2Mn_3 + 3\,Mn + 3\,CF_4 = 4\,PF_3 + 3\,Mn_3C,$$
$$SiO_2 + CF_4 = CO_2 + SiF_4,$$
$$4\,PF_3 + 3\,SiO_2 = 3\,SiF_4 + 6\,O + 4\,P.$$

Infolge dieser Verflüchtigung des Phosphors eignet sich das Verfahren wahrscheinlich zur Verarbeitung solcher Rohmaterialien, die für den Hochofenprozeß, bei dem der ganze Phosphor im reduzierten Metall verbleibt, als zu unrein erscheinen müssen.

Soll nach diesem Prozeß Ferromangan gewonnen werden, so berechnet Gin die für die Elektrolyse nötige Energie zu 3475 KW-Stunden pro Tonne erzeugten Ferromangans unter der Voraussetzung, daß man bei der Elektrolyse von einem Erze mit der Zusammensetzung:

$$6\,Mn_3O_4 \cdot 0{,}6\,F_3O_4 \cdot 3\,CaO \cdot 6\,SiO_2$$

ausgeht. Das nach vorstehendem Verfahren in einem kleinen Probebetrieb hergestellte Ferromangan zeigte nach Analysen von Gin die nachstehende Zusammensetzung, wozu zu bemerken ist, daß bei den in Marsacc durchgeführten Versuchen ein Mineral von Las Cabesses (Südfrankreich) zur Verwendung kam:

Mangan	84,63	83,50
Eisen .	7,90	8,74
Silicium .	0,19	0,32
Kohlenstoff	6,98	7,30
Phosphor	0,09	0,12

Unter Zugrundelegung des Gin-Simonschen Prozesses sollte eine größere Anlage unter Verwendung einer Wasserkraft bei Orlu (in der Nähe von Aix-Les-Thermes in Südfrankreich) errichtet werden, für die Gin ein ausführliches Projekt ausarbeitete. Diese Anlage ist — wahrscheinlich infolge der Konkurrenz des Goldschmidtschen Verfahrens — nicht zur Ausführung gelangt, doch ist es interessant, aus dem Voranschlage zu ersehen, daß bei einer jährlichen Produktion von 20000 t die Tonne Ferromangan 204 Frs. kosten würde, gegenüber 279 Frs. bei Erzeugung desselben Produktes in Hochöfen, die in Kohlenrevieren stehen und bei denen also die Kosten für Kohlentransport wegfallen würden.

Die Gewinnung des Mangans auf elektrothermischem Wege.

Das Verfahren von Héroult.

Das Mangan gehört zu denjenigen Metallen, die außerordentlich leicht Carbide bilden. Seine Darstellung in kohlenstofffreiem Zustande dürfte daher stets mit außerordentlichen Schwierigkeiten verbunden sein, und auch Moissan vermochte in einem ersten Prozeß den Kohlenstoffgehalt des Manganmetalls nicht weiter als bis auf 3,60 % zu verringern.[1]) Erst durch erneutes Erhitzen dieses Rohmangans in einer Oxydhülle gelang es ihm, ein oberflächlich affiniertes Metall zu erzielen.

Zur Herstellung reinen oder kohlenstoffarmen Mangans dürften deshalb in erster Linie nur solche Verfahren berufen sein, bei denen eine Berührung des erzeugten Metalls mit Kohle oder Kohlenelektroden ausgeschlossen ist. Von diesen Erwägungen ausgehend, hat Héroult seinen für die Eisendarstellung (siehe bei Eisen) konstruierten Ofen auch für die Herstellung von Mangan und reinen Manganlegierungen verwendet. Bei diesem Ofen sind Elektroden und Metallbad durch eine Schlackenschicht voneinander getrennt: ein Prinzip, das ja auch Gin-Simon anwenden, das aber in bezug

---

[1]) Moissan, Der elektrische Ofen, S. 204. Berlin 1897.

auf die Qualität des erzielten Produktes durch die Zugabe eines Gemenges von Manganoxyd und Kohle zum Elektrolyten wieder hinfällig wird.

Läßt man jedoch dieses Gemenge weg, so müssen die Elektroden und damit auch die Öfen sehr groß dimensioniert werden. Man käme dann allerdings mit 7—8 Volt pro Ofen aus. Der Héroultsche Ofen dient (siehe bei Eisen) auch zur Erzeugung von Ferromangan; die Darstellung reinen Manganmetalls dürfte wohl ebenfalls an den zu großen Dimensionierungen gescheitert sein. Laufen mehrere Prozesse, wie bei der Ferromanganerzeugung, nebeneinander her, so kommt man bei erhöhter Spannung mit kleineren Elektrodenquerschnitten aus (siehe bei Eisen).

Die Gewinnung von Manganlegierungen.

Allgemeines.

Die in der Technik am meisten verwendeten Manganlegierungen sind das Spiegeleisen, ein manganhaltiges Roheisen mit einem Mangangehalt bis zu 30 %, sowie das Ferromangan mit einem Mangangehalt von 30—92 %. In den Handel gebracht wird Spiegeleisen meist mit 20 %, Ferromangan mit 80 % Mangan.

Diese Legierungen sind im Anschluß an die Legierungen des Eisens besprochen worden (siehe bei Eisenlegierungen).

Hier seien nur noch zwei Legierungen besprochen, die einiges Interesse darbieten, da sie auf elektrischem Wege hergestellt werden können.

Mangansilicium.

Diese Legierung erhielt Vigouroux[1]) durch Erhitzen von Manganoxyd mit Kieselsäure und Kohle im elektrischen Schmelzofen. Sie ist sehr hart, spröde und metallisch glänzend. Ihrer chemischen Zusammensetzung nach kommt ihr die Formel $SiMn_2$ zu.

---

[1]) Comptes Rendus 121, 771.

Manganamalgam.

Das Manganamalgam kann zur Herstellung reinen Mangans dienen. Es wird nach Prelinger[1]) dadurch erhalten, daß man eine Manganchlorürlösung unter Verwendung einer Quecksilberkathode der Elektrolyse unterwirft. Es bildet sich dann mit der Zusammensetzung Mn_2Hg_5 als schiefergraue, luftbeständige Masse, die beim Polieren Metallglanz annimmt. Durch Erhitzen im Wasserstoffstrom entsteht daraus reines Mangan.

Chrom.

Vorkommen.

Die wichtigste in der Natur vorkommende Chromverbindung ist der Chromeisenstein $FeO\,Cr_2O_3$, dessen Zusammensetzung jedoch nicht immer genau dieser Formel entspricht, sondern wechselt. Ferner ist das Rotbleierz $PbCrO_4$ zu erwähnen sowie der Chromglimmer, der Serpentin usw.

Als Ausgangsmaterial für die Chromgewinnung dient der Chromeisenstein, der sich in Deutschland in Oberschlesien findet und außerdem hauptsächlich in Bosnien, Griechenland, Rußland, Norwegen und Nordamerika vorkommt.

Geschichtliches.

Das Chrom wurde im Jahre 1797 von Vauquelin entdeckt, der es unter dem Titel: »Sur une nouvelle substance métallique contenue dans le plomb rouge de Sibérie« beschrieb und der dem neuen Metall auch den Namen gab. Gleichzeitig wurde es jedoch auch von Klaproth aufgefunden.

---

[1]) Monatshefte für Chemie 14, 353.

Die elektrolytische Darstellung des Croms wurde zuerst von Bunsen im Jahre 1854 ausgeführt. Das reine Metall wurde von Moissan im Jahre 1895 durch einen Raffinationsprozeß aus kohlenstoffhaltigem Chrom erhalten, dessen Herstellung auf elektrothermischem Wege er bereits 1893 durchgeführt hatte. Die elektrochemischen Methoden haben seit dem Jahre 1898 durch das Verfahren von Goldschmidt, das sich auf seinem Prozesse der Aluminothermie aufbaut, eine scharfe Konkurrenz erfahren.

Gewinnung.

Die Gewinnung des Chroms kann entweder auf elektrothermischem Wege oder durch Elektrolyse, und zwar entweder in wäßriger Lösung oder durch Schmelzflußelektrolyse erfolgen. Für die Gewinnung des Chroms kommen jedoch, abgesehen von dem Kruppschen Verfahren der Schmelzflußelektrolyse, in erster Linie elektrothermische Methoden in Betracht, denen allerdings die rein hüttenmännische Darstellung von Chromeisenlegierungen und das Goldschmidtsche Verfahren Konkurrenz machen.

Die Gewinnung des Chroms durch Elektrolyse wäßriger Lösungen.

Allgemeines.

Die Elektrolyse wäßriger Lösungen, zu der sowohl das Chlorid wie das Sulfat des Chroms verwendet werden können, liefert ein ziemlich reines Produkt, wenn man hierbei gewisse Verhältnisse in bezug auf die Konzentration des Elektrolyten sowie eine bestimmte Stromdichte innehält und auch den Temperaturverhältnissen genaue Aufmerksamkeit schenkt. Die zu beachtenden Verhältnisse sind bereits von Bunsen teilweise festgelegt worden[1]) und wurden dann von Glaser[2])

---

[1]) Pogg. Ann. 1854, 91, 619.

[2]) Neumann, Zeitschr. f. Elch. 1901, 7, 656.

sowie von Ferrée[1]) und Cowper-Coles[2]) und endlich in sehr gründlicher und ausführlicher Weise von Carveth und Mott[3]), ferner von Placet und Bonnet, Le Blanc usw. weiter erforscht.

Es ergibt sich aus diesen im übrigen sich vielfach widersprechenden Arbeiten im allgemeinen zunächst für die Elektrolyse von Chloridlösungen, daß höhere Temperaturen als 50⁰ schädlich wirken, daß bei zu niederer Stromdichte (unter 9 Amp. pro qdm) die Bildung von Oxyduloxyd eintritt, daß die Abscheidung reinen Metalles eine Konzentration von mindestens 158 g Chrom pro Liter Elektrolytlösung erfordert und daß unterhalb einer Grenze von 79 g Metall pro Liter Elektrolytlösung wieder die Ausscheidung von Oxyduloxyd beginnt. Die Stromausbeute ist im allgemeinen eine sehr schlechte und überschreitet gewöhnlich 50 % nicht; sie kann zwar durch Konzentration und starke Bewegung der Kathodenlösung auf etwa 90⁰ gebracht werden, doch sind die innezuhaltenden Kautelen hier solche, daß sie einem technischen Betriebe Schwierigkeiten bereiten dürften. Im allgemeinen ist die Darstellung durch Elektrolyse wäßriger Lösungen wohl so teuer, daß sie die Konkurrenz der Schmelzflußelektrolyse und der elektrothermischen Methoden nicht auszuhalten vermag, doch eignet sie sich vorzüglich zur Herstellung reinen Chroms für wissenschaftliche Zwecke und zur Herstellung von Chromüberzügen auf andere Metalle, denn das Chrom haftet auf sehr vielen derselben sowie auch auf Kohle. Als Anode kann Platin, Blei oder Kohle Verwendung finden. (Über die Elektrolyse von Sulfatlösungen siehe unten beim Verfahren von Placet und Bonnet.)

Das Verfahren von Bunsen.

Bunsen[4]) elektrolysierte eine kochende chloridhaltige Chromchlorürlösung und brachte zwischen Anode und Kathode eine fast bis zum Boden des Gefäßes gehende Porzellanwand an.

---

[1]) Bull. de la Soc. Chim. 1901, 25, 617.

[2]) Chem. News 81, 16.

[3]) Journal of Physical Chemistry 1905, 9, 216.

[4]) Pogg. Ann. 1854, 91, 619.

Als Strom verwendete er etwa 670 Amp. auf den qmKathodenoberfläche; er erhielt auf diese Weise spröde, blanke Blätter.

Bei diesen Untersuchungen bemerkte Bunsen bereits, daß das Resultat der Elektrolyse von der Stromdichte wesentlich beeinflußt wird, und er wies darauf hin, daß es bei der Elektrolyse von Chromchlorid in Wasser und bei Verwendung eines Stroms von gleichbleibender Stärke von dem Querschnitt der reduzierenden Polplatte abhängt, ob man Wasserstoff, Chromoxyd, Chromoxydul oder metallisches Chrom erhält. Ebenso fand er, daß die Konzentration des Elektrolyten eine hervorragende Rolle spielt und daß, wenn man bei stets gleichbleibender Stromdichte den Chromchlorürgehalt der Lösung vermehrt, bald ein Punkt erreicht wird, wo die Chromoxydulausscheidung von einer Reduktion des Metalls begleitet und endlich von dieser ganz verdrängt wird.

Das Verfahren von Ferée.

Ferée[1]) verwendet als Elektrolyten eine Lösung, die pro Liter 266,5 g Chromchlorid und 233 g Kaliumchlorid enthält. Er konnte bei Spannungen von 8 Volt ziemlich niedere Stromdichten (150 Amp. pro qm Kathodenoberfläche) verwenden.

Das Verfahren von Cowper-Coles.

Sherard Cowper-Coles[2]) elektrolysiert eine Chromchloridlösung von der Konzentration 25 : 75 bei 75° mit 500 Amp. pro qm, wobei die Lösung sauer zu halten ist.

Interessant ist, daß er eine anodische Raffination von Chrom durchführte. Zur Herstellung der hierzu verwendeten Lösungsanode erhitzte er Chromverbindungen mit Holzkohle in geschlossenen Tiegeln. Hierauf werden 2,5 Gewichtsteile Kupfer, sodann 1,0—1,5 Gewichtsteile Zinn geschmolzen aufgegossen; die Schmelze wurde granuliert, abermals geschmolzen und nun zu Anodenplatten gegossen. Als Elektrolyt wurde eine Lösung von je 100 g Cyankalium und Ammoniumkarbonat pro Liter Wasser verwendet. Die Temperatur wurde auf 53° erhalten.

---

[1]) Bull. de la Soc. Chim. 1901, 25, 617.

[2]) Chem. News 81, 16.

Das Verfahren von Placet und Bonnet.

Nach diesem Verfahren[1]) wollen Placet und Bonnet sehr reines elektrolytisches Chrom gewonnen haben, von dem sie ein Stück von 1 kg Gewicht im Jahre 1893 der französischen Akademie vorlegten. Ebenso haben sie Legierungen vorgelegt und Blöcke von Chrom und Chromlegierungen auf der kolumbischen Weltausstellung ausgestellt. Ihr Verfahren haben sie nicht vollkommen veröffentlicht. Soweit es sich aus den Patentschriften ersehen läßt, stellten sie durch Erwärmen eines Gemisches von 100 g Chromalaun und 10—15 g Kaliumbisulfat mit 100 g Wasser den Elektrolyten her. Der elektrische Strom, über dessen Spannung und Stärke sie keinerlei Angaben machen (siehe unten), schlägt auf der Kathode Chrom nieder. Die Konzentration des Elektrolyten wird durch Zusetzen von Chromalaun allein oder von einer konzentrierten Lösung von Chromalaun und Alkalibisulfat auf ihrer ursprünglichen Stärke erhalten. Ebenso wird auch der Flüssigkeitsspiegel durch ein im Zersetzungsgefäße angebrachtes Überlaufrohr auf einer bestimmten Höhe erhalten. Wenn Chrom allein als Zusatz zu dem Bade benutzt wurde, so wird ein Zeitpunkt erreicht, bei dem alles Wasser der Lösung mit den darin gelösten Salzen durch dieses Rohr ausgeflossen ist. Der Elektrolyt besteht dann aus Salzen, die entweder durch Wasser (!) oder durch Hitze zu reduzieren sind. Es wird dann das restierende Salz zum Schmelzen erhitzt und der Schmelze etwas Kaliumchlorat oder Borsäure, Benzoesäure oder analoge Verbindungen (!) zugesetzt. Als Flußmittel an Stelle von Kaliumbisulfat können so ziemlich sämtliche Salze sämtlicher Alkalien entweder allein oder in Mischungen Verwendung finden. An Stelle des Chromalauns sind auch andere leicht schmelzbare Chromsalze verwendbar. Die Elektroden werden durch Pressen eines Gemisches von Kohle mit Chromoxyd, Chromsalzen, Reduktions- und Flußmitteln hergestellt.

---

[1]) Comptes rendus 1893, 111, 945.
Engl. Pat. 6751/1893, 19344/1890, 22854/1891, 22855/1891, 22856/1891.
Amerik. Pat. 526114/1894.

Will man Legierungen erhalten, so treten an Stelle dieser Elektroden solche aus Metallen, wie Kupfer, Aluminium, Zink, Nickel, Silber usw., oder aus Oxyden derselben. Die Elektroden können hohl gestaltet werden, so daß man durch sie indifferente oder reduzierend wirkende Gase oder Metallstaub (Zink, Aluminium) in die Schmelze einblasen kann.

Placet und Bonnet stellen durch die Veröffentlichung derartiger Patente an die Gutgläubigkeit der Elektrometallurgen starke Anforderungen und scheinen durch diese lediglich versucht zu haben, das eigentliche Wesen ihrer »Erfindung« (?) zu verschleiern.

Dasselbe dürfte jedoch, kurz gesagt, darin bestehen, daß eine mit Kaliumbisulfat versetzte Chromalaunlösung elektrolysiert wird, bis der ständig regenerierte Elektrolyt keine Regeneration mehr verträgt, worauf man aus dem Rückstand des eingedampften Elektrolyten durch Schmelzen Chromoxyd zur Gewinnung neuer Chromsalzlösung herstellt. Es ist jedoch auch nicht ausgeschlossen, daß sie einfach eine angesäuerte Chromsäurelösung elektrolysieren, wie dies Carveth und Curry[1]) mit Erfolg durchführten, die einige Ansprüche des Placet- und Bonnetschen amerikanischen Patentes für richtig erklären.

Über die bei der Elektrolyse von Chromsulfatlösung einzuhaltenden Stromverhältnisse gibt Glaser[2]) Aufschluß. Seinen Untersuchungen zufolge arbeitet man in Sulfatlösungen am günstigsten mit 65—85 g Chrom im Liter und mit einer Stromdichte von 13—20 Amp. Die Stromausbeute beträgt 84—86 %. Es ist in der Praxis nötig, den theoretischen Zersetzungswert, der für 5n-Sulfatlösung 1,9 Volt beträgt, zu verdoppeln.

Weitere Aufschlüsse über die Elektrolyse von Chromsulfatlösungen gibt

---

[1]) Electrochemical and Metallurgical Industry 1905, 5, 176. Elektrochemische Zeitschrift 13, 7, 147.

[2]) Ztschr. f. Elch. 1901, 7, 656.

Das Verfahren von Möller und Street

das[1]) von der Electrometallurgical Company Ltd. in London ausgeübt wird, die danach Chrom darstellt, das sie wiederum zur Herstellung von Chromlegierungen nach eigenem Verfahren[2]) verwendet.

Der Elektrolyt besteht aus gleichen Teilen Wasser, Natriumchromalaun und Natriumsulfat und wird mit Schwefelsäure angesäuert. Er befindet sich in einem durch ein Diaphragma vom Anoderaum geschiedenen Kathodenraum, der eine rohrförmig aufgerollte Kupfer- oder Messingkathode enthält. Im Anodenraum hängen die Bleianoden in verdünnter Schwefelsäure (5 % H_2SO_4 von 66° Bé). Die Temperatur des Elektrolyten wird auf etwa 70° erhalten, wobei mit einer Stromdichte von 40 Amp. pro qm Kathodenoberfläche etwa 0,2 g Chrom abgeschieden werden. Da Chromsulfat durch das Diaphragma nach dem Anodenraum diffundiert, so entsteht in diesem Chromsäure. Ihre Lösung wird durch Behandlung mit Schwefeldioxyd wieder in Chromsulfat übergeführt und dieses auf etwa 30° Bé konzentriert. Ist dieser Konzentrationsgrad erreicht, so wird so viel Natriumbichromat zugesetzt, daß, abgesehen von dem entstehenden Natriumsulfat, eine äquivalente Menge von CrO_3 und H_2SO_4 in Lösung ist. Mittels dieser Flüssigkeit wird in einem Bleigefäß auf 130° erhitzter Schwefel oxydiert, wobei die Chromsäure in Chromsulfat übergeht. Nach dieser Regeneration wird der Schwefel abfiltriert und die verdünnte Chromsulfatlösung wieder in den Kathodenraum übergeführt. Im Kathodenraum verarmt die Lösung an Chromisulfat, während der Gehalt an Natriumsulfat ziemlich konstant bleibt. Bei einem Ersatz des ausgeschiedenen Chroms durch Natriumchromate tritt eine Anreicherung an Natriumsulfat ein, das durch Abkühlung und Kristallisation der Kathodenlauge außerhalb der Elektrolysierbottiche entfernt wird.

---

[1]) Engl. Pat. 18 743/1898.
D. R. P. 104 793 und 105 847.

[2]) Elektrochemische Zeitschr. 1897, 11, 258.
D. R. P. 89 348.

Auf Grund dieser Verhältnisse ergibt sich als definitive Arbeitsweise folgende:

Die durch Chromsäure verunreinigten Anodenlaugen werden, wie beschrieben, mit Schwefeldioxyd behandelt, um Chromsulfat zu erzielen. Das richtige Verhältnis wird durch Absättigen mit $Cr_2(OH)_6$ hergestellt. Diese Verbindung wird durch Reduktion von Chromaten mit Baryumsulfid erhalten, das nach dem Auslaugen mit Schwefelsäure zurückbleibt und leicht wieder durch Reduktionsarbeit regeneriert werden kann.

Da der Niederschlag je nach der Kathodenoberfläche eine verschiedene Qualität hat, so wird die richtige Kathodenoberfläche resp. Stromstärke durch Verwendung von »Probestangen« ermittelt. Diese sind Messing- oder Kupferbleche, die zu Rohren von verschiedenem Durchmesser aufgerollt sind. Sie werden an den einen Arm einer Wage gehängt, deren anderer Arm den Stromkreis einer elektrischen Klingel schließt, sobald durch Vermehrung des Säuregehalts eine Lösung des an der Probestange vorhandenen Niederschlags eintritt. Durch Neutralisation der Säure resp. Erneuerung des Elektrolyten wird die Klingel still gesetzt. Ebenso wird auch ein zu geringer Säuregehalt durch die Probestange angezeigt. Der Durchmesser der Probestange wird so gewählt, daß sich bei normalem Verlauf der Elektrolyse die Dicke des an ihr abgesetzten Niederschlags nicht vermehrt. In dem Maße, wie das Bad säureärmer wird, verdickt sich der Niederschlag, die Probestange wird schwerer, der Kontakt der Klingel wird abermals geschlossen. Es wird dann die Klingel durch Ansäuern zum Schweigen gebracht.

Die Gewinnung von Chrom durch Schmelzfluß-elektrolyse.

Das Verfahren von Krupp.

Dieses Verfahren[1]) ist ein Raffinationsverfahren für kohlenstoffhaltiges Ferrochrom. Es besteht darin, daß das Ferrochrom als Anode in eine Schmelze von Kochsalz oder

[1]) D. R. P. 81225.

einem anderen Haloid oder in einer solchen von Alkalichromchlorid elektrolysiert wird. Hierbei schlägt es sich kohlenstofffrei an der Kathode nieder. Schwierigkeiten ergeben sich daraus, daß man Tondiaphragmen anwenden muß, die in geschmolzenem Alkalichlorid bekanntlich nur sehr wenig haltbar sind, und daß das entstehende Natrium entfernt werden muß. Außerdem läßt sich durch dieses Verfahren nur der Kohlenstoff, der allerdings die hauptsächlichste Verunreinigung des Chroms darstellt, entfernen.

Die Gewinnung des Chroms auf elektrothermischem Wege.

Das Verfahren von Moissan.

Im Jahre 1893 zeigte Moissan, daß es möglich ist, Chromoxyd bei der hohen Temperatur des elektrischen Ofens durch Kohle mit Leichtigkeit zu reduzieren. Er verwandte hierzu zunächst einen intermittierend arbeitenden elektrischen Ofen[1]), den er bald durch einen kontinuierlich arbeitenden[2]) ersetzte.

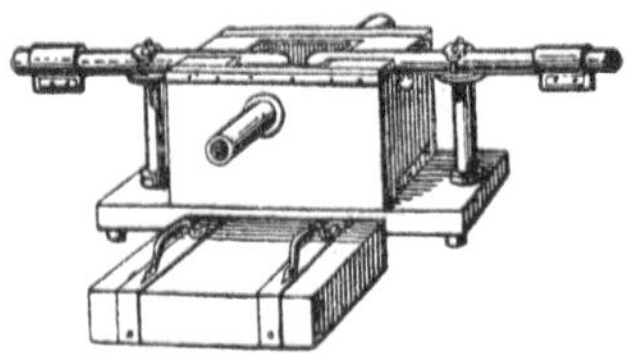

Fig. 59.

Dieser Ofen (Fig. 59) bestand aus einem Kalksteinblocke, der, wie alle Moissanschen elektrischen Öfen, eine kleine Vertiefung enthielt, deren Wandungen mit Magnesiaplatten von 1 cm Dicke und darüber gelegten Kohleplatten ausgelegt waren. Durch die Seitenwände des Ofens sind isoliert zwei dicke Kohlenelektroden eingeführt. Etwas unterhalb der Elektroden und rechtwinklig zu ihnen ragt mit einer geringen Neigung nach unten ein hohles Kohlerohr durch eine dritte Wand in den Ofen hinein. Dasselbe ist so angeordnet, daß sein Ende etwa 1 cm unterhalb des Lichtbogens liegt. Es dient dazu, um das Rohmaterial der Stelle der größten Erhitzung

[1]) Comptes rendus 1893, 116, 349.
[2]) Comptes rendus 1894, 117, 679.

zuzuführen. Der Ofen wird in der bei Moissanschen Öfen üblichen Weise durch einen Kalkblock nach obenhin abgeschlossen, unter dem an der Stelle über dem Schmelzraum eine Kohle- und eine Magnesiaplatte angebracht sind. Die beiden Kohlenelektroden, zwischen denen der Lichtbogen spielt, sind beweglich.

Moissan stellte in diesem Ofen zunächst etwa 20 kg metallisches Chrom her, das einen hohen Kohlenstoffgehalt aufwies, wie die nachstehenden von ihm herrührenden Analysen zeigten:

	1	2	3	4
Chrom . . .	87,37	86,25	90,30	91,70
Kohlenstoff . .	11,92	12,85	9,47	8,60

Die Raffination dieses Rohchroms führte Moissan dadurch aus, daß er es in grobe Stücke zerschlug und in einen Kohlentiegel brachte, der sorgfältig mit Chromoxyd ausgekleidet und mit demselben Oxyd bedeckt war. Das Gemenge wurde neuerdings der Temperatur des elektrischen Ofens ausgesetzt, wobei zunächst das Oxyd an der Oberfläche schmolz. Hierauf begann auch das Metall zu schmelzen, das dann nach und nach den ganzen Kohlenstoff, den es enthält, verliert. Da das so gewonnene Metall aber mit Sauerstoff gesättigt, also gewissermaßen »verbrannt« war, so wurde die Raffinierung des Rohchroms später mit geschmolzenem Kalk ausgeführt, wobei 500 g Kalk auf 1 kg Metall genommen wurden. Unter Bildung von Calciumkarbid entstand sehr reines Chrom mit einem Kohlenstoffgehalt von nur 1,5 bis 1,9 %, das sehr leicht in schönen Würfeln und Oktaedern kristallisierte.

Absolut kohlenfreies Chrom konnte erst aus diesem Chrom dadurch erhalten werden, daß es in einer bei dem vorstehend beschriebenen Prozeß sich bildenden Doppelverbindung von Chromoxyd und Kalk nochmals umgeschmolzen wurde. Es entsteht dann ein Chrom, indem sich bei der Analyse keine Spur von Kohlenstoff mehr nachweisen läßt.[1])

---

[1]) Moissan, Der elektrische Ofen, Berlin 1897, S. 196.

Das Verfahren von Chaplet.

Dieses Verfahren, das den Grundstock der Arbeitsweise der Société Néo-Metallurgie Marbeau, Chaplet & Cie. bildet[1]), beruht auf den von Moissan angegebenen Grundsätzen. Chaplet verwendet zur Beheizung des Beschickungsrohrs statt eines einzelnen mehrere Lichtbogen. Sein Ofen (Fig. 60) besteht aus zwei Teilen, von denen der untere *a* leicht beweglich ist, so daß er leicht ersetzt werden kann. Er enthält einen Sumpf *e*, der über die ganze Ofensohle hinwegreichen kann. Dadurch, daß er von seinem Platz leicht durch Gleiten, Rollen oder Drehen entfernt werden kann, ist es möglich, ihn leicht durch einen anderen zu ersetzen. Der obere Teil des Ofens *b*, das Gewölbe, nimmt das Muffelrohr und die beweglichen Elektroden auf. Dieses Muffelrohr kann einfach, doppelt (Fig. 61) oder V-förmig sein und hat Öffnungen zum Ausfluß der geschmolzenen Masse, die durch diese in den Sumpf fließt. Die Masse wird durch eine ganze Anzahl von Elektroden *c* resp. durch die zwischen ihnen

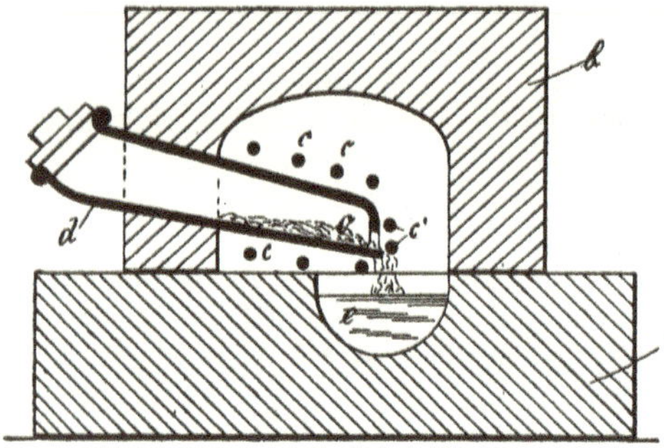

Fig. 60.

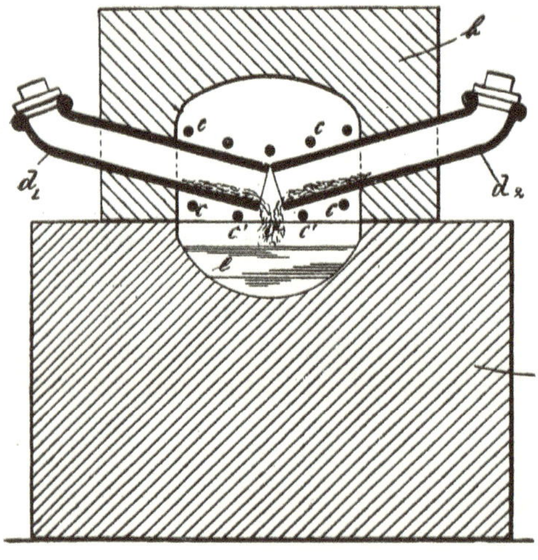

Fig. 61.

[1]) D. R. P. 77896.

spielenden Lichtbogen erhitzt. Besondere Elektroden c' sollen das Erstarren der Masse an der Ausflußöffnung verhindern.

Der Ofen ist natürlich auch zur Herstellung von Chromlegierungen geeignet.

Das Verfahren von Heibling[1])

bietet ebenfalls gegenüber dem Moissanschen im Prinzipe nichts Neues. Das Wesen desselben besteht darin, daß dem Erze Kalk und Kohle in solchem Verhältnisse zugemischt werden, daß eine vorwiegend aus Calciumcarbid bestehende Schlacke neben reinem Metalle entsteht.

Das Verfahren von Héroult

entspricht vollkommen dem Héroultschen Verfahren für die Eisenerzeugung (siehe bei Eisen). Unter Verwendung dieses Verfahrens werden in den Werken zu La Praz Chrom und Chromlegierungen, vor allem Ferrochrom hergestellt. Der Tiegel wird zur Gewinnung fast völlig kohlenstofffreien Chroms resp. Ferrochroms mit Chromeisenstein ausgekleidet. Irgendwelche bemerkenswerte Momente enthält dieses Verfahren nicht.

Das Verfahren von Aschermann.

Aschermann[2]) schlägt bei seinem Verfahren einen ganz neuen und originellen Weg ein, indem er Chromoxyd mit Schwefelantimon mischt und das Gemenge (10 Teile Chromoxyd auf 23 Teile Schwefelantimon) in einen Graphittiegel gibt, der in einen aus Gußstahl bestehenden und gasdicht verschließbaren elektrischen Ofen gestellt wird. Durch den Deckel des Ofens wird ebenfalls gasdicht die Kohlenanode herabgeführt und dann durch die Mischung ein Strom von 20—25 Amp. geschickt, der zur Einleitung der Reaktion genügt. Die hierbei freiwerdende Wärme beendet dann den Prozeß, bei dem eine Legierung von Chrom und Antimon entsteht, aus der das Antimon durch Erhitzen auf Weißglut verflüchtigt wird. Das Chrom bleibt in kristallinischem Zustande zurück.

---

[1]) D. R. P. 86593.

[2]) Elektrochemische Zeitschrift 1898, 12, 570.
D. R. P. 93744.

Natrium.

Vorkommen.

Das Natrium kommt in der Natur niemals in gediegenem Zustande, sondern — und zwar ziemlich verbreitet — nur in Form seiner Salze vor, unter denen die wichtigsten das Steinsalz $NaCl$ (Kochsalz), das Glaubersalz $Na_2SO_4 10 H_2O$, der Salpeter $NaNO_3$, die Soda $Na_2CO_3 \cdot H_2O$, der Borax $Na_2Bo_4O_7 \cdot 10H_2O$, der Kryolith $6NaFl \cdot Al_2Fl_6$ usw. sind.

Geschichtliches.

Die meisten der vorstehend genannten Salze waren schon seit dem Altertume bekannt und zum Teil vielfach in Gebrauch. Das ihnen zugrunde liegende Metall, das Natrium, wurde jedoch erst im Jahre 1807 durch Davy aus im Schmelzfluß befindlichen Ätznatron durch Elektrolyse isoliert. Davy[1]) schmolz in einem Platinlöffel Ätznatron bei Rotglut unter der Einwirkung eines Spiritussauerstoffgebläses und ließ durch die geschmolzene Masse den Strom einer Voltaschen Säule von 100 Platten hindurchgehen. Hierbei erhielt er das Natrium genau in der gleichen Weise, wie er zuvor schon das Kalium in metallischem Zustande erhalten hatte.

Der Weg, den Davy hierbei gegangen war, ist derselbe, der in der neuesten Zeit auch zur fabrikmäßigen Darstellung des Natriums auf elektrolytischem Wege Verwendung findet. Er ist der einfachste und beste. Leider jedoch ist diese Tatsache ziemlich spät erkannt worden, und Jahrzehnte vergingen mit Versuchen, die darauf abzielten, das Natrium aus seinem verbreitetsten Salz, aus dem Chlornatrium, durch Elektrolyse zu gewinnen. Deville hat sich zwar bemüht, die Davysche

[1]) Philos. Transactions 1808.
Ostwald, Elektrochemie 1896, 191.

Methode zu verbessern, doch haben seine Versuche keinen praktischen Erfolg für die Technik der fabrikmäßigen Natriumgewinnung gezeitigt. Hingegen rühren Versuche zur Gewinnung aus dem Chlorid von Watt[1]), von Jablochkoff (1883), von Höpfner (1884), von Grabau (1886) usw. her, so daß sich also in der Tat die bedeutendsten und bekanntesten Elektrometallurgen bemüht haben, Natrium aus Chlornatrium abzuscheiden.

Erst im Jahre 1890 schlug Castner den bereits von Davy angegebenen und von Deville verbesserten Weg der Darstellung aus geschmolzenem Ätznatron von neuem, und zwar mit solchem Erfolge ein, daß bereits im folgenden Jahre größere Betriebe zur Durchführung desselben an den Niagarafällen, in England und auf dem Kontinent errichtet werden konnten. Das Castnersche Verfahren steht auch heute noch fast ausschließlich in Anwendung, und auch das Verfahren von Becker, das aus dem Jahre 1899 stammt und in den Werken von Rioupéroux im Departement Isère ausgeübt wird, ist im Prinzip ein in bezug auf verschiedene Details abgeändertes Castnersches Verfahren. Auch das Verfahren von W. Rathenau und Suter, das auf den elektrochemischen Werken in Bitterfeld in Anwendung steht, sowie eine weitere Anzahl von Verfahren und Vorschlägen sind auf dieses Prinzip zurückzuführen, so daß man also wohl mit Recht behaupten kann, daß Castner der Begründer unserer modernen elektrischen Natriumindustrie ist, denn mit Ausnahme des Darlingschen Verfahrens (1899), das vom Salpeter ausgeht, wird bei den heute im Betriebe stehenden Natriumfabriken allgemein geschmolzenes Ätznatron als Ausgangsmaterial für die elektrolytische Natriumdarstellung benutzt. Die wesentlichsten Unterschiede an ihnen sind Unterschiede der Apparatur, denn infolge der Davyschen Arbeiten wäre ein auf der Elektrolyse von geschmolzenem Ätznatron basierendes Verfahren auch nicht mehr patentfähig.

[1]) Engl. Pat. 13755/1851.

Gewinnung.

Wenn auch jetzt überall die Davysche, von Castner zu einem fabrikmäßigen Verfahren ausgebildete Methode in Anwendung steht, so haben doch die Versuche, das Natrium aus Chlornatrium zu gewinnen, einige so bemerkenswerte Ergebnisse gezeitigt, daß es notwendig ist, eines der am besten ausgearbeiteten derartigen Verfahren kurz zu streifen.

Die Gewinnung von Natrium aus Chlornatrium.

Die Schwierigkeiten, die sich der Gewinnung des Natriums aus dem Chlornatrium entgegenstellen, bestehen hauptsächlich darin, daß es schwer gelingt, geeignete Materialien für die Apparate zu finden, daß die Schmelze verschiedene unangenehme Eigenschaften hat, daß bei den Versuchen, das Natrium aus der Schmelze abzudestillieren, wie dies einige Erfinder vorschlugen, zu hohe Temperaturen verwendet werden müssen und vor allem darin, daß selbst dann, wenn es glückte, einen im kleinen gut funktionierenden Apparat zu konstruieren, dieser im großen Maßstabe stets nicht zur Verwendung kommen konnte.

Das Verfahren, das am weitesten ausgebildet war und das, obschon es sich im großen gleichfalls nicht bewährte, doch den fabrikmäßigen Verhältnissen am weitesten Rechnung trug, ist

Das Verfahren von Grabau.

Dieses Verfahren[1]) bezweckt hauptsächlich die Konstruktion eines passenden Apparates. Bei demselben werden nach Art der Taucherglocken konstruierte luftleere Zellen in das Bad eingetaucht, in denen die Kathode inwendig an der höchsten Stelle mündet, so daß sich hier am obersten Punkt des Glockeninnern das Metall abscheiden muß. Infolgedessen füllt sich die Glocke allmählich vollkommen mit Metall. Sie wird, nachdem man sie vorher durch einen von unten her angelegten Deckel geschlossen hat, aus dem Bade genommen.

---

[1]) D. R. P. 41 494, 45 012, 51 898, 56 230.

Als Anode kann ein Kohlenstab Verwendung finden; das Material zur Herstellung der Glocken bestand aus feuerfesten, siliciumfreien Nichtleitern, also z. B. aus Magnesia oder Tonerde oder aus einem Gemenge von Kalk und Tonerde.

Diese Zellen haben sich nicht bewährt, und Grabau ersetzte sie dann durch Zellen aus Metall, die mit einer Kruste von nicht geschmolzenem Elektrolyt bedeckt waren. Auch diese vermochten im Betriebe nicht standzuhalten, und zwar nach den Erfahrungen Grabaus deshalb, weil die Zerstörung nicht durch das Alkalimetall, sondern durch den

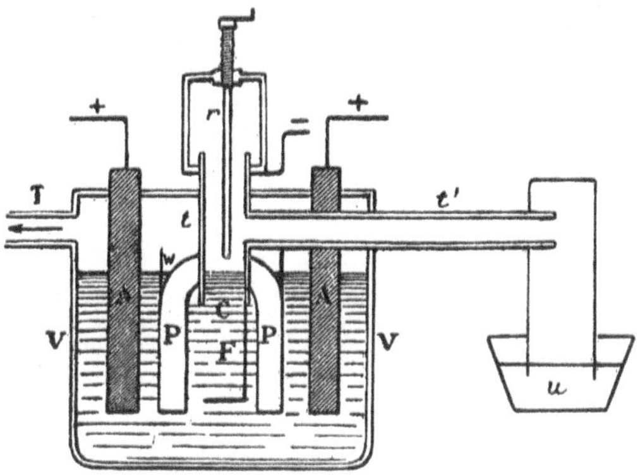

Fig. 62.

durch die Zellwandungen hindurchgehenden Strom bewirkt wurde. Es wurde deshalb ein neuer Apparat konstruiert, bei dem durch eine vom unteren Rande der glockenförmigen Polzelle aus bis über das Niveau der Schmelze geführte Wand der Effekt erzielt wurde, daß eine elektrisch leitende Verbindung nur durch die untere Öffnung der Zelle, nicht aber durch ihre Wand hindurch mehr stattfinden konnte.[1])

Der nach diesen Grundsätzen konstruierte Apparat (Fig. 62) enthält das durch einen Deckel geschlossene Schmelzgefäß *V V*, das die glockenförmige aus Porzellan, Schamotte oder anderen feuerfesten, die Elektrizität nicht leitendem Material gefertigte

[1]) D. R. P. 51898.

Polzelle *P* und die um diese herum angeordneten Kohleanoden *A* enthält. Vom unteren Rande von *P* geht eine Wand *w* aus, welche die Polzellenwand in einem gewissen Abstande umgibt und bis über das Niveau der Schmelze reicht, so daß letztere nicht an die äußere Fläche der Polzellenwand treten kann. Durch den auf diese Weise gebildeten Raum wird vermieden, daß eine elektrische Verbindung zwischen der innerhalb der Polzelle und der außerhalb derselben befindlichen Schmelze durch die Wandung der Zelle hindurch eintritt. Der elektrische Strom kann somit die Polzellenwand nicht durchlöchern.

An die Polzelle *PP* setzt sich oben ein hohler eiserner Körper *t* mit dem zum Schmelzgefäße *u* führenden Abflußrohre *t'* an; *t* bildet den negativen Pol, der innerhalb der Polzelle durch eine stangenförmige Verlängerung *F* in möglichst gut leitende Verbindung mit der Schmelze gebracht ist. *r* ist eine Bohrvorrichtung zur Beseitigung etwaiger Verstopfungen.

Das abgeschiedene Chlor wird bei *T* abgeführt, während die Beschickung mit Salzgemisch durch eine Öffnung im Deckel erfolgt. Das Schmelzgefäß hängt in einem (in der Abbildung nicht gezeichneten) Luftbade, das durch Kanäle mittels heißer Gase erhitzt wird.

Im Großbetriebe hat sich dieser Apparat ebensowenig bewährt wie die von Borchers[1]) konstruierten. Ganz besondere Schwierigkeiten machte bei dem Grabauschen Apparat die Inbetriebsetzung.

Die Gewinnung von Natrium aus Ätznatron.

Das Verfahren von Castner.

Hamilton Young Castner, ein Amerikaner, darf als Reformator der Natriumindustrie angesehen werden. Im Jahre 1888 begann er mit seinen Versuchen zur Gewinnung von Natrium aus geschmolzenem Ätznatron, das nur wenig über seinen Schmelzpunkt erhitzt ist, und dieses Verfahren[2]) ist dann für alle übrigen vorbildlich geworden.

---

[1]) Zeitschr. f. angew. Chem. 1893.

[2]) D. R. P. 58121. Chem. Zeitschr. 1902, 1, 498.

Castner erkannte richtig, daß praktische Ergebnisse bei der Elektrolyse der Ätzalkalien nur dann erzielt werden können, wenn der Elektrolyt sich zwar im Schmelzfluß befindet, wenn er jedoch hierbei bei so niedriger Temperatur als nur möglich erhalten wird. Sowohl Ätznatron wie Ätzkali absorbieren bei ihrer Schmelztemperatur die durch die Elektrolyse entstehenden beiden Produkte Alkali und Sauerstoff, und dieses Absorptionsvermögen nimmt mit der Temperaturerhöhung in rasch steigendem Maße zu, so daß es schon bei verhältnismäßig wenig über dem Schmelzpunkte liegenden Temperaturen einen solchen Betrag erreicht hat, daß die Geschwindigkeit der Absorption ebenso groß oder größer wird wie die Geschwindigkeit der Zersetzung, so daß dann die Gewinnung der Zersetzungsprodukte nicht mehr möglich ist. Es kommt demnach bei richtiger Durchführung des Prozesses in erster Linie darauf an, bei möglichst niedriger und dabei möglichst konstanter Temperatur zu arbeiten sowie die entstandenen Elemente möglichst schnell aus dem Bereiche des Elektrolyten zu entfernen. Die Praxis hat gezeigt, daß die höchste Temperatur, die noch Verwendung finden kann, bei 330° liegt, also 20° über dem Schmelzpunkt von Ätznatron (310°).

Beim Castnerschen Apparat ist der aus Gußeisen bestehende Kessel *A* (Fig. 63) so in das Mauerwerk *R* eingebaut, daß die durch den Gasbrenner *G* erzeugte Wärme gut verteilt werden kann. Der Kessel hat einen Durchmesser von ungefähr 45 cm, die obere Hälfte eine Höhe von 60 cm, während das Ansatzrohr *B* bei 8 cm Durchmesser etwa 80 cm lang ist. Dieses Ansatzrohr ist dazu bestimmt, die negative aus Kupfer bestehende Elektrode *H* aufzunehmen, die von unten her in den Kessel einmündet. Um sie darin zu befestigen, wird sie in den leeren Tiegel so weit eingeschoben, daß ihr oberes dickeres Ende sich ungefähr in seiner Mitte befindet. In das untere engere Ende ist ein hohler Holzring eingeschoben worden, der straff auf der Kathode sitzt und gut an der Ansatzröhre *B* anschließt. In dieses Ansatzrohr wird dann um die Kathode herum geschmolzenes Ätznatron gegossen, das erstarrt und mittels eines langen Holzstabes noch festgestoßen wird. Wenn die Kathode so festgeklemmt ist, so wird sie, um die Befestigung noch zu verbessern, in einer Höhe von etwa 15 cm mit geschmolzenem Ätznatron nochmals umgossen. Unmittelbar über der Kathode ist ein eiserner Kessel *C* aufgehängt, der an seinem oberen Ende mit einem Blechdeckel *N* von etwa 3 mm Stärke versehen ist, während an den unteren Kanten ein Netz aus Drahtgaze mit Nieten

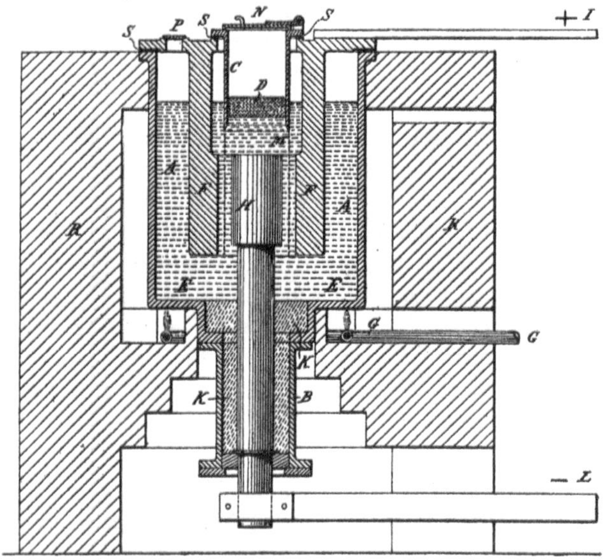

Fig. 63.

befestigt ist, das nach Anbringung des Behälters *C* in seiner Lage die Kathode umschließt. Dieses Netz wirkt einerseits als Diaphragma, anderseits soll es das an der Kathode frei werdende Natrium in einem innerhalb des Elektrolyten abgegrenzten Raume so festhalten, daß es nicht an die Anode zu gelangen vermag. Die positiven Elektroden *F* werden aus Metallen hergestellt, die der korrodierenden Wirkung der entwickelnden Gase widerstehen. Am besten hat sich hierfür eine Nickel-Silberlegierung erwiesen. Diese oxydiert sich zwar im Laufe des Prozesses, ändert aber hierbei ihre Leitfähigkeit nicht. Die Elektroden bilden entweder einen Teil des Deckels des Kessels *A*, oder sie sind mit ihm durch zwei Schrauben verschraubt. Sie erhalten eine solche Lage, daß sie sich, wenn der Deckel eingestellt ist, in richtiger Entfernung von der Gaze *N* befinden und sie umschließen. Die elektrische Verbindung zwischen dem Deckel und dem positiven Pol der Dynamo wird durch die Verbindung *J* erzielt, während der Anschluß des negativen Pols an *H* durch die Verbindung *L* erfolgt. Der Deckel ist mit einer Öffnung *P* für den Austritt der entstehenden Gase versehen, die sich jedoch im Betriebe sehr oft verschmiert und deshalb wieder aufgeschlagen werden muß. Sie kann auch zur Einführung eines Pyrometers dienen. Die Stellen *S* sind durch Asbest isoliert. Die Entfernung der Elektroden ist ein für allemal feststehend und wird nicht nach der Menge des zuzuführenden Stroms bemessen, wie dies in den ersten Veröffentlichungen des Erfinders fälschlicherweise angegeben ist.

Wird ein elektrischer Strom von passender Stärke und Spannung (siehe unten) durch das geschmolzene Ätzkali *E* hindurchgeführt, so wird das darin enthaltene Wasser in Wasserstoff und Sauerstoff zerlegt, wobei Sauerstoff oder ein Gemisch von Sauerstoff und Wasser an den positiven Pol gehen, während sich Alkalimetall und Wasserstoff oder das Alkalimetall allein am negativen Pol abscheiden. Dasselbe steigt zusammen mit dem Wasserstoff an der negativen Elektrode hoch und gelangt in den Behälter *C*, wobei der Wasserstoff um die Kanten des Deckels *N* herum austritt, während die Menge des geschmolzenen Metalls ständig zunimmt. Von Zeit zu Zeit wird das angesammelte Metall *D* mittels eines großen, mit feinen Löchern versehenen Löffels entfernt. Die Löcher lassen das geschmolzene Ätznatron austreten, während das Natrium im Löffel verbleibt. Während dieses Ausschöpfens resp. beim Öffnen des Deckels treten sehr oft heftige Knallgasexplosionen auf. Der Elektrolyt wird zuweilen durch Zusatz neuen Ätznatrons regeneriert.

Die Regelung des Stroms und der Menge des Elektrolyten muß sehr sorgfältig erfolgen, da sonst eine zu hohe Erhitzung eintritt, mit der Verluste verbunden sind. Bei richtiger Regelung kann die für den Prozeß geeignete Schmelztemperatur im Bade ohne äußere Erhitzung oder Stromvermehrung aufrecht erhalten werden, sobald der Elektrolyt vorher geschmolzen worden ist. Die dann erreichte Arbeitstemperatur wird ohne jede äußere Wärmezufuhr aufrecht erhalten, und es können zu ihrer genauen Innehaltung Luft- oder Wasserkühlung für das Bad oder die Elektroden in Anwendung gebracht werden.

Im Betriebe werden stets 12—20 der vorstehend beschriebenen Tiegel in einer oder zwei Reihen hintereinander geschaltet und pro Reihe mit 500 Amp. bei 110 Volt gespeist. Die Ausbeute an Metall beträgt etwa 70 % der theoretischen.

Das Castnersche Verfahren, das sich im Betriebe ausgezeichnet bewährt hat, wird vor allem in der Castner-Kellner-Alkali-Company in Weston Point und St. Helens in England, ferner von der Niagara Electrochemical Company in Niagara Falls, in den Farbwerken von Meister, Lucius und Brüning in Höchst a. M., in der Elektrochemischen Fabrik Natrium in Rheinfelden, von der Compagnie d'Électrochimie in Gavet, Departement Isère, und in noch einigen kleineren Betrieben ausgebeutet. Von diesen produziert die Niagara Electrochemical Company täglich ungefähr 2700 kg Natrium unter Verwendung von 1000 PS, die Compagnie d'Électrochimie arbeitet mit 2000 PS, die Elektrochemische Fabrik Natrium in Rheinfelden, die jetzt vergrößert werden soll, hatte bisher 1600 PS im Betrieb.

Das Verfahren der Aluminium-Industrie-A.-G. Neuhausen.

Dieses Verfahren[1]) benutzt gleichfalls gußeiserne Schmelzgefäße *a* (Fig. 64), in denen sich der Elektrolyt befindet. Die Kathoden *b*, die ebenso wie die Anoden zahlreich vorhanden sind, reichen nur mit ihren Köpfen in das Bad, während die Anoden tiefer eintauchen und vor der Wirkung des Elektrolyten durch eine Asbestschicht *e* geschützt sind. An ihnen

[1]) Engl. Pat. 21027/1896.

befindet sich eine Hülle *d*, die zur Ableitung des Sauerstoffs dient. Zum Abschöpfen des Natriums dienen ebenfalls Löffel, mittels deren es in besondere Gefäße geschöpft wird, die im Wesen aus einem hohen Rohr bestehen, und in denen sich

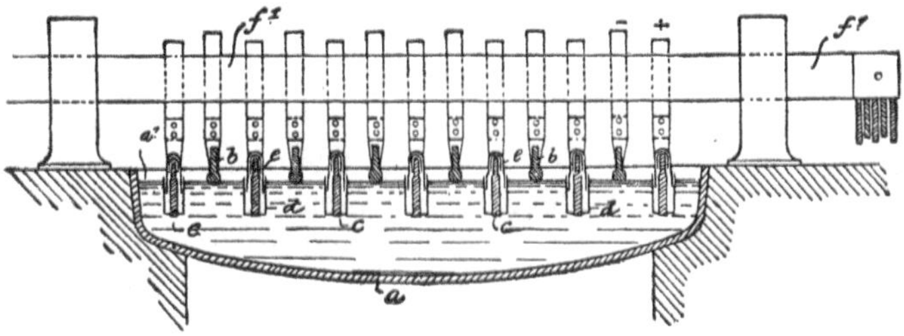

Fig. 64.

das Metall oben ansammelt, während die durch äußere Wärmezufuhr warm gehaltene Ätznatronschmelze den unteren Teil ausfüllt. Es läßt sich so eine Trennung herbeiführen.

Das Verfahren von Rathenau und Suter.

Dasselbe[1]) basiert auf der Erwägung, daß die elektrolytische Gewinnung der Alkali- und Erdalkalimetalle, insbesondere von Kalium und Natrium aus geschmolzenem Ätzkali bzw. Ätznatron meist an der Schwierigkeit scheitert, das gebildete Metall rechtzeitig aus der Lösung zu entfernen. Verwendet man Elektroden der üblichen Art, so wird bei geringer Stromdichte überhaupt kein Metall ausgeschieden, bei größerer bilden sich kleine Metallkügelchen oder Tropfen, die lebhaft von der Kathode abgestoßen werden und sich im Fluß verteilen. Nur ein kleiner Teil gelangt an die Oberfläche, und zwar so fein verteilt, daß er sich schwer sammeln läßt. Die genannten Autoren wenden deshalb sog. »Berührungselektroden« an, vertikale Stäbe, Schuhe o. dgl., die den Fluß nur an der Oberfläche kapillar berühren. Diese Kathoden ähneln also denjenigen, die bei dem vorhergehenden Verfahren der Aluminium-Industrie-A.-G. beschrieben sind. An ihnen wird das

---

[1]) D. R. P. 96672. Jahresber. d. chem. Techn. 1898, 259.

Metall durch Oberflächenanziehung gleich beim Entstehen festgehalten und sammelt sich in großen Augen, die durch die überdeckende Elektrode gegen die Luft abgesperrt und gegen Oxydation geschützt sind. Sie werden dann von Zeit zu Zeit entfernt. Die Entfernung wird erleichtert, wenn man der »Berührungselektrode« eine Bewegungsmöglichkeit gibt, so daß sie beiseite geschoben oder hoch gehoben werden kann. Ein weiterer Vorteil dieser »Berührungselektroden« besteht ferner darin, daß sie die Gewinnung des Metalls in weiten Grenzen von der chemischen Beschaffenheit des Flusses und insbesonders von der Temperatur desselben unabhängig machen. Dadurch, daß sie das Metall vor der Berührung mit dem Flusse hindern, wird natürlich auch die Wiederauflösung bei zu hoher Temperatur vermieden.

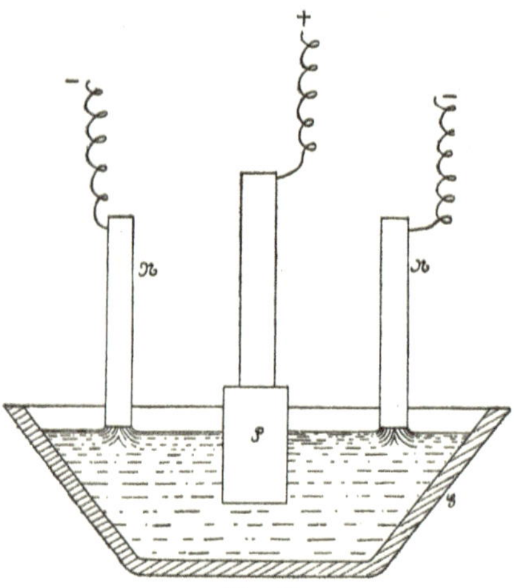
Fig. 65.

Die Anordnung ist in Fig. 65 wiedergegeben. Das Gefäß *G* enthält das zu zersetzende geschmolzene Alkali. In dieses taucht die positive Elektrode *P* aus Kohle, Eisen o. dgl. ein, während in genügendem Abstand die Berührungselektroden *N* angeordnet sind. Das Metall entsteht an der Oberfläche und kommt mit dem an der positiven Elektrode entwickelten Sauerstoff oder Halogen nicht in Berührung. Es empfiehlt sich, die Berührungsflächen nicht stärker zu belasten als mit etwa 10 Amp. pro qcm.

Eine sehr geeignete Form der »Berührungselektroden« ist in Fig. 66 wiedergegeben. Die »Berührungselektrode« besteht aus einem Schuh *S* aus Schmiedeeisen, der an einem federnd elastischen Kupferband *B* befestigt ist, das gestattet,

Fig. 66.

die Elektrode seitlich abzubiegen und so von der Oberfläche des Flusses abzuheben. Oben ist das Band mit einer Klemmvorrichtung *K* versehen, mittels deren es verschiebbar an die gemeinschaftliche Sammelschiene angeschlossen werden kann.

Das Verfahren von Becker.

Das Beckersche Verfahren[1]) schließt sich ziemlich eng an das Castnersche an und unterscheidet sich im wesentlichen von ihm dadurch, daß über die Kathode eine kühlbare Sammelhaube gesetzt wird, und daß auch der im Boden des Schmelzgefäßes befindliche und zum Durchlaß der Hauptkathode bestimmte Rohransatz mit einer Kühlvorrichtung versehen wird. Ein weiterer Unterschied gegenüber dem Castnerschen Verfahren besteht darin, daß als Elektrolyt nicht Ätznatron, sondern ein Gemenge von Ätznatron mit kohlensaurem Natron zur Verwendung kommt. Bei Verwendung dieser Mischung soll außer dem Vorteil einer größeren Billigkeit auch noch der erzielt werden, daß während der Elektrolyse keine Explosionen entstehen.[2])

Das Beckersche Verfahren steht in Frankreich in den Usines de Rioupéroux (Isère) in Anwendung. Die Elektrolyseure arbeiten[3]) mit einer Stromstärke von 1250 Amp., doch wurden später, um die Zahl der Arbeiter zu vermindern, solche für 5000 Amp. konstruiert. Jeder Apparat produziert in 24 Stunden im Minimum 40 kg Metall. 24 PS-Stunden liefern nicht weniger als 1 kg. Ein Arbeiter kann während 8 Stunden leicht 2—3 Elektrolyseure beaufsichtigen.

Le Blanc kritisiert dieses Verfahren auf Grund einer Arbeit von Carrier[4]) ungünstig. (!!)

---

[1]) D. R. P. 104995.

[2]) Amerik. Pat. 66371.
Becker, Die Elektrometallurgie der Alkalimetalle, Halle 1903, 56.

[3]) Becker, loc. cit. 57.

[4]) Zeitschr. f. Elch. 1904, 10, 568.

Das Verfahren von Hambuechen.

Das Verfahren von Hambuechen[1]) bietet deshalb ein ganz besonderes Interesse dar, weil dabei mit Wechselströmen gearbeitet wird. Als Ausgangsmaterial dient geschmolzenes Ätznatron, doch kann auch geschmolzener Salpeter Verwendung finden. Der Elektrolyt wird in einem Aluminiumkessel geschmolzen, in den eine Aluminiumelektrode eintaucht. Diese ist von einem als Diaphragma wirkenden perforierten Aluminiumblech umgeben, das von der Elektrode durch eine Porzellanschicht isoliert ist. Als Gegenelektrode dient Eisen, das in einem gewissen Abstand in Form eines unten und oben offenen Zylinders um das Diaphragma herumgelegt ist. Der aus der Maschine mit 110 Volt kommende Wechselstrom wird durch einen zwischengeschalteten Transformator auf 6 Volt herabtransformiert.

Bei einer Stromstärke von 9 Amp. wurden 73 % der theoretischen Ausbeute an Natrium gewonnen, das sich zwischen der Aluminiumelektrode resp. dem sie umgebenden Porzellanisolator und dem Aluminiumdiaphragma ansammelt. In 50 Amp.-Stunden betrug die Abnutzung der Aluminiumelektrode nur etwa 0,5 g. Die Aluminiumelektrode wirkt bei dem Verfahren als Gleichrichter.

Infolge des Interesses, das das Verfahren als solches darbietet, wurde es hier erwähnt. Von seiner Einführung ist nichts bekannt geworden.

Die Gewinnung von Natrium aus Salpeter.

Das Verfahren von Darling und Forest.

Es ist nur dieses einzige Verfahren[2]) bekannt, das Natrium aus Salpeter gewinnt. Dasselbe stand auf den Werken von Harrison Brothers & Co. in Philadelphia in Anwendung und arbeitete deshalb unter sehr vorteilhaften Bedingungen, weil es als Nebenprodukt Salpetersäure lieferte. Der Betrieb

---

[1]) Electrochemical Industry, 1, 488.
Transact. of the Amer. electrochem. Soc. 4, 105.

[2]) D. R. P. 83097, 97166, 115746.

wurde eine Zeitlang (1902) eingestellt, später jedoch wieder aufgenommen.

Bei der Elektrolyse des Salpeters in einem geschlossenen Behälter sammelt sich das Metall am negativen Pol an, während die am positiven Pol entwickelten Gase durch Wasser geleitet werden, um Salpetersäure zu erhalten. Ein wesentlicher Bestandteil des Apparates ist das Diaphragma, dessen Anwendung sich als unbedingt nötig erwies, um im Kathodenraum Ätznatron und im Anodenraum salpetersaures Natron als Elektrolyt verwenden zu können. Als Diaphragma wird in erster Linie verglaste Magnesia angewendet.

Die Gewinnung des Natriums in Form von Natriumlegierungen.

Wie wir bereits erwähnten, stößt die Abscheidung des Natriums aus geschmolzenem Chlornatrium auf eine Reihe von großen Schwierigkeiten, und sie hat sich deshalb bisher trotz vielfacher, durch Jahrzehnte hindurch fortgesetzter Bemühungen keinen Eingang in die Technik zu verschaffen gewußt.

Die einzige Möglichkeit, Alkalichloride praktisch zu elektrolysieren, besteht darin, das abgeschiedene Alkali sofort mit einem anderen Metall, z. B. mit Blei, zu legieren. Diese Legierungen werden dann durch Wasser in Alkalihydroxyd und Metall zerlegt. Die Gewinnnung reinen Natriums ist, wie man sieht, nach diesen Verfahren nicht möglich, da stets ein Einbringen in Wasser und damit die Erzeugung von Natronlauge stattfinden muß. Es seien daher die wichtigsten hierher gehörenden Verfahren nur kurz gestreift.

Das Verfahren von Hulin.

Dasselbe[1]) besteht darin, daß die Halogensalze der Alkali- oder Erdalkalimetalle unter Anwendung mehrerer Anoden

[1]) Elektrochemische Zeitschrift 1895, 3, 68.
D. R. P. 86095.
Engl. Pat. 23274/1893.
L'Eclairage Électrique 1896, 314.
D. R. P. 79435.
L'Industrie Électrochimique 1897, 26.

elektrolysiert werden. Von diesen besteht die eine aus Kohle, die andere aus Schwermetallen oder aus Oxyden derselben mit Kohle.

Das Verfahren, das früher auf den Werken der Société des Soudières Électrolytiques in Anwendung stand, aber wieder aufgegeben wurde, hat sich nicht bewährt. Es kamen eiserne Elektrolyseure zur Anwendung, die in einem Ofen standen und erhitzt wurden. Von oben ragten Anoden aus Kohle und solche aus Blei in den Elektrolyten, während als Kathode Blei am Boden des Kessels lag. Diese bildete aber nicht die Legierung, die in der Weise entstand, daß das an der Anode sich ansammelnde Chlor Chlorblei bildete, welches im geschmolzenen Elektrolyten wieder in Chlor und Blei zerlegt wurde, von denen das letztere sich mit dem in statu nascendi befindlichen Natrium legierte. Diese Legierung lagerte sich dann über der Bleikathode ab.

Die Legierung enthielt 23—25 % Natrium; pro elektrische PS wurden 81 g Chlor und 54 g Natrium gewonnen. Die Stromdichte betrug 7500 Amp. pro qm. Jeder Tiegel benötigte einschließlich der Schaltungswiderstände 7 Volt. Die Energieausbeute war eine sehr schlechte und belief sich nur auf etwa 41 %. Besser war die Stromausbeute, die etwa 70 % betrug.

Das Verfahren von Acker.

Im Gegensatz zu dem Hulinschen Verfahren steht dieses Verfahren[1]) an den Niagara Fällen bei der Acker Process Company noch im Betrieb, und sein Erfinder berichtet[2]), daß geschmolzenes Kochsalz unter Benutzung von Graphitanoden sowie von Kathoden, die aus geschmolzenem, rasch strömendem Blei bestehen, zersetzt wird. Dieses Blei nimmt etwa 4 % des durch die Zersetzung gebildeten Natriums auf und wird dann durch einen Dampfstrahl von 2,8 Atmosphären

¹) Engl. Pat. 6637/1898.
D. R. P. 117358, 118049, 118391, 119361.

²) Electrochem. Industry 1903, 1, 54.
Transact. of the Americ. Electrochem. Soc. 1902, 1, 165.

Druck unter Entwicklung von Wasserstoff zersetzt, wobei sich Blei abscheidet und Ätznatron bildet. Der Wasserstoff entzündet sich und verbrennt, während das Ätznatron aus dem Zersetzungsapparat abläuft. Das Blei hingegen wird durch den Druck des Dampfstrahls wieder in das Elektrolysiergefäß hineingedrückt. Aus dem Chlor wird Chlorkalk hergestellt.

Nach neueren Mitteilungen von Betts[1]) sollen beim Ackerschen Natriumprozeß 6 Volt Spannung per Bad genügen, wenn alle unnötigen Widerstände beseitigt sind; 3,5 Volt sind zur Zersetzung erforderlich, 0,59 Volt zur Erhitzung und 1,9 Volt um die Temperatur auf ihrer Höhe zu halten; die Stromdichte beträgt 2,750 Amp. pro Quadratfuß (1 Fuß = 0,3048 m).

Kalium.

Vorkommen.

Wie das Natrium, so findet sich auch das Kalium nur in Form seiner Salze, von denen die wichtigsten der Sylvin KCl und der Carnallit $KCl\,MgCl_2 \cdot 6\,H_2O$ sowie die verschiedenen Kalialaune und -Feldspate sind.

Geschichtliches.

Von den Kalisalzen war im Altertum hauptsächlich die Pottasche, das kohlensaure Kalium, bekannt, die aus der Pflanzenasche gewonnen wurde. Auch das Ätzkali kannten die Römer, und zwar haben sie es wahrscheinlich durch die Germanen kennen gelernt.

Das Metall selbst schied Davy 1807 durch Elektrolyse des geschmolzenen Ätzkalis ab.

[1]) Elektrochemische Zeitschrift 1907, XIII. 221.

Gewinnung.

Der Bedarf an metallischem Kalium ist ein außerordentlich geringer. Daher hat auch seine fabrikmäßige Darstellung nur sehr untergeordnete Bedeutung.

Da, wo Kalium technisch gewonnen wird, geschieht dies nach denselben Methoden und mit denselben Apparaten, wie sie beim Natrium bereits beschrieben worden sind.

Die Herstellung ist gefährlicher, da das Kalium mit Kohlenoxyd eine äußerst heftig explodierende Verbindung bildet, die sich sehr leicht zersetzt und durch deren Zersetzung schon verschiedentlich Unglücksfälle passiert sind. Außerdem stößt die Herstellung auch deshalb auf größere Schwierigkeiten, weil die Verbindung des Kaliums mit dem Luftsauerstoff rascher erfolgt als die des Natriums.

Das Minimum der Zersetzungsspannung für Chlorkalium liegt bei etwa 4,5 Volt, doch ist in der Praxis die Anwendung bedeutend höherer Stromspannungen nötig, wodurch auch der Preis sich verteuert, obschon die Ausbeute infolge des höheren elektrochemischen Äquivalentgewichts des Kaliums eine bessere ist als beim Natrium.

Lithium.

Vorkommen.

Die natürlichen Vorkommnisse des Lithiums sind ziemlich selten; es findet sich in einer Anzahl von Silikaten, wie z. B. im Petalit, Spodumen und im Lepidolith, die zwischen 0,6 und 2,7% davon enthalten. Ein Phosphat, der Thryfillin, enthält bis zu 4%. Auch in einer Anzahl von Mineralwässern ist es nachgewiesen worden.

Geschichtliches.

Das Lithium wurde im Jahre 1817 von Arfvedson entdeckt, und im Jahre 1854 arbeiteten Bunsen und Matthiessen das erste Verfahren aus, um es durch Elektrolyse zu gewinnen. Diese Methode besteht im Prinzipe auch heute noch zur Lithiumdarstellung in Gebrauch, soweit nicht Modifikationen derselben von Troost oder Guntz verwendet werden.

Gewinnung.

Für die Gewinnung des Lithiums ist man ausschließlich auf den elektrolytischen Weg angewiesen, denn die Versuche, es durch Kohle oder sonstige Reduktionsmittel zu reduzieren, sind sämtlich erfolglos verlaufen. Außer den vorstehend erwähnten Methoden kann aber zur Lithiumgewinnung auch jedes Verfahren und jeder Apparat Verwendung finden, der zur Darstellung des Natriums geeignet ist; es kommen hierfür also auch die im Abschnitt »Natrium« beschriebenen Apparate von Castner, Becker usw. in Betracht.

Das Verfahren von Bunsen und Matthiessen.

Bunsen und Matthiessen[1]) schmolzen in einem kleinen Porzellantiegel reines Lithiumchlorid und leiteten dann einen Strom von 4—6 Bunsenelementen hindurch. Als Anode diente ein Stab aus Gaskohle, als Kathode ein Eisendraht. In sehr kurzer Zeit bildete sich am Draht ein geschmolzener silberweißer Regulus, der unter Nachhelfen mittels eines kleinen Löffels samt dem Draht aus der Flüssigkeit herausgehoben wurde. Durch Wiederholung dieser Operation gelingt es mit der Zeit, größere Mengen von Lithium anzusammeln.

Das Verfahren von Troost.

Dieses Verfahren[2]) unterscheidet sich in bezug auf die Anordnung des Gefäßes nur unwesentlich von dem vorstehenden. Troost bedeckte das Schmelzgefäß, das nicht

1) Ann. d. Chem. 1855, 94, 107.

2) Comptes rendus 1856, 43, 921.

aus Porzellan, sondern aus Gußeisen hergestellt war, mit einem hermetisch schließenden Deckel und brachte in Form eines mit Blech umkleideten Porzellanrohrs, das die Anode umgab, eine Ableitungsvorrichtung für das gebildete Chlor an. Durch dieses Rohr konnte auch frisches Chlorid zugegeben werden, wenn der Elektrolyt erschöpft war. Der Apparat arbeitete stundenlang kontinuierlich und Troost elektrolysierte in ihm ein Gemisch von Lepidolith, Bariumkarbonat und -sulfat mit Kaliumsulfat.

Das Verfahren von Guntz.

Nach diesem Verfahren[1]), das gegenwärtig, soweit nicht die beim Natrium besprochenen Verfahren verwendet werden, wohl in erster Linie zur Lithiumdarstellung Verwendung findet, da es verhältnismäßig am billigsten arbeitet, wird als Elektrolyt ein Gemisch von Chlorkalium und Chlorlithium verwendet.

Das Chlorlithium wird in der Weise dargestellt, daß man die Lithium führenden Mineralien durch Behandeln mit Salzsäure oder im Chlorstrom aufschließt, wodurch das Lithium in Chlorid übergeht. Darauf wird ausgelaugt, Schwermetalle und Magnesium werden abgeschieden und das Filtrat wird in eisernen Schalen zur Trockne verdampft, wobei, um eine Lösung des Eisens zu verhüten, etwas Alkali zugesetzt wird, das dann durch Salmiak wieder gebunden wird.

Das so gewonnene reine Chlorlithium schmilzt bei etwa 600°; während nun reines Chlorkalium bei 740° schmilzt, schmilzt ein Gemenge gleicher Moleküle KCl und LiCl bei 380°; das Gemisch 2 KCl + LiCl schmilzt gegen 350°, und das Gemisch gleicher Gewichtsmengen beider Chloride schmilzt bei 450°. Letzteres Gemisch eignet sich am besten für die Elektrolyse, weil durch die Zersetzung des Chlorlithiums der Schmelzpunkt beständig sinkt, während er bei der Elektrolyse des Gemisches äquivalenter Salzmengen steigt.

---

[1]) Comptes rendus 1893, 117, 732.
Zeitschr. f. angewandte Chemie 1898, 158.
Jahresb. d. chem. Techn. 1898, 282.

Für einen Laboratoriumsversuch kann der Apparat von Bunsen und Matthiessen oder der von Troost Anwendung finden. Als Strom verwendet man 20 Volt und 10 Amp.

Für Darstellung größerer Mengen verwendet man ein Porzellangefäß von 10 cm Höhe, in dem man 2 kg des Chloridgemisches schmilzt. Als Kathode dient ein Eisenstab von 15 mm Dicke, der sich in einem Porzellanrohr von 15 cm Durchmesser befindet. Als Anode muß man Graphitelektroden benutzen, da nur sie der Einwirkung des Chlors widerstehen. Als Anode verwendet man drei Stäbe. Unter diesen Bedingungen kann man mit einem Strom von 10—12 Volt und 60—80 Amp. die Masse ohne äußere Wärme im Flusse halten und in zwei Stunden etwa 25 g Lithium gewinnen. Man unterbricht den Strom, verschließt die untere Öffnung des Porzellanrohrs mit einem Eisenlöffel und hebt das Rohr mit dem darin enthaltenen Lithium aus dem Bade. Nach einigen Augenblicken erstarrt das Chloridgemisch, und man erhält das Lithium, indem man es ausfließen läßt, sofort in reinem Zustand.

Der Vorteil des Arbeitens bei niedriger Temperatur beruht darauf, daß bei höherer Temperatur das Metall mit dem Lithiumchlorid Lithiumchlorür Li_2Cl bildet. Diese Verbindung ist ein schlechter Leiter und ihr Vorhandensein erhöht daher den Stromverbrauch. Außerdem diffundiert es zur Anode und depolarisiert diese, wodurch die Ausbeute verringert wird. Zwar ist bei dem Schmelzpunkt des reinen Chlorlithiums (700°) die Bildung des Chlorürs noch nicht sehr stark, doch nimmt sie von hier an mit steigender Temperatur zu, während bei 500° die Temperatur um 50° nach oben oder unten schwanken kann, ohne daß die Masse erstarrt oder Chlorür sich bildet.

Ist das gewonnene Lithium salzhaltig, so wird es unter Paraffin bei 180—200° umgeschmolzen. Das an die Oberfläche steigende Metall wird ausgeschöpft, in Benzin gewaschen und nach nochmaligem Einschmelzen in die gewünschten Formen gegossen.

Das Verfahren von Kahlenberg.

Kahlenberg[1]) fand, daß man durch Elektrolyse von in Pyridin aufgelöstem Chlorlithium unter Verwendung einer Kohlenanode und einer Eisenkathode und eines konzentrierten Elektrolyten leicht metallisches Lithium gewinnen kann. Pro qdm Kathodenoberfläche sind bei einer Spannung von 14 Volt 20—30 Amp. erforderlich.

Das Verfahren von Ruff und Johannsen.

Dieses Verfahren unterscheidet sich von verschiedenen der vorhergehend besprochenen nur dadurch, daß bei ihm[2]) als Elektrolyt Lithiumbromid mit einem Zusatze von 10—15 % Lithiumchlorid zur Anwendung kommt. Das Lithiumbromid wurde durch Neutralisieren von Lithiumkarbonat mit Bromwasserstoffsäure dargestellt. Die letztere wiederum wurde durch Einleiten von Schwefelwasserstoff in 1—2 kg Brom gewonnen, das mit der dreifachen Menge Wassers übergossen war. Die Säure wurde zweimal fraktioniert, wobei etwas Brom zur völligen Oxydation von in der Lösung vorhandenem Schwefel zugesetzt wurde. Als Zersetzungszelle dient ein Muthmannsches Elektrolysiergefäß aus Kupfer (siehe S. 440). Die Elektrolyse erfolgte bei 10 Volt Klemmenspannung und 100 Amp. Stromstärke unter Verwendung eines Retortengraphitstabes als Anode und zweier 4 mm starker Eisendrähte als Kathode. Das an letzteren abgeschiedene Metall wird von Zeit zu Zeit mit flachen Eisenlöffeln herausgehoben, die Metallkugeln werden noch flüssig von der erstarrten Schmelze auf eine kalte Steinplatte abgegossen.

---

[1]) L'Industrie Électrochimique 1900, 97.
Becker, Die Elektrometallurgie der Alkalimetalle, Halle a. S. 1903, S. 107.

[2]) Zeitschr. f. Elch. 1906, 10, 186.

Baryum.

Vorkommen.

Die verbreitetsten Baryumverbindungen sind der Schwerspat $BaSO_4$ und der Witherit $BaCO_3$.

Geschichtliches.

Die Eigenschaft der Baryumverbindungen, im Dunkeln zu leuchten, wurde 1602 von einem Schuster zu Bologna Vincentius Casciorolus entdeckt. In der Folge wurden diese Leuchtsteine hauptsächlich zu Bologna angefertigt und von dort aus versandt; sie wurden unter dem Namen »Bologneser Leuchtsteine« bald in der ganzen Welt bekannt, und auch Goethe hat sich eingehend mit ihrer Untersuchung beschäftigt. Scheele erkannte 1774 den Baryt in einem Braunstein, der Barytstücke eingesprengt enthielt, und versuchte die Zerlegung durch Glühen mit Kohle, jedoch ohne Erfolg.

Die Abscheidung des Baryums geschah im Anschluß an die Zersetzung der Alkalien durch Davy, und zwar war es Seebeck, der im März 1808 angab, aus Baryterde, die mit Quecksilber in Berührung war, durch die galvanische Batterie Amalgame erhalten zu haben, die mit Wasser ähnliche Erscheinungen wie das Natriumamalgam zeigten. Die Versuche, die Davy selbst im gleichen Jahre anstellte, mißlangen teilweise, und erst als er nach Angabe von Berzelius und Pontin arbeitete, vermochte er zunächst das Amalgam und dann durch Abdestillieren des Quecksilbers das reine Metall Baryum selbst darzustellen. Die weitere Ausgestaltung der elektrolytischen Baryumgewinnung, soweit man bei den jetzigen geringen Erfolgen überhaupt von einer solchen reden kann, ist dann Bunsen, Matthiessen und Guntz zu verdanken.

Gewinnung.

Eine brauchbare Methode, metallisches Baryum auf elektrolytischem Weg darzustellen, ist bis jetzt noch nicht gefunden worden. Es muß immer noch derselbe Weg eingeschlagen werden, den bereits 1808 Seebeck angab, nämlich der Umweg über das Baryumamalgam. Die näheren Arbeitsbedingungen haben bereits Bunsen und Matthiessen angegeben.[1]) Bunsen erkannte richtig, daß zur Zerlegung von Metallverbindungen eine gewisse Stromdichte, d. h. ein bestimmtes Verhältnis der Stromstärke zu der Oberfläche des Pols, an dem die Elektrolyse erfolgt, nötig ist und daß die Menge des zur Verwendung kommenden Elektrolyten keine Rolle spielt.

Des weiteren erkannte er, daß man das Baryum aus seinem Chlorid, und zwar aus der heißen, konzentrierten, mit Salzsäure angesäuerten Lösung desselben abzuscheiden vermag, wenn man nur eine genügende Stromdichte anwendet. Anstatt der Lösung benutzte er später einen mit verdünnter Salzsäure angerührten Brei von Baryumchlorid, der auf eine Temperatur von 100^0 erhalten wurde. Als Kathode diente ein amalgamierter Platindraht, der in das in einer Tonzelle befindliche Chlorid eintauchte. Als Anode wurde ein im Wasserbade erhitzter Kohlentiegel verwendet, der mit Salzsäure angefüllt war und in dem sich die eben erwähnte Tonzelle befand.

Matthiessen änderte dann die Versuchbedingungen derart ab, daß er anstatt des Chloridbreis geschmolzenes Chlorid verwendete. Große Schwierigkeiten bereitete das Auffangen des reduzierten Metalls, das infolge seines geringen spezifischen Gewichts an die Oberfläche emporstieg und dort sofort verbrannte.

Die direkte Gewinnung des Baryums ohne den Umweg über das Amalgam gelang Bunsen und Matthiessen im

[1]) Bunsen, Pogg. Ann. 1854, 91, 619.
Matthiessen, Ann. d. Chem. 1855, 91, 277; 94, 107.

Jahre 1856[1]), und zwar in der Weise, daß sie eine Art von »Berührungselektrode« (siehe bei Lithium: Verfahren von Rathenau und Suter) zur Anwendung brachten. Diese bestand aus einem zugespitzten Eisendraht, der gerade bis unter die Oberfläche des geschmolzenen Elektrolyten tauchte, so daß sich das abgeschiedene Metall unter einer dünnen Chloridkruste absetzte, die es vor Oxydation schützte.

Auch mit dem Apparat von Guntz (siehe bei Lithium S. 162) soll es gelungen sein, Baryum zu erhalten, indem ein durch Elektrolyse einer Baryumchloridlösung mit einer Quecksilberkathode erhaltenes Amalgam mit 60% Baryum bei 900° im luftverdünnten Raume destilliert wurde.[2])

In all den Fällen, wo das Baryum nicht direkt, sondern auf dem Umwege über das Amalgam erhalten wird, gelingt es, reines Baryum zu gewinnen, wenn man das Quecksilber zunächst in Glasgefäßen zwischen 600 und 800° vorsichtig abdestilliert und dann den Rest durch Erhitzen in einem Nickelschiffchen, das sich in einem Porzellanrohr befindet, mittels einer glühenden Nickelspirale verjagt.

Die Herstellung von Baryum-Aluminiumlegierungen mit einem Baryumgehalt von 58—66,6 % gelang Stansfield[3]) durch Reduktion von Baryumoxyd resp. -superoxyd mittels Aluminium, wobei die Reaktion durch einen elektrisch erhitzten Platindraht eingeleitet wurde.

Strontium.

Vorkommen.

Die wichtigsten in der Natur vorkommenden Strontiumverbindungen sind der Cölestin $SrSO_4$ und der Strontianit Sr_3CO.

---

1) Matthiessen, Ann. d. Chem. 1857, 93, 277.

2) Jahrbuch f. Elektrochemie 1905, 658.

3) Elektrochemist and Metallurgist 1902, 2, 31.

Geschichtliches.

Klaproth isolierte zuerst aus dem Strontianit die Strontianerde und beschrieb 1793 ihre Eigenschaften. Bereits zwei Jahre vorher hatte auch Hope dieselbe Arbeit ausgeführt, über die er ebenfalls im Jahre 1793 der Edinburger Gesellschaft in einem Vortrag berichtete. 1798 veröffentlichte er seine Versuche im Zusammenhang. Die Abscheidung des metallischen Strontiums durch Elektrolyse von feuchtem Strontiumhydroxyd und Strontiumchlorid gelang Davy im Jahre 1808. Die weiteren Arbeiten rühren ebenso wie beim Baryum von Bunsen und Matthiessen sowie von Guntz her, der es auf dem Umwege über das Amalgam erhielt. Eine neuere brauchbare Methode wurde von Borchers und Stockem ausgearbeitet und ist mit der bei der Darstellung des Calciums beschriebenen identisch (siehe S. 172). Auch das von Goodwin für die Calciumdarstellung ausgearbeitete und bei dieser (siehe S. 179) beschriebene Verfahren ist zur Darstellung von Strontium geeignet.

Gewinnung.

Von der Gewinnung des Strontiums gilt im allgemeinen das, was bei der des Baryums bereits gesagt wurde, nämlich daß sie noch nicht vollkommen befriedigend verläuft, obschon in jüngster Zeit insofern eine Besserung eingetreten ist, als es nach dem Verfahren von Borchers und Stockem sowie nach dem von Goodwin gelungen ist, größere Kugeln bis zu 1 cm Durchmesser zu erhalten.

Daß die Darstellung des Strontiums etwas weniger schwierig ist als die des Baryums, erkannte schon Matthiessen.[1]) Er füllte eine in einem Tiegel befindliche Tonzelle mit entwässertem Strontiumchlorid, das mit Chlorammonium gemengt war. Als Kathode diente ein dünner Eisendraht, der durch eine tönerne Pfeifenröhre vor den Chloriden geschützt war.

[1]) Bunsen und Matthiessen, Journ. of the chem. Soc. 8, 107, 294.

Chem. Zentralbl. 1856, 622.

Als Anode wurde ein eiserner Zylinder verwendet, der die Tonzelle umgab. Die Elektrolyse erfolgte wieder nach den bereits beim Baryum besprochenen Grundsätzen unter Verwendung einer Art von »Berührungselektrode«. Es wurden unter der erstarrten Chloridkruste kleine Kügelchen von Strontium erhalten.

Borchers und Stockem erkannten in den Arbeiten von Bunsen und Matthiessen die für die Strontium-(und Calcium-)abscheidung wichtigen Bedingungen[1]), nämlich: Verwendung einer hohen Stromdichte (500000—1000000 Amp. pro qm) an der Kathode, hohe Temperatur an der Kathode und niedrige Temperatur der Schmelze. Die Bedingung der hohen Stromdichte ist leicht zu erfüllen, und die hohe Temperatur der Kathode entsteht durch Erhitzung derselben infolge der hohen Stromdichte von selbst. Die Bedingung, daß die Schmelze eine niedrige Temperatur haben müsse, muß, außer mit Rücksicht darauf, daß bei hoher Temperatur das Metall in den Chloriden gelöst wird, auch deshalb innegehalten werden, weil es durch eine über der Schmelze befindliche Chloridkruste vor dem Luftzutritt geschützt werden muß, die nur bei niederer Temperatur entsteht.

Die Herstellung größerer Strontiummengen (Kugeln bis zu 10 mm Durchmesser) gelang Borchers und Stockem nach dem bei Calcium beschriebenen Verfahren (siehe S. 172), doch wurde hierbei[2]) eine fast doppelt so hohe Stromdichte wie beim Calcium angewendet. Es gelang nicht, die Temperatur so niedrig zu halten, daß sich das Strontium in Form von Schwamm niederschlug, dagegen wurde es bei etwas lebhafterer in Form von Kugeln erhalten. Eine besondere Abänderung des Apparates, darin bestehend, daß am Boden ein erweiterter Kühlkörper angebracht wurde, durch den die Kathode von unten her zentral in Form eines in einen dickeren Eisenstab eingeschraubten dünnen Eisenstabs hindurchgeführt wurde, ermöglichte es, das abgeschiedene Metall am Boden zu sammeln.

---

[1]) Borchers, Elektrometallurgie, Leipzig 1903, S. 77 und 84.
[2]) Borchers, loc. cit.

Auch das Verfahren von Goodwin (siehe bei Calcium S. 179) hat gute Resultate für die Strontiumabscheidung ergeben, soweit man hier überhaupt von einem guten Resultat reden kann.

In dem Apparat von Guntz (siehe bei Lithium S. 163) ist es gelungen, das Strontium auf dem Umweg über das Amalgam herzustellen.

Calcium.

Vorkommen.

Das Calcium gehört zu den verbreitetsten Metallen, ist jedoch nur in seinen Verbindungen bekannt, von denen die wichtigste das Karbonat ist, das sich in der Natur in der Form von Kalkstein, Kalkspat, Kreide und Marmor in ungeheuren Mengen findet und zusammen mit dem Magnesiumkarbonat als Dolomit ganze Gebirgsstöcke bildet. Ebenfalls sehr verbreitet sind der Gips $CaSO + 2H_2O$ sowie der Flußspat $CaFl_2$ und die vielfachen Phosphate sowie Silikate des Calciums.

Geschichtliches.

Der Kalk und die meisten der übrigen verbreiteten Calciumverbindungen sind schon im Altertum nicht nur bekannt gewesen, sondern auch technisch verwendet worden. So hat man z. B. schon bei den alten Völkern den Kalk gebrannt und Mörtel daraus gemacht. Die Geschichte der einzelnen Kalkverbindungen zieht sich in zahlreichen Veröffentlichungen und Untersuchungen durch alle Jahrhunderte hindurch. Das metallische Calcium wurde zuerst von Davy in Form von Amalgam durch Elektrolyse von Calciumchlorid mit einer Quecksilberkathode erhalten. Bunsen und Matthiessen änderten das Verfahren dahin ab, daß sie anstatt des geschmolzenen Chlorcalciums ein leichter schmelzbares Gemenge von Chlorcalcium-Chlorstrontium verwendeten. Den gleichen Weg ging Frey, der dabei Kugeln bis zu 4 g Gewicht erhielt. Moissan fand, daß man anstatt des Chlorids mit Vorteil das Jodid benutzen könne. Neuere Methoden, die zu einer fabrikmäßigen Darstellung geführt haben, rühren von Borchers und Stockem, von Ruff und Plato sowie von den Elektrochemischen Werken Bitterfeld her. Eine weitere neuere Methode ist die von Goodwin, die ebenfalls zufriedenstellende Resultate gibt.

Man sucht gegenwärtig noch nach Anwendungsgebieten für das Calcium, und insbesondere versucht man durch dasselbe das Natrium aus einigen seiner Verwendungsarten zu verdrängen. Die Erfolge sind bisher noch keine sehr glänzenden gewesen.

Gewinnung.[1]

Das Verfahren von Bunsen und Matthiessen.

Über die Methode von Bunsen und Matthiessen ist beim Baryum und Calcium sowie vorstehend unter »Geschichtliches« bereits das Wichtigste gesagt worden, so daß es nicht nötig ist, hier nochmals besonders darauf einzugehen. Es sei nur hervorgehoben, daß Matthiessen als Elektrolyt ein Gemisch von zwei Atomgewichten Chlorcalcium mit einem Atomgewichte Chlorstrontium und Salmiak verwendete; beim Erhitzen verflüchtigte sich jedoch der letztere. Als Anode diente ein Eisenzylinder, als Kathode ein dünner Eisendraht oder Kohlenstab.

Das Verfahren von Moissan.

Moissan[2]) verwendete zur Darstellung von Calcium geschmolzenes und auf Dunkelrotglut erhitztes Calciumjodid. Als Kathode wurde Nickel, als Anode ein Graphitzylinder verwendet, der von einem porösen Gefäß umgeben war. Der Vorteil dieses Verfahrens gegenüber dem von Bunsen und

[1]) Elektrochemische Zeitschrift 1907, XIII, 209, 237, 262.

[2]) Comptes rendus 1898, 126, 1753.

Matthiessen liegt darin, daß das Calciumjodid eine größere Leitfähigkeit besitzt als das Chlorid und daß die Joddämpfe aus der geschmolzenen Masse leicht entweichen. Man erhält nach diesem Verfahren das Calcium in kleinen Kristallen oder Kugeln. Es ist außerordentlich rein und enthält 98,9 bis 99,2 % metallisches Calcium. Für die fabrikmäßige Darstellung von Calcium kommt das Verfahren von Moissan wegen des hohen Preises des Calciumjodids nicht in Betracht. Hingegen ist es zur Gewinnung von kleinen Mengen sehr reinen Metalls für Laboratoriumszwecke außerordentlich gut geeignet.

Das Verfahren von Borchers und Stockem.

Mit diesem Verfahren[1]) soll eine Arbeitsweise aufgefunden sein, nach welcher die Gewinnung beliebig großer Mengen von Calcium leicht und billig zu erreichen ist.

Elektrolysiert man elektrisch im Schmelzflusse gehaltenes Calciumchlorid oder andere Haloidsalze mit einer kleinen Kathode und einer großen Anode, so scheidet sich das Calcium bei mäßiger Rotglut der Schmelze, solange die Temperatur, besonders der Kathode selbst und des sich darauf ablagernden Metalles, den Schmelzpunkt des Calciums nicht erreicht und natürlich keinesfalls überschreitet, in schwammigem Zustande an der Kathode ab. Da die Kathoden aus Metall, besonders Eisen, bestehen dürfen, so bereitet ja eine Regelung ihrer Temperatur und der Temperatur ihrer nächsten Umgebung nötigenfalls durch künstliche Kühlung keine Schwierigkeiten. Der Metallschwamm bildet eine derartig zusammenhaftende Masse, daß man ihn mit Hilfe von eisernen Spateln oder anderen geeigneten Geräten aus der Schmelze herausheben kann. Taucht man diese Masse sofort nach dem Herausheben in Steinöl oder eine andere geeignete sauerstofffreie Flüssigkeit, so erhält man einen mit der angewendeten Schmelze durchsetzten Schwamm mit 50—60 % freiem Calciummetall. Ergreift man dagegen den um die Kathode sich absetzenden Schwamm mit einer breitbackigen, zweckmäßig vor-

[1]) D. R. P. 144667.

her erhitzten eisernen Zange und preßt den damit gefaßten Schwamm vor dem Ausheben aus der Schmelze kräftig zusammen, so schweißt derselbe zu einer dichten, nach dem Erkalten auf den Schnittflächen weißmetallglänzenden Masse zusammen, welche nun einen Gehalt von annähernd 90 % Calcium aufweist.

Daß man statt einer Zange auch andere Vorrichtungen benutzen kann, um den Metallschwamm nicht nur auszuheben sondern auch zu pressen, ist selbstverständlich und ändert an dem Verfahren, dessen Wesen darin besteht, daß das Calcium innerhalb der Schmelze vor dem Ausheben gepreßt werden muß, nichts.

Das so erhaltene Metall läßt sich für viele Zwecke schon so verwenden, kann aber auch in vor Luftzutritt geschützten Gefäßen zur Ausscheidung des noch eingeschlossenen Salzes auf reines Calciummetall zusammengeschmolzen werden. An Stelle des Calciumchlorides lassen sich auch andere Calciumsalze, besonders der Flußspat, verwenden; auch beeinflußt ein Zusatz von Flußspat zu dem Chlorcalcium das Ergebnis in keineswegs ungünstiger Weise. Das Chlorcalcium ist jedoch deswegen den anderen Calciumsalzen vorzuziehen, weil sein Schmelzpunkt auf einer Höhe liegt, bei deren Überschreitung in mäßigen Grenzen man ohne umständliche Messungen die Temperatur erreicht, welche für die Bildung des zusammenhängenden Schwammes am günstigsten ist. Jede Steigerung der Temperatur während der Elektrolyse über den angegebenen Schmelzpunkt des Calciummetalles hinaus führt zu unnötigen Wärmeverlusten und begünstigt schließlich die Wiederauflösung des Calciummetalles.

Zur Ausführung des Verfahrens dient ein einfacher elektrischer Ofen, dessen Wandung aus einem Kohlenzylinder besteht, welcher mit dem positiven Pol der Stromquelle leitend verbunden ist. Der Zylinder ist nach unten durch einen Kühlkörper geschlossen und von letzterem durch einen Tonzylinder isoliert. Als Kathode dient ein eiserner Stab, welcher am Kühlkörper befestigt ist und nach oben in die Schmelze hineinragt. Der Boden des Schmelzgefäßes wird zur sicheren Abdichtung nach unten mit einer dünnen Lage Flußspat ausgestampft, welcher wegen seines höheren Schmelzpunktes und infolge der Kühlung größtenteils fest bleibt. Der so vorbereitete Ofen wird mit trockenem Calciumchlorid beschickt und das Schmelzen dadurch eingeleitet, daß zwischen dem Kohlenzylinder und dem eisernen Stab mehrere aus dünnen Kohlenstäbchen bestehende Erhitzungswiderstände eingesetzt werden, welche nach erfolgtem Schmelzen des Elektrolytes wieder herausgenommen werden, worauf die Elektrolyse sofort beginnt. Das an der Anode abgeschiedene Chlor kann auf bekannte Weise abgeleitet und verwendet werden, während das an der Kathode sich absetzende Calcium in der beschriebenen Weise aus der Schmelze ausgehoben wird.

Das Verfahren von Ruff und Plato.

Dieses Verfahren[1]) beruht in seiner Grundlage auf dem von Matthiessen und bezweckt die Gewinnung von reinem, nicht verunreinigtem Calcium. Ruff und Plato haben festgestellt, daß es wohl möglich ist, aus einer Schmelze, welche das Calciumchlorid zur Grundlage hat und als Zusätze nur Calciumsalze enthält, reines Calcium vorteilhaft abzuscheiden, sofern diese Schmelze folgenden Bedingungen entspricht:

1. Das spezifische Gewicht der Schmelze muß derartig hoch sein und ihr Schmelzpunkt derart niedrig, daß sie bei der Temperatur der Elektrolyse hinreichend flüssig und doch genügend schwer ist, um ein leichtes Hochsteigen der Calciumkugeln zu ermöglichen.
2. Die Schmelze muß rein sein, frei von Fremdmetallen und von Silikaten, da sich sonst Calciumlegierungen oder Calciumsilicid bildet und da jede Verunreinigung des abgeschiedenen Metalls das Zusammenschweißen der abgeschiedenen Calciumteilchen zu größeren Massen verhindert.
3. Die Temperatur bei der Elektrolyse muß möglichst wenig über dem Schmelzpunkt des Calciums liegen.

---

[1]) D. R. P. 153731.
Elektrochemische Zeitschrift 1907, 14, 29.

Diesen drei Bedingungen entspricht am besten eine Schmelze, bestehend aus etwa 83,5 % Calciumchlorid und 16,5 % Calciumfluorid; letzteres läßt sich auch durch andere Calciumsalze, z. B. durch die äquivalente Menge Calciumbromid, ersetzen.

Bei reinem Calciumchlorid aber ist, wie Ruff und Plato beobachtet haben, ein Fluoridzusatz gar nicht nötig, wenn es sich nur darum handelt, die Abscheidung regulinischen Metalls zu erzielen; denn es ist möglich, unter Verzicht auf gute Stromausbeute und billige Arbeit, auch reines Calciumchlorid elektrolytisch so zu zerlegen, daß beliebige Mengen Calcium in regulinischer Form gewonnen werden können.[1])

Die Verteilung des abgeschiedenen Metalls in der Schmelze ist nach den Versuchen von Ruff und Plato durch deren Verunreinigungen veranlaßt und findet, wenn solche zugegen sind, auch in Gegenwart von Calciumfluorid statt. Solche Verunreinigungen, wie vor allem Silicium, Mangan, Aluminium usw., vermindern die Oberflächenspannung des flüssigen Metalls, und es läßt sich diese Erscheinung ganz besonders auffallend aus einem Tropfen aus reiner Calciumchloridschmelze abgeschiedenen Metalls beobachten, indem man diesem eine Spur z. B. Antimon oder Silicium zusetzt; augenblicklich zerstäubt der Tropfen in der Schmelze.

Die günstige Wirkung des Calciumfluoridzusatzes auf die Metallausbeute liegt vor allem in der Erniedrigung des Schmelzpunktes, der Erhöhung der Dichte und der Vermehrung der Leitfähigkeit des Schmelzflusses begründet, und insofern erscheint das Calciumfluorid lediglich als Vertreter einer Reihe von Calciumverbindungen, welche alle diese gleiche verbessernde Wirkung auf die Beschaffenheit der Calciumchloridschmelze haben können.

Als Beispiel der Gewinnung von Calcium nach den Verfahren von Ruff und Plato kann folgendes dienen:

1 kg Calciumchlorid und 165 g Calciumfluorid (oder entsprechende Mengen Calciumsulfat, Calciumbromid usw.) werden

---

[1]) Berichte der deutschen Chemischen Gesellschaft 1892, 35, 3612.

in einem Zersetzungsbehälter z. B. durch Wechselstromheizung eingeschmolzen — der Schmelzpunkt dieses Gemisches liegt bei etwa 655°, das spez. Gewicht der Schmelze beträgt etwa 2,5 — und der Elektrolyse unterworfen. Als negativer Pol dient eine oder mehrere Eisenelektroden, deren Stärke den Stromverhältnissen so angemessen ist, daß sie am Ende wohl zu Rotglut, aber nicht zur hellen Weißglut kommen können. Als positiver Pol dient eine Kohlenelektrode. Zur Trennung der beiden Elektroden dient eine bis zur Oberfläche der Schmelze eingetauchte Eisenwand.

Das Verfahren wurde, ebenso wie das von Borchers und Stockem, von den Elektrochemischen Werken Bitterfeld erworben und steht dort zusammen mit dem eigenen Verfahren dieser Werke (siehe unten) in Anwendung. Auf diesen Werken ist die Methode der Gewinnung von Calcium noch weiter verbessert worden, wobei wieder das Prinzip der »Berührungselektrode« (Rathenau und Suter, siehe bei Lithium) eine Rolle spielt.

Das Verfahren der Elektrochemischen Werke Bitterfeld.

Borchers und Stockem boten ihr Verfahren (siehe S. 172) unter Einsendung von Proben den Bitterfelder Werken an, die es in dem damaligen Zustande für die Begründung einer Industrie noch nicht für genügend brauchbar fanden und daher auf Grundlage desselben sowie desjenigen von Ruff und Plato (siehe S. 174) an seiner weiteren Ausgestaltung arbeiteten. An diesen Arbeiten waren verschiedene Autoren beteiligt, unter denen hier nur Suter und Redlich erwähnt seien.

Bei den besprochenen Methoden zur Calciumgewinnung erfolgen während des Verweilens des Metalls in der Schmelze Verluste durch Auflösung. Eine weitere Einbuße an Metall entsteht ferner beim Umschmelzen der so erhaltenen, mit anhängender Schmelze verunreinigten Brocken zu Barren oder Stangen.

Diese Übelstände sollen bei dem Verfahren der Elektrochemischen Werke[1]) beseitigt und das Metall soll zugleich unmittelbar in einer besonders gut verwertbaren Form (Stangenform) gewonnen werden. Das an der Kathode entstehende Metall wird mit Hilfe derselben stetig aus der Schmelze entfernt, wobei es allmählich erstarrt und dann selbst die Rolle der Kathode übernimmt. Zugleich bedeckt sich das erstarrte Metall durch Adhäsion mit einer dünnen Schicht des Elektrolyten, wodurch dasselbe in einfacher Weise vor jeder Oxydation durch den Luftsauerstoff geschützt wird. Bei dieser Arbeitsweise wird das gebildete Metall, sowie dasselbe auftritt, aus der Schmelze entfernt und abgekühlt, so daß die Verluste durch Auflösung desselben in dem Eletrolyten praktisch beseitigt sind. Mit dem Verfahren sollen deshalb nahezu theoretische Stromausbeuten erzielt werden.

Zur Herstellung von metallischem Calcium wird Calciumchlorid oder ein anderes geeignetes Calciumsalz entwässert und geschmolzen und die schmelzflüssige Masse in ein Elektrolysiergefäß gegossen. Die Kathode wird mit Vorteil an ihrem unteren Ende wagerecht gestaltet und taucht dann nur mit dieser ebenen Fläche in das Schmelzniveau (»Berührungselektrode«). Die Größe der wirksamen Kathodenfläche ergibt sich aus der bekannten Stromdichte. Kurze Zeit nach Stromschluß entsteht an der Berührungskathode ein Tropfen geschmolzenen Calciums. Sobald dies bemerkt wird, entfernt man langsam und gleichmäßig die Kathode von der Oberfläche der Schmelze, wobei sich das gebildete Calcium als metallische Säule nachzieht. Diese Bewegung kann entweder von Hand oder durch mechanische Vorrichtungen, wie Schraube ohne Ende, Zahnstange usw., selbsttätig erfolgen. Um das erste Anhaften des Metalles und das Erstarren desselben an der Kathode zu erleichtern, ist es vorteilhaft, die Temperatur an der wirksamen Kathodenfläche nicht allzu hoch steigen zu

---

[1]) D. R. P. 155433.
Brit. Patent 20655/1903.
Elektrochemische Zeitschrift 1907, 14, 28.

lassen. Dies kann sowohl durch geeignete Wahl von Form und Material der Kathode wie auch durch künstliche Kühlung des eingetauchten Teiles derselben bewirkt werden, ist jedoch zur Durchführung des Verfahrens nicht unbedingt nötig. Sobald das erste Calciummetall in Form eines an der Kathode erstarrten Säulchens gebildet ist, übernimmt dasselbe die Rolle dieser Elektrode; der zu Beginn des Prozesses hierzu dienende Leiter besorgt nunmehr nur die Stromzuführung und die mechanische Befestigung der gebildeten Calciumelektrode. In der beiliegenden Zeichnung (Fig. 67) ist der Vorgang dargestellt. Das Bild vergegenwärtigt die Verhältnisse, welche kurze Zeit nach Beginn der Elektrolyse herrschen. Die Elektrode *a*, welche ursprünglich das Schmelzniveau *b* berührte, ist von diesem bereits um die Höhe der Calciumsäule *c* entfernt worden, welch letztere von einer dünnen Hülle *d* aus erstarrtem Elektrolyten schützend umgeben ist.

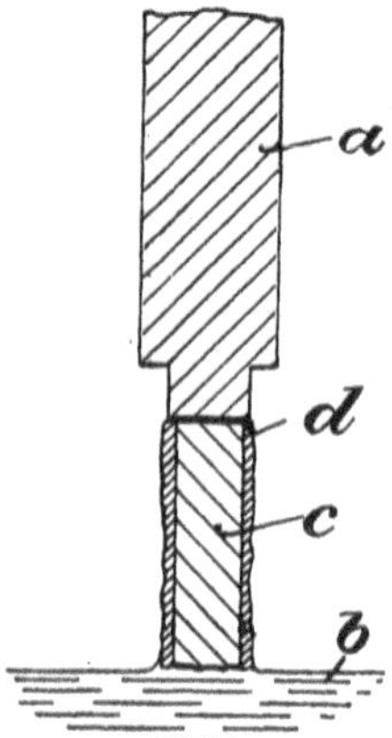

Fig. 67.

Eine auf diesem Verfahren beruhende Methode zur Herstellung von Calcium für Laboratoriumszwecke hat Paul Wöhler[1]) ausgearbeitet, die im Prinzip nichts Neues bietet. Es zeigte sich, daß die Operation gleichmäßig gut verlauft, wenn man bei konstanter Stromstärke von 40 Amp. die Stromdichte allmählich von 50—250 Amp./qcm wachsen ließ. Wesentlich für ein gutes Gelingen und vor allem für eine gute Ausbeute ist ein regelmäßiges schnelles Emporziehen der Kathode. Tritt infolge starker Temperatursteigerung an der Anode Überspannung auf, so genügt eine kurze Unterbrechung der Elektrolyse zwecks augenblicklicher Abkühlung, häufig schon ein momentanes Aus- und Wiedereinschalten.

---

[1]) Zeitschrift für Elch. 905, 36, 612.

Das Verfahren von Poulenc Frères et Meslans.

Nach diesem Verfahren[1]) werden bei der Elektrolyse geschmolzener Calciumsalze Kathoden aus geschmolzenem Aluminium verwendet, wodurch Legierungen mit einem Ca-Gehalt bis zu 97 % entstehen.

Das Verfahren von Goodwin.

Die von Goodwin angewandte Methode[2]) war zuerst die Elektrolyse geschmolzenen Calciumchlorids in einem Anodenhohlzylinder aus Achesongraphit (Fig. 68). Sie bietet im

Fig. 68.

Prinzip wenig Neues, wir geben sie jedoch um der vielen über sie bekannt gewordenen und besonders für Versuche im Laboratorium wichtigen Details und Betriebsergebnisse willen ausführlicher wieder. Zuerst wurde der Zylinder durch einen kleinen eisernen, von dem Graphit mittels Asbest isolierten Zylinder geschlossen, der durch darin befindliches zirkulie-

[1]) D. R. P. 144 777.

[2]) Elektrochemische Zeitschrift 1907, XIII., 210.
Proc. of the Americ. Philosophical Soc. 1904, 178, 381.

rendes Wasser gekühlt wurde und einen aus seinem Mittelpunkt heraufragenden als Kathode dienenden Eisenstab trug (Fig. 69). Von dieser Anordnung wurde später jedoch abgesehen, weil das Calcium erstens häufig durch Bildung von schwammigem Metall einen Kurzschluß des Ofens herbeiführte, zweitens in kleinen Stücken gewonnen wurde, drittens schwer zu entfernen und viertens von geschmolzenem Caldiumchlorid umgeben war, mit welchem es sich verband, wodurch die Stromwirkung bedeutend herabgesetzt wurde.

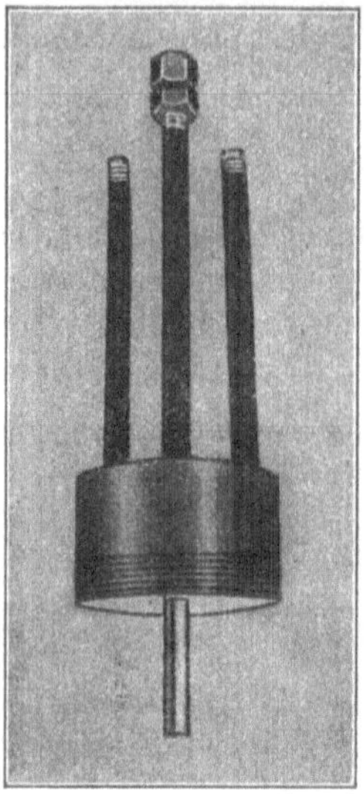

Fig. 69.

In dem Ofen (Fig. 70) wurde dann bei der späteren Ausgestaltung der Anordnung der Boden aus festem Calciumchlorid durch die Kühlwirkung einer Kupferspule *E* (Fig. 70 u. 71), durch welche Wasser hindurchgeleitet wurde, geschützt. Diese Spule wurde von dem Graphit mittels Asbest isoliert, doch zeigte ein Milli-Amperemeter an, daß sie 0,17 Amp. des Anodenstroms (190 Amp.) ableitete; um daher eine Verunreinigung des Bades durch Kupfer zu verhüten, wurde zwischen Kupfer und Graphit ein Element eingeschaltet, worauf das Milli-Amperemeter anzeigte, daß 0,04 Amp. nach der anderen Richtung strömten. Die neue Kathodenform ist ein Eisenstab *K* (Fig. 70), der von oben in das Bad eintaucht und mit Hilfe des Schraubenmechanismus *O* höher und niedriger gestellt werden kann. Da das Calcium am Ende dieses Eisenstabes niedergeschlagen wird, so erstarrt es dank der Kühlwirkung des oberen kalten Teils. Das Ganze wird allmählich gehoben, das Calcium selbst leitet den Strom ab und bildet die Kathode, welche in Gestalt eines unregelmäßigen Zylinders *J* weiter wächst.

Die Methode gestatte, Calciumzylinder bis zu 4 cm Durchmesser und von jeder beliebigen Länge in einem kleinen

Ofen darzustellen. (Wenn die Schraubengrenze erreicht ist, so kann die Klemme *M* gelockert, niedriger gesteckt und neu angelegt werden.) Ferner ermöglicht sie eine schnelle Entfernung des Calciums aus dem geschmolzenen Calciumchlorid, was ein wesentlicher Faktor für die Erhaltung einer geeigneten Stromwirksamkeit ist; endlich wird durch eine Decke von Calciumchlorid die Oxydation verhindert, indem sich durch das Platzen von an der Anode sich rasch entwickelnden Chlorbläschen feine Partikel niederschlagen. Fig. 70 stellt den Ofen in seinen Einzelheiten dar, und alle Dimensionen lassen sich an Hand der beigegebenen Skala leicht berechnen. Die Mauersteine *A* tragen den Retortenständer *B*, auf welchem sich ein dickes Stück Asbest befindet, das mittels der Kloben *D* die Kupferspule *E* in der Achesongraphitanode *F* festhält. Der Asbest *G* dient zur Isolation; die Eisenbänder *H* leiten den Strom von dem positiven Kabel *I* zu dem Graphitgefäß *F* hin. Das Calcium wächst und bildet den Stab *J*, aus welchem die Eisenkathode *K* hervorragt, die mit dem negativen Kabel *L* verbunden ist und von der Klemme *M* gehalten wird. In diese ist bei *N* ein Gewinde gebohrt, um die Schraube *O* aufzunehmen, wodurch ein Höher- und Tieferstellen bewirkt werden kann. *P* ist ein auf dem Stab *Q* des Retortenständers frei gleitendes Rohr, welches gegen *R* festgeschraubt ist, damit

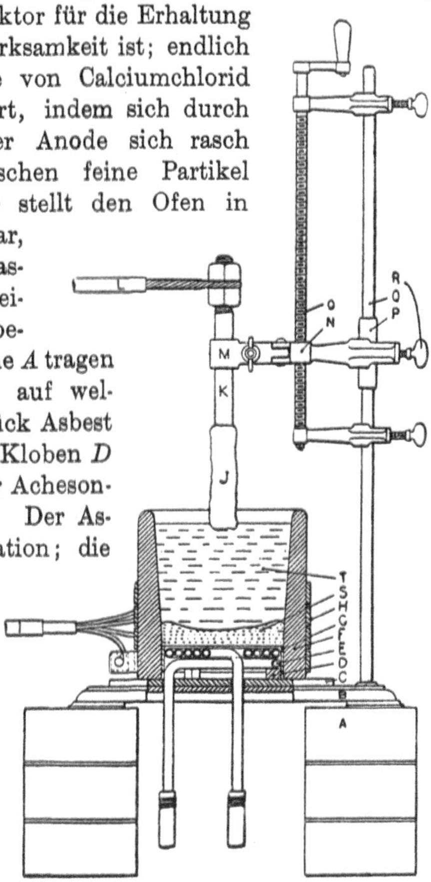

Fig. 70.

die Klemme *M* unbeweglich festsitzt, ohne ihre vertikale Bewegung zu beeinträchtigen. Die Kupferspule ist von Flußspat bedeckt, der den Raum um dieselbe ausfüllt, während der Herd mit Calciumchlorid angefüllt ist, welches bei *S* in festen Zustand und bei *T* allein durch den durch den Ofen fließenden Strom in geschmolzenen Zustand übergeht. Der ganze Apparat wird am besten im Innern eines leeren Windofens, aus welchem die Roststäbe entfernt worden sind, aufgestellt. Auf diese Weise wird das entweichende Chlor aus dem Raume durch Zug entfernt. Als Elektrolyt dient reines, wasserfreies Calciumchlorid, das in einem Dixonschen Graphittiegel geschmolzen und von Zeit zu Zeit ergänzt wird. Es stellte sich jedoch heraus, daß die Tonmasse des Tiegels viel Eisen, Aluminium und Kieselerde abgab, so daß das Chlorid später in kaltem Zustand beigegeben, und dann durch Erzeugung eines Bogens von dem Eisenstabe *K* ausgeschmolzen wurde.

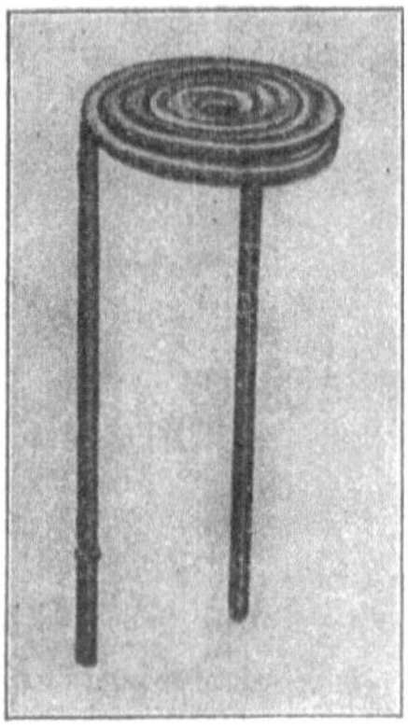

Fig. 71.

Fig. 72 stellt eine Stromskizze dar. Eine Gleichstromdynamo führt dem Ofen den Strom durch die Leitung *L* bei etwa 95 Volt zu; bei *C* befinden sich 250 Amp.-Bleisicherungen

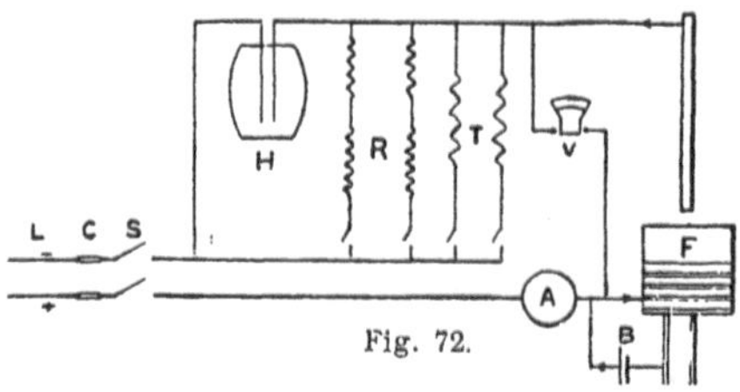

Fig. 72.

und bei *S* ein zweipoliger Schalter. Ein Regulierwiderstand wird durch ein Gefäß mit Sodalösung *H* geschaffen, welches imstande ist, 75 Amp. zu tragen; zwei Paar Rheostate *R* von 75 Amp. Kapazität und 1 Ohm Widerstand sind paarweise in Reihen geschaltet, und weitere Rheostate *T* haben je 10 Amp. Kapazität und 8 Ohm Widerstand. Ein Siemenssches 320 Amp.-

Meter ist bei A eingeschaltet und bei V liegt ein Westonsches Voltmeter zu 150 Volt. F ist der Calciumofen und B die Batterie, welche verhüten soll, daß die Kupferspule etwas von dem Anodestrom ableitet. Die Anode wurde auf einer Drehbank aus einer 15,5 cm langen und 15,5 cm Durchmesser aufweisenden Acheson-Graphit-Elektrode gedreht. Da dieses Material rein ist und der hohen Temperatur und dem Chlor widerstehen kann ohne zu zerbröckeln, so ist es zum Bau des Ofens am besten geeignet.

Im Betrieb schwanken Stromspannung und Stromstärke, wenn die Kathode gehoben wird; die nachfolgende Aufstellung gibt einen ziemlich genauen Durchschnitt der Betriebsbedingungen:

Charge	Volt	Ampère	Stunden	Calcium	Nutzeffekt
				g	
1.	20	105		40	
2.	15	160	4	200	41,9
3.	14	175	8	225	21,5
4.	22	125	6	150	26,8
5.	19	170	6	295	41,2
6.	18	180	5	150	22,3
7.	19	185	4	125	22,6
				Sa. 1185	

Nimmt man den Durchschnitt der verschiedenen Chargen, so ergibt sich für die Chargen 2—7:

Durchschnittliche Voltzahl .	17,7
Ampère	163
Nutzeffekt	29,1 %.

Bei der endlichen Feststellung des Gesamtgewichts reinen Calciums blieben 1050 g. Nimmt man den Verlust durch Oxydation, Analyse und Proben mit 35 g an (1085 g), so ergibt sich ein Nutzeffekt von

$$29{,}1 \times \frac{1086}{1185} = 26{,}6\,\%.$$

Die gewonnenen Calciumstäbe hatten unregelmäßige Formen und waren mit Chlorid bedeckt (Fig. 73 und 74). Das Metall wies laut Analyse folgende Zusammensetzung auf:

Si	0,03 %
Fe	0,02 »
Al	0,03 »
Ca	98,00 »
Mg	0,11 »
Cl	0,90 »
O (durch Differenz) . .	0,91 »
	100,00 %.

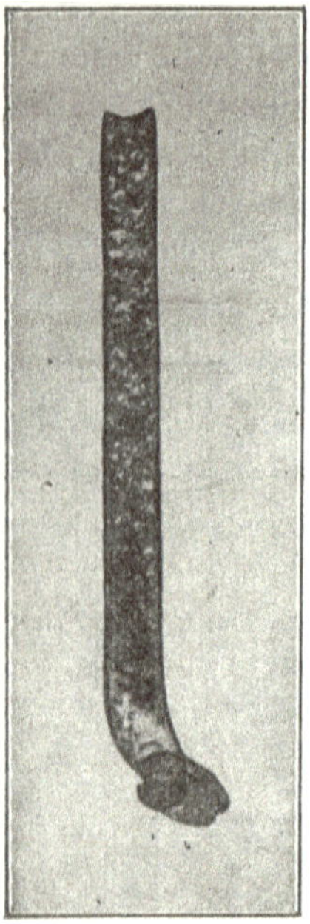

Fig. 73.

Die beiden wesentlichen Betriebsbedingungen sind nach Goodwin folgende:

1. Schnelle Entfernung des gebildeten Metalls, um die Ausbeute zu erhöhen und die Rückbildung auf ein Minimum zu beschränken.
2. Enge Temperaturgrenzen. Das Bad muß heiß genug sein, um das Metall in geschmolzenem, doch nicht schwammigem Zustand niederzuschlagen und wiederum kühl genug, daß es auf der Kathode erstarren und ohne zu zerbrechen entfernt werden kann.

Nach Tucker und Whitney[1]) wurden die besten Resultate mit 125—150 Amp. erhalten. Die Erfahrung hat gezeigt, daß es am vorteilhaftesten ist, die Temperatur des Bades auf etwa 720° zu erhalten. Um dies zu bewirken, wurde mit Erfolg eine wassergekühlte Kathode benutzt, welche es ermöglichte, eine Ausbeute zu erzielen, die etwa 60 % der theoretischen betrug.

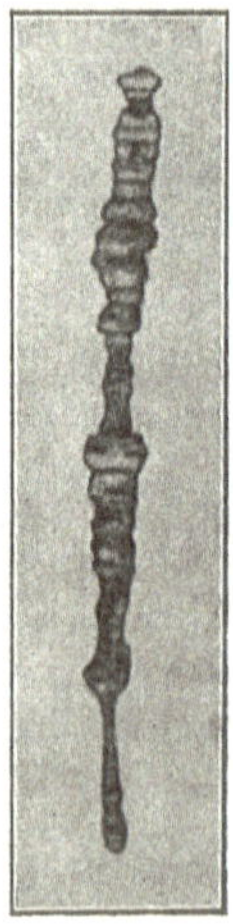

Fig. 74.

[1]) Journ. of the americ. Chem. Soc. 1906, 28, 84. Elektrochemische Zeitschrift 1906, 2, 42.

Beryllium.

Vorkommen.

Das Beryllium kommt fast nur in Form seiner Silikate vor, von denen das verbreitetste der Beryll $(BeO)_3 Al_2O_3 \cdot 6SiO_2$ ist. Am bekanntesten von seinen Vorkommnissen ist der Edelstein Smaragd.

Geschichtliches.

Das Berylliumoxyd[1]) wurde im Jahre 1798 von Vauquelin entdeckt.[2]) Nach Vauquelin untersuchten eine Anzahl Forscher die Eigenschaften der Beryllerde und ihrer Verbindungen, ohne indes nennenswerte neue Tatsachen zu finden. Von Davy[3]) ist ein fruchtloser Versuch zu erwähnen, welcher mittels seiner elektrolytischen Methode das Metall aus dieser neuen Base zu isolieren versuchte. Im Jahre 1828 erhielten Wöhler[4]) und Bussy[5]) fast gleichzeitig das Beryllium durch Einwirkung von Kalium auf Berylliumchlorid, welches durch Überleiten von Chlor über ein Gemenge von Beryllerde und Kohle bereitet worden war. Sie beschrieben es als dunkelgrauen oder braunen, beim Polieren metallischen Glanz annehmenden Staub und gaben außerdem einige chemische Eigenschaften an. Debray[6]) veröffentlichte im Jahre 1855 die bis dahin vollständigste Arbeit über Beryllium. Er ersetzte bei der Darstellung das Kalium durch Natrium, auf welches er den Dampf des Chlorides einwirken läßt.

---

1) Lebeau, Beryllium, Frankfurt a. M. 1898.

2) Vauquelin, Annales de Chim. et de Phys. 1, Serie XXVI, p. 155.

3) Davy, Annales de Chim. et de Phys. 1, Serie CLXXV, p. 148.

4) Poggend. Annalen XIII, 577.

5) Journal de Chemie medicale IV, 453.

6) Annales de Chim. et de Phys. 4, Serie XLIV, 5.

Diese von Debray benutzte Reaktion findet sich übrigens bei allen später publizierten Verfahren mit geringen experimentellen Abänderungen wieder.

Später versuchte man infolge der schwierigen Handhabung des Berylliumchlorids, dasselbe durch Doppelfluoride von Beryllium und den Alkalimetallen zu ersetzen.[1])

Trotz aller Versuche zur Herstellung reinen Berylliums blieb dieselbe eine schwierige Operation. Außerdem stimmen die Angaben der verschiedenen Chemiker, die sich damit beschäftigt haben, über seine chemischen und physikalischen Eigenschaften absolut nicht überein. Bezüglich der Darstellung durch Elektrolyse ist zu bemerken, daß Nilson und Peterson[2]) das Chlorid nicht zersetzen konnten und daß sie erkannten, daß dieses Salz den Strom nicht leitet. Borchers[3]) gibt an, Beryllium bei Zersetzung des Doppelsalzes von Bromammonium und Berylliumbromid durch einen Strom von 5000 Amp. erhalten zu haben; er beschreibt das erhaltene Metall jedoch nicht. Endlich behauptet Warren[4]), Beryllium durch Elektrolyse von Bromberyllium mittels eines Stroms von 8 Amp. bei 12 Volt im großen darstellen zu können. Das gewonnene Metall befinde sich in Form eines Kunstgegenstandes gegenwärtig im Besitze des Emirs von Afghanistan.

Bessere Verfahren rühren von Lebeau und von Liebmann (siehe unten) her.

Gewinnung.

Dieselbe geschieht wohl fast ausschließlich nach dem Verfahren von Lebeau.

Das Verfahren von Lebeau.

Die Verbindungen des Berylliums mit Chlor, Brom und Jod sind ziemlich schwer darzustellen, und ihre rasche Veränderlichkeit in Gegenwart von Wasser macht sie für eine praktische Verwendung wenig geeignet. Lebeau dachte

[1]) Krüß u. Moraht, Ann. der Chemie, CCLX, 161.

[2]) Annales de Chim. et de Phys. 5, Serie XIV, 426.

[3]) Zeitschr. f. Elch. 1895, 2, 40.

[4]) Chem. News LXXII, 310.

daran, daß Fluorberyllium, dessen Eigenschaften wenig bekannt sind, Vorteile bieten könne. Es gelang ihm, diese Verbindung rein darzustellen, sie schmilzt sehr leicht und gibt ein ganz klares Bad; sie leitet jedoch den Strom gar nicht. Ein Zusatz von Fluornatrium oder Fluorkalium macht es leitend; das Beryllium kann dann daraus auf elektrolytischem Wege abgeschieden werden. Lebeau[1]) setzte die Doppelfluoride der Wirkung des Stroms aus.

Die Elektrolyse läßt sich sehr bequem in einem Nickeltiegel durchführen, der als negativer Pol dient; die positive Elektrode wird gebildet von einer Graphitplatte oder einem Graphitstäbchen, die unter der Wirkung des Stroms nicht zerfallen. Man schmilzt zuerst das Salz mit Hilfe eines Bunsenbrenners und schickt hierauf den Strom hindurch. Die Masse bleibt geschmolzen; man hört nun mit dem Erhitzen auf, da man eine zu starke Temperaturerhöhung vermeiden muß und die beginnende Rotglut nicht überschreiten darf.

Lebeau verwendet eine kleine, sonst zum Laden von Akkumulatoren dienende Dynamo, die normal 20 Amp. bei 80 Volt ergab.

Als Elektrolyten verwendete er nacheinander Natrium- oder Kaliumsalze, welche den Formeln $Be\,Fl_2\,2\,M\,Fl$, $Be\,Fl_2\,M\,Fl$ entsprachen. Er beobachtete, daß es sogar möglich ist, den Gehalt an Beryllium bedeutend zu erhöhen, ohne die Schmelzbarkeit und die Leitfähigkeit des Produktes zu vermindern. Die Löslichkeit in Wasser nimmt mit dem Gehalt an Beryllium zu; dies gestattet, den Überschuß an Fluorid rasch zu entfernen. Die Kalisalze haben den Vorteil, im Wasser noch leichter löslich zu sein als die Natriumsalze.

Nachdem man durch möglichst rasches Waschen das überschüssige Fluorid entfernt hat, findet man im Tiegel ein metallisches, nicht haftendes Gewebe, welches ganz aus reinen Berylliumkristallen besteht. Der Tiegel wird nicht angegriffen. Man wäscht mit absolutem Alkohol zu Ende und trocknet im Vakuum über Phosphorsäureanhydrid. Die Analyse ergab:

	I.	II.	III.
Beryllium	99,53	99,79	99,81.

[1]) Comptes rendus 1898, 126, 144.

Die Darstellung von Berylliumlegierungen nach Lebeau.

Durch Elektrolyse der Berylliumalkalidoppelfluoride hat Lebeau[1]) mittels einer geringen Modifikation des für die Darstellung des Metalles beschriebenen Verfahrens ebenfalls Legierungen dargestellt.

Der Nickeltiegel wird durch einen Graphittiegel ersetzt, welcher mit dem negativen Pole der Dynamomaschine verbunden wird. Der positive Pol besteht aus einem Graphitzylinder. Man bringt das zu legierende Metall in den Tiegel und darauf eine Schicht Doppelsalz. Nun erhitzt man bis zum Schmelzpunkt des Metalles und schließt den Strom; die Operation geht sehr regelmäßig vonstatten und man erhält so sehr reine Legierungen von viel höherem Berylliumgehalte als nach dem anderen Verfahren.

Das Verfahren von Liebmann.

Liebmann[2]) stellt Beryllium in Form seiner Legierungen dadurch her, daß er eine natürliche oder künstliche Sauerstoffverbindung desselben in Gegenwart eines Reduktionsmittels (Kohle) und des Metalls, dessen Berylliumlegierung man erhalten will, der Weißglühhitze aussetzt, zu deren Hervorbringung der elektrische Strom verwendet wird. Das Beryllium selbst wird[3]) aus seinen Mineralien dadurch gewonnen, daß man sie mit Hilfe des elektrischen Stroms in Gegenwart einer Fluorverbindung reduziert. Auch auf dem Wege über Berylliumlegierungen will Liebmann[4]) reines Beryllium dadurch erhalten, daß man aus dieser Legierung das Beryllium durch Zugabe anderer Metalle ausscheidet.

Borchers[5]) behauptet, daß die Nachprüfung des Liebmannschen Verfahrens im Laboratorium der Technischen Hochschule zu Aachen die Unbrauchbarkeit desselben ergeben habe.

---

[1]) Lebeau, loc. cit.
[2]) D. R. P. 94507.
[3]) D. R. P. 101326.
Engl. Patent 3497.
Franz. Patent 276873.
[4]) D. R. P. 104632.
[5]) Jahrb. d. Elektrochemie 1900, 6, 303.

Magnesium.

Vorkommen.

Magnesium findet sich in der Natur in großen Mengen; vor allem als Magnesiumchlorid und Magnesiumbromid im Meerwasser, ferner in den Staßfurter Ablagerungen als Carnallit $MgCl_2 KCl \cdot 6 H_2O$ und Kainit $MgCl_2 MgSO_4 K_2SO_4 \cdot 6 H_2O$; das Sulfat findet sich als »Bittersalz« in vielen Mineralquellen, ferner als Mineral außer im Kainit im Kieserit $MgSO_4 \cdot H_2O$; das Karbonat bildet mit dem Kalk zusammen den Dolomit und kommt auch als besonderes Mineral Magnesit $MgCO_3$ vor. Außerdem findet sich das Magnesium noch in einer ganzen Reihe von Silikaten, von denen die bekanntesten der Talk, der Asbest, der Speckstein usw. sind.

Geschichtliches.

Die Magnesiumsalze wurden erst gegen Ende des 17. Jahrhunderts erkannt, wo Grew das Bittersalz aus dem Mineralwasser von Epsom isolierte; Bergmann untersuchte 1775 die Bittererde.

Die elektrolytische Darstellung des Metalles, das Davy zuerst im Jahre 1808 mit Hilfe von Natrium abgeschieden hatte, wurde von Bunsen im Jahre 1852 zum ersten Male durchgeführt. Die Methode wurde dann durch Matthiessen insofern weiter ausgebildet (1856), daß er vorschlug, anstatt des schwierig wasserfrei zu erhaltenden Chlorids das Doppelsalz mit Chlorkalium, den Carnallit, zu verwenden. Im Jahre 1879 erhielt Berthaut ein Patent auf ein technisches Verfahren, dem im Jahre 1883 das Grätzelsche Verfahren folgte, das von der Aluminium- und Magnesium-Fabrik Hemelingen bei Bremen angewendet wurde, die es jedoch später modifizierte. Einige andere Verfahren, wie z. B. das von Knöfler und Ledderborg, vermochten sich keine Einführung zu verschaffen, und gegenwärtig wird Magnesium wohl nur noch von der Aluminium- und Magnesium-Fabrik Hemelingen bei Bremen sowie von der Chemischen Fabrik Griesheim-Elektron auf den Elektrochemischen Werken in Bitterfeld dargestellt. Das Magnesium vermochte sich außer für Beleuchtungszwecke und für einige spezielle Anwendungsarten keinerlei Anwendung zu verschaffen; eine Zeitlang schien es, als ob die von Mach erfundene Aluminium-Magnesiumlegierung, das »Magnalium«, eine ausgedehntere Verwendung zu schaffen imstande sein würde, doch ist es hiervon auch schon wieder stiller geworden, obgleich das Magnalium zu optischen Instrumenten u. dgl. noch mannigfach benutzt wird.

Gewinnung.

Die Gewinnung des Magnesiums geschieht immer noch nach den von Bunsen und Matthiessen angegebenen Grundsätzen, wobei verschiedene auftretende Schwierigkeiten durch die Arbeiten von Oettel ihre wissenschaftliche Aufklärung gefunden haben (siehe S. 192).

Die Methode von Bunsen und Matthiessen.

Bunsen[1]) elektrolysierte zuerst geschmolzenes Chlormagesium und erhielt hierbei unter Verwendung eines von einigen Bunsenelementen gelieferten Stroms einen mehrere Gramm schweren Regulus. Das Magnesiumchlorid befand sich in einem 9 cm hohen und 5 cm weiten Porzellantiegel (Fig. 75), der durch ein bis zur Hälfte seiner Tiefe hinabreichendes Diaphragma in zwei Hälften geteilt war. Der Tiegel war mit einem zweifach durchbohrten Deckel bedeckt (Fig. 76), durch den die beiden Elektroden gesteckt wurden, die aus derselben Kohle, aus der die Elektroden für die Bunsenelemente gewonnen wurden, hergestellt waren. Sie hatten die in der Figur wiedergegebene Form, die durch Feilen erzeugt wurde. In dem aus Ziegel bestehenden Deckel waren sie durch zwei Keile *dd* aus Kohle befestigt, und in

[1]) Ann. d. Chem. 1852, 82, 137.

den zwischen Keil und Elektroden vorhandenen Spalt wurden die Zuleitungsdrähte für den Strom eingeklemmt. Die eigenartige sägeförmige Gestalt der Kathode hatte den Zweck, die bei der Elektrolyse entstehenden kleinen Magnesiumkügelchen am Aufsteigen an die Oberfläche des Bades und damit

Fig. 75.

Fig. 76.

am Verbrennen zu hindern. Die als Diaphragma dienende Zwischenwand im Tiegel sollte das gebildete Magnesium vor dem Zutritt des in der Anodenabteilung aufsteigenden Chlors schützen. Sie war aus einem Porzellandeckel hergestellt.

In diesem einfachen und doch allen bei der Zersetzung des Magnesiumchlorid eintretenden Verhältnissen in sinnreicher Weise Rechnung tragenden Apparate elektrolysierte Bunsen mit einem Strom von zehn Bunsenelementen in zwei Stunden eine ziemliche Menge von Chlormagnesium, dessen theoretische Mengen er auf 4,096 g berechnete.

Die größte Schwierigkeit bestand darin, daß das Magnesiumchlorid nur sehr schwer wasserfrei zu erhalten war und Matthiessen[1]) schlug deshalb vor, statt dessen das Doppelsalz mit Ammoniumchlorid zu verwenden, woraus dann ein weiterer Ersatz des Ammoniumchlorids durch Kaliumchlorid folgte, dessen Vorzüge Sonstadt[2]) hervorhebt. Auch die heutigen Methoden zur Gewinnung des Magnesiums beruhen auf der Verwendung des Magnesiumkalium-Doppelsalzes und sind somit auf die Arbeiten von Matthiessen resp. Sonstadt zurückzuführen.

---

[1]) Journ. of the chem. Soc. 1856, 8, 107.

[2]) Ann. de Chimie et de Physique 1863, 67, 347.

Ehe wir auf dieselben eingehen, ist es nötig, sich mit den Arbeiten Oettels[1]) zu beschäftigen, die wesentlich zur Aufklärung verschiedener in der Technik eintretender Verhältnisse beigetragen haben.

Die Untersuchungen von Oettel.

Eine der größten Schwierigkeiten bei sämtlichen Verfahren für die elektrolytische Darstellung des Magnesiums besteht darin, daß sich das Magnesium nicht in kompakten Stücken, sondern stets in Form zahlreicher kleiner Kugeln abschied, die sich nicht oder nur mit den größten Schwierigkeiten vereinigen ließen und zu ganz beträchtlichen Stromverlusten Veranlassung gaben. Als Ergebnis vieler Beobachtungen zeigt sich, daß das Zusammenschmelzen der Magnesiumkügelchen durch das Vorhandensein eines minimalen Häutchens von MgO verhindert wird. Die Bildung dieses Häutchens hat verschiedene Ursachen, deren hauptsächlichste in dem Vorhandensein geringer Spuren von Magnesiumsulfat und Eisenoxyd im Carnallit zu suchen sind. Bei der Elektrolyse findet zwischen dem abgeschiedenen Magnesium und dem Magnesiumsulfat folgende Reaktion statt:

$$MgSO_4 + Mg = 2\,MgO + SO_2.$$

Die gebildeten Kügelchen überziehen sich infolgedessen mit einem dünnen Häutchen von Magnesia, das ihre Vereinigung hindert. Eine weitere Quelle von Störungen und Verlusten ist in der Einwirkung der feuchten Feuergase auf die Schmelze zu suchen, die durch sie trübe wird und dichte Nebel von Salzsäure ausstößt, während an der Kathode Flämmchen von Wasserstoff aufblitzen und wenig oder kein Metall erhalten wird. Bei niederer Schmelztemperatur scheint eine Verbindung $Mg\langle{}^{OH}_{Cl}$ existenzfähig zu sein, auf die metallisches Magnesium unter Wasserstoffentwicklung einwirkt. Bei Rotglut entweicht das Wasser vollständig und Wasserstoffentwicklung ist nur beim Nachsetzen von Salz zu bemerken. Das in der Schmelze vorhandene Oxychlorid wird

[1]) Zeitschr. f. Elch. 1895, 2, 394.

in der Weise elektrolytisch zerlegt, daß sich an der Anode Chlor, an der Kathode das störende Magnesiumoxyd abscheidet. Auch das Eisenchlorid, das durch die Elektrolyse teilweise zu Eisenschwamm reduziert wird, verursacht Stromverluste. Demnach ergeben sich für die Carnallitelektrolyse folgende Forderungen:

1. Entfernung des im Rohmaterial vorhandenen Magnesiumsulfats.
2. Schutz der Schmelze vor Wasserdampf.

Oettel empfiehlt folgendes Verfahren zur Darstellung des Rohmaterials:

In einen geräumigen Graphittiegel, der in einem Windofen erhitzt wird, trägt man portionsweise künstlichen Carnallit ein und hält die Temperatur zunächst in der Rotglut. Ist durch allmählichen Carnallitzusatz der Tiegel genügend gefüllt worden, so rührt man eine Kleinigkeit Sägespäne, Zucker, Mehl oder ein ähnliches Reduktionsmittel ein und steigert die Temperatur langsam, bis das Kochen aufgehört hat, und die Salzmasse bei dunkler Rotglut in feurigen Fluß kommt. Unter Hervorbrechen von Kohlenoxydflammen beginnt jetzt die Reduktion des Magnesiumsulfats:

$$MgSO_4 + C = MgO + CO + SO_2.$$

Das Umrühren der Schmelze wird durch ein Stück Bogenlichtkohle bewirkt, da ein Eisenstab verunreinigend wirken würde. Sobald eine kleine Probe der Schmelze nach dem Auflösen und Ansäuern nur noch eine Spur Schwefelsäure zeigt, ist das Präparat fertig. Nach dem Abschäumen der Kohle wird die Schmelze unter Zurücklassung des aus MgO bestehenden Bodensatzes in eine flache Form ausgegossen. Sie ist sehr hygroskopisch und muß daher unter Luftabschluß aufbewahrt werden.

Die geringe Menge Magnesia, die eventuell noch bei der Arbeit entsteht, kann durch einen Zusatz von Flußspat unschädlich gemacht werden, der sehr günstig für das Zusammenschmelzen der Magnesiumkugeln wirkt.

Das Verfahren von Grätzel.

Das Verfahren von Grätzel[1]) ist eine Zeitlang auf dem Werke der Aluminium- und Magnesium-Fabrik Hemelingen bei Bremen angewendet worden, deren Direktor Grätzel war. Es sollte ursprünglich auch für die Elektrolyse von Aluminium Verwendung finden, hat sich für diese jedoch nicht bewährt. In den Patenten ist es ganz allgemein als ein Verfahren zur Gewinnung der Metalle der Erden bezeichnet, und es sei deshalb an dieser Stelle darauf hingewiesen, daß die meisten der für die einzelnen Metalle der alkalischen Erden und auch der Alkalimetalle in Verwendung stehenden Verfahren fast durchweg von vornherein nicht auf ein bestimmtes Metall zugeschnitten waren, sondern daß sie zur Darstellung fast aller Metalle der gekennzeichneten Art Verwendung finden sollten. Erst beim Gebrauch in der Technik hat sich gezeigt, für welches der Metalle der eine oder andere Apparat resp. das eine oder andere Verfahren am besten geeignet ist, und wir haben daher diese Verfahren im allgemeinen stets bei den Metallen besprochen, zu deren Darstellung sie hauptsächlich Verwendung finden, was nicht ausschließt, daß sie auch für die Darstellung anderer angewendet werden können oder angewendet werden. Es wurde dann bei diesen Metallen, soweit Näheres darüber bekannt ist, ein entsprechender Hinweis gebracht.

Die wesentlichen Momente des Grätzelschen Verfahrens zur fabrikmäßigen Darstellung von Erdalkalimetallen auf dem Wege der Elektrolyse aus den betreffenden Chlor- und Fluorverbindungen unter Beihilfe eines reduzierenden Gasstroms bestehen einesteils in der Verwendung der Schmelzgefäße als negative Elektroden und anderseits in der Isolierung beider Elektroden derart, daß das an der positiven Elektrode entwickelte Chlor isoliert vom reduzierenden Gas abgeführt werden kann.

---

[1]) D. R. P. 26962.
Engl. Patent 551.

In einem Ofen sind, je nach der Stärke der Dynamomaschine, 2—5 Schmelzgefäße (Fig. 77), die gleichzeitig auch als Zersetzungsgefäße dienen, hinter- oder nebeneinander angeordnet, und zwar jedes in einem besonderen Herde. Die Gefäße, die beliebiger Form sein können, am zweckmäßigsten jedoch tiegelförmig gestaltet sind, bestehen für Magnesium aus schmiedbarem Gußstahl und bilden die negative Elektrode. Sie stehen auf einer in der Mitte eines Rostes angebrachten Schamotteplatte. Der Herd wird nach dem Einsetzen des Gefäßes oben durch eine aus zwei Hälften bestehende Schamotteplatte geschlossen. Jedes Schmelzgefäß ist mit einem Deckel *c* aus gleichem Metall bedeckt. Das reduzierende Gas gelangt von einer gemeinsamen Hauptleitung durch das Rohr *C* in das Schmelzgefäß und durch das Rohr *C'* von hier in das nächste derartige Gefäß. Um beide Elektroden zu isolieren und das an *A* entwickelte Chlor sowie das reduzierende Gas getrennt voneinander zu erhalten, ist die Kohlenelektrode *A* in einem besonderen Gefäße oder Einsatz *OO* eingeschlossen und mit demselben durch eine Öffnung im Deckel *c* in das Schmelzgefäß *V* eingehängt. Das Gefäß *O O* besteht aus Schamotte, Porzellan oder anderem feuerfesten die Elektrizität nicht leitenden Materiale und besitzt vorteilhaft zylindrische Form. Es ist oben mittels eines die Kohlenelektrode durchlassenden Deckels geschlossen und hat unten an der Seite oder am Boden Öffnungen *F* zum ungehinderten Zutritt der Schmelze zur Kohlenelektrode. Das entwickelte Chlor tritt durch die seitlich oben angebrachte Leitung *T* in eine allen Tiegeln gemeinsame Chlorableitung. Die Verbindung mehrerer Schmelzgefäße zu einer Batterie erfolgt in der bekannten und in der Zeichnung angedeuteten Weise; — und + sind die Verbindungen mit der Dynamomaschine.

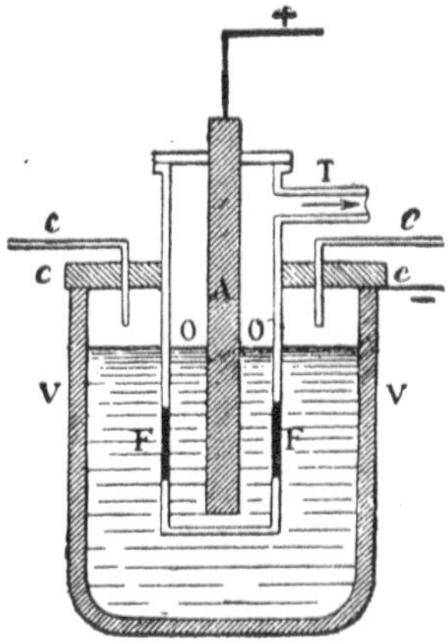

Fig. 77.

Behufs Verminderung der elektrischen Spannung innerhalb des Apparates sowie zur Wiederanreicherung des sich erschöpfenden Schmelzbades werden im Einsatz *OO* neben der Kohleelektrode und völlig unabhängig von derselben Platten oder Stangen eingesetzt, die aus einer Mischung äquivalenter Mengen von Magnesia und Kohle bestehen. Die Kohle verbindet sich mit dem Sauerstoff des Metalloxyds, dessen Metall sich mit dem Chlor verbindet und in die Schmelze tritt.

Das Verfahren der Aluminium- und Magnesiumfabrik Hemelingen.

In dieser Fabrik wurde, wie bereits erwähnt, längere Zeit hindurch nach dem Grätzelschen Verfahren gearbeitet, doch erwies sich dieses nach einer Mitteilung von Diehl[1]) als zu teuer. Das erhaltene Produkt war jedoch sehr rein. Die Aluminium- und Magnesium-Fabrik Hemelingen arbeitete daher später ein eigenes Verfahren aus[2]), dessen Schwerpunkt in der Vorbereitung des Carnallits für die Elektrolyse liegt. Die oben angegebene Methode der Vorbereitung nach Oettel stimmt mit dieser Methode in vielen Punkten überein. Die Aluminium- und Magnesium-Fabrik Hemelingen stellte, da der natürlich vorkommende Carnallit zu unrein war, sich zunächst einen künstlichen Carnallit aus Magnesiumchlorid und Kaliumchlorid her. Bei der Elektrolyse bleibt immer ein Teil des Kaliumchlorids übrig, der von neuem zur Gewinnung des künstlichen Carnallits Verwendung fand. Nunmehr macht sie jedoch auch natürlichen Carnallit dadurch verwendbar, daß er ohne vorhergehende Reinigung durch Zusatz von Natriumchlorid und Kaliumchlorid bzw. künstlichem Carnallit auf die Zusammensetzung von 41,66 % $MgCl_2$, 32,66 % KCl und 25,66 % NaCl gebracht wird. Unter Zusatz von etwas Flußspat soll bei Verwendung dieser Schmelze das Metall gut zusammenfließen.

---

[1]) Zeitschr. d. Ver. d. Ing. 1898, 37, 596.

[2]) D. R. P. 115015.

In eisernen Kesseln wird kristallisiertes Magnesiumchlorid bzw. künstlicher Carnallit in seinem Kristallwasser geschmolzen. Dann werden die erwähnten Salze eingerührt und bei mäßiger Hitze das Ganze unter beständigem Rühren zur Trockene gebracht. Das Einschmelzen geschieht bei dunkler Rotglut, und das hierbei entstehende Magnesiumoxyd wird durch Zusatz von Chlorammonium (also nach den Angaben von Matthiessen) unschädlich gemacht. Hierbei bildet sich unter Entweichen von Ammoniak Chlormagnesium. Die vorhandenen Sulfate werden mit Kohle behandelt, wodurch nach der bei den Arbeiten von Oettel (siehe oben) angegebenen Reaktionsgleichung die Reduktion eintritt.

Man erhält so eine klare Schmelze, die dann in den Elektrolysiergefäßen der Einwirkung des elektrischen Stroms unterworfen wird. Diesen Elektrolysiergefäßen liegt das von Grätzel angegebene Prinzip zugrunde. Die Elektrolyse findet bei Gegenwart reduzierender Gase statt, deren Gegenwart nach Versuchen von Neuburger nicht gut entbehrt werden kann.

Das Magnesium setzt sich an den Wandungen der Kathoden an und bleibt, wenn die Temperatur keine zu hohe ist, am Boden der Elektrolysiergefäße. Die Kugeln werden gesammelt und in besonderen Tiegeln unter Verwendung von Flußmitteln zusammengeschmolzen.

Die Stromdichte beträgt[1]) 1000 Amp. pro qm Kathode; die Spannung 7—8 Volt.

Das in den Handel gebrachte Magnesium hat einen Reinheitsgehalt von 99,73 %.

Das Verfahren der Elektrochemischen Werke Bitterfeld.

Dieses Verfahren wird streng geheim gehalten, doch ist es wahrscheinlich, daß bei demselben der von Rathenau und Suter für die Elektrolyse der Metalle der Alkalien und alkalischen Erden angegebene Apparat (siehe bei Lithium) Verwendung findet und daß hierbei auch die »Berührungselektroden« sowie das bei »Calcium« angegebene Verfahren eine Rolle spielen.

---

[1]) Ahrens, Elektrochemie 1903, S. 456.

Aluminium.

Vorkommen.

In gediegenem Zustand kommt das Aluminium in der Natur nicht vor, hingegen ist es in Form seiner Verbindungen das verbreitetste unter allen Metallen. Von diesen sind wieder die wichtigsten und am häufigsten vorkommenden die Sauerstoffverbindungen, unter denen von den Oxyden die reine Tonerde, der Korund Al_2O_3 zu nennen ist, sowie der Saphir und Schmirgel, beide von der gleichen Zusammensetzung. Unter den Oxydhydraten steht in bezug auf Wichtigkeit in erster Linie der Bauxit voran, ein Aluminiumhydroxyd, gemengt mit Eisenhydroxyd und meist noch durch etwas Kieselsäure sowie stets durch Titansäure verunreinigt. Er ist ein Nichtleiter der Elektrizität und muß, wenn er in Bädern zur Anwendung kommen soll, durch Vermengen mit geschmolzenen Doppelfluoriden des Aluminiums leitend gemacht werden. Wegen seines Eisengehaltes kann er erst nach vorhergegangener Reinigung für die Aluminiumdarstellung Verwendung finden. Unter den Salzen ist das wichtigste der Kryolith, ein Natriumaluminiumdoppelfluorid, das erhitzt einen guten Leiter der Elektrizität darstellt.

Außer diesen für die elektrochemische Aluminiumdarstellung in erster Linie wichtigen Aluminiumverbindungen sind als weitere Vorkommnisse die massenhaft verbreiteten Feldspate und Tone zu erwähnen, ferner der Alaunschiefer, der Alaun, der Kaolin (wasserhaltiges Aluminiumsilikat) usw.

Geschichtliches.

Infolge ihrer weiten Verbreitung waren die Aluminiumverbindungen schon seit den ältesten Zeiten bekannt und bereits Geber (zweite Hälfte des 8. Jahrhunderts) kannte den Alaun. Das diesen Verbindungen zugrunde liegende Metall wurde wahrscheinlich im Jahre 1824 durch Oerstedt zuerst dargestellt. Mit Sicherheit isolierte es Wöhler im Jahre 1827 durch Zerlegung von Aluminiumchlorid mit Kalium in Form eines grauen Pulvers. In regulinischem Zustande vermochte er es erst im Jahre 1845 zu gewinnen. Die erste technische Methode zur Herstellung von Aluminium versuchte St. Claire Deville, der bei seinen Versuchen durch Napoleon III. in weitgehendster Weise unterstützt wurde. Sein Verfahren bestand darin, daß Aluminiumchlorid und später Natriumaluminiumchlorid zuerst mit Kalium und dann mit Natrium zusammengeschmolzen wurden. Es wurde sogar im Jahre 1855 eine Anlage zu Rouen errichtet, die nach dem St. Claire Devilleschen Prozeß arbeitete. Das gewonnene Aluminium sollte zunächst in der französischen Armee zur Erleichterung des Gepäcks der Soldaten Verwendung finden, und es wurden Kochkessel, Waffenteile, ja sogar Blasinstrumente für die Musikkorps der Regimenter daraus dargestellt. Die Versuche der Einführung scheiterten daran, daß es nicht widerstandsfähig genug gegen die Einflüsse der Atmosphäre war. Im Jahre 1859 begann man, nachdem zuvor Rose und Percy durch Laboratoriumsversuche die Möglichkeit nachgewiesen hatten, die Chlorverbindungen durch Fluoride, in erster Linie durch Kryolith, zu ersetzen, mit der Errichtung der ersten Aluminiumfabriken. Es entstanden nach und nach eine ganze Anzahl von Werken, von denen es sogar einige zu einer ziemlichen Höhe der Produktion brachten, bis ihnen die elektrolytischen Methoden zur Aluminiumdarstellung ernsthafte Konkurrenz zu machen begannen.

Die elektrolytische Aluminiumdarstellung wurde bereits von Davy nach derselben Methode versucht, nach der er auch die Alkalien zerlegt hatte, doch erzielte er keinen Erfolg. Erst im Jahre 1854 erhielt Bunsen durch Zersetzung des bei 200° geschmolzenen Natriumaluminiumchlorids mit Hilfe des elektrischen Stroms zum ersten Male elektrolytisch abgeschiedenes Aluminiummetall. Eine technische Gewinnung setzte jedoch noch nicht ein. Die ersten Versuche zu einer solchen rühren von Le Chatelier her, der im Jahre 1861 das erste Patent auf die elektrolytische Darstellung von Aluminium nahm. Vom Jahre 1883 an beginnt die fabrikmäßige

Erzeugung, und zwar zuerst nach den Patenten von Grätzel in der Aluminium- und Magnesiumfabrik zu Hemelingen, sodann (1885) nach dem Verfahren von E. H. und A. H. Cowles, die geschmolzene Tonerde elektrolysierten und auf diese Weise Aluminiumlegierungen erzeugten. Zum Großbetrieb wurde die Aluminiumindustrie durch die bahnbrechenden Arbeiten von Héroult, Kiliani, Hall und Minet, auf deren Details bei Besprechung ihrer Verfahren zurückzukommen sein wird.

Das Verfahren von Héroult wurde zuerst in Froges und gleichzeitig von der »Schweizerischen Metallurgischen Gesellschaft« ausgeübt und war in seinen ersten Grundlagen ein Verfahren zur Herstellung von Aluminiumlegierungen. Erst später, als sich aus der »Schweizerischen Metallurgischen Gesellschaft« die »Aluminiumindustrie-Aktiengesellschaft« zu Neuhausen gebildet hatte, wurde es, und zwar unter wesentlicher Unterstützung M. Kilianis, zu einem Verfahren zur Darstellung von reinem Aluminium ausgebildet, das zuerst im Jahre 1890 in größeren Mengen in den Handel gebracht wurde. Gegenwärtig besitzt die Aluminium-Industrie-A.-G. drei Werke, ein viertes ist im Bau begriffen. Außerdem wird das Héroultsche Verfahren noch von der Société Electrométallurgique Française ausgeübt, die vier Werke besitzt, und zwar zu Froges und zu Champ im Département Isère, zu La Praz in Savoyen sowie zu Gardaune im Département Bouche de Rhône. Auch die British Aluminium Company arbeitet in einem Werke in Schottland nach dem Héroultschen Verfahren, und ein weiteres Werk soll in Schweden errichtet werden.

Fast gleichzeitig mit Minet nahm auch M. Hall seine ersten Patente, doch blieb die Ausübung seines Verfahrens in der Hauptsache auf Amerika beschränkt, wo es vielfach umgeändert und verbessert bei der »Pittsburg Reduction Company« in Betrieb steht, die im Jahre 1888 die Fabrikation eröffnete.

Das Verfahren von Minet wurde zuerst im Jahre 1887 von der Firma Bernard Frères in Verbindung mit Paul Bernard in einer Versuchsanlage zu Paris ausgeübt, die etwa 500 kg reines Aluminium und 1500 kg Aluminiumlegierungen erzeugte, wobei in den Bädern ungefähr 4 PS zur Ausnutzung kamen. Eine größere Anlage wurde 1888 zu Créil errichtet, die täglich ungefähr 10 kg Aluminium und 5—6 kg Aluminiumlegierungen erzeugte. 1889 endlich wurde durch die Firma Bernard Frères eine große Anlage zu St. Michel erbaut, die mit mehreren Turbinen zwischen 300 und 1000 PS arbeitete. Sie war bis zum Jahre 1894 in Betrieb, der dann eingestellt wurde.

Gewinnung.

Die Gewinnung des Aluminiums geschieht jetzt ausschließlich durch Elektrolyse im Schmelzfluß, und zwar im ganzen und großen nach denselben Grundzügen. Wenn auch die im Betriebe stehenden Verfahren verschiedene Unterscheidungsmerkmale aufweisen, so kann ein prinzipieller Unterschied zwischen ihnen doch nicht mehr anerkannt werden. Alle Versuche (z. B. die von Nahusen), das Aluminium durch Elektrolyse auf nassem Wege zu erhalten, sind erfolglos verlaufen, und es wird wohl kaum jemand mehr auf den Gedanken kommen, diesen Weg beschreiten zu wollen. Ebenso sind auch alle Versuche, Aluminium durch Zersetzung seiner Halogenverbindungen mit Natrium herstellen zu wollen, schon seit langem eingestellt.

Der gegenwärtig gebräuchliche Prozeß zur Aluminiumdarstellung läßt sich dahin charakterisieren, daß Aluminiumverbindungen als Widerstand in einen Stromkreis eingeschaltet werden, wodurch sie geschmolzen und unter Abscheidung des Aluminiums zersetzt werden. Als Aluminiumverbindungen, die sich zu diesem Verfahren eignen, sind bis jetzt Tonerde, Halogenverbindungen, Aluminiumsulfid und Aluminiumsilikat in wasserfreiem Zustande in Vorschlag gebracht worden. Von allen diesen Vorschlägen hat nur ein einziger praktische Anwendung gefunden, dessen Wesen darin besteht, daß Tonerde in geschmolzenen Haloidverbindungen der Alkalien, der Erdalkalien oder des Aluminiums gelöst und daß das Gemisch durch den elektrischen Strom geschmolzen und elektrolytisch zersetzt wird.

Hiermit ist das Wesen der modernen Aluminiumfabrikation präzisiert, und gegenüber demselben gewinnt eine Anzahl von Vorschlägen oder probeweise ausgeübten Verfahren, Aluminium aus reinen Haloiden, Silikaten oder Sulfiden darzustellen, keinerlei praktische Bedeutung.

Die einzelnen Details der Aluminiumfabrikation werden aufs strengste geheim gehalten, und es ist bis jetzt noch keinem Außenstehenden gelungen, irgend etwas Näheres aus der Praxis selbst zu erfahren. Man ist deshalb ausschließlich auf Literaturangaben angewiesen, und auch die nachstehenden Ausführungen beruhen nur auf solchen.

Die Vorbereitung des Materials.

Bereits Bunsen hat im Jahre 1854 gefunden, daß sich das Aluminium nur aus wasserfreien Aluminiumverbindungen herstellen läßt. Er entwässerte daher schon bei seinen ersten Versuchen das zu diesen dienende Natriumaluminiumchlorid durch Erhitzen in einem Porzellantiegel, worauf er es durch weiteres Erhitzen von 200° zum Schmelzen brachte.

Auch die heute zur Aluminiumdarstellung dienenden Rohmaterialien müssen durch Entwässern und sonstige Vorbereitung für den elektrolytischen Prozeß brauchbar gemacht werden. In natürlichem Zustande kann keines derselben Verwendung finden.

Als Rohstoffe für die moderne Aluminiumfabrikation kommen in erster Linie der Kryolith und der Bauxit in Betracht. Statt des ersteren sind auch die Chloride und Fluoride der Alkalien und der Erdalkalien in Vorschlag gebracht worden, doch haben sie gegenüber dem Kryolith keine besondere Bedeutung zu erlangen vermocht.

Als eigentliches Material zur Aluminiumgewinnung ist der Bauxit zu betrachten, während der Kryolith das Flußmittel darstellt. Tonerde löst sich in geschmolzenem Kryolith auf und wird, wie bereits oben erwähnt, in diesem Zustande zu einem Leiter der Elektrizität.

Die für die Aluminiumfabrikation nötige reine Tonerde wird gegenwärtig fast ausschließlich aus dem Bauxit hergestellt.

Der Bauxit.

Wenn auch der Mineraloge unter dem Namen Bauxit ein Mineral von bestimmten chemischen, physikalischen und kristallographischen Eigenschaften versteht, so ist für die Aluminiumindustrie die Bezeichnung Bauxit zu einem Sammelnamen geworden, unter dem drei natürlich vorkommende Tonerdehydrate in den Handel kommen, und zwar der Diaspor $Al_2O_3H_2O$, dann der eigentliche Bauxit $Al_2O_3 2H_2O$, der 1821 von Berthier bei Les Baux in der Provence entdeckt wurde, woher sein Name rührt (die Schreibweise Beauxit ist falsch), und endlich der Hydrargillit oder Gibbsit $Al_2O_3 3H_2O$, der hauptsächlich in amerikanischen Aluminiumfabriken zur Verwendung kommt.

In seiner äußeren Gestaltung zeigt der Bauxit alle Formen, vom innigsten, ganz homogen aussehenden Konglomerat bis zur Brecchie grobstückigster Art, und ebenso zeigt er alle Farben von weiß, rosa, gelbviolett bis rot und braun. Auch die Härte ist sehr verschieden, und er kommt sowohl in mulmigen Ablagerungen vor, die einfach abgeschaufelt werden können, wie in Felsformationen, die mit Dynamit gesprengt werden müssen.

Chemisch merkwürdig sind die stets vorhandene Menge von etwa 3% Titansäure sowie die vielfach darin aufzufindenden geringen Mengen von Vanadium. Der Gehalt an Kieselsäure und Eisen wechselt innerhalb der weitesten Grenzen.

Die Verarbeitung des Bauxits geht bis in das Jahr 1858 zurück, wo Le Chatelier auf Anregung von Henri St. Claire Deville das erste Patent auf dieselbe nahm. Nach den älteren Methoden wurde der Bauxit mit Soda gemischt und in Flammöfen geglüht. Hierbei entsteht Eisenoxyd und Natriumaluminat. Das letztere wurde durch Wasser ausgelaugt, wodurch zugleich eine Trennung vom unlöslichen Eisenoxyd und der Tonerde eintrat, und mit Kohlensäure behandelt. Hierdurch wird die Soda regeneriert und Aluminiumhydroxyd niedergeschlagen, das nach verschiedenen Reinigungsprozessen durch Erhitzen in Tonerde übergeführt wird.

Die zu glühende Mischung wird durch Vermengen von 75 % Bauxit mit 25 % kalzinierter Soda gewonnen. Das Ausfällen durch Kohlensäure geschieht bei 70° in Gefäßen aus Eisenblech, die je 1200 l Lauge enthalten.[1]) Das Erhitzen des Tonerdehydrats erfolgt in Muffelöfen oder Flammöfen. Nach Winteler (l. c.) entsteht aus einer Mischung von 75 % Bauxit und 25 % kalzinierter Soda ein Aufschluß mit 28,17 % Al_2O_3 und 0,24 % SiO_2. Im unlöslichen Rückstand sind enthalten:

Kieselsäure	2,64 %
Aluminiumoxyd . .	3,73 »
Eisenoxyd . . .	23,12 »
Kalk	1,74 »
Magnesia . . .	0,70 »

175 kg Tonerdehydrat lieferten 100 kg reine für die Aluminiumdarstellung geeignete Tonerde.

Ein neueres Verfahren ist das von Bayer, der den Bauxit unter Druck mit Natronlauge aufschließt und das gebildete Aluminat mit reinem Tonerdehydrat zusammenrührt, wodurch ein sehr gutes Produkt erhalten wird. Das Verfahren steht in Irland in Anwendung.

Nach Winteler (l. c.) wird beim Bayerschen Verfahren der Bauxit zunächst zerkleinert, dann in Flammöfen in rotierenden Zylindern erhitzt, wodurch organische Substanzen zerstört werden und eine Oxydation des Eisens stattfindet. Das aus den Zylindern kommende Material wird abkühlen lassen und dann bei einem Dampfdruck von 5 Atm. mit Natronlauge vom spez. Gewicht 1,45 behandelt. Nach 2—3 Stunden ist die Einwirkung beendet, es folgt dann eine Verdünnung und Abpressen in Filterpressen. Die aus den Filterpressen abfließende Natriumaluminatlauge wird geklärt und hierauf in mit Rührwerken versehenen stehenden Zylindern 36 Stunden lang mit Tonerdehydrat zusammengerührt. Hierdurch werden 70 % der in der Lauge gelösten Tonerde als Hydrat abgeschieden. Der Hydratschlamm wird in Filterpressen abgepreßt

[1]) Winteler, Die Aluminiumindustrie, Braunschweig 1903, S. 25.

und die zurückbleibenden Kuchen durch Erhitzen in rotierenden Zylindern bei Rotglut in Tonerde übergeführt.

Die abgepreßten verdünnten Laugen werden im Vakuum eingedampft und von neuem im Prozesse verwendet.

Die Pittsburg Reduction Company stellt reine eisen- und kieselsäurefreie Tonerde durch Niederschmelzen von Bauxit im elektrischen Ofen bei Gegenwart eines Reduktionsmittels her.[1])

Über ein weiteres dem Bayerschen nachgebildetes Reinigungsverfahren der Pittsburg Reduction Company siehe bei der Beschreibung ihres Aluminiumprozesses (siehe S. 219).

Bei diesem Verfahren, wohl dem einzigen, bei dem eine Vorbereitung auf elektrischem Wege zur Verwendung kommt, wird das Material, ehe es geschmolzen wird, einer Vorbehandlung durch den elektrischen Strom unterworfen. Die Masse wird dann nach der Abkühlung aus dem Ofen genommen, erforderlichenfalls zerkleinert und danach erst der eigentlichen Schmelzung unterzogen. Als Reduktionsmittel kommt Kohle, als Erhitzungsmittel der elektrische Lichtbogen zur Verwendung.

Um die Wärme möglichst gut auszunutzen, ist das zu behandelnde Material in einem Vorwärmeraum aufgespeichert, der die eigentliche Schmelzzone umgibt. Außer der erzielten Reinheit kommt bei diesem Verfahren noch der Vorteil in Betracht, daß das Material durch die beschriebene Vorbehandlung in einen Zustand gebracht wird, in dem bei der späteren eigentlichen Schmelzung das Auftreten großer Gasmengen und das Herausschleudern der Charge nicht mehr zu befürchten ist.

Der Kryolith und seine Ersatzmittel.

Der Kryolith bedarf weniger Vorbereitung als der Bauxit und kann, wenn er in einigermaßen reinem Zustande vorhanden ist, ohne weiteres Verwendung finden. Auch künstlich hergestellter Kryolith, der aus Flußsäure und Soda

---

[1]) Elektrochemische Zeitschrift 1904, 2, 42.
D. R. P. 135553 und 143901.
Amerik. Pat. 677207.

gewonnen ist, die nach gegenseitiger Sättigung mit Tonerde versetzt wurden, kann zur Anwendung kommen. Außerdem aber werden noch nach verschiedenen Methoden kryolithartige Verbindungen oder Natriumaluminium-Mischsalze hergestellt, die in der Elektrometallurgie des Aluminiums mit Erfolg benutzt wurden oder benutzt werden.

Die Elektrolyse.

Allgemeines.

Die Elektrolyse des aluminiumhaltigen Gemisches ist ein Prozeß, über den die Ansichten früher geteilt waren. Früher neigte man vielfach zu der Ansicht, daß das Aluminium von der Zersetzung des Fluoraluminiums herrühre, eine Ansicht, die wesentlich durch Minet gestützt und auch von vielen anderen vertreten wurde. Es sollte hierbei in einem ersten Prozesse eine Zerlegung des Fluoraluminums in Fluor und Aluminium stattfinden, wobei das Fluor mit der im Bade vorhandenen Tonerde in Reaktion tritt und unter Freiwerden von Sauerstoff mit dieser neues Fluoraluminium bildet.

Wahrscheinlicher ist es, und diese Ansicht wird jetzt von den meisten Elektrometallurgen geteilt, daß das Fluoraluminium nur die Rolle eines Lösungsmittels spielt, ohne selbst zersetzt zu werden, und daß die Zersetzung durch den Strom lediglich beim Aluminiumoxyd stattfindet, das in Aluminium und Sauerstoff geschieden wird, wobei sich das Aluminium an der Kathode ansammelt, während der Sauerstoff sich mit dem Kohlenstoff der Anode unter Bildung von Kohlenoxyd vereinigt.

Diese Ansicht findet ihre Stütze in den Angaben von Héroult (1888), sowie vor allem auch in dem Umstande, daß während des Prozesses keinerlei Zwischenreaktionen auftreten, die geeignet wären, den von Minet vertretenen Standpunkt zu stützen.

In dem Maße, in dem die Elektrolyse vorschreitet, wird das Bad an Aluminium ärmer, und es muß deshalb ständig neues Aluminiumoxyd zugesetzt werden. Ebenso verringert sich auch der Gehalt des Bades an Fluor, der jedoch nicht durch Zusatz neuen Kryoliths gedeckt zu werden pflegt, da sonst mit der Zeit ein zu hoher Gehalt an Natriumfluorid auftritt. Man nimmt daher in den meisten Fällen zum Ersatz der Verluste anstatt des Kryoliths basisches Aluminiumfluorid, das durch Einwirken von Flußsäure auf Tonerdehydrat gewonnen wird.

Bezüglich der allgemein für die Aluminiumelektrolyse in Betracht kommenden Verhältnisse sei angeführt, daß die Zersetzung für gewöhnlich in eisernen Kasten, auf deren spezielle Einrichtung noch zurückzukommen sein wird, unter Verwendung von Kohlekathoden stattfindet. Die Anoden bestehen gleichfalls aus Kohle und sind meist zu größeren Platten oder Stabbündeln zusammengesetzt.

Die Stromverhältnisse betragen ungefähr 7000 Amp. pro qm Badquerschnitt, die Spannung liegt bei etwa 8 Volt, also beträchtlich höher, als sie nach der Zersetzungsspannung der Tonerde, die 2,8 Volt beträgt, eigentlich liegen müßte. Eine Tonne Aluminium erfordert in 24 Stunden einen Kraftaufwand von durchschnittlich 1500 PS, doch steigt dieser in den meisten Betrieben wohl auf 1600—1700 PS. Die Temperatur, bei welcher die Elektrolyse vor sich geht, liegt bei etwa 800° (Kirschrotglut), doch steigt sie vielfach auf 1000°. Die Elektroden bedecken den Boden des Bades resp. werden als Gegenelektroden zu der Bodenelektrode senkrecht von oben eingeführt. Die vorteilhafteste Zusammensetzung des Elektrolyten ist nach Winteler (loc. cit. S. 84) ein Gemenge von Kryolith mit 10% Tonerde.

Das abgeschiedene Aluminium müßte, da sein spezifisches Gewicht 2,7 beträgt, während das des Kryoliths 3 ist, eigentlich im Bade aufsteigen und an der Oberfläche desselben schwimmen. In geschmolzenem Zustande steigt jedoch das spezifische Gewicht des durch die Elektrolyse ausgeschiedenen Aluminiums auf einen höheren Betrag an, als das des geschmolzenen Kryoliths, und es sinkt infolgedessen im Bade zu Boden. Aus diesem wird es von Zeit zu Zeit mit eisernen Löffeln ausgeschöpft. Dem Abstechen stellen sich deshalb Schwierigkeiten entgegen, weil das Aluminium zwar aus der Abstichöffnung gut ausläuft, aber sofort »einfriert« und dann in merkwürdigen Gebilden und Zapfen erstarrt und in die Höhe steigt. Besondere Vorrichtungen an der Abstichöffnung, die dies verhindern sollen, haben sich im allgemeinen nicht bewährt, doch hat die Pittsburg Reduction Company ein Verfahren zum Abstechen des Aluminiums, dessen Details aber geheimgehalten werden.

Die Elektrodenabstände müssen ständig reguliert werden, um die Spannung konstant zu erhalten. Diese beträgt, wie bereits erwähnt, etwa 8 Volt und steigt, obschon sie zuweilen darunter bleibt, doch vielfach über diesen Betrag bis zu 10 Volt an. Über dem Bade liegt während des ganzen Prozesses eine Kruste, die bei den verschiedenen Operationen, die an ihm vorgenommen werden, durchstoßen wird.

Neuere wissenschaftliche Arbeiten von Haber und Geipert[1]) lassen es wahrscheinlich erscheinen, daß die Fortschritte in der Vervollkommnung der Aluminiumprozesse weniger geheimen Abänderungen des Verfahrens selbst, als vielmehr der Benutzung reiner Materialien und aschenarmer Anoden zuzuschreiben sind.

Das Verfahren von Héroult.

Dieses Verfahren hat sich erst im Laufe der Zeit, und zwar, wie bereits erwähnt, unter wesentlicher Unterstützung Kiliani's entwickelt. Infolgedessen ist die Zahl der Patente, die großenteils schon erloschen sind, auch eine ziemlich große. Dieses Erlöschen der Patente ist der Grund, warum die Aluminiumfabriken über ihren Betrieb den Schleier des strengsten Geheimnisses breiten, denn da die eigentlichen Grundlagen der Verfahren meist in den ältesten Patenten enthalten sind, so läßt sich das Monopol für die Fabrikation nur durch die strengste Geheimhaltung aller Details aufrecht erhalten.

---

[1]) Zeitschrift f. Elch. 1902, 8, 607.

Aus den Veröffentlichungen[1]), von denen bezüglich der Patentschriften zu bemerken ist, daß sie teils auf den Namen der Schweizerischen Metallurgischen Gesellschaft, teils auf den der Aluminium-Industrie-A.-G., teils auf den von Kiliani usw. lauten, geht hervor, daß Héroult zuerst Tonerde ohne Kryolith und dann mit solchem als Flußmittel elektrolysierte. In bezug auf die Ausgestaltung der Kathode machte er zunächst insofern einen Unterschied, als er sie für die Darstellung von reinem Aluminium aus Kohle, für die einer Legierung hingegen aus geschmolzenem Metall herstellte. Bereits in den ersten in den Jahren 1886 und 1887 genommenen Patenten tritt er dafür ein, daß die Elektrolyse sich nicht auf den Kryolith erstreckt und daß deshalb nur von Zeit zu Zeit ein Zusatz von Tonerde nötig ist.

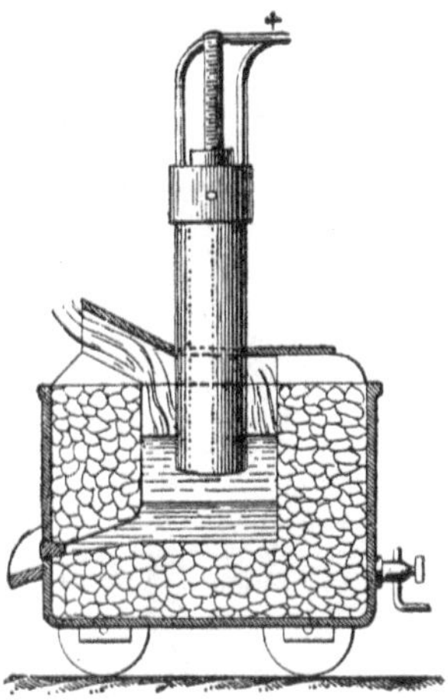

Fig. 78.

Das Héroultsche Verfahren wurde zunächst im Jahre 1888 in Froges ausgeübt, wo Apparate zur Anwendung kamen, deren wesentliche Einrichtung in Fig. 78 und 79 wiedergegeben ist. Diese Apparate konnten, je nachdem man die Kathode aus Kohle oder aus Metall machte, sowohl zur Gewinnung von Aluminium wie von Legierungen

[1]) Franz. Pat. 175711 und 170003.
Belg. Pat. 77100.
Engl. Pat. 7426/1887.
Amerik. Pat. 387876/1888.
D. R. P. 74165.
Engl. Pat. 16853/1887, 6745/1889.
D. R. P. 50508 und 62851.
Amer. Pat. 573041.
Zeitschr. d. Ver. d. Ing. 1889, 33, 301.
Journ. of the Franklin Inst. 1896, 141, 376.
Electrical Rev. 1897, 40, 671 usw.

dienen. Sie ähnelten außerordentlich dem Ofen, den Siemens für die Eisendarstellung konstruierte (siehe Eisen S. 4) und enthielten eine senkrecht von oben her in die Schmelze tauchende Kohlenanode, die aus einer Reihe von durch Kupferbände zusammengebundenen Kohlenplatten bestand, die einen Kohlenblock von 1 m Länge und 0,25 qm Querschnitt bildeten. Der Boden des Tiegels diente als Kathode und war deshalb entweder mit Kohlenplatten oder mit Kupfer bedeckt, das in Aluminiumbronze übergeführt werden sollte. Seitwärts am Boden des Tiegels befand sich die durch einen Kohlenpfropfen verschlossene Abstichöffnung. Der Strom geht von der senkrechten Anode zu der Bodenkathode und durchströmt hierbei den Elektrolyten, der durch seinen Widerstand in Schmelzfluß gerät. Der frei werdende Sauerstoff scheidet sich an der Anode ab und verbrennt sie zu Kohlenoxyd.

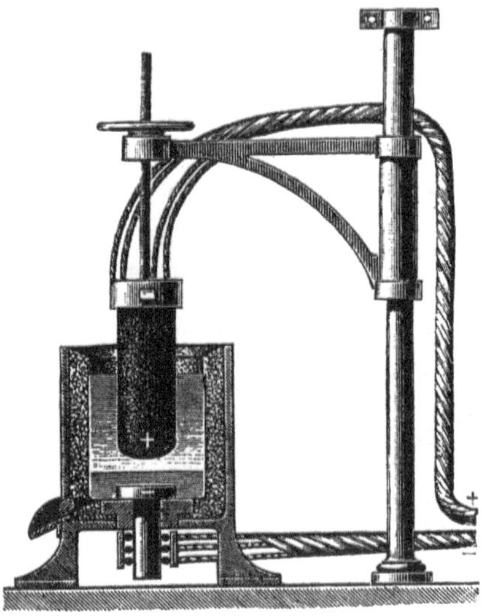

Fig. 79.

Fast gleichzeitig mit der Anlage in Froges, aus der dann im Jahre 1893 eine neue vergrößerte Anlage in La Praz hervorging, begann die Schweizerische Metallurgische Gesellschaft mit der Darstellung des Aluminiums nach Héroult. Sie setzte im August 1888 eine Anlage von 300 PS in Betrieb. Auch die Allgemeine Elektrizitäts-Gesellschaft zu Berlin begann um dieselbe Zeit durch Kiliani mit Versuchen. Um jede Konkurrenz auszuschalten, wurde die Vereinigung der beiden Betriebe beschlossen, durch die im November 1888 die Aluminium-Industrie-A.-G. in Neuhausen ins Leben gerufen wurde.

Ehe diese ihren Betrieb aufnahm, hatte Héroult einen zweiten von der Schweizerischen Metallurgischen Gesellschaft in Betrieb gesetzten Ofen konstruiert. Dieser, der dann auch eine Zeitlang bei der Aluminium-

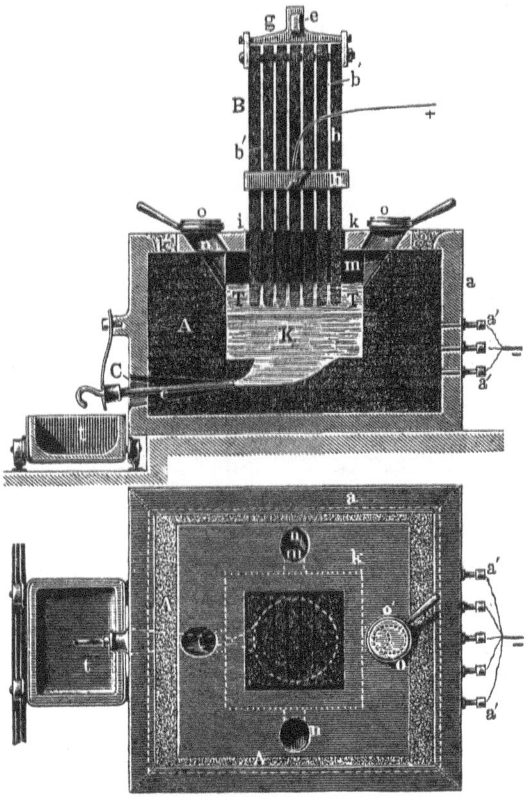

Fig. 80 u. 81.

Industrie-A.-G. zur Verwendung kam, ist in Fig. 80 und 81 wiedergegeben. Als positiver Pol dient ein Bündel *B* aus Kohlenplatten *b*. Der negative Pol wurde durch das am Boden des Kohlentiegels *A* unter der Schmelze *T* angesammelte Metall *K* gebildet. Um den Betrieb kontinuierlich gestalten zu können, war am Boden dieses Tiegels eine Abstichöffnung *C* angebracht, die aber wahrscheinlich nur zum Abstechen von Legierungen in den Kasten *t* Verwendung gefunden haben dürfte. Ein auf dem Boden isoliert aufliegender, oben offener Kasten *a* aus Eisen wird, um den Behälter zur Aufnahme des Bades zu gewinnen, mit einer starken Ausfütterung *A* von Kohlenplatten versehen, die unter sich durch einen Kohlenkitt (z. B. Teer, Zuckersirup oder Fruchtzucker) verbunden werden. Da es wesentlich darauf ankommt, daß der Kasten *a* gut leitet und daß der Übergangswiderstand zwischen *a* und *A* möglichst verringert wird, so gießt man den Kasten *a* um den Kohlenkübel *A* herum, um durch die beim Erkalten eintretende Zusammenziehung eine innige Berührung zu erzielen. Im Kasten *a* sind zum Zwecke der Zuleitung des negativen Stroms eine Anzahl von Stiften *a'* aus Kupfer vorgesehen. Die Elektrode *B* besteht aus einzelnen Kohlenplatten *b*, die durch das Rahmenstück *g* zusammengefaßt sind, dessen Öse *e* zum Einhängen in eine Kette dient, mittels deren die ganze Elektrode *B* gehoben oder gesenkt werden kann. Das umschließende Rahmenstück *h* ist mit den nötigen Klemmvorrichtungen, wie Schrauben u. dgl., zur Befestigung des positiven Kabels versehen. Mit Ausnahme eines für die vertikale Bewegung des Kohlenbündels nötigen Spielraums wird die Öffnung durch Graphitplatten *k* überdeckt, in der einige Füllöffnungen *n* angebracht sind. Entsprechend diesen Öffnungen finden sich an den Seitenwänden nötigenfalls auch die Aussparungen *m*. Die Kanäle *m n* dienen auch für die Ableitungen der sich entwickelnden Gase. Die beweglichen Platten *o* dienen zum Zudecken der Löcher *m*. Zwischen der Graphitplatte *k* und dem Rande des Kastens *a* ist eine Ausfüllung von Holzkohlenpulver angebracht. Wie man sieht, ist dieser Ofen der Héroultschen Bessemerbirne für die elektrische Eisendarstellung (siehe S. 32) im Prinzip sehr ähnlich.

Das Verfahren wurde früher in der Weise ausgeübt, daß zuerst Kupfer in zerkleinertem Zustand in den Behälter *A* gebracht wurde. Darauf wurde das Kohlenbündel *B* bis zur Berührung mit dem Kupfer gesenkt, wodurch dieses letztere zu schmelzen begann. Sobald ein Bad aus flüssigem Kupfer vorhanden war, wurde Tonerde in das Bassin gegeben und das Bündel *B* gehoben. Nunmehr erst setzte die Zersetzung der Tonerde ein. In dem Maße, wie die Elektrolyse vorwärts schritt, wurden sowohl Kupfer wie Tonerde nachgefüllt.

Als Stromstärke kamen hierbei 13000 Amp. und als Spannung 12—15 Volt zur Verwendung.

In Neuhausen wurde in der Weise gearbeitet, daß eine 300 pferdige Turbine zwei Dynamomaschinen von je 6000 Amp. und 16 Volt trieb. Der Strom wurde durch dicke Kupferkabel dem Tiegelschmelzofen zugeleitet. Der Prozeß selbst wurde dann in der eben beschriebenen Weise eingeleitet und durchgeführt.

Dieses Verfahren stand erst bei der Schweizerischen Metallurgischen Gesellschaft in Betrieb und wurde dann von der Aluminium-Industrie-A.-G. übernommen, die es ebenfalls eine Zeitlang weiter ausübte, bis Héroult und Kiliani in gemeinsamer Arbeit ein neues Verfahren ausarbeiteten, das man wohl mit Recht als

Das Verfahren von Héroult-Kiliani

bezeichnen kann. Der Grundgedanke rührt von Kiliani[1]) her.

Dieses Héroult-Kilianische Verfahren wurde in Betrieb gesetzt, nachdem das vorstehend beschriebene Héroultsche wieder aufgegeben worden war. Das wesentliche Moment des neuen Verfahrens ist die bewegliche Elektrode. Bei der Konstruktion dieser ging Kiliani von folgenden Erwägungen aus:

Wenn bei der Elektrolyse feuerflüssiger Körper die Erhitzung des Elektrolyten ausschließlich durch den Strom erfolgt, so ist die erhitzte Zone auf den Raum zwischen den Elektroden beschränkt, es sei denn, daß der Strom so stark gewählt wird, daß die zwischen den Elektroden befindliche Masse weit über ihren Schmelzpunkt erhitzt und Wärme in ihre Umgebung fortgepflanzt wird. Es muß also, um keine

[1]) D. R. P. 50508.
Engl. Pat. 6745/1889.

zu große Energiemenge unnötig zu verbrauchen, die Temperatur des Elektrolyten möglichst niedrig gehalten werden. Macht man nun den Strom so stark, daß die Masse nur eben geschmolzen bleibt und infolge ihrer Temperatur ein gutes Leitvermögen erreicht, so bildet sich bei den bisherigen Elektroden, die nur in senkrechter Richtung eine minimale, lediglich ein Nachschieben der abgebrannten Kohleelektrode bis auf konstante Polentfernung bezweckende Bewegung gegeneinander hatten, an der Oberfläche des Bades eine feste Kruste, die das kontinuierliche Zugeben neuer Masse, ihre Mischung mit dem Schmelzfluß sowie die Regulierung der Elektrodenentfernung, also überhaupt ein kontinuierliches regelmäßiges Arbeiten unmöglich macht. Sorgt man aber dafür, daß eine der Elektroden oder beide sich kontinuierlich bewegen (speziell pendeln oder rotieren), so wird die Kruste immer wieder in die geschmolzene Masse hineingerührt. Es bleibt dann einerseits an der Oberfläche der zu elektrolysierenden Masse eine Öffnung zum Nachgeben neuer Masse, die gut in die geschmolzene Masse eingerührt wird, und anderseits läßt sich die durch Abbrennen der Elektroden veränderte Entfernung dieser wieder leicht auf das ursprüngliche Maß zurückführen. Obwohl eine einfache konzentrische Drehung schon oft für ein zufriedenstellendes Resultat genügen kann, so sollte man doch der tauchenden Elektrode einen Querschnitt geben, der vorspringende Teile hat, also überhaupt eine eckige oder unregelmäßige Form. Falls der Querschnitt der tauchenden Elektrode hingegen ein ganz oder annähernd konzentrischer ist, so soll die Bewegung der Elektrode exzentrisch angeordnet werden.

Auf diesem Prinzip beruht das Héroult-Kilianische Verfahren, das heute noch in seinen wesentlichen Momenten ausgeübt und nach dem die größte Menge des gegenwärtig in Europa in den Handel kommenden Aluminiums erzeugt wird.

Über die Art und Weise, wie auf Grund dieses Prinzipes das Verfahren in den Fabriken der Aluminium-Industrie-A.-G. Neuhausen ausgeübt wird, sind folgende Details bekannt geworden:

Genau wie beim Héroultschen Verfahren, so wird auch hier ein eiserner Kasten mit Kohleplatten dicht bekleidet, der den Elektrolyten aufnimmt. Durch den Boden dieses Kastens geht die Kathode, die bewegt werden kann. Die Anode besteht aus dem bekannten starken Kohlenbündel, und sie wird, während ein Handrad ihre Höher- oder Tieferstellung bewerkstelligt, in ständiger Rotation erhalten, wozu wahrscheinlich eine Schneckenwelle verwendet wird, die an der die Anode haltenden metallenen Brücke befestigt ist.

In das Bad wird zuerst der Kryolith eingetragen und geschmolzen und dann die Tonerde zugesetzt, die sich löst, durch den Widerstand glühend und dann durch Elektrolyse zersetzt wird. Das sich am Boden abscheidende Aluminium bildet nunmehr selbst die Kathode. Über den Ersatz des Elektrolyten wurde bereits oben das Nähere mitgeteilt. Die Wände des Schmelzgefäßes werden gekühlt, um eine Lösung derselben durch den heißen Kryolith zu vermeiden. Bei der Leitung des Prozesses kommt es in erster Linie darauf an, die Temperatur der Schmelze so niedrig als möglich zu halten, und zwar nur eben so hoch, daß sie flüssig bleibt, da sonst ein unökonomischer Stromverbrauch eintritt. Der Zusatz von Tonerde muß ebenfalls unter Innehaltung sehr genauer Kautelen erfolgen, denn wenn der Gehalt des Elektrolyten an ihr zu hoch steigt, so friert er, ein und es müssen wiederum zu hohe Stromdichten verwendet werden, um dies zu vermeiden.

Das Verfahren von Charles M. Hall.

Das Verfahren von Hall[1]) besteht darin, daß eine Lösung von Tonerde in der Schmelze eines Alkali-, Erdalkali- oder

---

[1]) Engl. Pat. 5669/1889.
Amerik. Pat. 400664, 400665, 400666, 400667 und 400766.
Journ. of the americ. Chem. Soc. 1894, 16, 49.
Elec. World 16, 294.
Zeitschr. f. Elektrot. 1895, 17, 473.
Elektrochemische Zeitschr. 1895, 7, 163 und 1896, 3, 85.
Elektrot. Zeitschr. 1896, 17, 232.
Journ. of Frankl. Inst. 1896, 141, 371.
Electrochemical Industry 1903, 160 usw.
Journal de l'Elektrolyse 1906, 236, 5.

Aluminiumfluorides elektrolysiert wird. Die zur Verwendung kommenden Fluoride sind im allgemeinen Aluminiumdoppelfluoride von der Formel $Al_2Fl_6 \cdot 6 NaFl + Al_2Fl_6 + CaFl_2$.

Am geeignetsten für das Schmelzbad haben sich die Fluoride des Kaliums und Calciums mit Aluminiumfluorid erwiesen, obschon auch Aluminiumfluorid mit Natriumfluorid vielfach zur Anwendung gekommen ist.

Das Material zur Aluminiumerzeugung ist reine Tonerde, die aus Bauxit hergestellt wird. Die Zusammensetzung dieses Bauxits ist die folgende:

Kieselsäure	3,00 %
Titansäure	4,00 »
Eisenoxyd	2,00 »
Kristallwasser	32,00 »
Tonerde	59,00 »

Über die Art und Weise, wie in den Werken der Pittsburg Reduction Company gearbeitet wird, ist insbesondere durch die Veröffentlichungen von Richards[1]) ziemlich viel in die Öffentlichkeit gedrungen, und weitere Details sind durch den langjährigen Prozeß zwischen der genannten Firma und der Cowles Electric Smelting and Aluminium-Company bekannt geworden. Auf Grund dieses Materials sowie einer dankenswerten Zusammenstellung von Haber[2]) (insbesondere aus den Prozeßakten), der auf seiner bekannten amerikanischen Studienreise leider keine Gelegenheit hatte, den Prozeß im Gange zu sehen, stellt sich die Ausübung desselben folgendermaßen dar:

Die elektrolytischen Bäder bestehen aus eisernen, auf vier niedrigen Füßen stehenden Kasten. Sie haben (Richards) rechteckigen Querschnitt und (Haber) je 1 m Breite und Höhe sowie 1,80 m Länge. Der Boden wird zunächst mit einer Schicht von 10 cm dicker Holzkohle bekleidet, die zugleich als Wärmeisolator dient, und auf diese wird dann Eisenblech gelegt, dessen Ränder 10 cm hoch aufgebogen sind und sich an die Eisenwand anlegen. Durch dieses Eisen-

---

[1]) Electrochemical Industry 1903, 160.

[2]) Zeitschr. f. Elch. 1903, 360.

blech findet die Zuführung des negativen Stroms statt. Über das Eisenblech kommt ein dicker Bodenbelag, der an der einen Seite der Schmalseite des Trogs etwa 40 cm, an der anderen etwa 48 cm unter der Oberkante des Eisenkastens bleibt. Durch diese Neigung wird bewirkt, daß das Aluminium im Bade nach der einen Schmalseite zu abläuft, an der sich die Abstichöffnung befindet. Daß in Niagara Falls das Aluminium abgestochen und nicht abgeschöpft wird, und welche Verhältnisse sich hierbei ergeben, wurde bereits weiter oben erwähnt (siehe S. 208). In die Bodenmasse werden Stücke alter Anoden hineingeschlagen, um die Leitfähigkeit zu erhöhen. Das Kohlenpulver, das zur Herstellung des Belags verwendet wird, muß eine bestimmte Härte aufweisen (Richards). Ist die Paste aus Teer und harter Kohle in den Kasten mittels einer Holzform eingeformt, so wird diese 15—24 Stunden lang im Ofen geglüht, wobei die Holzform wegbrennt und aus der Paste ein massiver Koksblock entsteht, dessen gegen die Abstichöffnung zu geneigte Koksrinne den Elektrolyten aufnimmt.

Die Zusammensetzung des Elektrolyten wurde bereits oben angegeben· und es sei nur erwähnt, daß[1]) schon eine geringe Wärmemenge diese Mischung flüssig macht, die hierauf zum elektrischen Leiter zwischen den beiden Elektroden wird, ohne aber — im Gegensatz zu der Ansicht Minets — an der Reduktion des Aluminiums direkt beteiligt zu sein. Fast stets enthält der Elektrolyt auch Flußspat. Tonerde wird darin bis zu einem Maximalbetrag von 15—20 % aufgelöst.[2])

In dieses Bad werden vier Reihen von je 10—11 Anodenkohlen eingetaucht, die bei einer Länge von 45 cm je 44 qcm Oberfläche haben. Ihr Querschnitt ist kreisförmig. Diese Anodenkohlen hängen an einer langen Kupferstange und sind in einfachster Weise mit Bügel und Schrauben an den über die Längsrichtung des Bades hinführenden zur Stromzuführung dienenden Kupferschienen festgeklemmt. Der Abstand des unteren Anodenendes von der Kathode, die nach Einleitung

---

[1]) Ch. v. Hahn, Elektrochemische Zeitschr. 1895, 7, 163. Zeitschrift f. Elektrotechn. 1895, 17, 473.

[2]) Richards, loc. cit.

des Prozesses aus dem geschmolzenen Metall besteht, beträgt etwa 3 cm.

Würde die Mischung durch Heizen von außen flüssig gemacht und erhalten[1]), so würde eine Spannung von nur 5 Volt zur Überwindung des inneren Widerstandes und zugleich zur Elektrolyse des Aluminiumoxydes genügen. Die Spannung ist jedoch früher eine höhere gewesen, da der Strom zugleich zur Erzeugung der nötigen Wärme benutzt wurde. Sie betrug 7—8 Volt, doch gelang es durch Vergrößerung der Bäder, sie auf 6 Volt und schließlich zwischen 5 und 6 Volt herabzudrücken. Die Temperatur des Bades beträgt ungefähr 900°[2]), und jedes Bad bleibt mehrere Monate lang ununterbrochen in Tätigkeit, wobei die Kohlenanoden in dem Maße, in dem sie wegbrennen, erneuert werden.

Das Abstechen erfolgt täglich einmal. An den Rändern des Bades friert der Elektrolyt stets etwas ein, und die hierbei sich bildenden Krusten werden mit Brechstangen entfernt und wieder in das Bad zurückgeworfen.

Über das ganze Bad wird eine Schicht Kohlenpulver gestreut, die Wärmeverluste durch Strahlung verhindert und die den Zutritt der Luft zu der Berührungsstelle zwischen Anoden und Badoberfläche verhindert, wodurch das Wegbrennen der Anoden ganz bedeutend eingeschränkt wird. Auch die Arbeiter werden durch sie vor der Hitze geschützt und der Verdampfungsverlust wird vermieden. Außerdem verliert die dem Bade zur Nachfällung zugegebene Tonerde dadurch, daß sie erst auf die Kohlenschicht geworfen wird, die ihr noch mechanisch adhärierende Feuchtigkeit. Sie wird, nachdem sie vollkommen trocken ist, in das Bad hinab gedrückt. Darüber schließt sich wieder die Kohlenschicht.

Eine äußere Heizung des Bades findet nicht mehr statt. Plötzliches Steigen der Spannung zeigt an, daß zu wenig Aluminiumoxyd in der Mischung ist, wie überhaupt ein Blick auf die Meßinstrumente genügt, um sich über den jeweiligen Stand der Elektrolyse zu unterrichten.

---

[1]) Ch. v. Hahn, loc. cit.

[2]) Richards, loc. cit.

Neu in Betrieb gesetzte Bäder liefern zunächst eine geringere Qualität von Aluminium, die zur Beruhigung des Bessemerstahls verwendet wird. Diese geringere Qualität entsteht dadurch, daß man zunächst, bis die Bäder richtige Temperatur haben, weniger reine Rohmaterialien mit einem geringen Eisen- und Siliciumgehalt verwendet. Später kommen reine Materialien zur Verwendung, die nach dem Prozeß von Bayer gereinigt sind, der von Hall selbst in der Weise etwas abgeändert wurde, daß anstatt Natronlauge Kalkmilch zur Verwendung kommt. Außerdem wird die Tonerde je nach ihrer Zusammensetzung eventuell auch dem oben unter »Die Vorbereitung des Materials« beschriebenen elektrischen Reinigungsverfahren der Pittsburg Reduction Company (siehe S. 205) unterworfen.

Der Reinigungsprozeß mit Kalk ist durch Patent geschützt[1]), und ebenso auch der Prozeß zur Herstellung der Kohlenanoden.[2])

Der zur Lösung der gereinigten Tonerde verwendete Kryolith schmilzt bei 800° und kommt für die Darstellung von Reinaluminium gleichfalls in so reinem Zustande zur Anwendung, daß er geschmolzen vollständig durchsichtig ist und daß man durch ihn hindurch den Boden des Bades deutlich sehen kann. Die in kleinen Stückchen oder in Form eines groben Pulvers zugesetzte Tonerde löst sich sofort ohne Aufkochen, ohne Hitzeentwicklung und ohne irgendwelche Zeichen einer chemischen Reaktion. Übersteigt ihr Anteil 20% des Gewichts des Kryoliths, so bleibt ein Teil davon ungelöst. Bei der richtigen Mischung beträgt der elektrische Widerstand des Bades etwa 3 Ohm pro ccm.

Der Zusammensetzung des Bades zufolge sind für seine Komponenten folgende Zersetzungsspannungen nötig:

Natriumfluorid .	109 700	Kal.	entsprechend	4,7 Volt
Aluminiumfluorid .	296 000	»	»	4,0 »
Aluminiumoxyd .	392 600	»	»	2,8 »

1) Amerik. Pat. 663 167/1900.

2) Amerik. Pat. 705 076/1902.

Diesen Angaben zufolge müßte also mit einer theoretischen Spannung von etwa 5 Volt auszukommen sein, und in der Tat ist es auch, wie wir gesehen haben, gelungen, die Spannung zwischen 5 und 6 Volt, also nicht sehr hoch über der erforderlichen theoretischen Menge zu erhalten.

Bezüglich der Anlagen der Pittsburg Reduction Company ist zu bemerken, daß gegenwärtig außer den Niagara Falls Werken, die bisher mit 6000 PS arbeiteten, und der Filiale in Shawinigan Falls mit 5000 PS sowie des neuen Werkes in Masena mit 12000 PS eine ganz bedeutende Vergrößerung der Anlage an den Niagarafällen selbst in Angriff genommen ist, die durch einen im Jahre 1905 erfolgten Beschluß des Senats, der die weitere Entnahme von Kraft aus diesen Fällen gestattet, ermöglicht wurde. Die bisherige Einrichtung ist in kurzen Zügen die folgende:

Die elektrische Energie wird in der Form von Zweiphasenstrom mit 2000 Volt Spannung aus der Kraftstation zum Werk herüber geleitet. Hierzu dienen Kupferkabel von 4 cm Durchmesser, die mit einer Bleiarmatur umgeben sind. 16 Transformatoren, ein jeder von 200 KW Kapazität, die mit einem Nutzeffekt von 97 % arbeiten, liefern einen Sekundärstrom mit 1500 Volt Spannung. Bei dauernd voller Belastung beträgt ihre Temperaturerhöhung nicht mehr als 40°. Dieser Strom kommt in acht Wechselstrom-Gleichstromumformer, an deren Kommutatoren je 60 Bürsten den Gleichstrom abnehmen, der hierauf an das Schaltbrett geht, an dem sich auch die Meßapparate befinden. Der Gesamtverlust an elektrischer Energie übersteigt auf dem ganzen Weg des Stroms $5\frac{1}{2}$ % nicht. Der Gleichstrom geht sodann mit einer Spannung von 160 Volt in den Bäderraum.

Das Verfahren von Minet.

Dieses Verfahren[1]) dürfte sich wohl im Prinzip von den vorhergehenden kaum unterscheiden, obschon Minet selbst auf Grund einer großen Anzahl von Messungen über den

[1]) Engl. Pat. 10075/1887.
Franz. Pat. 179680, 183651, 188014.
(Forts. von Note [1]) siehe S. 221!)

Widerstand sowie über die elektromotorische Kraft, die für die Zersetzung von Bädern mit einem Gehalt von 60 % Chlornatrium nötig sind, die bereits oben erwähnte Ansicht ausspricht, daß das Aluminiumfluorid nicht das Flußmittel, sondern den Elektrolyten selbst darstellt. Über die gegenteilige Ansicht von Héroult und dessen Beweisführung wurde bereits oben (siehe S. 206) Näheres angegeben. Es sei ergänzend noch bemerkt, daß Moissan die Ansicht Minets insofern stützt, als er es als möglich hinstellt, daß das bei Zersetzung des Aluminiumfluorids frei werdende Fluor auch in Form des geruchlosen, gegen Wasser und Glas indifferenten Kohlenstofffluorids entweichen könne.[1])

Das Wesen des Verfahrens von Minet besteht darin, daß ein geschmolzenes Gemenge von 70 Teilen Chlornatrium und 30 Teilen Natriumaluminiumfluorid mit einem Strome von 4000 Amp. bei einer Spannung von 7,5 Volt zersetzt wird.

Die Regeneration des Bades geschah zuerst durch Aluminiumfluorid, das sich mit dem Natriumfluorid zu Natriumaluminiumfluorid vereinigte. Die in den allerersten Versuchen ausprobierte Regeneration durch Natriumfluorid erwies sich deshalb als unbrauchbar, weil infolge des steigenden Gehalts des Bades an Natrium zuletzt anstatt Aluminium Natrium ausgeschieden wurde.

Später wurde die Regeneration durch Einführung eines Gemenges von Aluminiumfluorid und Tonerde bewirkt, und dieses Verfahren wurde auch in der Folgezeit in der Anlage zu St. Michel in Savoyen beibehalten.

Der ursprünglich von Minet angewendete Elektrolyt schmolz bei 675° und hatte bei 829° ein spezifisches Gewicht von 1,76, nachdem er schon bei 800° hinreichend flüssig für

---

Comptes rendus 1890, 111, 603; 1891, 112, 231 und 1215.
Minet, L'Aluminium Fabrication et Emploie, Paris 1898.
Minet, Die Gewinnung des Aluminiums und seine Bedeutung. Deutsch von E. Abel, Halle a. S. 1902.
Elektrochemische Zeitschr. 1897, 88.
Elektrochem. Ind. 1903, 161 usw.

[1]) Moissan, Das Fluor und seine Verbindungen, Berlin 1900.

die Elektrolyse geworden war. Bei 1056° begann er sich zu verflüchtigen.

Der Zersetzungsapparat nach Minet besteht aus einem (Fig. 82) Tiegel *cc*, der, ebenso wie die Kathode *C*, aus geschmolzener Tonerde, Calciumfluorid oder Kohlenblöcken hergestellt ist. Der Strom wird zum Teil dem mit einer schützenden Umkleidung versehenen Gefäß *VV* zugeführt, das er durch den Widerstand *R* verläßt.

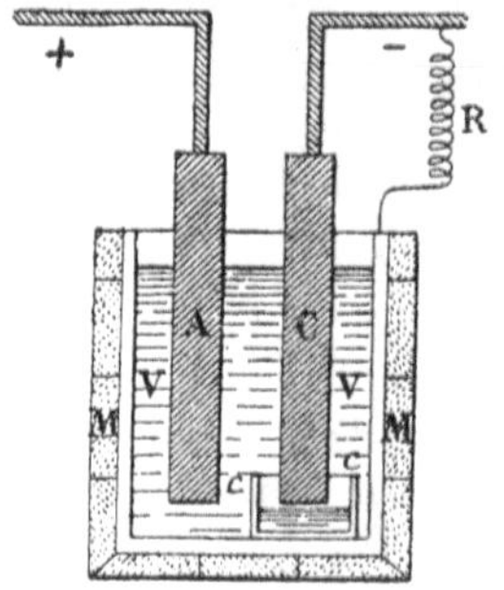

Fig. 82.

Nach dem Durchströmen des Elektrolyten geht ein anderer, durch die Anode *A* zugeführter Teil desselben in die Kathode über und verläßt durch diese das Bad wieder. Diese eigenartige Einrichtung hat den Zweck, das aus Metall bestehende Elektrolysiergefäß, das der Einwirkung des geschmolzenen Fluorids nicht widerstehen würde, dadurch, daß man es selbst kathodisch ausbildet, vor der Einwirkung desselben zu schützen. Infolge der Einschaltung des Widerstandes geht etwa $^1/_{100}$ des Stroms durch das Elektrolysiergefäß hindurch, welches sich im Innern mit einer sehr dünnen Schicht von Aluminium bedeckt, wodurch es gegen die Einwirkung des Bades geschützt wird. Das an der Kathode *C* sich ansammelnde Aluminium lagert sich in dem Tiegel *cc* ab.

Die Wände des Ofens werden gekühlt, die Anoden täglich ausgewechselt, die Kathode bleibt etwa acht Tage im Betriebe.

Die Stromausbeute beträgt etwa 70% der Theorie, und es wurden mit einer elektrischen PS-Stunde im Durchschnitt 25 g Aluminium gewonnen.

Wie bereits erwähnt, wurde der Betrieb nach dem Minetschen Verfahren in den Werken der »Compagnie des produits chimiques d'Alais et de la Camargue« im Jahre 1894 eingestellt, und es wurde dort das Verfahren von Hall eingeführt, ohne daß jedoch die Aufgabe des Minetschen Verfahrens definitiv erfolgt wäre, denn die Versuche mit ihm sind in einem kleinen auf den Werken befindlichen Versuchsbetrieb bis auf den heutigen Tag fortgesetzt worden.

Das Sulfidverfahren der Aluminium-Industrie-A.-G.

Die vorstehend beschriebenen Verfahren sind alle bereits seit etwa 15—18 Jahren im Betrieb, ohne daß sich an ihrem Prinzip in dieser Zeit Wesentliches geändert hätte.

In neuerer Zeit hat man jedoch versucht, auch das Aluminiumsulfid zur Aluminiumdarstellung zu verwenden. Die ersten Vorschläge in dieser Hinsicht sind von Bucherer[1]) gemacht worden, während ein weiteres Verfahren von der Aluminium-Industrie-A.-G. in Neuhausen[2]) ausgearbeitet wurde.

Dieses Verfahren, das nach Angabe der Inhaberin die Gewinnung von Aluminium durch elektrolytische Zersetzung von Aluminiumsulfid in sehr bequemer Weise gestattet, besteht darin, daß Aluminiumsulfid Al_2S_3 für sich allein oder in einem Bade von Chloriden oder Fluoriden der Alkalien oder alkalischen Erden elektrolysiert wird.

Der Elektrolyt kann sowohl mit Hilfe äußerer Wärme als auch durch die Stromwärme geschmolzen und in flüssigem Zustande erhalten werden. In ersterem Fall, wenn die Heizung von außen her erfolgt, ist zur Zerlegung ein Strom mit einer Spannung von nur 2,5—3 Volt nötig, während bei Verwendung der Stromwärme zur Schmelzung des Elektrolyten 5 Volt Spannung zur Verwendung kommen müssen. In der Anwendung dieser geringen Spannungen liegt der Hauptvorteil des Verfahrens. Auch die Stromstärke soll eine geringere sein, als bei der Verwendung von Tonerde, und die Anoden sowie die Ausfütterung der Kohle sollen nicht beschädigt werden. Das gewonnene Metall soll von großer Reinheit sein, und der an der Anode auftretende Dampf von Schwefel kann durch Kondensation gewonnen werden.

---

[1]) D. R. P. 63 995.

[2]) D. R. P. 68 909.

Diese Vorteile sind gewiß sehr bedeutsame, doch scheiterte die Einführung des Verfahrens bisher an dem Umstande, daß es keine brauchbare und billige Methode gibt, um Aluminiumsulfid zu gewinnen. Das gewöhnliche Verfahren seiner Herstellung durch Erhitzen von Tonerde, Kohle und Schwefel erfordert einen hohen Energieaufwand in Form von Wärme.

Das Verfahren von E. H. und A. H. Cowles.

Dieses Verfahren[1]), das von den Gebrüdern E. H. und A. H. Cowles im Jahre 1884 erfunden wurde, hat in erster Linie historisches Interesse, weil es das erste in größerem technischen Maßstab ausgeführte elektrolytische Verfahren zur Aluminiumerzeugung war. Es wurde später auf die Cowles Electric Smelting and Aluminium Company in Lockport im Staate New York übertragen und dort längere Zeit hindurch ausgeübt. Ob es seit 1892 noch im Betriebe steht oder ob die Firma ein anderes Verfahren, das auf der Basis derer von Héroult, Hall usw. beruht, ausübt, läßt sich nicht mit Sicherheit feststellen, da die Angaben sich widersprechen. Tatsache ist, daß nach dem Verfahren ein stark durch Kohle verunreinigtes Aluminium entstand, das im Handel nicht verwertbar war, und daß die Firma deshalb hauptsächlich die Herstellung von Aluminiumlegierungen betreibt, die in der Weise gewonnen werden, daß an der Kathode ein anderes Metall wie Kupfer, Eisen usw. vorhanden ist, mit dem sich das Aluminium sofort nach seiner Bildung vereinigen kann. Im allgemeinen gewinnt man jedoch heute die Aluminiumlegierungen ebenfalls auf anderem Wege, indem man das Aluminium mit anderen Metallen zusammenschmilzt.

Das Wesen des Cowlesschen Verfahrens besteht darin, daß Tonerde mit einem körnigen Material von hohem Widerstand und geringer Leitfähigkeit, in erster Linie also mit Kohle, gemischt und in Retorten eingefüllt wird. Dann wird

---

[1]) Amerik. Pat. 319795, 324658, 324659.
Engl. Pat. 9781/1885.
D. R. P. 33672, 34730, 35579, 36601, 36602 usw.

unter Luftabschluß durch die ganze Masse hindurch ein elektrischer Strom geleitet, der zunächst die Kohlestückchen zur Weißglut bringt, die infolge ihrer Hitze auch die Tonerde schmelzen, die dann durch die Kohle reduziert wird. Nach Ansicht der Gebrüder Cowles findet allerdings nicht nur ein Reduktions- sondern auch ein elektrolytischer Prozeß statt.

Zur Herstellung einer Aluminiumbronze bestand z. B. die Beschickung aus 11 kg Korund, 5 kg Kohle und 22 kg granuliertem Kupfer. Der Strom hatte eine Stärke von 1300 Amp. bei 50 Volt. Durch eine PS. wurden im Tage etwa 0,6 kg Aluminium reduziert. Die Gesellschaft produzierte in ihren Werken pro Tag etwa 90 kg Aluminium in Form von Legierungen.

Nickel.

Vorkommen.

Das Nickel kommt in gediegenem Zustande im Meteoreisen vor. Sonst findet es sich nur in Verbindungen. Von seinen Erzen, die sich meist mit den Erzen anderer Metalle vergesellschaftet finden, sind die wichtigsten das Kupfernickelerz, auch Rotnickelkies oder Nickelin genannt, von der allgemeinen Zusammensetzung $NiAs$, wobei sehr oft ein Teil des Nickels durch Kobalt oder Eisen, ein Teil des Arsens durch Antimon ersetzt ist. Auch die reine Antimonverbindung findet sich als Erz, Antimonnickel oder Breithauptit $NiSb$. Eine weitere Arsenverbindung ist der Weißnickelkies, auch Arsennickelkies, Chloanthit genannt, $NiAs_2$. An diese wichtigsten Nickelerze schließen sich weitere, die Mischungen desselben darstellen, wie z. B. der Nickelantimonglanz oder Ullmannit $NiAs_2 + NiSb_2$, sowie solche, die neben Arsen- oder Antimonverbindungen des Nickels auch Schwefelverbindungen enthalten, wie z. B. der

Nickelarsenglanz $NiAs_2 NiS_2$. Das reine Schwefelnickel, der Millerit oder Haarkies NiS, kommt meist mit Pyriten oder Kupferkies zusammen vor. Die Variationen, unter denen sich die Arsen-, Antimon- und Schwefelverbindungen des Nickels zusammenfinden, sind der mannigfachsten Art, und jedes Nickelerz enthält fast stets eine Anzahl dieser Variationen. Gegen diese Verbindungen treten die Oxyde und Salze in bezug auf Häufigkeit des Vorkommens und Wichtigkeit zurück und sei von ihnen daher nur noch der Nickelvitriol $NiSO_4 \cdot 7H_2O$ genannt.

Die angeführten Erze kommen in Deutschland hauptsächlich im Harz und im Erzgebirge, sowie in Österreich und Böhmen, ferner in Frankreich, England, Schottland usw. vor.

Geschichtliches.

Das Nickel ist als Metall erst seit dem Jahre 1751 bekannt, wo es durch Cronstädt zum erstenmal aus seinen Erzen, jedoch in noch unreinem Zustande abgeschieden wurde. Reines Nickel erhielt erst Richter im Jahre 1804. Die hüttenmännische Gewinnung begann in der ersten Hälfte des 19. Jahrhunderts.

Die galvanische Vernickelung kam bereits im Anfang der vierziger Jahre des vorigen Jahrhunderts auf, die Versuche, Nickel auf elektrometallurgischem Wege zu gewinnen, setzten jedoch erst Ende der siebziger Jahre ein. Von da an wandte man diesem Gegenstande größeres Interesse zu, und eine Anzahl von Elektrometallurgen begann, sich mit Versuchen über die elektrochemische Nickelgewinnung zu beschäftigen. Die ersten Versuche in größerem Maßstab wurden im Jahre 1892 in der elektrolytischen Wismutanstalt von Georg Throm in Gießen angestellt, wo das Höpfnersche Verfahren auf die Kupfer und Nickel enthaltenden Erze ausgedehnt wurde. Im folgenden Jahre, 1893, wurde eine größere Anlage mit denselben Apparaten, wie sie auf der Thromschen Anlage ausprobiert worden waren, in Amerika auf der Canadian Copper Company installiert. An diesen Versuchen beteiligten sich außer Höpfner und Wannschaff auch David H. Browne, der dann ein eigenes Verfahren schuf, das seit Mitte des Jahres 1901 bei Cleveland, Ohio, im Betriebe steht. Das Höpfnersche und das Brownesche Verfahren ähneln sich in vielen Punkten (siehe unten). Ein abgeänderter Höpfnerprozeß steht gegenwärtig noch für Nickel-Kupfersteine zu Papenburg in Verwendung.

Außer den genannten Verfahren haben sich bis jetzt, trotz der Reklame, die für manche Vorschläge gemacht wurde, nur wenige in die Praxis eingeführt. Die Nickelraffination durch Elektrolyse ist seit etwa 10 Jahren mehrfach aufgenommen worden, und es gelingt, durch dieselbe ziemlich hochprozentige Nickelplatten zu erhalten. Auch die elektrothermische Gewinnung von Nickel ist in den letzten Jahren versucht worden, doch ist über die Erfolge nichts in die Öffentlichkeit gedrungen, wenigstens nicht über die solcher Verfahren, die ernst zu nehmen sind, denn über die meisten kann man wohl zur Tagesordnung übergehen.

Gewinnung.

Die Gewinnung des Nickels aus den Erzen ist auf elektrochemischem Wege bisher trotz mannigfacher Vorschläge, die hierfür gemacht wurden und von denen nur die von Horry[1]) sowie die von Raymond und Pardon[2]) erwähnt seien, bisher nicht gelungen. Der erstgenannte der beiden Autoren röstet die Erze ab, mischt sie mit Kalk und Kohle und behandelt das Gemenge mit Wechselstrom. Im Gegensatz zu diesem rein elektrothermischen Verfahren verwenden Raymond und Pardon schwefelhaltige Nickelerze als Lösungsanoden. Erfolge haben diese Verfahren nicht gehabt, denn zur Verwendung als Lösungsanode sind die meisten Nickelerze zu arm an Nickel. Rotnickelkies ist zwar nach Kiliani[3]) ein guter Leiter und enthält auch etwa 43% Nickel,

---

[1]) Electrical World 1898, 32, 6.

[2]) Franz. Pat. 271 738.

[3]) Berg- und Hüttenmänn. Zeitschr. 42, 237.

doch ist dieses zu stark durch andere Metalle verunreinigt, um es mit Erfolg als Lösungsanode verwenden zu können. Von irgend einem Erfolge der elektrothermischen Verfahren, die bisher nur spärlich vorgeschlagen wurden, verlautete bis jetzt noch nichts, doch dürfte die Frage der Nickelgewinnung direkt aus den Erzen wohl in erster Linie auf diesem Wege zu lösen sein.

So ist denn die Elektrometallurgie des Nickels bisher ausschließlich auf die Elektrolyse von Kupfernickellegierungen und von Nickelkupfersteinen beschränkt geblieben.

Ehe wir zur Besprechung der hierzu dienlichen Methoden übergehen, sei noch eine Methode erwähnt, die dann mit Vorteil Anwendung finden kann, wenn es sich darum handelt, für wissenschaftliche Zwecke kleinere Mengen chemisch reinen Nickels darzustellen, eine Methode, die zugleich einige wesentliche Momente, die für die Nickelabscheidung überhaupt wichtig sind, in sich schließt, nämlich die von Clemens Winkler.

Die Gewinnung des Nickels auf nassem Wege.

Das Verfahren von Clemens Winkler.

Bei derselben[1]) wird als Elektrolyt eine Nickellösung verwendet, die 32,84 g Nickel in Form von reinstem, schwefelsaurem Nickel im Liter enthält.

Der Elektrolyt selbst hat folgende Zusammensetzung:

200 ccm Nickelsulfatlösung,
30 g Ammoniumsulfat,
40 g Ammoniakflüssigkeit (0,905 spez. Gew.),
250 ccm Wasser.

Als Kathode dient ein starkes poliertes Nickelblech von 9,7 cm Länge und 7,9 cm Breite, als Anode ein gleich großes Platinblech. Die Stromdichte $D_{100} = 0{,}5$ Amp., die Spannung 2,8 Volt.

Aus diesen Angaben ist zu ersehen, daß zur Zersetzung der Nickellösungen eine ziemlich hohe Spannung erforderlich

---

[1]) Berg- und Hüttenmänn. Zeitschr. 1895, 7, 62.

ist, und in der Tat liegen die Minima der Zersetzungsspannung für die gebräuchlichsten Nickelsalze ziemlich hoch.

Nach den Vorschriften von Winkler resp. Bischoff und Tiemann lassen sich in 20 Stunden etwa 13 g reines Nickel herstellen. Dasselbe ist glänzend weiß, mit einem deutlichen Stich ins Gelbe. Sobald der Nickelniederschlag eine gewisse Stärke erreicht hat, beginnt er sich freiwillig in dünnen, mehr oder minder gerollten Blättern von der Kathode abzuschälen.

Von weiteren wissenschaftlichen Arbeiten über die Nickelabscheidung sei erwähnt, daß eine ganze Anzahl von Autoren, in erster Linie Classen[1]), die Erhitzung des Elektrolyten sowie die Anwendung von Ammoniumsalzen resp. Ammoniak empfehlen. Eine große Anzahl weiterer wissenschaftlicher Arbeiten, die zum Teil durch ihre wissenschaftlichen Ergebnisse von hohem Werte sind, haben jedoch leider solche Gesichtspunkte, die gegenwärtig in der Praxis der elektrometallurgischen Nickelabscheidung Anwendung finden können, nicht ergeben, so daß wir uns, so hervorragend auch manche derselben sind, leider versagen müssen, hier des näheren darauf einzugehen.

Als ein für die Praxis wichtiges Ergebnis sei aus der Fülle dieser Arbeiten außer den bei dem Verfahren von Balbach angeführten Ergebnissen der Untersuchungen von Foerster (siehe S. 240) nur der eine Punkt herausgegriffen, daß von mehreren Autoren übereinstimmend die Elektrolyse im Wechselstrom als sehr förderlich für die Nickelabscheidung gefunden wurde. Es sei in dieser Hinsicht auf die neueren Arbeiten von Burgeß[2]) verwiesen.

Die Elektrolyse im Wechselstrom ist ein im Verhältnis zur Elektrolyse im Gleichstrom noch verhältnismäßig wenig durchforschtes Gebiet, und es dürfte sich vielleicht gerade für die Nickelabscheidung eine praktische Nutzanwendung für sie ergeben.

---

[1]) Quantitative Analyse auf elektrolytischem Wege, Aachen 1882.

[2]) Elektrochemische Zeitschr. 1900, 7, 163.
Electrical World and Engineer 1900, 554.

Das Verfahren von Browne.

Browne wurde durch die auf der Canadian Copper Company in Brooklyn angestellten Versuche mit dem Höpfnerschen Verfahren veranlaßt, sich der Ausarbeitung einer Methode zur elektrolytischen Trennung des Kupfers und Nickels in hüttenmännisch gewonnenen Legierungen zuzuwenden. Er wurde hierbei von Professor Langley und S. R. Vorce unterstützt. Auf sein im Jahre 1899 angemeldetes Verfahren erhielt er 1902 das amerikanische Patent 714861, sowie im gleichen Jahre das kanadische Patent 74401. Beide Patente beziehen sich auf ein verbessertes Trennungsverfahren von Kupfer und Nickel au elektrolytischem Wege.

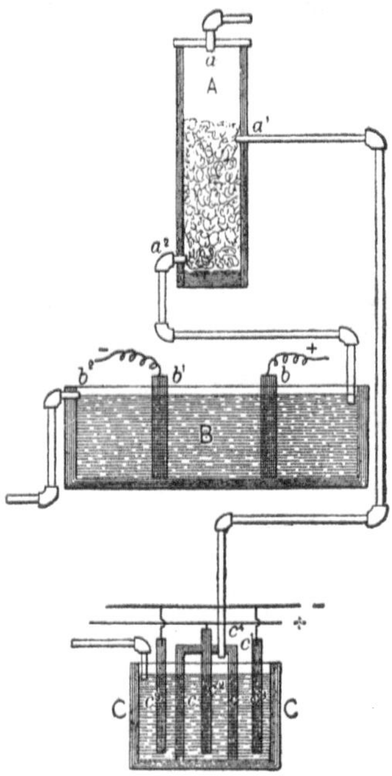

Fig. 83.

Das Verfahren[1]) besteht darin, daß der Kupfernickelstein zunächst nach einem beliebigen geeigneten Verfahren in eine Kupfer-Nickellegierung übergeführt wird, die ziemlich frei von Schwefel ist. Aus dieser Legierung werden Anoden gegossen, resp. es werden, wenn infolge ihrer Zusammensetzung ein Guß nicht möglich ist, die Anoden aus Stückchen oder aus dem Pulver der Legierung angefertigt. Als Elektrolyt dient eine Lösung des Steins, in der Kupfer und Nickel als Chloride vorhanden sind.

Für die Ausführung des Prozesses hat Browne selbst folgenden Apparat gebaut (Fig. 83). Das Kupfer-Nickelklein oder Pulver wird in den schachtförmigen Behälter *A* gebracht,

[1]) Electrochemical Industry 1903, 381.

der mit Öffnungen a, a_1 und a_2 versehen ist, und darin der Einwirkung eines Lösungsmittels für Kupferchlorür, z. B. Salzwasser, das an dem oberen Teil des Behälters bei a eingeführt wird, und einem Strom freien Chlors unterworfen, der durch die Seitenwand des Behälters durch die Öffnung a_1 eingeleitet wird. Durch die vereinigte Wirkung des Salzwassers und der Hitze, die infolge der Verbindung der Kupfernickellegierung mit dem Chlor erzeugt wird, entsteht eine Lösung von Kupferchlorür und Nickelchlorid gemäß der Gleichung:

$$2\,CuNi + 6\,Cl = Cu_2Cl_2 + 2\,NiCl_2.$$

Diese Lösung fließt durch die Öffnung a_2 in die elektrolytische Zelle B, die eine Anode b aus Kupfernickel und eine Kathode b_1 enthält. Wenn der Strom durch die Chloridlösung geht, so wird das Kupferchlorür zersetzt, wobei sich das Kupfer auf der ebenfalls aus Kupfer bestehenden Kathode niederschlägt, während das Chlor mit dem Kupfer und Nickel der Anode ebenfalls gemäß obenstehender Gleichung Kupferchlorür und Nickelchlorid bildet. Das Kupferchlorür wird dann in derselben Weise wie die ursprüngliche Lösung zersetzt. Hierdurch wird zunächst alles Kupfer ausgeschieden und es bleibt nur Nickelchlorid zurück, das man aus der Zelle bei b_2 austreten läßt.

Das Nickelchlorid wird nunmehr von seinen Verunreinigungen, insbesondere von Eisen, sowie Spuren von Kupfer befreit, indem man das Eisen durch ein Alkali fällt und das Kupfer durch Schwefelwasserstoff abscheidet. Das Nickelchlorid bleibt hierbei vollkommen unverändert.

Der gereinigte, aus reinem Nickelchlorid bestehende Elektrolyt wird sodann auf eine Temperatur zwischen 30—60° C erhitzt und zweckmäßig auf 30—50° Bé konzentriert. Er wird darauf in einen Elektrolysator gebracht, der aus einer Reihe von Zellen C besteht, von denen jede ein poröses Diaphragma c, einen Anodendeckel c_1, eine Kohlenanode c_2, eine Nickelkathode c_3 und einen Chlorauslaß c_4 enthält, welch letzterer mit der Öffnung a_1 des Behälters A in Verbindung steht. Beim Durchgang des Stroms findet eine glatte Zersetzung des Elekrolyten statt; das Nickel wird auf der Kathode niedergeschlagen während das Chlorgas an der Anode sich ansammelt und von hier aus in den Behälter *A* abzieht, wo es dazu verwendet wird, in der oben beschriebenen Weise die Kupferchlorür-Nickelchloridlösung zu bilden.

Auf einige spezielle Punkte dieses Verfahrens insbesondere im Vergleich mit dem Höpfnerschen Verfahren werden wir weiter unten am Schlusse der Beschreibung des letztgenannten noch zurückkommen.

Es sei hier zunächst noch das ergänzend angeführt, was Haber, der das Verfahren auf der Canadian Copper Company in Brooklyn in Betrieb gesehen hat, über dasselbe berichtet.[1])

Einen genauen Einblick gewährt diese sonst so vorzügliche Arbeit allerdings deshalb nicht, weil der Verfasser dem Wunsche des Erfinders um Diskretion nachgekommen ist. Sie gibt aber immerhin eine Anzahl bemerkenswerter Daten.

Der in Brooklyn zur Verarbeitung kommende Stein enthält 35—40 % Kupfer, ebensoviel Nickel und $^1/_2$—1 % Eisen. Er wird zerkleinert, abgeröstet, mit Holzkohle reduziert und das flüssige Kupfernickel zur Hälfte in Anodenform, zur Hälfte in Wasser entleert. Die 56 cm breiten, 60 cm tiefen und 2,5 cm dicken Anoden enthalten in einem speziellen Beispiele 54,3 % Kupfer, 83,08 % Nickel, 2,6 % Eisen und Schwefel, wovon der Eisenanteil geringer als 1 % ist. Die Bäder sind aus Beton, stehen durch Überläufe in Verbindung, so daß der Elektrolyt von Bad zu Bad zirkuliert, und nehmen je 1,534 cbm kochsalzhaltigen Elektrolyt auf. Die Kathoden sind ebenso wie in der Kupferraffinerie dünne, elektrolytisch bereitete Kupferhäute. Als Schaltung kommt das Multiplesystem (siehe bei Kupfer) zur Verwendung.

Für 24 in Serie geschaltete Bäder beträgt die Spannung 6—10 Volt, der Strom 500 Amp.

An der Kathode fällt das Kupfer kohärent, aber nicht dicht; es haftet also genügend, ist aber viel stärker kristallinisch und lockerer als das Kupfer der Kupferraffinerie. Das Ausbringen pro Ampèrestunde ist etwas geringer als die theo-

---

[1]) Zeitschr. f. Elch. 1903, 9, 394.

retische Ausbeute, die 2,36 g beträgt, während hier als Maximum 2,25 g erhalten werden. Der Stromverlust kommt von einem Gehalt an Kupferchlorid her.

Beim Austritt aus den Kupferbädern ist das Verhältnis von Nickel zu Kupfer wie 80 : 1. Die Kathoden, die auch das anodische Silber enthalten, werden nach 3—4 Wochen aus den Bädern entfernt, die Anodenreste werden wieder eingeschmolzen, die Anodenschlämme können auf Platinmetalle verarbeitet werden.

Die aus den Kupferzellen ablaufende Lauge wird, nachdem Eisen und Nickel in der oben beschriebenen Weise gefällt sind, zum Zwecke der Abscheidung des Kochsalzes konzentriert, worauf die noch heiße Nickellösung in die Nickelbäder geht, wo sie, teilweise elektrolytisch zersetzt, wieder zum Verdampfer abfließt.

Die Nickelbäder sind gleichfalls aus Beton, ebenfalls mit Überlauf versehen und nach dem Multiplensystem geschaltet. Die Kathoden bestehen aus Streifen von Nickelblech von 38 cm Länge und 14,7 cm Breite und sind in Querreihen angeordnet, denen Querreihen von Anoden aus Achesongraphit entsprechen. Die Anoden stehen in Tonzellen ohne Boden. Die Stromausbeute ist eine sehr günstige und beträgt rund 93,5 % der Theorie. Die Klemmenspannung beträgt pro mmg 3,5—3,6 Volt; inkl. sämtlicher Spannungsverluste ergibt sich für das kg im Bad erzeugten Nickels ein Kraftverbrauch von 5,3 PS-Stunden.

Das Verfahren von Höpfner.

Das Verfahren von Höpfner ist, wie oben bereits erwähnt, mehrfach versucht, ausgeübt, durch verschiedene Patente geschützt und vielfach beschrieben worden. Es wurde so oft modifiziert, abgeändert, bestimmten Verhältnissen angepaßt usw., daß man eigentlich von einem Verfahren nicht reden kann, sondern daß eine Reihe von Verfahren vorliegen.[1])

---

[1]) Engl. Patente 6736/1884, 4626/1888, 18 080/1890, 22 030/1891, 18 900/1892, 11 307/1894.

Amerik. Patent 704 640/1900.

D. R. P. 101 177.

Electrochemical Industry 1903, 569 usw.

Die Quintessenz dieser Verfahren stellt sich nach neueren Angaben[1]) folgendermaßen dar:

Kupfer-Nickelerze, Steine oder Ofenprodukte werden nach dem Mahlen mit einer Kupferchloridlösung ausgelaugt, die 50—75 g Kupfer im Liter enthält. Das Auslaugen wird in drehbaren Trommeln von etwa 5 cbm Fassungsvermögen ausgeführt. Die Lösung läßt man, nachdem sie durchweg reduziert ist, abkühlen und klären und unterwirft sie nach Entfernung der vorhandenen geringen Menge Silbers durch Fällung mittels metallischen Kupfers der Elektrolyse.

Die Reaktionen, die während des Auslaugens stattfinden, sind folgende:

1. $CuS + CuCl_2 = Cu_2 + S$,
2. $NiS + 2 CuCl_2 = Cu_2Cl_2 + NiCl_2 + S$,
3. $S + 2 CuCl_2 = 2 Cl + Cu_2Cl_2 + S$.

Eisen, Gold, Blei, Kobalt, Zink usw. gehen ebenfalls in Lösung, falls sie in dem Rohmaterial vorhanden gewesen sind.

Der Elektrolyt besteht nach der Reinigung aus einer Lösung von Kupferchlorür und Nickelchlorid in Kochsalz- oder Chlorcalciumlösung. Er wird durch zwei getrennte Leitungen in die Elektrodenräume der Zersetzungsstelle geleitet, von denen die eine zu den Anoden, die andere zu den Kathoden führt. Die an den Kathoden vorbeigehende Lösung verliert ihr Kupfer, während die an den Anoden befindliche durch Einwirkung der Chlorionen zu Kupferchlorid zurückoxydiert wird, welch letzteres wieder zur Lösung weiteren Rohmaterials benutzt wird. Die Kathodenflüssigkeit besteht, nachdem sie ihres Kupfergehaltes beraubt ist, aus einer Nickelchloridlösung, die nach gründlicher Reinigung wiederum der Elektrolyse bei geeigneter Spannung unter Verwendung von Kohlenanoden (Achesongraphit) und geschlossenen Anodenräumen unterworfen wird.

Die Kathoden bestehen aus drehbaren Eisenscheiben, auf denen sich das Nickel niederschlägt. Das in Freiheit gesetzte Chlor wird in die Auslaugebehälter zurückgeführt, um die

---

[1]) Electrochemical Industry 1903, 569.

weitere Zersetzung des zu behandelnden rohen Kupfer-Nickelmaterials zu bewirken.

Während der Elektrolyse finden folgende Reaktionen statt:

4. $Cu_2Cl_2 + 2 NiCl_2 = 2 Cu + NiCl_2$ (an der Kathode), $+ NiCl_2 + Cu_2Cl_2 + Cl_2 = 2 CuCl_2$ (an der Anode).

An der Anode findet eine sekundäre Reaktion statt:

$$Cu_2Cl_2 + NiCl_2 + Cl_2 = 2 CuCl_2 + NiCl_2.$$

5. $NiCl_2 = Ni + Cl_2$.

Später änderte Höpfner dieses Verfahren ab und benutzte Kupfer-Nickelanoden, resp. für den Fall, daß Kupfer allein gewonnen werden sollte, Kupferanoden, so daß das Verfahren ähnlich der jetzigen Kupfergewinnung aus Sulfatlösung ist, bei der Anoden aus Rohmaterial zur Verwendung kommen. Wenn Nickel gewonnen werden soll, so werden in einer neutralen oder schwach sauren Lösung von Nickelchlorid Nickelanoden verwendet.

Die ersten Versuche mit diesem Verfahren wurden in der elektrolytischen Wismutanstalt von Georg Throm in Gießen gemacht; später wurden die verlassenen Werke von Blumrath und Schneider in Weidenau zum Zwecke praktischer Ausführung in größerem Maßstabe eingerichtet.

Hier wurden die Eisenkathoden, die bis dahin in der Elektrolyse im Gebrauch waren, durch Nickelkathoden ersetzt. Der Inhalt der Kupferbäder wurde vergrößert, die Zirkulation des Elektrolyten in ihm wurde wesentlich geändert und die Geschwindigkeit des Anodenelektrolyten sehr erhöht. Die Bäder wurden mit 16 Kathoden ausgestattet, von denen jede 0,5 qm wirksame oder eingetauchte Oberfläche umfaßte. Das bei der Nickelelektrolyse entwickelte Chlorgas wurde in einer Anzahl von Türmen und Gefäßen auf zerkleinerten Stein und auf eine Lösung aus gemischten Chloriden einwirken lassen. Um Verluste an Chlorgas zu vermeiden, wurden die Türme unter einem teilweisen Vakuum gehalten. Die drehbaren Auslagetrommeln wurden durch Anwendung eines Strahls von überhitztem Dampf zur Bewegung der Kupferchloridmassen ersetzt.

Die in Weidenau erhaltenen Resultate waren so günstig, daß eine Vergrößerung der Werke beschlossen wurde. Da Weidenau für das Unternehmen in mancher Hinsicht wenig Vorteil bot, so wurde die Anlage nach Papenburg verlegt, wo gegenwärtig noch auf Grundlage des Höpfnerschen Verfahrens Nickel auf elektrochemischem Wege gewonnen wird. Die Produktion soll 1 t Nickel pro Tag betragen.

Einige Betrachtungen über das Brownesche und das Höpfnersche Verfahren.

Wenn man die Reaktionen des Browneschen Verfahrens mit denen desjenigen von Höpfner vergleicht, so ist eine große Ähnlichkeit beider unverkennbar. In Wirklichkeit besteht der Unterschied beider Verfahren nur darin, daß Browne ein feineres Rohmaterial zum Auslaugen verwendet, daß er das Kupfer aus von löslichen Anoden abhängigen Kupfer- und Nickelchloridlösungen abscheidet, ferner in der erhöhten Temperatur, bei der die Elektrolyse stattfindet, und in der Verwendung von aus Beton bestehenden Behältern. Browne benutzt poröse Tondiaphragmen, während Höpfner nitrierte Baumwolltücher anwendet. Das Brownesche Verfahren gleicht in bezug auf letzteren Punkt dem von Body.[1])

Die historische Entwicklung beider Verfahren beweist gegenüber allen Anfeindungen klar, daß die elektrolytische Gewinnung und Trennung der Metalle aus Chloridlösungen unter bestimmten Voraussetzungen nicht nur möglich und durchführbar, sondern sogar mit Erfolg durchführbar ist. In bezug auf sie gilt der Satz, den Haber (l. c.) ausspricht: »Die Mißerfolge haben ihren Grund nur zu oft in der Verkennung der Grundtatsache, daß die technische Elektrolyse wäßriger Elektrolyte in erster Linie eine Frage der Reinhaltung der Lösungen ist.«

In Ergänzung zu diesen Ausführungen äußert sich Ulke über die Aussichten der Verfahren für die elektrolytische Nickelfällung, daß bezüglich derselben in neuerer Zeit kein

---

[1]) D. R. P. 24876.

wesentlicher Fortschritt erzielt worden ist. Wenn das Metall in großem Maßstabe vermittelst löslicher Anoden gewonnen wird, so wird der Elektrolyt beständig auf vorher bestimmter Konzentration und auf dem Neutralitätspunkt erhalten. Von dieser Bedingung hängt in hohem Maße die Natur des Niederschlags und der kommerzielle Erfolg des Verfahrens ab. Wenn unlösliche Anoden beim Läutern von Nickel angewendet werden, so bleibt hingegen für jedes Äquivalent niedergeschlagenen Metalls im Elektrolyten ein Äquivalent freier Säure. Infolgedessen kann der Nickelniederschlag verdorben werden, die chemischen und elektrischen Verhältnisse des Bades werden verändert, Polarisation tritt ein, und der Widerstand des Elektrolyten nimmt zu. Da daher Spannungsdifferenz und Energieaufwand entsprechend vergrößert werden müssen, können die Kosten des Verfahrens mit unlöslichen Anoden im Vergleich zu denen, bei welchen lösliche Anoden zur Verwendung kommen, so hoch werden, daß seine Anwendung sich geradezu verbietet.

Das Verfahren von Ulke.

Bei diesem Verfahren [1]), das auf der neuen großen Kupfer- und Nickelraffinerie zu Sault St. Marie, die von der Consolitated Lake Superior Company errichtet worden ist, in Verwendung genommen wurde, werden als Anoden stark kupferhaltige Kupfer-Nickellegierungen zur Verwendung gebracht, deren Kupfergehalt über 80 % und deren Nickelgehalt nicht unter 20 % betragen soll. Der Prozeß zerfällt in zwei Teile, nämlich in die Niederschlagung des Kupfers auf Kupferkathoden aus einem erhitzten Elektrolyten, der aus einer mit Schwefelsäure angesäuerten Lösung von Kupfersulfat und Nickelsulfat besteht und der durch Zusatz von angesäuerter Kupfersulfatlösung von Zeit zu Zeit regeneriert wird. Die Regeneration findet jedoch in der Weise statt, daß an Stelle des zugesetzten neuen Volumens vorher ein entsprechendes Volumen kupferarmer Elektrolyt abgezogen wird.

[1]) Elektrochemische Zeitschrift 1903, 4, 105.
The Mineral Industry 1902, 497; 1903, 491.
Electrochemical Industry 1903, 6, 210.

Dieser kupferarme Elektrolyt wird durch Schwefelwasserstoff vollkommen entkupfert, ammoniakalisch gemacht und ebenfalls in der Hitze unter Verwendung von Bleiblechen als Anoden und Nickelblechen als Kathoden elektrolysiert. Die Regeneration findet genau so wie beim Kupferelektrolyten statt.

Die neue Raffinerie in Sault St. Marie ist für eine Produktion von 75 t Feinkupfer und 7,5 t Feinnickel pro Tag eingerichtet. Die Anoden, die aus kanadischen Erzen gewonnen werden, enthalten im Durchschnitt etwa 88 % Kupfer und 8,8 % Nickel.

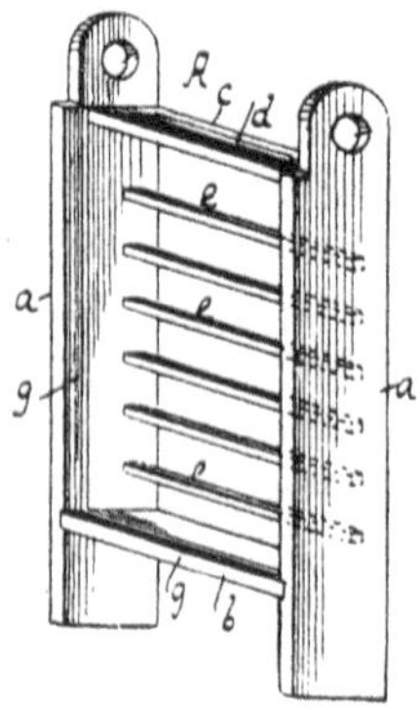

Fig. 84.

Fig. 85.

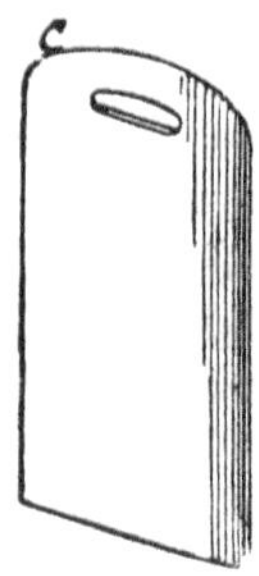

Fig. 86.

Als Elektrodenrahmen wird eine bereits ältere Konstruktion, nämlich die Thumsche Elektrode[1]), verwendet. Sie besteht (Fig. 84, 85 u. 88) aus einem nichtleitenden Rahmen *A* und *B*, der dazu bestimmt ist, das feingepulverte oder granulierte nickelhaltige Material, das der Raffination unterworfen werden soll, aufzunehmen. Der Rahmen wird auf der einen Seite, je nachdem er für die Kupfer- oder für die Nickelfällung verwendet wird, mit einer Kupferplatte oder einer Nickelplatte *C* (Fig. 86) verschlossen, während der Verschluß der entgegengesetzten Seite aus einer Musselinhülle besteht. Eine ganze Anzahl derartiger Rahmen werden in die Zersetzungszelle (Fig. 87) eingehängt und nach Art des Seriensystems mit der Stromquelle verbunden. An der oberen Seite des

[1]) Amerik. Pat. 614 633/1898.

Rahmens befindet sich ein Spalt *d* zur Aufnahme neuen Beschickungsmaterials, das während des Prozesses in dem Maße zugeführt wird, wie die Lösung vorwärts schreitet. Die Details des Rahmens *A* bestehen aus zwei Seitenstücken *a a*, einem Boden *b* mit einer Mulde *g*, dem Kopfstück *c* mit der Beschickungsöffnung *d* und Versteifungsstücken *e e*. Der Rahmen *B* ist ebenfalls mit einer Beschickungsöffnung *h* an seiner oberen Seite versehen, während er an der Seite durch ein Diaphragma von Musselin *m* geschlossen ist. Rahmen *B* wird so in den Rahmen *A* hineingestellt, daß das Dia-

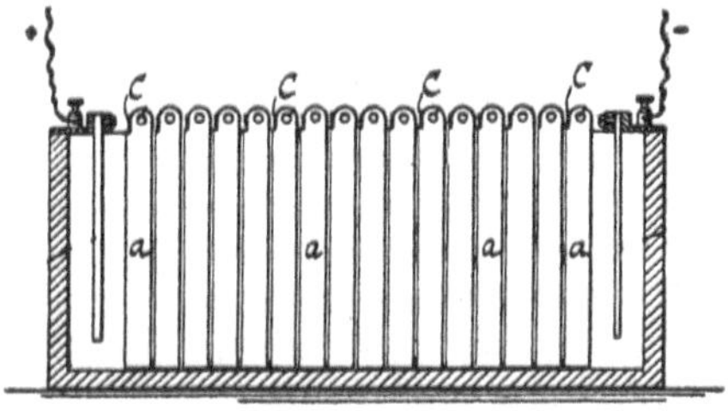

Fig. 87.

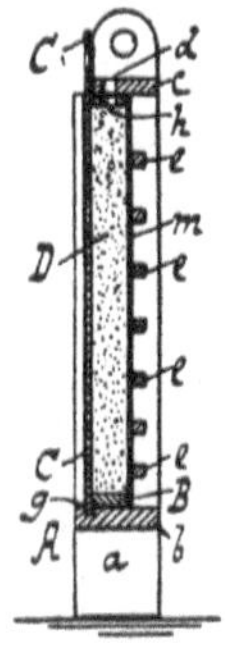

Fig. 88.

phragma *m* an den Versteifungsstücken *e e* anliegt und daß die Beschickungsöffnung *h* in die Beschickungsöffnung *d* eingreift. Durch die Metallplatte *C* (Nickel oder Kupfer) wird das Element geschlossen.

Das Verfahren von Balbach.[1]

Eine der größten von allen bis jetzt errichteten elektrolytischen Nickelraffinerien hat ihr Verfahren stets eifersüchtig geheim gehalten, so daß die seither angestellten wissenschaftlichen Untersuchungen über die besten Bedingungen, unter denen ein derartiger Prozeß einzuleiten ist, von anderer Seite und unabhängig von den hier gewonnenen Resultaten haben erfolgen müssen.

[1]) Elektrochemische Zeitschrift 1903, 4, 104.
Electrochemical Industrie 1903, 6, 208.

Nickelkathoden aus dieser Fabrik sind ganz hervorragend rein und stark, was vor allem an der völligen Abwesenheit von Kohlenstoff, Silicium und Schwefel liegt, der das Fabrikat seine erhöhte Dehnbarkeit, Hämmerbarkeit und Zugkraft zu verdanken hat. Die einzige Verunreinigung ist, außer Kobalt, nur noch Eisen und auch dieses nur bis zu 0,25 %.

Ulke nimmt an (l. c.), daß dieses in dieser Fabrik übliche Verfahren mit einem von Foerster[1]) veröffentlichten so ziemlich identisch ist. Nach diesem Verfahren können feste Platten reinen Metalls in jeder beliebigen Dicke aus neutralen Sulfatlösungen niedergeschlagen werden, die auf etwa 50—60° erwärmt sind. Abblättern des Niederschlages findet beim Erwärmen nicht statt. Die Kathoden sowie die Anordnung des ganzen Apparates sind wahrscheinlich der Kupferraffinerie der Gesellschaft entsprechend eingerichtet. Die Rohnickelanoden (mit etwa 94—97 % Ni) wurden von ihrem Nickeloxyd in einem Flammofen reduziert. Die Anodenabfälle und -rückstände vom elektrolytischen Prozeß wurden in der Orford Copper Co. of Constable Hook N. J. wieder in Nickelanodenöfen gebracht und so lange elektrolytisch behandelt, bis sie so reich an wertvollen Metallen waren, daß besondere Läuterung und Ausscheidung in lohnender Weise vorgenommen werden konnte. Pro Pferdekraftjahr wurden bei 1,7—1,8 Volt Badspannung und bei einer Stromdichte von 150 Amp./qm 2—4 t Elektrolytnickel ausgebracht. Da die gegossenen Anoden sehr zerbrechlich waren, ersetzte sie der Leiter der Fabrik F. A. Thum später teilweise durch Pulver oder Granalien, die zwischen Rahmen eingebettet wurden.[2]) Die Breitseiten der Rahmen werden einerseits durch eine Nickelplatte, anderseits durch ein Diaphragma (Tuch) geschlossen. Die Rahmen werden dann in Bädern in Serie geschaltet.

Seit 1900 ist dieses Verfahren bei der Balbach Smelting Co. nicht mehr im Gebrauch. Als teilweiser Grund hierfür ist wohl die damit verbundene umfangreiche Bildung

---

[1]) Zeitschrift f. Elch. 1897, 4, 160.

[2]) Amerikan. Pat. 614 633/1898.

von Anodenabfällen anzunehmen. Hingegen verarbeitet die Fabrik Anodenschlämme[1]), die sie nach dem Schmelzen in Nitratlösung elektrolysiert; Silber scheidet sich dabei auf einer horizontalen Kohleelektrode aus, Kupfer bleibt in Lösung, Gold geht in den Anodenschlamm. Die Stromdichte beträgt 160 Amp./qm, die Temperatur 50—60°. An diese Art der Aufarbeitung schloß sich das oben beschriebene Nickelverfahren früher an.

Das Verfahren von Betts.

Bei der Raffination von Kupfer-Nickellegierungen muß man in einem gewissen Stadium des Prozesses die löslichen Anoden durch unlösliche ersetzen, um das Nickel zur Abscheidung zu bringen. Betts[2]) benutzt als unlösliche Anode eine Bleischwammkathode, die bei der Elektrolyse in Bleisulfat übergeht, das man in einer Zelle mit einer entladenen Bleisuperoxydanode zusammenbringt, um eine neue Bleischwamm- und Bleisuperoxydelektrode zu erhalten. Letztere wird mit der Kupfernickellegierung in schwefelsaurer Lösung zusammengebracht, wodurch bei gleichzeitiger Gewinnung von elektrischer Energie Lösung des zu raffinierenden Metalles eintritt, während die Bleisuperoxydelektrode entladen wird. Wir geben das Verfahren seines interessanten Grundgedankens wegen wieder; praktische Erfahrungen darüber sind noch nicht veröffentlicht.

Die Gewinnung des Nickels auf elektrothermischem Wege.

Das Verfahren von Siemens & Halske.

Bei diesem[3]) wird der aus Nickelchlorid- oder Nickelsulfatlauge durch Oxyde oder Karbonate der Alkalien oder Erdalkalien gefällte Schlick von Nickeloxydulhydrat bzw. Nickelkarbonat zunächst calciniert und durch sofortiges Ein-

[1]) Electrochemical Industry 1904, 303.

[2]) Elektrochemische Zeitschrift 1906, 2, 37.
Electrochemical and Metallurgical Industry 3, 231.
Amerikan. Pat. 789 523.

[3]) D. R. P. 151 964.

bringen in glühendem Zustand in Wasser zum Zerfall gebracht.. Noch anheftende Chloride oder Sulfate werden durch Waschen entfernt.

Das so erhaltene aus reinem Nickeloxydhydratschlamm bestehende Produkt wird mit Kohle im elektrischen Ofen einem reduzierenden Schmelzen unterworfen.

Über die Erfolge des Verfahrens ist nichts bekannt, doch scheint der Weg ein einfacher und gangbarer.

Kobalt.

Vorkommen.

Der Kobalt kommt in der Natur meist mit dem Nickel zusammen vor. Seine hauptsächlichsten Erze sind der Speiskobalt, Smaltin $CoAs_2$, der Glanzkobalt oder Kobaltglanz CoAsS, sowie das Kobaltmanganerz, ein oxydisches Kobalterz von wechselnder Zusammensetzung, das stets noch Mangan und Eisen enthält. Außer diesen finden sich noch eine Anzahl weniger wichtiger Erze, wie der Kobaltkies und die Kobaltblüte.

Die Kobalterze finden sich hauptsächlich im Sächsischen Erzgebirge, zu Joachimsthal in Böhmen, in Schweden und Norwegen, in Rußland und in Neukaledonien. Es gibt aber noch eine große Anzahl weiterer Fundstätten in allen Erdteilen, wo sie sich in geringerer Menge finden.

Geschichtliches.

Obschon bereits die Ägypter und die Römer die Kobalterze benutzten, um blaue Gläser herzustellen, und obschon die blauen Kobaltgläser sowohl wie die Kobaltfarben seit Jahrhunderten bekannt sind, und obschon Brandt bereits im Jahre 1735 behauptete und später (1742) durch Isolation des Kobalts nachwies, daß die blaufärbende Wirkung mancher

Erze von einem eigenartigen Metall herkomme, wurde das Vorhandensein dieses Metalls selbst doch erst im Jahre 1780 von Bergmann bestätigt.

Elektrometallurgische Methoden zur Gewinnung des Kobalts sind nur ganz vereinzelt aufgetaucht, da der Bedarf an diesem Metall nur ein äußerst geringer ist. Wegen seines großen Glanzes und seiner schönen Farbe, die die des Nickels übertrifft, hat man eine Zeitlang Pferdegeschirre usw. mit Kobalt galvanisch überzogen; doch hat sich die Verwendung nicht eingebürgert.

Gewinnung.

Da es trotz des geringen Konsums an Kobalt doch nötig ist, zuweilen für wissenschaftliche Zwecke chemisch reines Kobalt herzustellen, wozu am besten die Elektrolyse Verwendung findet, so seien von den wenigen existierenden elektrolytischen Methoden nachstehend einige beachtenswerte angegeben.

Die Methode von Clemens Winkler.

Die von Clemens Winkler für Atomgewichtsbestimmungen ausgearbeitete und von Bischoff und Tiemann vervollkommnete Methode zur Gewinnung reinen Kobalts schließt sich eng an die bei Nickel angegebene an (siehe S. 228).

Der Elektrolyt enthält als Hauptbestandteil eine Kobaltlösung, die durch Auflösen von 11,64 g Kobaltsulfat im Liter erhalten worden ist. Er wird dann folgendermaßen zusammengesetzt:

250 ccm reine Kobaltsulfatlösung,
30 g Ammoniumsulfatlösung,
50 » Ammoniakflüssigkeit,
250 ccm Wasser.

Als Kathode wird ein poliertes Nickelblech, als Anode ein Platinblech verwendet. Die Stromdichte $D_{100} = 0{,}6$ Amp., die Spannung 3,2 Volt. In 30 Stunden lassen sich auf diese Weise 2,9 g Kobalt abscheiden, die sich zum größten Teil in Gestalt dünner, gerollter Fragmente ablösen lassen. Als Kathode kann jedoch ein Platinblech verwendet werden, doch empfiehlt sich besser die Verwendung eines Nickelblechs.

Das Verfahren von Vortmann.

Dieses Verfahren[1]) bezweckt die Gewinnung von Kobalt aus Kobaltoxyd resp. Kobaltoxydhydrat, das elektrolytisch niedergeschlagen worden ist. Als Elektrolyt dienen Lösungen, die Kobalt und Nickel enthalten und die frei von neutralen Alkalisalzen sind. Bei der Zersetzung durch den Strom scheiden sich Kobalt und Nickelhydroxydul an der Kathode ab. Der Strom wird dann umgekehrt, wobei sich die Nickelverbindung auflöst, während das Kobalthydroxydul zurückbleibt und gleichzeitig zu Hydroxyd oxydiert wird. Durch mehrfachen Wechsel der Stromrichtung soll die Trennung des Kobalts vom Nickel gelingen. Der Elektrolyt wird zweckmäßig etwas erwärmt, und die Erwärmung wird nach Abscheidung des Kobalts und Abstellen des Stroms fortgesetzt, wodurch im Kobalthydroxyd etwa noch vorhandene geringe Mengen von Nickelhydroxyd wieder gelöst werden sollen.

Das Verfahren von Coehn und Salomon.

Bei diesem Verfahren[2]) geschieht die Elektrolyse in einem mit einer Kupfersalzlösung gesättigten Elektrolyten. Das Kupfer geht an die Kathode, das Nickel bleibt in Lösung, und das Kobaltsuperoxyd scheidet sich an der Anode aus.

Kupfer.

Vorkommen.

Das Kupfer findet sich in gediegenem Zustande in großen Massen in Nordamerika am Oberen See, ferner in Chile, Bolivia und Peru. Zur Kupfergewinnung werden außer dem gediegenen Kupfer hauptsächlich die oxydischen Erze, nämlich das Rohkupfererz Cu_2O und

[1]) D. R. P. 78236.

[2]) D. R. P. 102370.

das Schwarzkupfererz CuO, sowie ferner die Kupferlasur $2CuCO_3 \cdot Cu(OH)_2$ und der Malachit $CuCO_3 \cdot CuOH_2$ verwendet. Wichtiger als diese sind für Europa und speziell Deutschland die sulfidischen Erze, nämlich der Kupferglanz Cu_2S, das Buntkupfererz $3Cu_2S \cdot Fe_2S_3$ und der Kupferkies $CuFeS_2$, sowie des weiteren das schwefelsaure Salz, der Kupfervitriol $CuSO_4 \cdot 5H_2O$. Außerdem dienen zur Kupfergewinnung noch der Kupferschiefer, ein im Zechstein vorkommender Mergelschiefer mit eingesprengten sulfidischen Erzen, sowie Kupfersteine aus Blei- und Nickelhütten, ferner Speisen, Fahlerze usw.

Geschichtliches.

Die Gewinnung des Kupfers auf elektrometallurgischem Wege ist ein noch junger Prozeß, obschon die elektrolytische Niederschlagung von Kupfer aus seinen Salzlösungen bereits in alten Zeiten bekannt gewesen sein muß. Schon im 5. Jahrhundert erwähnt Zosimus, daß das Eisen verkupfert wird, wenn man es in kupferhaltige Lösungen einlegt; im 15. Jahrhundert hat Paracelsus Eisen verkupfert und Kupfer versilbert, wobei er den elektrolytischen Weg anwandte. Auf die Möglichkeit, Kupfer durch den elektrischen Strom zu fällen, machte zuerst Cruikshank im Jahre 1800 aufmerksam. Die erste technische Verwendung des Kupferniederschlags rührt von Jacobi her, der im Jahre 1838 die Galvanoplastik erfand. Um die gleiche Zeit bemühte sich Becquerel, Silber-, Blei- und Kupfererze auf elektrochemischem Wege zu verarbeiten, und gab ausführliche Methoden hierzu an. Die Zeit war jedoch für diese noch nicht reif, da mit Voltaschen Säulen gearbeitet werden mußte, und es bedurfte erst der Erfindung der Dynamomaschine durch Werner Siemens im Jahre 1867, um die Grundbedingung für eine im Großbetrieb brauchbare elektrometallurgische Methode der Kupfergewinnung zu schaffen. Zwei Jahre vorher (1865) war von Elkington der Kupferraffinationsprozeß erfunden worden, und 1867 veröffentlichte Patera eine Methode, um Kupfer aus Zementwässern auf galvanischem

Wege zu gewinnen. Das Elkingtonsche Verfahren war im Prinzipe gut durchgearbeitet, doch war bei demselben auf die Verunreinigungen des Kupfers nicht genügende Rücksicht genommen, ein Umstand, der erst 1885 durch Kiliani genügende Berücksichtigung fand. In den siebziger Jahren erstand als erste deutsche elektrolytische Kupferraffinerie die Norddeutsche Raffinerie in Hamburg, deren Leiter Wohlwill sich um den Kupferraffinationsprozeß hervorragende Verdienste erworben hat. Von der Mitte der siebziger Jahre an entstanden in Deutschland sowohl wie in Amerika in rascher Aufeinanderfolge große Raffinerien, und heute kann man annehmen, daß wohl ungefähr 75 % des gesamten in der Welt gewonnenen Kupfers auf elektrochemischem Wege raffiniert werden.

Gewinnung.

Der hauptsächlichste elektrochemische Kupfergewinnungsprozeß ist der Raffinationsprozeß; die in der Mitte der achtziger und am Beginn der neunziger Jahre des vorigen Jahrhunderts versuchten Methoden zur Gewinnung des Kupfers auf elektrochemischem Wege aus den Erzen oder aus Steinen haben sich fast alle (bis auf einzelne) nicht bewährt. Die Ausbreitung des Raffinationsprozesses hat in einschneidendster Weise auf die Marktlage eingewirkt, da durch denselben die Produktionskosten des Kupfers ganz erheblich gesunken sind. Die Raffinationskosten, die im Jahre 1892 noch 78,40 M. betrugen, sind im Jahre 1896 in Amerika auf ungefähr 32 M. zurückgegangen, und heute wird in einelnen Werken die Tonne schon zu einem Preise von 14—21 M. raffiniert.

Die Gewinnung des Kupfers aus Erzen und Steinen.

Wie bereits in der historischen Einleitung erwähnt wurde, haben sich die Verfahren zur Gewinnung von Kupfer aus Erzen und Steinen in der Technik bisher samt und sonders nicht bewährt; trotzdem ist es nötig, die hauptsächlichsten derselben nachstehend einer Betrachtung zu unterziehen, denn abgesehen davon, daß die Methoden selbst in mannigfacher Hinsicht eine Fülle des Interessanten bieten, kann diese Art und Weise der Kupfergewinnung noch lange nicht als abgeschlossen gelten, und es sind gegenwärtig (Anfang 1907) z. B. in Österreich und Frankreich wieder eingehende Versuche im Gang, die auf die Lösung dieses Problems abzielen. Die direkte Gewinnung von Kupfer aus Erzen oder Steinen würde gegenüber der Raffination erhebliche Vorteile darbieten, insbesondere würde sie die Verarbeitung niederprozentiger Erze ermöglichen, ein Weg, den eben Keller mit guten Aussichten auf Erfolg beschritten hat.

Das Verfahren von Siemens & Halske.

Das Verfahren von Siemens & Halske[1]) wurde zunächst in einer kleinen Versuchsanlage in Martinikenfelde bei Berlin, dann in einer größeren Anlage in Stolberg ausprobiert. Die projektierte Anlage größerer Werke in Spanien und Tirol ist unterblieben.

Das Verfahren geht von sulfidischen Erzen, in erster Linie von Kupferkies aus. Dieser wird in zerpochtem Zustande bei gelinder Temperatur soweit abgeröstet (am besten in Gerstenhöferschen Öfen), daß das Eisen fast vollständig oxydiert wird, während das Kupfer zum Teil als schwefelsaures Kupferoxyd, zum anderen Teil als Kupferoxyd, zum größten Teile aber als Halbschwefelkupfer im Röstgut enthalten ist. Das pulverförmige Röstgut wird nun mit der aus den galvanischen Zersetzungszellen ausfließenden Flüssigkeit ausgelaugt. Diese Auslaugung geschieht am besten in einer Reihe nacheinander durchströmter Auslaugegefäße in der Weise, daß die Flüssigkeit das zuletzt mit Röstgut beschickte Gefäß durchströmt. Die hierdurch mit Kupfervitriol neu angereicherte Lösung, in der sich kein Eisenoxydsalz mehr befindet, wird nun den galvanischen Zersetzungszellen wieder zugeführt, wird also von neuem zunächst entkupfert, darauf oxydiert, um dann von neuem durch das Röstgut zur Aufnahme neuen Kupfers geleitet zu werden. Man kann anstatt

[1]) D. R. P. 42243.

des gerösteten Kupfererzes auch ungerösteten Stein zur Auslaugung verwenden, in dem das Kupfer fast ausschließlich als Halbschwefelkupfer vorhanden ist. Hierbei wird aber nicht nur Kupfer sondern auch Eisen gelöst, so daß eine vollständige Konstanz der Lösung an Kupfer und Eisen nicht erreicht wird.

Der Prozeß ist ein kontinuierlicher und wird so lange fortgesetzt, bis die Flüssigkeit sich so stark mit fremden Metallen angereichert hat, daß diese Verunreinigungen störend zu wirken beginnen.

Als Vorteil des Prozesses wurde besonders hervorgehoben, daß, während bei der Anwendung von Kupfersteinanoden etwa 1,5 Volt konsumiert werden, bei dem beschriebenen Prozeß eine Spannung von nur etwa 0,7 Volt bei derselben Stromdichte erforderlich ist. Während ferner bei der Anwendung von Kupfersteinanoden ca. $^1/_3$ der Strommenge zur Leistung anderer Reduktionsvorgänge verwendet wird und demnach verloren geht, findet bei dem beschriebenen Prozeß kein Stromverlust statt.

Was nun den Zersetzungsvorgang bei diesem Verfahren anbetrifft, so besteht die der Elektrolyse unterworfene Flüssigkeit aus einer Lösung von Eisenvitriol und Kupfervitriol, der zur Verbesserung ihrer Leitfähigkeit etwas freie Schwefelsäure zugesetzt ist. Sie wird am besten in den sofort zu beschreibenden Zersetzungszellen kontinuierlich nahe dem Boden der die Kathodenplatten umgebenden Flüssigkeit eingeführt, an denen sie in die Höhe steigt, wobei sich ein Teil des Kupfers infolge der Wirkung des elektrischen Stroms metallisch an den Kathoden absetzt. Sie fließt dann über resp. durch den oberen Rand der Membran in die Anodenräume, die sie durchströmt, um am Boden wieder abgezogen zu werden. Während dieses Niedergangs wird nun das schwefelsaure Eisenoxydul zunächst in basisch schwefelsaures Eisenoxyd, dann durch Aufnahme von freier Schwefelsäure, die aus der Zersetzung des Kupfervitriols herstammt, in neutrales schwefelsaures Eisenoxyd umgewandelt, wobei das letztere infolge seines größeren spezifischen Gewichtes an den Kohlenstäben oder Platten zum Boden niedersinkt.

Die abfließende Flüssigkeit ist nunmehr kupferärmer geworden und besteht zum Teil aus einer Lösung von neutralem schwefelsauren Eisenoxyd. Diese Lösung hat die Eigenschaft, Halbschwefelkupfer, Einfachschwefelkupfer sowie auch Kupferoxyd in Kupfervitriol überzuführen. Es wird dabei bei der ersten der Auflösungen der beiden Kupferverbindungen das schwefelsaure Eisenoxyd in schwefelsaures Eisenoxydul zurückgebildet, während der frei werdende Sauerstoff das Schwefelkupfer oxydiert.

Der ganze Prozeß läßt sich durch folgende Gleichungen zum Ausdruck bringen:

1. Lösung:

$$x H_2SO_4 + 2 CuSO_4 + 4 FeSO_4 = 2 Cu + 2 Fe_2(SO_4)_3 + x H_2SO_4;$$

2. Zersetzung:

a) $x H_2SO_4 + Cu_2S + 2 Fe_2(SO_4)_3 = 2 CuSO_4 + 4 FeSO_4 + S + x H_2SO_4;$

b) $CuO + H_2SO_4 = CuSO_4 + H_2O;$

c) $3 CuO + Fe_2(SO_4)_3 = 3 CuSO_4 + Fe_2O_3;$

d) $CuO + 2 FeSO_4 + H_2O = CuSO_4 + (Fe_2O_3 + SO_3) + H_2.$

Es wurde bereits hervorgehoben, daß ein wesentlicher Vorteil des Prozesses in der geringen Spannung liegen sollte, die zur Zersetzung nötig war. Daß in der Tat ein geringer Energieaufwand nötig ist, ergibt sich aus der Thermochemie des Prozesses:

Wird an der Anode das Ferrosulfat zu Ferrisulfat oxydiert, so entsteht hierbei eine der entwickelten Verbindungswärme äquivalente Menge elektrischer Energie, durch die die elektromotorische Gegenkraft teilweise wieder aufgehoben wird, die aus der Zerlegung des Kupfersulfats an der Kathode resultiert. Die bei der Oxydation des Ferrosulfats zu Ferrisulfat entstehende Verbindungswärme beträgt pro Molekül Ferrisulfat in Kilogrammkalorien:

$$224{,}88\ Fe_2(SO_4)_3\ \text{Kal.} - 186{,}40\ (2 Fe \cdot SO_4)\ \text{Kal.} = 38{,}48\ \text{Kal.}$$

Diese 38,48 Kalorien wirken der elektromotorischen Gegenkraft von 55,96 Kalorien, die der Zersetzungswärme für ein Molekül schwefelsaures Kupferoxyd entsprechen, entgegen. Es ist demnach noch eine Zufuhr an elektromotorischer Gegenkraft von 55,96 — 38,48 = 17,48 Kalorien oder

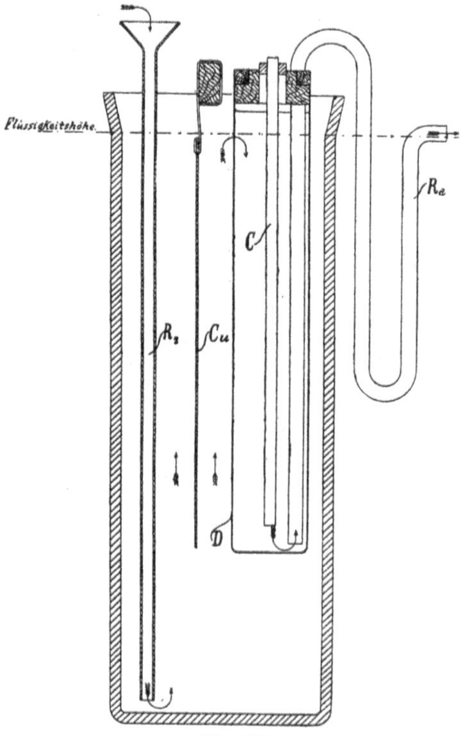

Fig. 89.

gleich 0,38 Volt zu leisten. Die Angabe, daß bei dem Prozeß mit einer Spannung von 0,7 Volt auszukommen ist, erscheint daher vollkommen glaubwürdig.

Der zu dem Verfahren verwendete Apparat [1]) besteht aus einem Behälter (Fig. 89). In demselben befindet sich die

[1]) Britisches Patent 14 033.

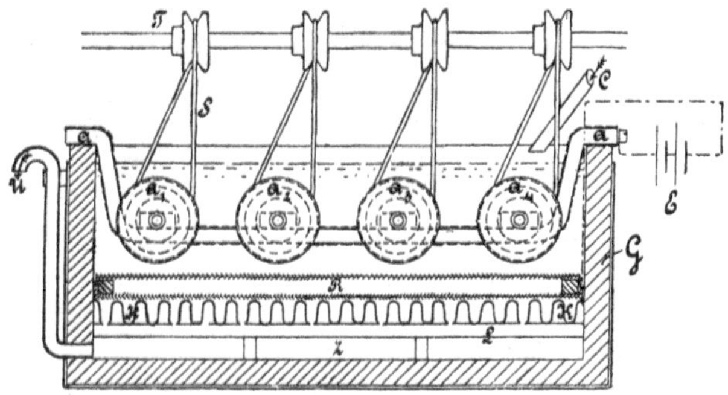

Fig. 90.

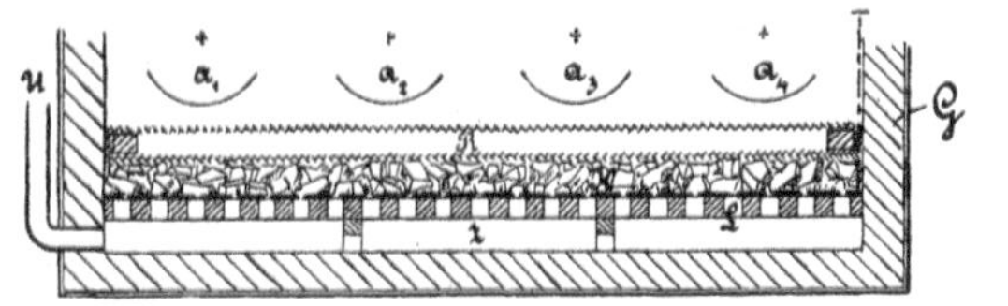

Fig. 91.

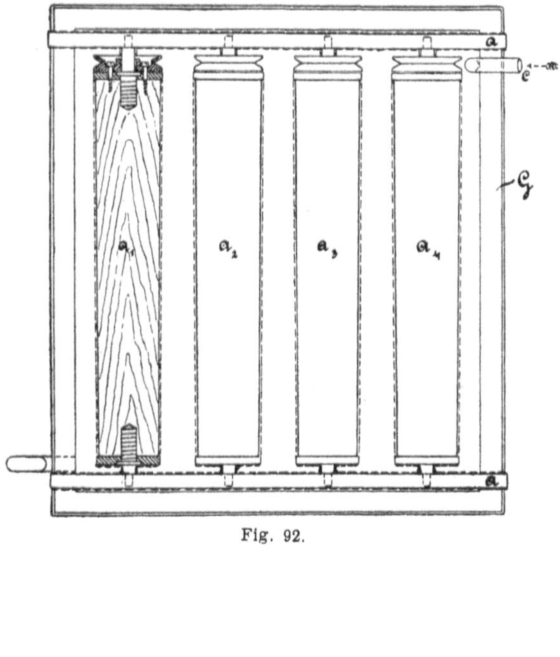

Fig. 92.

Kupferkathode Cu, die durch ein Diaphragma *D* von den als Anode dienenden Kohlenstäben *C* getrennt ist. Der Elektrolyt wird, wie bereits erwähnt, vom Boden der Zelle aus aufsteigen lassen, zu welchem Zwecke er durch das Rohr *R 2* zufließt, das bis auf den Boden des Zersetzungsgefäßes reicht. Er steigt dann in der Richtung der Pfeile an der Kathode *Cu* in die Höhe, fließt über den oberen Teil der Membrane *D*, die zu diesem Zwecke mit Löchern versehen ist, in den Anodenraum, aus dem er dann durch das heberförmig gebogene Rohr *Ra* weiterfließt.

Die Zersetzungszellen werden, um ein schnelles kontinuierliches Verfahren aufrecht erhalten zu können, treppenförmig übereinander gestellt, wobei alle Kathodenabteilungen einerseits und alle Anodenabteilungen anderseits durch Heber miteinander verbunden werden.

Das Verfahren wurde später verbessert, indem als Bad ein flaches Gefäß aus Holz mit einem durchlöcherten Boden Anwendung fand[1]) (Fig. 90, 91 u. 92). Das Gefäß *G* ist von außen mit Blei überzogen, und auf seinem flachen, durchlöcherten Boden *L* liegt die Anode *K*, die direkt an die Dynamomaschine angeschlossen ist. Sie besteht entweder aus Platten aus Retortenkohle oder aus durchlöcherten Bleiplatten, die mit Retortenkohle in kleineren Stücken bedeckt sind, oder aus einer stark gewellten Bleiplatte mit Löchern zum Abfluß der Flüssigkeit. Auf der Anode wird eine Filterschicht *R* ausgebreitet, die den Zweck hat, Flüssigkeitsströmungen zu verhindern. Sie besteht aus Filz oder aus einem andern geeigneten Material. Als Kathoden kommen Zylinder a_1, a_2, a_3, a_4 zur Verwendung, die aus einem Holzkern bestehen, auf dem mittels Wachs oder Kitt ein leitender Überzug befestigt ist. Sie werden durch ein Transmissionssystem *S*, *T* in langsame Rotation versetzt. Die Stromzuleitung zu diesen Walzen findet durch die Schienen *a* statt. Zu der die Walzen umgebenden Flüssigkeit wird neue regenerierte Flüssigkeit zugeleitet, wobei durch die Walzendrehung eine fortwährende Mischung stattfindet. Die elektrolysierte Flüssigkeit

---

[1]) D. R. P. 84959.

wird durch den Raum *z* und durch das Rohr *U* abgezogen, während oben durch das Rohr *C* die gleiche Menge neuer Flüssigkeit zuläuft. Die Anoden wurden später nochmals abgeändert, indem Anodensysteme aus Kohlenstäben mit Bleiumgüssen hergestellt wurden. Auch die Zersetzungszellen haben mehrfache Abänderungen erfahren, doch ist das Prinzip des Verfahrens im großen und ganzen dasselbe geblieben, wie wir es vorstehend geschildert haben.

Bei der bereits erwähnten Elektrodenspannung von 0,7 Volt kam eine Stromdichte von 16 Amp. pro qm zur Verwendung. Eine Anlage für eine tägliche Produktion von 1 t Kupfer sollte 60000 M. kosten.[1]) Zur Erschöpfung der Erze bis unter 0,5 % Kupfer sollen bei der verbesserten Anlage 10 Stunden nötig gewesen sein.

Die nicht zu erzielende gleichmäßige Zusammensetzung des Elektrolyten war der Grund, warum das Verfahren aufgegeben wurde.

Das Verfahren von Keith.

Das von Keith ausgeübte Verfahren unterscheidet sich in seinen Grundzügen nicht wesentlich von dem eben besprochenen der Firma Siemens & Halske. Ein verbesserndes Moment soll jedoch darin liegen, daß, um die Stromdichte entsprechend der Erschöpfung der Lauge abnehmen lassen zu können, gegen Ende der Elektrolyse bei gleichem Strom mehr Elektroden eingeschaltet werden.[2]) Bei Abnahme des Kupfergehaltes der Lösung von 6 % auf 0,5 % soll die Stromdichte bei gleichbleibender Spannung (1,87 Volt pro Gefäß) von 12—20 Amp. pro Quadratfuß auf 3 Amp. pro Quadratfuß sinken. (Ein englischer Fuß = 0,3048 m.) Anoden und Kathoden bestehen zuerst aus Blei; die Bleikathode wird jedoch später durch den auf ihr entstandenen Kupferniederschlag ersetzt, der, sobald er die Dicke von Kartonpapier hat, abgelöst und zu je zwei Blättern durch Nieten vereinigt wird.

---

[1]) Koort, Zeitschr. d. Ver. deutsch. Ingen. 1888, 32, 425, 432.

[2]) Amerik. Patent 700941.

In einer Beschreibung seines Verfahrens, wie es in einer Versuchanlage ausgeübt wird[1]), gibt Keith an, daß Erze mit einem Kupfergehalt von 0,5—5 % zur Verarbeitung gelangen und mit verdünnter Schwefelsäure ausgelaugt werden. Bei der Elektrolyse entsteht Ferrisulfat; die Lösung dient zum erneuten Laugen. Die Laugung erfolgt in der Weise, daß in vier Gefäßen nacheinander gearbeitet wird, wobei die Lauge zirkuliert. Der Prozeß wird so geleitet, daß die Endlauge die für die Elektrolyse richtige Konzentration besitzt. Ebenso zirkuliert die Lauge in den Fällbottichen, die in sechs Reihen terrassenförmig übereinander aufgestellt sind. Jede Reihe enthält 128 Gefäße, in denen die Elektroden nach dem Multiplesystem (siehe unten) geschaltet sind.

Das Verfahren von Carmichael.

steht auf den Hütten der Intercolonial Copper Co. in Dorchester in Neu-Braunschweig in Betrieb.[3]) Es schließt sich im großen und ganzen, besonders was die Herstellung der Lauge anbetrifft, an die vorstehend beschriebenen Verfahren an, unterscheidet sich von diesen jedoch durch die Ausgestaltung des elektrolytischen Prozesses. Die Erze von 2—4 % Kupfergehalt werden abgeröstet und noch heiß mit 5proz. Schwefelsäure ausgelaugt, wodurch 95—98 % Ausbeute erzielt werden. Die saure Sulfatlösung wird dann unter Einblasen von schwefliger Säure elektrolysiert. Hierdurch wird einerseits eine depolarisierende Wirkung hervorgebracht, während anderseits der durch die Bindung des Kalks entstehende Schwefelsäureverlust ersetzt wird. Bei Verwendung von Bleianoden, die in einem Abstand von 40 mm eingehängt sind, und einem Strom von 60 Amp. und 1,5 Volt wird eine Stromausbeute von 90 % erzielt. Als Kathoden werden eingefettete Graphitkohlen verwendet. Ist der Elektrolyt hinreichend kupferarm (1 %), so wird er zu erneuter Laugearbeit verwendet.

Ein ähnliches Verfahren ist Tossizza geschützt.[3])

---

[1]) Electrical Review 1902, 40, 386.

[2]) Jahrbuch f. Elch. 1903, 675.

[3]) D. R. P. 128486.

Das Verfahren von Höpfner.

Das Höpfnersche Verfahren[1]) hat ebenfalls keinen Erfolg gehabt, woran aber vielleicht nicht so sehr seine noch nicht absolut erwiesene Unbrauchbarkeit für den Großbetrieb, als vielmehr äußere Umstände schuld gewesen sein mögen, die seine weitere Ausarbeitung verhinderten. Es ist theoretisch so interessant, und die in ihm enthaltenen Gesichtspunkte sind so eigenartige, daß es hier wiedergegeben sei.

Das Verfahren ist im Prinzip dem oben beschriebenen von Siemens & Halske nicht unnähnlich und unterscheidet sich von diesem in erster Linie durch die Wahl der zum Auslaugen der Erze dienenden Flüssigkeit. Als solche kommt eine mit Chlorcalcium oder Chlornatrium versetzte Lösung von Kupferchlorid ($CuCl_2$) zur Verwendung, die bekanntlich die Eigenschaft besitzt, nicht nur auf die kupferhaltigen Bestandteile der Kupfererze, sondern auch auf die darin enthaltenen Silber-, Blei- etc. Verbindungen unter gleichzeitiger Bildung von Kupferchlorür (Cu_2Cl_2) energisch lösend zu wirken. Bei geschwefelten Kupfererzen würde sich beispielsweise der Vorgang nach folgender Gleichung abspielen:

$$CuCl_2 + CuS = Cu_2Cl_2 + S.$$

Demnach wird das Schwefelkupfer unter Bildung von Kupferchlorür und Abscheidung von Schwefel gelöst. Das in den Erzen vorhandene Schwefelsilber Ag_2S wird unter Bildung von Kupferchlorür und Abscheidung von Schwefel in Silberchlorid ($AgCl$) verwandelt, das durch das vorhandene Chlornatrium gelöst wird.

$$2\,CuCl_2 + Ag_2S = Cu_2Cl_2 + 2\,AgCl + S.$$

Etwa vorhandenes metallisches Kupfer würde sich nach der Gleichung

$$CuCl_2 + Cu = Cu_2Cl_2$$

lösen usw.

---

[1]) Zeitschr. f. angewandte Chem. 1891, 160.

Vortrag am 10. Sept. 1891 in der 1. Sitzung der 4. Sektion des Internationalen Elektrotechnikerkongresses zu Frankfurt a. M.

Elektrotechn. Zeitschr. 1898, 44.

Zeitschr. f. angew. Chem. 1901, Heft 50.

Bringt man also die betreffenden zerkleinerten Kupfererze mit der Kupferchloridlauge unter Anwendung von geeigneten Auslaugetrommeln bei höherer Temperatur in Berührung, so erhält man schließlich eine durch die Gegenwart von Arsen, Antimon, Wismut, Eisen usw. verunreinigte Lösung von Kupferchlorür. Diese für die Ausübung des Prozesses sehr schädlichen fremden Bestandteile der Lauge werden nun zunächst auf rein chemischem Wege durch Behandlung mit Kupferoxyd, Kalk oder Ätzkalk entfernt; die Entfernung von Silber kann sowohl auf chemischem wie auf elektrochemischem Wege geschehen. Die so erhaltene fast chemisch reine Kupferchlorürlösung durchfließt nunmehr in zwei getrennten Strömen die durch Diaphragmen voneinander geschiedenen Anoden- und Kathodenabteilungen einer Reihe von nebeneinander gestellten elektrolytischen Bädern. An den aus dünnen Kupferblechen bestehenden Kathoden wird unter Anwendung einer hohen Stromdichte chemisch reines Kupfer niedergeschlagen; die allmählich kupferärmer werdende Flüssigkeit tritt aus der Kathodenabteilung des letzten Bades nahezu kupferfrei aus. An den unlöslichen (Kohle-) Anoden wird eine der an den Kathoden gefällten Kupfermenge äquivalente Menge Chlor frei, das sich mit dem in der Lösung des Elektrolyten vorhandenen Kupferchlorür zu Kupferchlorid verbindet. Hierdurch ist die ursprüngliche zum Auslaugen der Erze verwendete Lösung wieder ganz oder doch zum größten Teile regeneriert worden. Die aus den Anoden- und Kathodenabteilungen in ununterbrochenem Strome austretenden Laugen werden vermischt den Auslaugeapparaten zugeführt. Hier wird wieder eine bestimmte Portion der Erze gelöst, die Lauge nach vollzogener chemischer Reinigung den elektrolytischen Apparaten zugeführt usw., so daß also ein vollkommener Kreisprozeß vorliegt.

Was nun die Ausführung des Verfahrens anbetrifft, so ist dieselbe im einzelnen folgende:

Eine Lösung von Kupferchlorid, die im Liter etwa 60 g Kupfer enthält, wird erwärmt und in Laugetrommeln mit einem entsprechenden Quantum auszulaugenden Erzes vermischt und mit demselben in Bewegung erhalten. Die Auslaugung des fein gemahlenen Erzes dauert je nach seiner Natur 2—6 Stunden oder mehr. Sie ist eine nahezu vollständige und geht in der Praxis bis auf 0,05 % Kupferrückstand oder weniger. Gleichzeitig mit dem Kupfer wird auch das im Erz vorhandene Silber und Blei nahezu vollständig extrahiert. Die warmen Extraktionslaugen fließen aus den Laugetrommeln in Behälter ab, in denen sie geklärt werden.

Hier scheidet sich bei der Abkühlung das Blei aus, das Silber wird durch Kupfer gefällt. Die anderen Verunreinigungen wie Arsen und Antimon, sowie Eisen müssen ebenfalls entfernt werden, wenn ein gutes Kupfer erhalten werden soll. Dies geschieht durch Kupferoxyd oder geröstete Kupfererze, in manchen Fällen einfach durch Kalk.

Nach diesen Prozeduren, die sich je nach der Art der Verunreinigungen von Fall zu Fall ändern, enthält die Lauge nunmehr das Kupfer in Form von Chlorür, und zwar im Liter 120 g, also doppelt so viel als vor der Laugerei. Diese Lauge fließt nunmehr in zwei getrennten Strömen zu Anoden und Kathoden der elektrischen Bäder, nacheinander eine größere Anzahl derselben durchströmend. Es entsteht hier in der bereits beschriebenen Weise die Endlauge, die ihrer Zusammensetzung nach wieder zur Anfangslauge geworden ist, dem sie enthält wieder 60 g Kupfer pro Liter, und zwar in Form von Chlorid.

Ohne erneuert werden zu müssen, fließt sie wieder in die Laugetrommeln zurück, in denen das von ihr ausgezogene Erz mittlerweile durch frisches ersetzt ist und wo sie ihre metallösende Tätigkeit wieder aufnimmt. Das Resultat dieses Kreislaufs ist auf der einen Seite das sich immer mehr anhäufende reine Metall, auf der anderen Seite wertloser Erzschlamm, der in geeigneter Weise aus den Trommeln entfernt worden ist.

Die zur Elektrolyse erforderliche elektromotorische Kraft beträgt 0,6—0,8 Volt. Bei 0,6 Volt vermag eine Pferdekraft in 24 Stunden bis zu 60 g Kupfer aus den Laugen niederzuschlagen. Diese hohe Leistung erklärt sich dadurch, daß ein Molekül Kupferchlorür zwei Atome Kupfer enthält.

1 Amp. gibt sonach pro Stunde 2,36 g Kupfer, während aus Kupferoxydlösungen nur die Hälfte also 1,18 g Kupfer gefällt wird.

Als Laugegefäße werden rotierende Holztrommeln verwendet. Auch die elektrolytischen Bäder bestehen aus Holz und gestatten eine einfache und bequeme Regulierung der Laugenzirkulation, von deren Wirksamkeit der Erfolg der Elektrolyse abhängt. Bei der Elektrolyse beschränkt sich die Handarbeit darauf, die verdickten Kupferplatten aus den Bädern herauszuholen und in diese neue, dünne Kupferplatten einzusetzen. Für die tägliche Gewinnung von 2 t Kupfer genügt ein Flächenraum von 1500 qm. Handelt es sich darum, aus Erzen auch Gold zu extrahieren, so werden diese oxydierend oder chlorierend geröstet und durch Chlor ausgelaugt, das elektrolytisch erzeugt ist.

Versuche, die als Vorbereitung zur Anlage einer Laugerei in Papenburg ausgeführt worden waren, haben ergeben, daß aus rohen Riotintokiesen mit 3,37 % Kupfer in 4 Stunden schon 91 % des enthaltenen Kupfers gelaugt waren, während nur etwa 3 % des im Erz enthaltenen Eisens gelöst waren. Bei längerer Laugezeit wurden 98,5 % des enthaltenen Kupfers gelöst, wobei nur etwa 4 % des enthaltenen Eisens gelöst waren.

Die Laugungen, die im kleinen sehr gut gingen, haben im großen den Erwartungen nicht entsprochen, und hieran scheiterten zunächst die Versuche mit den Chlorürverfahren, dessen Einführung außerdem noch dadurch erschwert wurde, daß ihm in dem oben beschriebenen Kupfersulfatverfahren von Siemens & Halske eine gefährliche Konkurrenz entstanden war.

Auch der Umstand, daß Cohen und Lenz[1]) nachwiesen, daß beim Höpfnerschen Verfahren das Diaphragma, das ebenfalls Anlaß zu verschiedenen Schwierigkeiten gab, weggelassen werden könne, vermochte diesem ebensowenig Eingang in die Technik zu verschaffen wie eine Verbesserung durch Höpfner selbst[2]), die darin besteht, daß die

[1]) Zeitschr. f. Elch. 1895, 25.

[2]) Amer. Pat. 604639.

Kupferchloridlösungen, anstatt mit Alkalichlorid oder den Chloriden der alkalischen Erden gesättigt zu werden, nur einen geringen Zusatz derselben erhalten.

Das Verfahren von Marchese.

Das Verfahren von Eugenio Marchese[1]), das hauptsächlich aus Mitteilungen von Badia[2]) sowie später durch Mitteilungen seines Erfinders[3]) sowie aus solchen von Ernst Cohen[4]) bekannt geworden ist, geht im Gegensatz zu den eben beschriebenen Verfahren von Siemens & Halske und Höpfner nicht von den Erzen, sondern vom Kupfersteine aus.

Es sei hierzu ergänzend bemerkt, daß in der »Aktiengesellschaft für Bergbau, Blei- und Zinkfabrikation zu Stolberg und in Westfalen« auch mit dem Siemens & Halskeschen Verfahren Versuche gemacht worden sind, die von Kupferstein ausgingen. Es wurden jedoch hiermit keine Erfolge erzielt, da die Membrane häufig durchriß und da die Anodenkohlen schon nach sehr kurzer Zeit zerstört wurden.

Das Marchesesche Verfahren gründet sich darauf, daß ein Teil der zu verarbeitenden Kupfererze je nach ihrer Beschaffenheit in bestimmter Art zu einem Rohstein verschmolzen wird, der in Platten gegossen als Anode dient. Als Kathode wird ein dünnes Kupferblech verwendet. Ein anderer Teil der Erze wird geröstet und dient zur Herstellung einer Lösung, die so viel Kupfervitriol enthält, als nötig ist, um das Eisensulfat der Anoden für die elektrolytische Zersetzung derselben Kupfervitriollösung nutzbar zu machen. Der Elektrolyt besteht demnach in der Hauptsache aus einer Lösung von Kupfersulfat und Ferrosulfat. Die elektrolysierte Lauge, in

---

[1]) D. R. P. 22429.

[2]) La Lumière Électrique 1884, Heft 40, 42 und 44.

[3]) Marchese, Traitement électrolytiques des Mattes cuivreuses au Stolberg, Genua 1885.

[4]) Zeitschr. f. Elektrot. und Elch. 1894, 50.

der das Ferrosulfat in Ferrisulfat übergegangen ist, wird zum Lösen von neuem Stein verwendet, wodurch wieder die nötige Menge Ferrosulfat entsteht, während im Stein vorhandenes Kuprosulfid und Kuprooxyd zu Kupfervitriol oxydiert werden. Es entsteht sonach ein ähnlicher Kreislauf wie bei dem Verfahren von Siemens & Halske. Mit der Zeit reichert sich der Elektrolyt derart mit Eisen an, daß das Kupfersulfat nicht mehr gelöst wird. Er muß dann abgezogen werden. Das in ihm enthaltene Kupfer wird durch Zementieren oder Schwefelwasserstoff daraus entfernt, und die übrig bleibende Lösung wird zum Zwecke der Gewinnung von Eisenvitriol auskristallisieren lassen. Auch die in ihr enthaltene Schwefelsäure kann wieder gewonnen werden.

Die Anoden werden in der Weise hergestellt, daß man den Rohstein in dünne Platten gießt und zugleich einen Kupferstreifen einsetzt, um die Verbindung mit dem Stromkreise herzustellen.

Um die Lösung stets im richtigen Sättigungszustand zu erhalten, wird sie durch Sammelröhren aus den einzelnen Bädern nach den Laugebehältern gebracht und auf diese Art ein regelmäßiger und unausgesetzter Kreislauf zwischen Bädern und Laugebehältern unterhalten.

Eine Anlage, die nach diesem Verfahren in der »Società Anonima di Miniere, di Rame e di Elettro-Metallurgia« in Genua errichtet wurde, bestand aus 20 Erregermaschinen, die mit einer Spannung von je 15 Volt und einer Stromstärke von 250 Amp. je zwölf Bäder bedienten. Der damals zur Verwendung gelangende Kupferstein enthielt etwa 30% Kupfer, 30% Schwefel und 40% Eisen. Die erforderliche Spannung betrug etwa 1 Volt pro Bad, doch hat sich bei den sogleich zu beschreibenden Stolberger Versuchen herausgestellt, daß man damit nicht auskommt. Bei richtiger Zusammenstellung der Bäder, zweckmäßiger Zusammensetzung der Lösung und richtigem Zusammenwirken aller übrigen Umstände sollten nach diesem Verfahren 20 kg Kupfer zum Preise von 1 Pf. gewonnen werden können.

Die Art und Weise, wie die einzelnen Prozesse aufeinanderfolgen und ineinander übergreifen, geht aus dem beistehenden Schema (Fig. 93) hervor.

Bei den im Jahre 1885 in der Stolberger Bleihütte angestellten Versuchen mit dem Marcheseschen Verfahren wurde

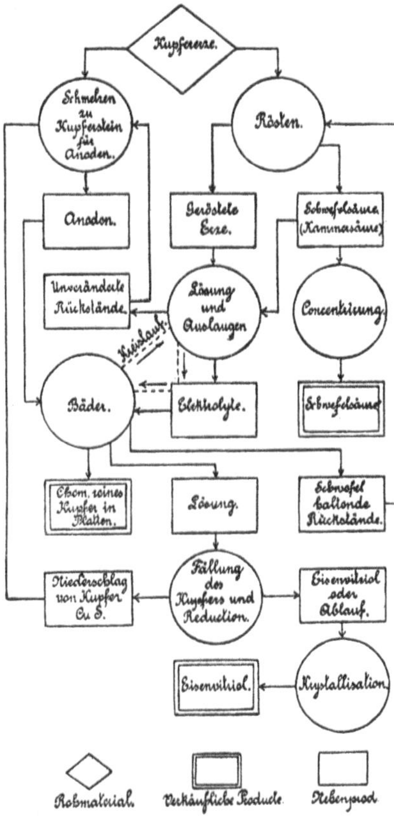

Fig. 93.

nach dem eingangs bereits erwähnten Bericht von Cohen ein Kupfer von außerordentlicher Reinheit mit 99,92 bis 99,95 % an metallischem Kupfer erhalten. Auf Grund dieses Befundes wurde eine größere Anlage errichtet, die in 24 Stunden 500—600 kg Kupfer auszubringen imstande sein sollte.

Ihre 56 Bäder bestanden aus verbleiten Holzbottichen von 2,2 m Länge, 1 m Höhe und 1 m Breite. In jedem Bade befanden sich 15 Anoden und 16 Kathoden in der Weise geordnet, daß je eine Kathode Anfang und Ende bildete, daß jedoch im übrigen Anoden und Kathoden abwechselten. Die Entfernung von Anoden und Kathoden betrug je 5 cm.

Die Herstellung der Anoden geschah aus Kupfersteinen, über die man in Stolberg in drei verschiedenen Konzentrationen verfügte. Sie enthielten:

Konz. I	Konz. II	Konz. III
7—8 %	15—20 %	ca. 50 % Cu.

Von diesen Steinen wurde der erste durch Rösten und Zusammenschmelzen mit kieselsäurehaltigen Stoffen angereichert, der zweite konnte direkt zur Herstellung der Anoden verwendet werden, aus dem dritten wurden die Laugen bereitet. Als durchschnittliche Zusammensetzung der Anodensteine, aus denen die Anoden von 80 cm Höhe, 80 cm Breite und 4 mm Dicke hergestellt wurden, kann die folgende gelten:

Cu	15—16 %
Pb	14 »
Fe	41—42 »
S	25 »
Ag	0,050 »

Die Kathoden waren in ihren Dimensionen genau so gehalten wie die Anoden, und es waren an sie oben vier Kupferstreifen von 2 cm Breite vernietet, die an einem Querstreifen, der an einer quer über das Bad gelegten Holzleiste entlang lief, befestigt waren. Dieser führte zur Hauptleitung, die ebenso wie die Hauptleitung bei den Anoden beschaffen war.

Die Bäder waren terrassenförmig aufgestellt und durch Heber miteinander verbunden, so daß eine ständige Zirkulation des Elektrolyten stattfand. Der durch Auslaugen des Steins von der Konzentration III erhaltene Elektrolyt enthielt beim Eintritt in die Bäder im Liter 27—28 g Cu und ca. 15 g Fe. Die Stromdichte betrug in jedem Bade 30 Amp. pro qm, die Spannung 1 Volt.

Die der Anlage zugrunde gelegte, von Marchese herrührende Rentabilitätsberechnung ging von einem Steine mit der Zusammensetzung 15—20 % Cu, 14 % Pb, 0,05 % Ag aus, aus dem das Kupfer direkt, Blei und Silber hingegen aus dem restierenden Schlamm gewonnen werden sollten. Aus der Tonne Rohstein erhält er:

150 kg Cu à 1,3 Frs.	195 Frs.
140 » Pb à 0,25 »	35 »
0,5 » Ag à 180,00 Frs.	90 »
	Summe 320 Frs.

Im Verkauf erzielte der Stein pro Tonne 112,50 Frs., da nur das Kupfer bezahlt wurde. Daraus berechnet sich auf 1 t des Steins ein Gewinn von 207,50 Frs., auf 1 t Kupfer ein solcher von 1383,33 Frs. Durch eine besondere, sehr interessante Berechnung wird die Verzinsung des in den Bädern festgelegten Kupfers berechnet. In 58 Bädern sind in je 20 Anoden à 125 kg 145 t Anodenmaterial aufgespeichert, die, die Tonne rund zu 100 Frs. gerechnet, einen Wert von 14 500 Frs. repräsentieren. Da sie jedoch stets kupferärmer werden, so wird als im Bade befindlich ein Wert von nur 8000 Frs. angenommen. An den Kathoden der 58 Bassins würde man täglich 580 kg produzieren. Da drei Monate nötig wären, um die Kupferkathode von der Dicke 0 auf die im Handelsverkehr übliche zu bringen, so stecken in den Bädern, indem auch hier die Hälfte als stets im Bade befindlich angenommen wird, 45 580 kg Kupfer gleich 26 100 kg im Werte von 32 000 Frs. Der Kupfergehalt der Lösung kann vernachlässigt werden. Es müßten also bei einer Produktion von 210 t jährlich 40 000 Frs. in Form von Kupfer in die Anlage gesteckt werden. Da das elektrolytische gewonnene Kupfer aber so hochprozentig ist, daß es als chemisch rein betrachtet werden kann, so würden für die Tonne 125—140 Frs. mehr gezahlt werden, als für das auf dem sonst üblichen Wege erhaltene. Bei einer Produktion von 210 t würde sich hieraus ein Gewinn von 30 000 Frs. ergeben, also für ein Kapital von 40 000 Frs. eine Verzinsung von 75 %.

Trotz dieser aussichtsvollen Berechnung und trotzdem die Stolberger Anlage anfangs alle Erwartungen erfüllte, und trotzdem insbesondere ihre Bäder vorzüglich funktionierten und ein reines Kupfer erhalten wurde, erwiesen sich die in das Verfahren gesetzten Hoffnungen doch insofern als trügerisch, als es sich zeigte, daß man mit der berechneten und durch Vorversuche festgestellten Spannung von 1 Volt nicht auskam. Die Badspannung stieg schon nach wenigen Tagen in einzelnen Fällen bis zu 5 Volt, was durch eine massenhafte Schwefelabscheidung an den Anoden bewirkt wurde. Diese zerbröckelten außerdem dadurch, daß Kupfer und Eisen aus ihnen herausgelöst wurden, wobei ihre am Boden sich ansammelnden Teile Kurzschluß bewirkten. Auch scheint eine auftretende Polarisation spannungserhöhend gewirkt zu haben. Mit diesen Übelständen nahm die Unreinheit des Kupfers zu. Man ersetzte deshalb die löslichen Kupfersteinanoden zunächst durch Bleianoden. Auch hier wurden anfangs bei einer Spannung von 1,7 Volt gute Resultate erhalten, bald aber verminderte sich die Menge des ausgeschiedenen Kupfers bis auf 60 % der theoretisch berechneten, wobei die Spannung von 2,15 Volt stieg.

An diesem Ansteigen war wiederum die Polarisation schuld, durch die an den Anoden PbO_2 gebildet wurde, das einen den Hauptstrom schwächenden Polarisationsstrom erzeugte. Um seine Bildung hintanzuhalten, wurden reduzierende Mittel, vor allem schweflige Säure in Anwendung gebracht. Es trat zwar keine Spannungsverminderung, wohl aber eine erhöhte Ausbeute von vorzüglichem Kupfer mit einem Reingehalt von 99,984 % ein. Außer der Bildung großer Mengen von Schwefelsäure, die beim Extrahieren des Kupfersteins so viel Salze aufnahm, daß sie schließlich im Bade auskristallisierten, wurden weiter keine Übelstände wahrgenommen. Das Verfahren war also nahe daran, in einen betriebsfertigen und brauchbaren Zustand gebracht zu sein, als die Versuche eingestellt wurden, weil man sich in Stolberg nunmehr dem Verfahren von Siemens & Halske zuwandte.

Es sei hier angefügt, daß ein dem Marcheseschen ähnliches Verfahren gegenwärtig in Österreich probeweise wieder aufgenommen worden ist. Der Verfasser hat jedoch nicht die Genehmigung, hierüber nähere Angaben zu machen.

Das Verfahren von Laszczynski.

Dieses Verfahren[1]) wird in Miedzianska in Russisch-Polen ausgeübt und ergab in längerem Betriebe zufriedenstellende Resultate.

Die Erze (Kupferglanz, Kupfergrün, Lasur und Malachit nebst Kalkspat und Quarz als Muttergestein) werden vermischt, vermahlen, mit Ton gemischt, zu Kuchen gepreßt und geröstet. Hierauf erfolgt Auslaugen mit 5 proz. Schwefelsäure in der Weise, daß die teilweise gesättigte Lösung auf frisches Erz kommt und daß die frische saure Lösung auf das schon zum Teil ausgelaugte Erz gegeben wird. Da das Eisenoxyd in derart verdünnter Schwefelsäure unlöslich ist, so erhält man eine Kupfersulfatlösung mit 5 % Kupfer. Diese wird filtriert und elektrolysiert. Nach 24 Stunden wird der Elektrolyt erneuert.

Als Elektrolysiergefäße kommen viereckige, mit Bleiblech ausgekleidete Kessel von je 1 cbm Inhalt zur Verwendung. Jeder Kasten enthält neun Anoden von 3 mm starkem Bleiblech und acht Kathoden, von denen jede aus fünf Kupferblechen von 750 $\times$ 150 $\times$ 0,4 mm gebildet wird. Während der Elektrolyse wächst ein solches Blech bis zur Stärke von 20—30 mm. Die Anoden bestehen ebenfalls aus je fünf Bleiblechen und sind mit Baumwollstoff umwickelt. Der Elektrolyt wird durch hölzerne Rahmen, die zwischen jeder Anode und Kathode auf und ab schwingen und durch eine Welle angetrieben werden, bewegt.

Der Stromverbrauch beträgt pro Wanne 2,5 Volt und 900 Amp., wodurch in 24 Stunden 25 kg Kupfer abgeschieden werden. Die frische Lauge enthält 1 % freie Säure und

---

[1]) Elektrochemische Zeitschrift XI, 2, 48; 3, 54.
Elektrotechnische Zeitschrift 1906, 49, 1146.
D. R. P. 144 282.

5 % Kupfer, die entkupferte 1,5 % Kupfer und 5 % Schwefelsäure. Sie wird zum erneuten Auslaugen verwendet, so daß ein Kreisprozeß entsteht. Der durch das Lösen des Kalks eintretende Schwefelsäureverlust wird zum Teil durch die Säure gedeckt, die bei der Elektrolyse des beim Rösten entstandenen Kupfersulfats frei wird. Die Kathodenplatten fallen so gut aus, daß sie direkt verkäuflich sind.

Die Erfolge des Verfahrens schreibt v. Laszczynski der vollständigen Abwesenheit von Eisensalzen zu, die bei anderen Verfahren störend wirken, da sie den Nutzeffekt verringern und die Qualität verschlechtern. Bei Anwesenheit von Eisen wird das Ferrosulfat unter dem Einflusse des anodischen Sauerstoffes oxydiert:

$$2\,FeSO_4 + H_2SO_4 + O = Fe_2(SO_4)_3 + H_2O.$$

Das Ferrisulfat wirkt teilweise lösend und daher zerfressend auf das abgeschiedene Kupfer und verschlechtert dessen Qualität. Laszczynski hebt diese schädliche Wirkung einesteils durch die Art der Gewinnung des Elektrolyten, anderseits dadurch auf, daß er die Bleianoden nicht blank in die Lösung hängt, sondern sie mit dickem Baumwollstoff, der fest an ihnen anliegt, umhüllt. Die Wirkung dieser Vorrichtung wird als glänzend angegeben: die Oxydation des Eisens unterbleibt und damit auch die Einwirkung auf das Kupfer. Der Nutzeffekt des Stroms soll nahezu theoretisch sein, nämlich 1,15 g pro 1 Amp.-Stunde. Der umhüllende Stoff ist für die Lösung vollkommen durchlässig, und selbst bei sehr geringem Kupfergehalt der Lauge fallen die Niederschläge noch tadellos aus.

Nach Angabe von Laszczynski ist das Verfahren, zu dessen Ausbeutung jetzt neben der bisherigen Anlage eine zweite gebaut wird, für alle Arten von Kupfererzen geeignet, auch für solche, die neben Eisen noch Zink, Blei, Arsen und andere Metalle enthalten.

Das Verfahren von Keller.

Albert Keller hat neuerdings sein für die elektrometallurgische Eisendarstellung konstruiertes Ofensystem, das unter »Eisen« (siehe S. 55) beschrieben ist, dazu verwendet, um auch Kupfer direkt aus den Erzen auf elektrothermischem Wege herzustellen. Die Versuche sind nach den Mitteilungen von Dary[1]) gelungen. Dieser interessante Versuch der elektrischen Kupfergewinnung direkt aus den Erzen ist deshalb ganz besonders bemerkenswert, weil er die Aussicht eröffnet, die niederprozentigen, dem Arbeiter genullten Erze noch auf Kupfer zu verarbeiten und so ein bisher für die Kupfergewinnung ungeeignetes Rohmaterial nutzbar zu verwerten. Der nach dem Kellerschen Verfahren erhaltene Kupferstein wird dann noch einem elektrolytischen Raffinationsverfahren unterworfen.

Bei dem Kellerschen Verfahren werden die Erze in einem ersten elektrischen Ofen geschmolzen und dann in einem zweiten in regelmäßigen Fluß gebracht. Es wird so eine vollkommene Trennung des Kupfersteins erzielt. Die Schlacken fließen durch eine obere, der Kupferstein durch eine untere Abstichöffnung ab. Mit einem Ofen von 1000 PS hat Keller gemeinsam mit Wattier chilenische Erze, die ungefähr 6—7 % Kupfer enthielten, verarbeitet und davon 25 t in 24 Stunden geschmolzen. Der Betriebsverbrauch stellte sich auf etwa 500 KW (4750 Amp. bei 119 Volt). Die Zusammensetzung der erzielten Produkte ist die folgende:

Kupferstein		Schlacke	
Si	0,800 %	Si	27,2 %
Al	0,500 »	Al	5,2 »
Fe	24,300 »	CaO	9,9 »
Mn	1,400 »	Mg	0,39 »
S	22,960 »	Fe	32,5 »
P	0,005 »	Mn	8,23 »
Cu	47,900 »	S	0,57 »
		P	0,06 »
		Cu	0,1 »

Ein besonderer Wert des Verfahrens liegt darin, daß man die an Eisen und Silicium reichen Schlacken zur Herstellung von Ferrosilicium benutzen kann, indem man sie einfach

[1]) L'Électricien 1906, 31, 276.

sofort in einen besonderen elektrischen Ofen bringt, worin man sie einer hohen Temperatur aussetzt.

Als Betriebsergebnisse und Rentabilitätsberechnung gibt Dary an, daß man bei den alten Öfen, um eine Tonne Kupfer aus 6—7 proz. Erzen herzustellen, 3200 kg Koks für 256 M. benötigt, den Kokspreis von 80 M. für eine Tonne zugrunde gelegt. Bei elektrischen Öfen erfordert das Schmelzen von 16 t Erz einen Energieaufwand von 1,25 KW-Jahren, d. h. eine Ausgabe von 30,40 M., das KW-Jahr mit 24 M. in Anschlag gebracht. Der Verbrauch an Elektroden beträgt 75 kg für die Tonne Kupfer, die im Kupferstein enthalten ist, entsprechend einer Ausgabe von 36 M., was insgesamt 66,4 M. ergibt oder eine Ersparnis gegen die alten Verfahren von 169,6 M. für die Tonne Kupfer bedeutet.

Um aus 4 proz. Kupfererzen eine Tonne Kupfer zu gewinnen, ist bei den gewöhnlichen Öfen eine Ausgabe von 144 M. nötig, während bei elektrischen Öfen diese Ausgabe nur 18 M. beträgt, indem der Energieverbrauch von 1,25 KW-Jahren auf 2 KW-Jahre steigt. Diesen Angaben sind natürlich die Preise in solchen Ländern zugrunde gelegt, wo die elektrische Energie aus billigen Wasserkräften erzeugt wird. In den übrigen Ländern müßten zum Zwecke der elektrothermischen Kupfergewinnung elektrische Öfen mit Vorwärmung der Beschickung durch billige Gase in Anwendung kommen. (Siehe bei »Eisen« S. 48.)

(Auch im Stassano-Ofen (siehe S. 14) vermochte Vanoy[1]) Kupfererze zu verhütten. 2 × 2000 Amp. × 110 Volt verarbeiteten pro Stunde eine Tonne Beschickung auf Kupferstein.)

Die elektrolytische Raffination des Kupfers.

Es wurde in vorstehenden Ausführungen bereits mehrfach darauf hingewiesen, daß sich die keineswegs als vollkommen aussichtslos zu verwerfenden Methoden zur elektrischen Gewinnung des Kupfers aus Erzen und Steinen bisher keinen Eingang in die Technik zu schaffen vermochten.

---

[1]) Elektrochem. Technik 1904, 103.

In desto größerem Umfange haben sich die elektrolytischen Raffinationsmethoden eingebürgert, die heutzutage nach zwei Systemen ausgeübt werden, die sich durch die Art und Weise der Elektrodenschaltung unterscheiden. Von diesen beiden Systemen ist das sog. »Multiplesystem«,

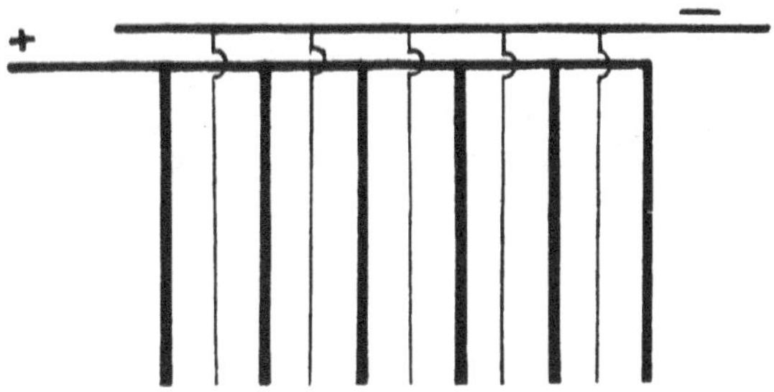

Fig. 94
(Multipleschaltung).

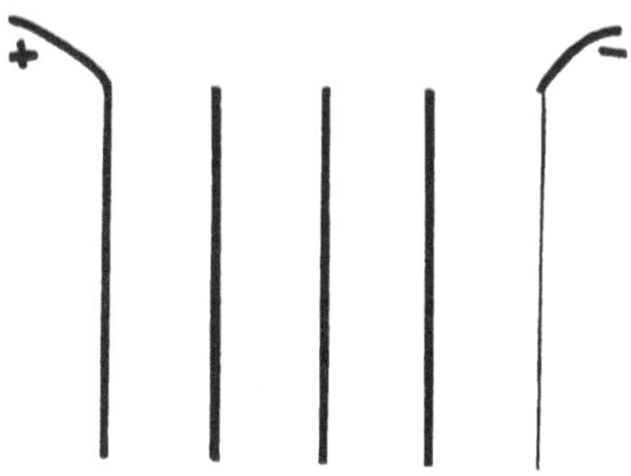

Fig. 95
(Serienschaltung nach Hayden).

das mit Parallelschaltung arbeitet, fast ausschließlich im Gebrauch, während das »Seriensystem« nur noch in zwei Anlagen in größerem Maßstabe zur Anwendung kommt.

Die Unterschiede zwischen dem Multiplesystem einerseits und dem einzigen noch in Verwendung stehenden Seriensystem von Hayden anderseits gehen aus den beistehenden beiden Schaltungsschematen ohne weiteres hervor (Fig. 94 u. 95). Der Grund, warum sich das Multiplesystem gegenüber dem Seriensystem so allgemeine Verbreitung verschafft hat, liegt daran, daß das Multiplesystem pro Tonne Elektrolytkupfer um ungefähr 8—9 M. billiger arbeitet, ja unter Umständen, wenn eine Konverteranlage vorhanden ist, aus der die Anoden direkt gegossen werden können, sogar um etwa 14 M. billiger trotz der größeren Anlagekosten, die es erfordert. Dieser Preisunterschied rührt daher, daß beim Multiplesystem einerseits die Verzinsung geringere Beträge erfordert, weil kein so großer Kupferstock nötig ist wie beim Seriensystem, sowie darin, daß anderseits die Stromausbeute höher ist, wodurch die Betriebskosten billiger sind.

Das Wesen der elektrolytischen Kupferraffination besteht im allgemeinen darin, daß das Kupfer entweder aus den Raffinierflammöfen oder aus dem Konverter oder nach Keller aus dem elektrischen Ofen in Anodenplatten gegossen wird, deren Stärke zwischen 1,5 und 3 cm variiert. Diese Platten werden in Holzkasten aufgehängt, die mit Blei ausgeschlagen sind. In den Kasten befindet sich eine mit Schwefelsäure angesäuerte Kupfersulfatlösung. Als Kathoden wird ebenfalls Kupfer in Form von dünnen Blechen verwendet. Unter der Einwirkung des durch das Bad hindurchgehenden Stroms lösen sich an der Anode Kupfer sowie die elektropositiveren Metalle, wie Nickel, Eisen, Zink usw. Das Kupfer scheidet sich in sehr reinem Zustande und nur durch minimale Spuren von anderen Metallen verunreinigt an der Kathode ab und kann wegen seiner hervorragenden Reinheit direkt in den Handel gebracht werden. Silber, Gold und Platin bleiben teilweise an der Anode, teilweise gehen sie mit Blei (als Sulfat) sowie mit Wismut, Zinn und Antimon (als basische Salze) in den Schlamm. Dieser Schlamm wird nach besonderen Methoden aufgearbeitet. Das Arsen geht meist als arsenige Säure in Lösung (siehe unten).

Als die elektrolytische Kupferraffination aufkam, arbeitete man in verschiedener Hinsicht unrationell, und es war das Verdienst von Kiliani, wie von Wohlwill, auf diesem Gebiete durch ihre Arbeiten bessere Verhältnisse geschaffen zu haben.

Bei der Wichtigkeit dieser Arbeiten für die ganze Entwicklung der Kupferraffination ist es nötig, auf sie etwas näher einzugehen.

Kiliani[1]) war es, der zuerst darauf hinwies, daß man bei der Kupferraffination nicht nur auf das Kupfer selbst, sondern auch auf die Verunreinigungen desselben gebührende Rücksicht nehmen müsse. Bei einer Normaldichte von 20 Amp. auf einen qm und einer Lösung von 150 g Kupfervitriol mit 50 g Schwefelsäure in 1 l bleibt Kupferoxydul als schlechter Leiter vom Strome unberührt und geht zunächst in den Schlamm; sekundär jedoch löst es sich allmählich in der Säure, wodurch der Säuregehalt der Lösungen vermindert, der Kupfergehalt hingegen vermehrt wird. Silber, Gold und Platin gehen, solange sie nicht in sehr bedeutenden Mengen vorhanden sind und solange die Lösung normal zusammengesetzt ist, vollständig in den Schlamm über, mit Ausnahme geringer Silberspuren. Wenn jedoch der Elektrolyt neutral geworden ist, so geht Silber in Lösung und wird an der Kathode gefällt. Arsen bleibt, wie wir bereits erwähnten, als Arsensäure im Elektrolyten und kann durch häufige Entfernung der Schlammschicht von den Anoden vermindert werden. Besondere Umstände können zur Entstehung von grünem unlöslichem, schlammigem, arsenigsaurem Kupfer Anlaß geben. Das Antimon geht in saurer, wie in neutraler Lauge zum Teil in Lösung, aus der es bei längerem Stehen wieder teilweise ausgefällt wird, während es zum Teil basisches Antimonsulfat bildet, das an der Anode zurückbleibt. Mit der Zeit bildet sich durch sekundäre Einwirkung der freien Schwefelsäure auch Antimonsäure. Solange die Lösung ihre normale Zusammensetzung behält, wird Antimon an der Kathode nicht niedergeschlagen. Ist hingegen der Elektrolyt neutral geworden, so wird es mit dem Kupfer an der Kathode gefällt, an der es eine fahle Farbe, Sprödigkeit und nadelförmige Auswüchse verursacht. Auch aus kupferarmen Elektrolyten geht das Antimon in das Kathodenkupfer selbst bei Säureüberschuß. Das anodische Eisen geht vor dem Kupfer in

[1]) Berg- und Hüttenm. Zeitschr. 1885, 249.

Lösung und bildet Eisenoxydulsulfat, das mit der Zeit zu dem entsprechenden Oxydsalz oxydiert wird. Auch beim Ansteigen der Stromdichte über einen gewißen Betrag bildet sich dies. Sobald das Kupfer des Elektrolyten bis auf eine geringe Menge (2 g pro Liter) durch Eisen ersetzt ist, tritt Knospenbildung ein. Ähnliche Verhältnisse wie beim Eisen finden beim Zink, Nickel und Kobalt statt.

Tellur und Selen sind von geringem Einfluß auf die Reinheit des niedergeschlagenen Kupfers.

Ebenso wie über den Einfluß verschiedener Metalle hat Kiliani auch über den des Säuregehalts der Lösungen sowie den der verschiedenen Stromdichten eingehende Untersuchungen vorgenommen und wichtige neue Gesichtspunkte aufgestellt. Insbesondere hat er gefunden, daß es bei der elektrolytischen Kupferraffination von höchster Wichtigkeit ist, den Gehalt des Elektrolyten an freier Säuren täglich zu bestimmen und die fehlende Säure zu ergänzen. Ebenso soll man den Kupfergehalt nicht zu weit sinken lassen; die günstigste Stromdichte beträgt 20—30 Amp. auf 1 qm.

Diese klassischen Untersuchungen Kilianis sind später durch Arbeiten Wohlwills noch weiter ergänzt worden, die ausführlich in Borchers, Elektrometallurgie, 3. Aufl., S. 198 ff. wiedergegeben sind und die sich insbesondere auf die Wichtigkeit beziehen, die dem Gehalte des Anodenschlamms an fein verteiltem, metallischem Kupfer beizumessen ist. Die Menge dieses fein verteilten, als »Anodenpulver« bezeichneten metallischen Kupfers hängt nach Wohlwill in erster Linie von der Stromdichte ab und wird in gleicher Zeit um so größer, je kleiner die Stromdichte ist: bei gleicher Stromdichte wächst die Menge des Abfalls mit zunehmendem Säuregehalt des Elektrolyten, und unter sonst gleichen Verhältnissen bezüglich Stromdichte und Säuregehalt ist die Menge des Abfalls um so kleiner, je länger die ununterbrochene Einwirkung des Stroms gedauert hat. Die Abscheidung dieses Pulvers gibt ein wertvolles Mittel zur Leitung des Prozesses an die Hand und ebenso das in den Anodenschlämmen an Kupfer gebundene Chlor, bezüglich dessen Wohlwill ebenfalls grundlegende Untersuchungen angestellt hat.

Auf Grund dieser Arbeiten von Kiliani und Wohlwill sowie derjenigen von Hübel und weiterer von Foerster und Seidel sowie von Egli ergibt sich, daß die Beschaffenheit des Kupferniederschlags in erster Linie von Stromdichte, Temperatur und Zusammensetzung der Lösung abhängig ist. Es ist deshalb neben den verunreinigenden Metallen diesen Faktoren vor allem Aufmerksamkeit zu schenken.

Die elektrolytische Kupferraffination nach dem Multiplesystem wird im allgemeinen in der Weise ausgeführt, daß eine Lösung, die 15—16 % kristallisiertes Kupfersulfat enthält, mit 9—10 % Schwefelsäure angesäuert und entweder durch Strömenlassen oder durch Einblasen von Luft in lebhafter Bewegung erhalten wird. Die beste Arbeitstemperatur liegt zwischen 43 und 52°. Die Stromdichte wird in Amerika, um den Prozeß zu beschleunigen, manchmal ziemlich hoch genommen, in Deutschland hingegen wird im allgemeinen mit Dichten von 30 Amp. pro qm Elektrodenoberfläche gearbeitet. In einzelnen Werken werden auch höhere Dichten verwendet. Die Spannung beträgt 0,1 bis 0,3 Volt je nach der Dichte, der Natur des Elektrolyten und der Elektroden sowie der Temperatur. Auch Kupfernitratlösung ist vereinzelt angewendet worden; sie soll nach Beadle[1]) den Vorteil gewähren, daß man bei doppelt so hoher Stromdichte (400 Amp./qm) arbeiten kann als mit Sulfatlösung (150—200 Amp./qm). Dagegen beträgt die Spannung 3—4 Volt. Praktisch steht ein Verfahren, das mit Nitratlösung arbeitet, in Pforzheim zum Raffinieren einer Legierung, die neben 40—50 % Kupfer noch Silber und Gold enthält, im Betrieb. Der Elektrolyt ist schwach sauer, die Stromdichte beträgt 150 Amp./qm, die Spannung 2,5—3 Volt.

Die einzelnen Verfahren unterscheiden sich durch eine große Anzahl von einzelnen Details voneinander. Sie arbeiten jedoch stets nach den eben angegebenen Prinzipien. Es möge daher genügen, wenn wir als Beispiel für einen Raffinationsprozeß nach dem Multiplensystem, wie er in Deutschland ausgeübt wird, nachstehendes Verfahren beschreiben.

---

[1]) Electrical Review 1902, 51.

Das Verfahren Siemens & Halske — Gebrüder Borchers.

Die von der Firma Siemens & Halske für die Firma Gebrüder Borchers in Goslar eingerichtete Anlage arbeitet mit Anoden, die die in den Siemensschen Anlagen gebräuchliche Form haben.[1]) Das Kupfer wird in Flammöfen raffiniert bzw. eingeschmolzen. Als Bäder dienen mit Blei

Fig. 96.

ausgelegte Holzbottiche *H* (Fig. 96), als Kathoden dünne Feinkupferbleche. Das Bleifutter ist über den Bottichrand umgebogen. Auf diesen wird ein mit Öl oder anderen das Ansaugen von Wasser hindernden Stoffen getränkter Holzrahmen *r* aufgelegt, um die Stromleitungen, zwei Kupferblechstreifen + und — isoliert, voneinander zu halten. Vor dem Einsetzen der Elektroden wird der Abflußheber *x* in den

[1]) Borchers, Elektrometallurgie, 3. Aufl., 221.

Bottich eingesetzt, dann folgt der auf einem niedrigen Holztische *t* ruhende Schlammsammelteller *s*, eine an ihren Rändern aufgebogene Bleiplatte. Die Anoden werden direkt in die Bäder eingehängt, sie werden von den Leitungen durch kleine Gummiplatten isoliert. Es sei hier bemerkt, daß schon eine Berührung des Gummis mit der Lösung genügt, um dem Elektrolyten einen schädlich wirkenden Gehalt an organischer Substanz zu verleihen. Die Kathoden werden an Haken aus Kupferblech auf Holzleisten gehängt. Zur Hervorbringung der Laugenzirkulation wurde jedes Bad mit einem mit zahlreichen engen, nach unten gerichteten Spitzen versehenen Verteilungsrohr *v* versehen. Die Verbindung zu der Verteilungshauptleitung wird von den einzelnen Bädern aus durch einen mit Quetschhahn *q* versehenen Gummischlauch bewirkt. Unter dem Schlammteller weg wird die Lauge durch den Hebel *x* nach *z* abgeführt. Die abgeführten Laugen können wieder in den Betrieb zurückgepumpt werden, wobei die Verteilung von einem hochstehenden Behälter aus erfolgt. Sind sie zu unrein, so werden sie zum Zwecke der Regeneration abgeführt; die Regeneration selbst wird durch Verdampfen und Auskristallisierenlassen sowie eventuell durch Fällungen bewirkt.

Die Gebrüder H. und K. Borchers in Goslar waren es, die bei dieser Anlage zuerst das Einblasen von Luft in die Bäder einführten, zum Zwecke, die in Lösung gegangenen Arsen-, Kobalt-, Nickel- und Eisenverbindungen so zu oxydieren, daß sie sich innerhalb des Elektrolyten als Arseniate niederschlugen. Die Fällung durch das Einblasen von Luft geht in so ruhiger Weise vor sich, daß die Laugen vollständig klar bleiben. Bei abnehmendem Säuregehalt des Elektrolyten fallen auch Wismut und Antimon zum Teil als unlöslich aus und mengen sich dem Bäderschlamme bei. Durch Erwärmung der Laugen soll nach Siemens & Halske die Fällung von Antimon und Wismut noch besonders begünstigt werden. Gelingt es nicht, die Antimon- und Wismutverbindungen zu entfernen, so sättigt sich der Elektrolyt doch mit ihnen, er muß dann abgezogen und in einem besonderen Behälter regeneriert werden. Ein wesentlicher Vorteil dieses Verfahrens liegt darin, daß die Stromdichte bedeutende

Erhöhungen verträgt, wodurch die Betriebskosten beträchtlich reduziert werden. Die durch Erhöhung der Stromdichte zu erzielenden Ersparnisse gehen daraus hervor, daß bei 30 Amp. Stromdichte pro Tonne täglichen Kupferertrags 74,90 M. tägliche Betriebskosten erwuchsen, während sie bei einer auf 100 Amp. erhöhten Stromdichte nur noch 58,95 M. betrugen.

Das Verfahren von Thofern.

Als Beispiel eines amerikanischen Verfahrens sei das von Thofern angegeben, wie es in einem Werke der »Anaconda Mining Company« ausgeführt wird.

Zu diesem Verfahren werden Bäder verwendet, die sich in mit Blei ausgekleideten Holzbottichen befinden. Es sind stets 5—6 Bäder hintereinander gestellt und zwei solche Reihen auf einem gemeinschaftlichen Unterbau angeordnet. Hierdurch soll bewirkt werden, daß die Lösung nur durch wenige Bäder geht, ehe sie zu den Reinigungsvorrichtungen und Pumpen gelangt, von wo aus sie dann von neuem in den Kreislauf tritt. Maßgebend für diese Einrichtung war die Erwägung, daß nach Thoferns Berechnungen beim Übergang von einem Bade zum anderen 0,15 Volt und in den Leitungen 5 % der elektrischen Energie bei einer täglichen Verarbeitung von 2,4 t verloren gehen. Anoden und Kathoden sind im Nebenschluß geschaltet. Der Strom geht vom ersten Bad zum benachbarten der zweiten Reihe, von diesem zum zweiten derselben der Reihe, dann zum zweiten der ersten Reihe usw. Die Flüssigkeit zirkuliert durch sämtliche Bäder und wird, wenn sie aus dem letzten abfließt, aufgefangen und in einen hochgelegenen Verteilungskasten gepumpt, von wo sie wieder ihren Kreislauf antritt. Zum Zwecke der Aufrechterhaltung desselben sind die Bäder treppenförmig übereinandergestellt. Als Anodenmaterial wird ein Schwarzkupfer mit 98 % Kupfer verwendet, das durch geringe Mengen von Arsen, Antimon, Selen, Tellur, Eisen, Blei, etwas Silber und Spuren von Gold verunreinigt ist. Die Stromdichte soll 100 bis 200 Amp. pro qm Kathodenoberfläche betragen, wobei die Temperatur der Flüssigkeit auf 40—50° gehalten wird. Der Elektrolyt wird stark angesäuert, um seinen Widerstand zu verringern und dadurch eine Kraftersparnis zu erzielen. Die Anodenplatten werden mittels besonderer Flaschenzüge ein und aus gehoben und ebenso die Kathodenbleche. Der Kupferstock beträgt pro Bottich etwa 4 t Kupfer. Jeder einzelne Bottich ist besonders an eine Meßleitung angeschlossen, und es wird stündlich in demselben eine Messung vorgenommen, deren Resultate automatisch registriert werden.

Das Elmore-Verfahren.[1])

Durch besondere mechanische Behandlung kann man dem Kupfer noch besondere physikalische Eigenschaften verleihen, die auf dem Wege der einfachen Raffinationsarbeit nicht zu erzielen sind. Als Beispiel für ein Verfahren, bei dem die Qualität des Kupfers durch mechanische Einflüsse in weitgehendster Weise verändert wird, kann das ebenfalls nach dem Multiplensystem arbeitende Elmore-Verfahren dienen, wobei bemerkt sei, daß auch Thofern unter hydraulischem Druck Drähte aus Elektrolytkupfer herstellt.[2])

Das Wesentliche des Verfahrens besteht darin, daß der Niederschlag während seiner Entstehung durch ein passendes Glättwerkzeug bearbeitet und verdichtet und gleichzeitig auch durch Ermöglichung einer größeren Stromdichte die Niederschlagsgeschwindigkeit erhöht wird.

Es eignet sich das Elmore-Verfahren also hauptsächlich zur Anfertigung solcher Gegenstände, welche hohen Anforderungen bezüglich Festigkeit und Dehnbarkeit zu genügen haben, wie Röhren, Trockenzylindern, Koch- und Windkesseln.

Die Herstellungsweise nahtloser Kupferröhren nach dem Verfahren ist im wesentlichen folgende:

Das Rohkupfer kommt in Form von Chilibars oder kleinen Blöckchen in die Fabrik.

---

[1]) Elektrochemische Zeitschrift I, 2. 18.

[2]) Zeitschr. d. Ver. deutscher Ingenieure 1898, 1119.

Da es sehr wesentlich ist, für die Aktion der während des Niederschlagsprozesses auf das Kupfer einwirkenden Schwefelsäure eine möglichst große Angriffsfläche zu schaffen, ist eine feinkörnige Form des Rohkupfers zu elektrolytischen Zwecken am besten geeignet. In diese körnige Form wird das Kupfer durch Schmelzen in einem Flammofen und Ablaufen im flüssigen Zustande in einen vor dem Stichloche plazierten, mit Wasser gefüllten Behälter gebracht.

Das gekörnte Kupfer gelangt nun zunächst in den Raum, wo die Kupferbäder, hölzerne, verpichte Bottiche von ca. 4—7 m Länge, in langen Doppelreihen aufgestellt sind. — Dort wird es so plaziert, daß es am Boden der Bottiche eine Schicht von 10—15 cm bildet und als Unterlage ein 2—3 mm dickes, mit dem positiven Pol der Dynamomaschine verbundenes Kupferblech hat. — Dieses Kupferblech bewirkt eine gleichmäßige Verteilung des eintretenden Stroms auf die ganze Anodenfläche. — In einem Abstande von 4—5 cm wird über dem gekörnten Kupfer ein eiserner oder kupferner Hohlzylinder gelagert, welcher als Kern oder Dorn für das zu erzeugende Rohr dient.

Dieser Dorn, dessen Endzapfen in Glaslagern laufen, wird durch einen Kettenantrieb in kontinuierliche Drehung versetzt. — Der Kettenantrieb erhält seine Bewegung durch eine zwischen den Bottichreihen plazierte Transmissionswelle in der Weise, daß der Antriebmechanismus eines jeden Bottichs nach Belieben ein und aus gerückt werden kann.

Die Kernrohre tragen an ihrer Stirnseite einen mit denselben leitend verbundenen Kontakt-Ring, auf welchem eine Schleifbürste die Stromabnahme und Weiterführung zum nächsten Bottiche besorgt.

Wird nach Anfüllen der Bottiche mit einer Kupfervitriollösung, welche noch 2—3% Schwefelsäure enthält, das elektrolytische Verfahren eingeleitet, so durchläuft der von der Dynamomaschine kommende Strom zunächst eine Reihe von Meßinstrumenten, tritt dann in das gekörnte Kupfer des ersten Bottichs ein und geht hernach in gleichmäßiger Verteilung durch die Lösung über auf die Kathode und von dort durch die Schleifbürste zur Anode des nächsten Bottichs.

— Die Bottiche sind in Gruppen von 40 Stück hintereinander geschaltet. Die beim Elmore-Verfahren zur Verwendung gelangende Stromdichte beträgt je nach der gewünschten Kupferqualität bzw. Härte desselben 200 bis 600 Amp. qro qm Kathodenfläche, sie ist somit größer als in den meisten Kupferraffinerien.

Schon bei einer Stromdichte von 200 Amp. pro qm würde jedoch die Struktur des auf der rotierenden Kathode niedergeschlagenen Kupfers vollständig kristallinisch werden, es würden sich in Bälde Warzen und sonstige Unebenheiten bilden, wenn nicht — was nun das Wesentliche des Elmore-Verfahrens ist — durch ein Glättwerkzeug die Teilchen geordnet und glatt gestrichen würden. Ohne dieses Glättwerkzeug sind Auswüchse an der Kathodenfläche binnen wenigen Stunden möglich, und keine nachträgliche mechanische Bearbeitung ist imstande, diese Warzenbildungen unschädlich zu machen.

Der Zusammenhang einer solchen Warze, deren Entstehungsursache ein verschwindend kleines Staubkörnchen sein kann, mit den übrigen Teilen des niedergeschlagenen Kupfers ist nicht fester als der eines Astes in einem Brett. Die Warzen würden bei der Bearbeitung eines solchen Rohres herausfallen und so dasselbe unbrauchbar machen.

All diese Erscheinungen werden völlig unmöglich gemacht durch das Glättwerkzeug, welches in Form eines Achatstückes durch leichten elastischen Druck an das sich bildende und im Bade sich drehende Rohr angepreßt wird.

Dieses Achatstück, welches an einem über den Bottich ragenden horizontalen Arm befestigt ist, bewegt sich in der Längsachse des Rohres auf und ab, so daß seine Spur als eine sehr flachgängige Spirale auf der Kathode erscheint.

Sobald das Glättwerkzeug am Ende des Rohres angelangt ist, wird es durch eine automatisch wirkende Vorrichtung umgesteuert und in entgegensetzter Richtung weitergeführt.

Die zu einem Hin- und Hergang benötigte Zeit beträgt ungefähr eine halbe Stunde, so daß die inzwischen entstandene Niederschlagsschicht außerordentlich dünn ist. Der Einfluß des Glättwerkzeugs macht sich nicht nur in der Weise geltend, daß die Oberfläche der so erzeugten Röhren vollständig glatt ist, sondern hauptsächlich wird das Gefüge dadurch ein äußerst dichtes und feinkörniges.

Die Ökonomie des Verfahrens wird zum größten Teile bedingt durch die Stromdichte bzw. die Niederschlagsgeschwindigkeit. Auch ist es sehr wesentlich, daß zur Erzielung gleichmäßiger Kupferniederschläge in allen Bottichen ungefähr die gleiche Stromdichte gewählt wird. Um dies zu erreichen, müssen die Kathodenflächen in den einzelnen Bottichen annähernd die gleichen sein, weil die Bottiche, wie schon erwähnt, zu je 40 hintereinander geschaltet sind.

Die mittlere Stromstärke in einer solchen Gruppe beträgt ungefähr 800 Amp. bei einer Spannung von 40—50 Volt. Unter der Voraussetzung, daß 1 Amp. pro Stunde 1,18 g Kupfer niederschlägt, beträgt die theoretische Wochenproduktion für 1 Bottich:

$$168 : 1{,}18 : 800 = 158{,}59 \text{ kg.}$$

Es ist ferner die pro Bottich benötigte Gesamt-Kathodenfläche bei einer Stromdichte von

$$200 \text{ Amp.} = \frac{800}{200} = 4 \text{ qm.}$$

Je nach dem Durchmesser der Rohre müssen deshalb zur Bildung dieser Kathodenfläche 1, 2, 3 oder 4 Röhren in einem Bottich plaziert werden. Die Normallänge der Röhren beträgt 3 m und es ist somit die Dicke D der in einer Woche erzeugten Niederschlagsschicht

$$D = 100 \frac{158{,}59}{30 \times 4{,}24 \times \pi \times 8{,}95} = 4{,}46 \text{ mm},$$

wobei das spezifische Gewicht des Elmore-Kupfers zu 8,95 angenommen wird.

In neuerer Zeit bringen die Leeds Copper Works Ltd. und Jobling[1]), um die Badspannung zu verringern, die Anoden möglichst gleichweit von den Kernen an, indem sie gleichzeitig die Ecken und Seiten der viereckigen Füllbottiche mit Anodenkupfer belegen.

---

[1]) Am. Pat. 760 063/1902.

Die Elmore-Werke verfügen über Einrichtungen, welche ihnen ermöglichen, Röhren von 20 mm bis zu den größten Durchmessern anzufertigen. Diese großen Röhren finden als Trockenzylinder an Papier- und Syvingmaschinen Verwendung. Solche Zylinder weisen bei 2 m Durchmesser und 3 mm Wandstärke für einen Arbeits-Dampfdruck von 3 Atmosphären genügende Festigkeit auf.

Die kleineren Röhren finden Verwendung als Walzen, Walzenüberzüge, Dampf- und Wasserleitungsröhren. Letztere werden in Längen von 5—7 m hergestellt. — Kleinere Dimensionen, welche nicht mehr direkt auf Dornen erzeugt werden können, werden mittels der Ziehbank aus großen Rohren herunter gezogen.

Die neuen Elmore-Werke in Leeds[1]) vermögen Röhren bis zu 4 m Länge herzustellen.

Das Elmore-Kupfer ist in seinem Naturzustande biegsam und äußerst dehnbar, so daß die Rohre behufs Aushämmern von Flanschen usw. nicht ausgeglüht werden müssen. — Es behält dadurch seine hohe Festigkeit bei, während hart gelötete Rohre infolge des Ausglühens sehr viel an Festigkeit einbüßen.

Das Seriensystem, dem die Schaltung der Voltaschen Säule zugrunde liegt, wird gegenwärtig nur noch von der »Baltimore Electric Refining Company«, sowie von der »Nichols Chemical Company« angewendet. Auf seine Vor- und Nachteile wurde bereits oben hingewiesen und es sei hier noch ergänzend hinzugefügt, daß ein besonderer Nachteil in dem bedeutenden Anodenabfall liegt. Die nach diesem System arbeitenden Verfahren von Stalman, Schmidt und Randolph werden jetzt nicht mehr ausgeübt, so daß gegenwärtig als der einzige Repräsentant dieses Systems das Hayden-System gelten muß.

[1]) Elektrochemische Zeitschrift XI, 2, 25.

Das Verfahren von Hayden.

Das Haydensche Verfahren[1]) verwendet genau so wie das Multiplesystem senkrecht in die Bäder eingehängte Elektroden, bei den Systemen von Smith und Randolph hingegen waren horizontale Elektroden in Gebrauch. Die Elektrodenschaltung ist bereits auf S. 269 angegeben. Die einzelnen Bäder einer Anlage, die aus geteerten Dachschieferplatten bestehen und von denen jedes 140—150 Platten enthält, sind hintereinander geschaltet. Da die zwischen der Anode und der Kathode befindlichen Platten auf der Anodenseite Kathoden, auf der Kathodenseite Anoden sind, und da das Kupfer in der Richtung vom positiven zum negativen Pol wandert, indem es sich an der einen Seite der Platte auflöst und an der ihr zugekehrten Seite der nächsten Platte niederschlägt, so werden im Verlaufe des Prozesses sämtliche Platten mit Ausnahme der Endplatten in Elektrolytkupfer umgewandelt. Bei ununterbrochener Aufrechterhaltung des Betriebs in der gekennzeichneten Art würde sich durch die Wirkung des Stroms das auf den Platten niedergeschlagene Kupfer wieder lösen und auf den Nachbarplatten niederschlagen. Um dies zu vermeiden, ist es nötig, den Strom von Zeit zu Zeit zu unterbrechen und das niedergeschlagene Kupfer zu entfernen.

Die Stromdichte beträgt ungefähr 160 Amp. pro qm; infolge der zwischen den Endplatten eines Bades herrschenden hohen Spannung entstehen Stromverluste. Um mit der eben angeführten Stromstärke eine Platte von 6,4 mm Stärke, 0,61 m Länge und 0,61 m Breite aufzulösen, sind ungefähr 12 Tage nötig. Der Elektrolyt befindet sich genau so wie beim Multiplesystem in ständiger Bewegung, und die Reinigung desselben wird ebenfalls nach den bei diesem gebräuchlichen Prinzipien vorgenommen.

Der Anodenschlamm.

Allgemeines.

Der Anodenschlamm enthält, wie bereits erwähnt, die Edelmetalle des Anodenkupfers, deren Scheidung vom Kupfer

[1]) Engineering and Mining Journ. 1892, 54, 126.

und Gewinnung in reinem Zustande einen der hauptsächlichsten Nebenbetriebe der Kupferraffinerien bildet.

Aber auch bei anderen Prozessen, insbesondere bei der Läuterung des Bleis, fallen Anodenschlämme an, die ebenso wie die des Kupfers eine ganze Anzahl von Metallen in den verschiedensten Mengen enthalten.

Die Methoden und Vorschläge zur Reinigung derartiger Anodenschlämme, die wir nachstehend zusammenfassend behandeln wollen, sind außerordentlich verschiedene und sehr zahlreiche; im allgemeinen laufen sie jedoch auf dieselben Prinzipien hinaus, und im besonderen müssen sie der jeweiligen Zusammensetzung des Schlamms angepaßt werden.

Vergleichende Untersuchungen und ein neues Verfahren zur Reinigung der Schlämme rühren von Betts her, dessen für die moderne Schlammbearbeitung grundlegenden Arbeiten[1]) wir in nachstehenden Ausführungen folgen.

Der bei der Bleiraffination rückständige elektrolytische Schlamm variiert in bezug auf die ihn zusammensetzenden Metalle gewöhnlich viel weniger, als man annehmen sollte; der Prozentgehalt an ihnen variiert hingegen sehr. Nachstehende Tabelle (siehe S. 284) gibt Analysen desselben sowie des Kupferschlamms.

Der bei der Kupferraffination rückständige elektrolytische Schlamm ist von verschiedener Natur. Arsen, Antimon und Wismut stehen in der Spannungsreihe etwas über Kupfer und um ein bedeutendes unter Blei, so daß man im Bleischlamm diese Metalle als Metalle findet, während sie im Kupferschlamm größtenteils als Oxyde vorhanden sind. Der im Kupferschlamm enthaltene Schwefel rührt von den Anoden aus Blasenkupfer her, die, wie die landläufige Theorie lehrt, gelöste schweflige Säure, doch wahrscheinlicher Kupferoxydul und Kupfersulfid enthalten, die nicht aufeinander reagiert haben. Indem sich die Anode auflöst, geht das Kupfersulfid in den Schlamm über, wodurch der hohe Schwefelgehalt manchen Schlamms erklärlich wird.

---

[1]) Elektrochemische Zeitschr. 1906, XIII., 25.

Anoden	% Cu	% Ag	% Sb	% As	% Pb	% Bi	% S	% Fe	Au.	% Se	% Te	
1. Blei, Trail, B. C.	8,83	28,15	27,10	12,42	17,05	—	—	1,27	—	—	—	Trans. Am Inst. Min.
2. » » » »	22,36	23,05	21,16	5,40	10,62	—	—	1,12	1,12	—	—	Eng. 1904, S. 182.
3. Blei, Monterey, Mex.	1,90	32,11	29,51	9,14	9,05	Spur	—	0,49	29,1	—	—	Trans. Am. Inst. Min.
4. Blei, mexikanisches	9,30	4,7	25,32	44,58	10,30	0,52	—	—	—	—	—	Eng. 1904, S. 183.
5. Blei, mexikanisches	6,38	3,90	50,16	15,23	5,30	19,74	—	—	—	—	—	Original.
6. Blei, Trail, B. C.	1,40	31,62	35,71	4,91	9,57	—	—	—	180,33	—	—	Mines and Minerals,
7. Blei, Trail, B. C.	6,60	32,21	24,60	2,20	12,60	—	—	—	81,99	—	—	Bd. 25 (1905), S. 288.
8. Blei, reiches, Parks Verfahren	12,56	78,45	4,12	—	3,00	0,88	—	—	—	—	—	Original.
9. Blei, Trail, B. C.	7,10	29,20	30,50	6,10	10,20	—	—	—	—	—	—	Original.
10. » » » »	7,10	31,90	37,60	2,80	12,60	—	—	—	—	—	—	Original.
11. » von El Doctor-Mine, Mexico	7,82	2,44	75,34	0,24	12,23	1,95	—	—	—	—	—	Original.
12. Kupfer, Montana Konverter Anoden	41,00	24,00	—	—	—	—	—	—	18,0	—	—	Trans. Am. Inst. Min.
13. Kupfer, Montana Schmelzofen-Anoden	18,00	51,4	—	—	—	—	—	—	38,0	—	—	Eng. 1904, S. 310.
14. Kupfer, Boston and Montana	57,00	14,80	2,00	2,60	5,26	5,70	—	—	2,0	—	1,0	Original.
15. Kupfer, Boston and Montana	53,29	12,90	3,30	1,15	Spur	1,55	11,96	—	—	—	1,97	Original.

Die besonderen für die Verarbeitung wichtigen Reaktionen der im Schlamme fein verteilten Metalle sind folgende:

Blei wird natürlich durch Sulfate und oxydierende Agentien in unlösliches Bleisulfat verwandelt. Beim schließlichen Schmelzen mit Soda wird das Bleisulfat leicht in Fluß gebracht.

Es wird durch HCl im Luftstrom, Chlor, Eisenchlorid etc. in schwerlösliches Bleichlorid verwandelt; nicht löslich ist es in unterchlorigsaurem Natrium, Chlornatriumlösung und kohlensaurem Natron im Luftstrom, etwas löslich in $NaOH$ im Luftstrom. Natriumthiosulfat im Luftstrom, tetrathionsaures Natrium und unterschwefelsaures Natrium sowie Schwefelnatrium im Luftstrom erzeugen nur Bleisulfid. Fluorkieselsaures Eisen, Bleihyperoxyd und Kieselfluorsäure lösen Blei sehr leicht als fluorkieselsaures Blei auf.

Kupfer verwandelt sich durch Behandlung mit Ferrisulfat sehr schnell in schwefelsaures Kupfer. Das meist im Schlamm anwesende Kupfersulfid wird schnell zersetzt, doch sollte zur Erzielung guter Resultate die Temperatur nicht so hoch gebracht werden, daß dieselbe eine Wiederverbindung des geschiedenen Schwefels zur Folge haben würde. Es geht schnell durch HCl im Luftstrom und durch andere chlorierende Agentien in Kupfer-Chlorür und -Chlorid über. Eisenfluorid gibt leichtlösliches Kupferfluorid. Kupferfluorid und Kupfer scheinen nicht unter Bildung von Kupferfluorür zu reagieren, ebenso wie Kupferchlorid und Kupfer. Natrium-Hypochlorid agiert nicht wesentlich. Unterschwefligsaures Natrium im Luftstrom ergibt etwas Kupfersulfid.

Fluorkieselsaures Eisen, Kieselfluorsäure und Bleihyperoxyd geben schnell lösliches fluorkieselsaures Kupfer.

Silber mit Ferrisulfatlösung löst sich in heißem Zustande als Silbersulfat leicht auf. Die umgekehrte Aktion scheint bei der Abkühlung in dem Maße stattzufinden, daß das Silbersulfat herauskristallisiert, so daß Silbersulfat in Kristallen durch schwefelsaures Eisenoxydul reduziert werden kann. Wenn Schwefel in feinverteilter Form gegenwärtig ist, so scheint die folgende Reaktion stattzufinden:

$$Ag_2SO_4 + S + 2\,FeSO_4 = Ag_2S + Fe_2(SO_4)_3.$$

Löslichkeit des Silbersulfats in 100 ccm Schwefelsäure.

Temperatur	Destill. Wasser	5 % H_2SO_4 Lösg.	10 % H_2SO_4 Lösg.	20 % H_2SO_4 Lösg.	30 % H SO Lösg.
2° C	0.774 g Ag_2SO_4	1,010 g Ag_2SO_4	0,939 g Ag_2SO_4	0,658 g Ag_2SO_4	0,518 g Ag_2SO_4
	0,536 » Silber	0,699 » Silber	0,650 » Silber	0,455 » Silber	0,359 » Silber
40° C	0,979 » Ag_2SO_4	1,637 » Ag_2SO_4	1,611 » Ag_2SO_4	1,159 » Ag_2SO_4	0,931 » Ag_2SO_4
	0,678 » Silber	1,133 » Silber	1,115 » Silber	0,802 » Silber	0,644 » Silber
65° C	1,185 » Ag_2SO_4	2,884 » Ag_2SO_4	2,735 » Ag_2SO_4	2,318 » Ag_2SO_4	2,072 » Ag_2SO_4
	0,820 » Silber	2,000 » Silber	1,893 » Silber	1,605 » Silber	1,434 » Silber
90° C	1,361 » Ag_2SO_4	4,040 » Ag_2SO_4	3,863 » Ag_2SO_4	3,644 » Ag_2SO_4	3,005 » Ag_2SO_4
	0,942 » Silber	2,800 » Silber	2,674 » Silber	2,523 » Silber	2,565 » Silber

Über die Löslichkeit von Silbersulfat in Schwefelsäure von verschiedener Stärke gibt beistehende Tabelle Aufschluß. Silber im Schlamm wird schnell durch chlorierende Agentien verändert, selbst durch Natrium-Hyperchlorid in Chlorsilber übergeführt. Heißes Ferrifluorid gibt lösliches Silberfluorid, wie dies auch durch Chromsäure und Fluorwasserstoffsäure gebildet wird. Unterschwefelsaures Natrium und Luft erzeugen bis zu einem gewissen Grade Silbersulfid. Alkalien und ein Luftstrom agieren nicht, doch Alkalisulfide ergeben Silbersulfid. Fluorkieselsaures Eisen und Bleihyperoxyd mit Kieselfluorsäure geben lösliches fluorkieselsaures Silber.

Gold in der im elektrolytischen Schlamm vorkommenden Form wird nur unvollständig von freiem Chlor und chlorerzeugenden Verbindungen gelöst.

Wismut besitzt die Eigentümlichkeit, daß es in zwei verschiedenen Salzarten in Lösung geht, auf welche Tatsache man früher nicht geachtet zu haben scheint. Wismut und eine kalte Ferrisulfatlösung, die freie Schwefelsäure enthält, reagieren sehr schnell unter fast vollständiger Lösung. Wenn diese Lösung erhitzt wird, so wird das gebildete Wismutsulfat verändert und basisches Wismutsulfat scheidet aus. Bei Abkühlung findet keine entgegengesetzte Wirkung statt. Der Niederschlag ist nicht in Schwefelsäure löslich, doch wenn man ihn mit Natron oder Ammoniak wäscht, so wird er in kalter Schwefelsäure leicht löslich. Die Reaktion zwischen Wismut und Ferrisulfat geht bei Erhitzung langsam vonstatten, da das Metall sich mit einer unlöslichen Kruste von basischem Sulfat bedeckt, die es schützt. Das Fällen von basischem Wismutsulfat bei Erhitzung gewährt ein Mittel zum Fällen von reinen Wismutverbindungen. Bei der gewöhnlichen Schlammbehandlung geht Wismut in Oxyd oder basisches Sulfat über. Durch das Waschen des Rückstandes mit Natron und durch Extrahieren mit 20proz. kalter Schwefelsäure kann es zwar gewonnen werden, doch nicht vollständig. Chlor, H Cl im Luftstrom und andere chlorierende Agentien verwandeln Wismut schnell in Chlorid. Ferrifluorid ergibt unlösliches basisches Wismutfluorid. Fluorkieselsaures Eisen und Kieselfluorsäure reagieren analog auf Ferrisulfat. Die Verbindung des unterschwefelsauren Natriums mit Wismutsalzen ist nicht stabil genug befunden worden, um sie verwenden zu können. Alkalien und Schwefelnatrium werden unter oxydierenden Einflüssen Wismut nicht auflösen. Natriumhypochlorid agiert nicht.

Antimon wird durch Ferrisulfat schnell in unlösliches Trioxyd oder basisches Sulfat verwandelt. Dieses kann leicht aus dem Schlamm mittels Kieselwasserstoffsäure extrahiert werden. Antimontrifluorid ist dem Antimontrichlorid bei seiner Reaktion mit Wasser ganz unähnlich, da es durch Verdünnung der Säure nicht zersetzt wird. Es ist ein sehr lösliches Salz; das spezifische Gewicht der gesättigten Lösung ist beinahe 2,5. Durch die Elektrolyse des Antimontrifluorids mit Bleianoden und Kathoden wird Antimon niedergeschlagen und Kieselwasserstoffsäure frei gemacht. Chlor, H Cl im Luftstrom, Eisenchlorid und andere chlorierende Agentien bilden schnell Antimontrichlorid. Ferrifluorid und Antimonpentafluorid bilden schnell Antimontrifluorid. Fluorkieselsaures Eisen agiert analog wie Ferrisulfat, doch nur, wenn die Lösung etwa 0,4% Antimon enthält. Ein Zusatz von Weinsäure zu Ferrisulfat bringt selbst in großen Mengen nur eine kleine Menge des oxydierten Antimons zur Lösung. Ätznatron im Luftstrom oxydiert das Antimon etwas, doch löst es sehr wenig, entgegen einer unrichtigen Angabe von Whitehead[1]). Natrium-Hypochlorid agiert nicht auf Antimon. Schwefelnatrium in einem Luftstrom oxydiert und löst Antimon schnell. Kohlensaures Natrium in einem Luftstrom bewirkt etwas Oxydation. Unterschwefelsaures Natrium in einem Luftstrom hat keine Wirkung.

Arsen ist das aus dem Schlamm am leichtesten lösliche Metall, da es sich unter oxydierenden Bedingungen sowohl in sauren wie alkalischen Lösungen auflöst. Natrium-Hypochlorid löst es schnell. Die Schwierigkeit beim Arsen ist nicht sowohl, es zu lösen, als es in Lösung zu behandeln. Es kann nicht gut elektrisch niedergeschlagen werden und steht in der Spannungsreihe so nahe dem Antimon, dem Kupfer und dem Wismut, daß es durch diese nicht gefällt werden kann. Kupfer jedoch kann in Gegenwart von Arsen elektrolytisch niedergeschlagen werden.

Selen wird aus dem Schlamm durch Ferrisulfatlösung nicht niedergeschlagen, ebensowenig wie durch Ätznatron und durch Schwefel oder äquivalente Lösungen. Es geht leicht durch Schmelzen mit Salpeter in Schlacke über. Bei der elektrolytischen Behandlung nach dem Bettsschen Verfahren verbleibt es bei dem Golde.

Tellur wird aus dem Schlamm durch Ferrisulfatlösung ausgeschieden und durch metallisches Kupfer wieder niedergeschlagen, ähnlich dem Silber. Kupferschlamm, der Schwefel enthält, gibt Tellur, nicht aber Silber, an das Ferrisulfat ab. Die das Silber zurückhaltende Reaktion wird unter »Silber« näher ausgeführt. Selbst beim Schmelzen mit Salpeter geht das Tellur meist in den Goldbarren über, und bei der elektrolytischen Scheidung bleibt es bei dem Golde, aus welchem es vermittelst heißer Schwefelsäure extrahiert werden kann.

---

[1]) Mines und Minerals, Bd. 25, 1905, Jan., S. 286.

Gewöhnliches Schlammbehandlungsverfahren.

Der elektrolytische Kupferschlamm wurde gewöhnlich mit Salpetersäure behandelt, welches Verfahren verschiedene Nachteile hatte; es ist deshalb jetzt verbessert worden, indem man den Schlamm gewöhnlich mit Schwefelsäure und Natriumsalpeter behandelt, wodurch Arsen und Kupfer ausgeschieden werden; auch würde etwas Silber ausgeschieden werden, doch ist dies nicht der Fall, weil Kupferplatten in die Lösung gehängt werden, um das gelöste Silber zu entfernen. Die allgemein geltenden Angaben, daß Kupferschlamm mit Schwefelsäure behandelt und die Luft zum Zwecke der Oxydation hindurchgeblasen wird, sind irrig, denn die Reaktion ist eine zu langsame. Schwefelsäure mit der Luft einzuführen, um schweflige Säure in Schwefelsäure überzuführen, ist noch weniger zu empfehlen, denn es findet fast gar keine Reaktion statt.

Luft und Dampf werden in die Lösung, die den zurückgehaltenen Schlamm enthält, zu dem doppelten Zwecke der Hin- und Herbewegung und der Erhitzung eingeblasen. Das erzeugte Kupfersulfat ist gewöhnlich kristallisiert, und einige Anlagen haben Apparate zur Reinigung der Lösung von Arsen und Antimon vor der Kristallisation. Der Schlamm wird filtriert und zuweilen mit einer Filterpresse und in großen Eisenpfannen, die in oder nahe einem Fuchs stehen oder auf einem großen eisernen Gefäß, unter dem sich ein Herd befindet, getrocknet. Während er noch das ursprüngliche Antimon, Wismut, Blei und Schwefel enthält, wird er mit Natron geschmolzen, um das Antimon niederzuschlagen, und es wird stets Salpeter angewandt, um die Unreinlichkeiten aus dem Barren durch Oxydation zu entfernen. Der erzeugte Goldbarren wird gewöhnlich durch Schwefelsäure geschieden, manchmal auch auf elektrolytischem Wege mittels eines Bades von salpetersaurem Silber.

Die hauptsächlichsten Einwendungen gegen dieses Verfahren sind: die Kosten der Schwefelsäure und des Natriumsalpeters, der Zeitverlust bei Durchführung der Reaktion, Verlust an Antimon und Wismut, Kosten des Natrons, das zum Niederschlagen des Antimons gebraucht wird, des zur

Läuterung erforderlichen Salpeters, die Verflüchtigung des Antimons und die lange Zeit, während welcher der Barren sich im Ofen befinden muß, durch welche beiden letzteren Umstände ein Verlust an Silber verursacht wird. Diese Nachteile, die bereits einen beachtenswerten Faktor bei der Kostenaufstellung für die Läuterung einer Tonne Kupfer, die ca. 7—8 kg Schlamm erzeugt, bilden, erhöhen auch die Kosten pro Tonne Blei, die 36—50, ja sogar 150 kg Schlamm pro Tonne gibt, beträchtlich.

Schlammbehandlung nach Betts.

Allgemeines.

Die durch die nachstehend beschriebene elektrolytische Behandlung geschaffenen Verbesserungen sind: die Regeneration der Schwefelsäure als Lösungsmittel und gleichzeitig des oxydierenden Agens zu einem viel niedrigeren Kostenpreis als neue Chemikalien kosten, Regenerierung des Kupfers als elektrolytisches Kupfer und gleichzeitige Umwandlung von Kupferoxydschichten in elektrolytisches Metall, ferner, wenn wünschenswert, Regenerierung des Arsens in Form von arseniger Säure und hauptsächlich völlige Regenerierung des Wismuts und Antimons als reine Metalle; ferner einfache Schmelzung einer kleineren Menge von Material mit einer kleineren Menge Natron und keinem oxydierenden Agens in geschlossenen Tiegeln oder Retorten in viel kürzerer Zeit und ohne Verlust durch Verflüchtigung, da das flüchtige Antimon entfernt worden ist. Elektrolytische Scheidung des Silbers, des Goldes, des Wismuts, mit Spuren von Kupfer, Antimon-Arsen, durch eine verbesserte Methode bei geringeren Kosten und mit besseren Ergebnissen.

Ein Schema des Verfahrens wird in Fig. 97 (S. 291) gegeben.

Die Ferrisulfatlösung, wie dieselbe aus den elektrolytischen Tanks kommt, enthält 4—5 % Eisen als Ferrisulfat, 0,5—1 % als Ferrosulfat, 1 % Kupfer als schwefelsaures Kupfer und 4—6 % freier Schwefelsäure. Die Lösung wird in einem mit Blei bekleideten Tank mittels eines Luftstroms und Dampfes in der üblichen Weise in Bewegung gehalten, dazu wird Kupferoxyd, Kupferasche oder ein ähnliches Material gefügt, welches sich leicht löst, indem alles Kupferoxydul infolge der Gegenwart von Ferrisulfat zur Lösung gebracht wird. Der zu

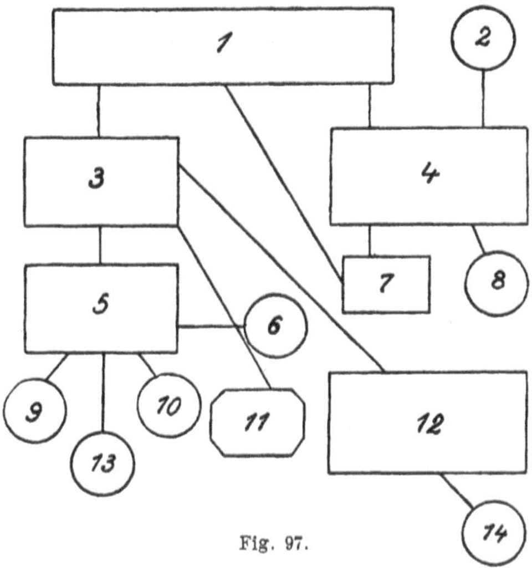

Fig. 97.

1. Behandlung mit Ferrisulfatlösung: Löst Cu und As, oxydiert Sb, Pb und Bi. — 2. Kupferoxyd. — 3. Extraktion des filtrierten und gewaschenen Rückstandes mit verd. $HFl + H_2SO_4$. — 4. Versetzen der Lösung mit CuO und elektrolysieren zu elektrolyt. Cu und $Fe_2(SO_4)_3$, w. auskristallisieren von As_2O_3. — 5. Schmelzen des Rückstandes zu Barren und elektrolytische Scheidung. — 6. Calcinierte Soda. — 7. Ferrisulfat. — 8. Elektrolytisches Kupfer. — 9. Silber. — 10. Gold. — 11. $HFl\ H_2SO_4$. — 12. Elektrolyse der $SbFl_3$-Lösung auf Antimon und zur Wiedergewinnung von Fluorwasserstoffsäure. — 13. Wismut. — 14. Antimon.

behandelnde Schlamm wird dann hinzugefügt, worauf folgende Reaktionen rasch vor sich gehen:

$$Cu + Fe_2(SO_4)_3 = CuSO_4 + 2 FeSO_4$$
$$Pb + Fe_2(SO_4)_3 = PbSO_4 + 2 FeSO_4$$
$$2 As + 3 H_2O + 3 Fe_2(SO_4)_3 = As_2O_3 + 6 FeSO_4 + 3 H_2SO_4$$
$$2 Sb + 3 H_2O + 3 Fe_2(SO_4)_3 = Sb_2O_3 + 6 FeSO_4 + 3 H_2SO_4$$
$$2 Bi + 3 H_2O + 3 Fe_2(SO_4) = Bi_2O_3 + 6 FeSO_4 + 3 H_2SO_4$$
$$2 Ag + Fe_2(SO_4)_3 = Ag_2SO_4 + 2 FeSO_4.$$

Man wird aus den Reaktionen ersehen, daß bei der Oxydation von Arsen, Antimon und Wismut Säure frei wird. Diese Säure wird vor der nächsten Behandlung in derselben Weise mit Kupferoxyd neutralisiert, damit der Prozeß regenerativ wirkt. Etwas Silber wird fast immer gelöst, selbst wenn nur eine ungenügende Menge Ferrisulfat angewandt worden ist, und dieses wird vor dem Filtrieren dadurch niedergeschlagen, daß Kupferplatten in die Lösung hineingehängt werden. Es sind mehrere Stunden nötig, um das Silber auszuscheiden. Silber kann vor dem Filtrieren reichlich gelöst und später durch Kupfer getrennt niedergeschlagen werden, doch ist der Niederschlag sehr voluminös und das Silber enthält Arsenoxyde, so daß es als billiger befunden wurde, das Silber im Schlamm zu lassen, obgleich die Gelegenheit gegeben ist, das meiste davon zu entfernen.

Der Rückstand muß durch Waschen von Kupfer- und Eisenlösung befreit werden, damit die darauffolgende Arbeit auf Antimon einen reinen Niederschlag geben kann, was am besten durch eine Filterpresse geschieht. Es rentiert sich nicht, das Waschwasser zu verdampfen, weil schwefelsaures Eisenoxydul ein sehr billiges Salz ist; man läßt es daher über altes Eisen ablaufen, um das Kupfer abzuscheiden. Wenn täglich auf diese Weise 10% der Lösung abgelaufen sind, so wird der Arsengehalt der Lösung etwa 1—3% betragen, was unter den angewandten Temperatur- und Stromdichteverhältnissen für den Niederschlag von reinem Kupfer nicht zu hoch ist.

Arsenige Säure wäre aus der Lösung abzuscheiden, wenn dies bei besonderen Schlammarten nötig würde, oder wenn das Arsen wert wäre, abgeschieden zu werden. Die gelöste Wismut- und Antimonmenge ist gering, und diese Stoffe schlagen sich mit dem Kupfer nicht nieder. Die reduzierte Eisen- und Kupfersulfatlösung, die 3—4% Kupfer enthält, wird dann zu Kupfer- und Ferrisulfat elektrolysiert, wie unten beschrieben.

Die Filterpreßkuchen des Silbers, Bleisulfats, der Wismut- und Antimonoxyde und des Goldes werden dann in einem mit Blei bekleideten Gefäß, ähnlich dem Tank, der für die Kupferauflösung benutzt wurde, mittels Luftbewegung in einer Lösung von 2—4proz. Schwefelsäure und 12—15proz. Fluorwasserstoffsäure ausgelaugt. Das Antimon wird im Laufe von 4—5 Stunden bis auf etwa 95 % der Gesamtmenge aufgelöst. Wenn der Schlamm vorher gut ausgewaschen worden ist, wird man in der Folge reines elektrolytisches Antimon erhalten.

Der verbleibende unlösliche Teil kann nach dem Filtrieren des Antimons auf einem Tuchfilter getrocknet und mit einem Viertel bis einem Drittel seines Gewichts an kalzinierter Soda vermischt werden; er wird dann zu goldhaltigen Barren geschmolzen, die das Wismut des Schlamms enthalten. Dieser Barren wird elektrolytisch geschieden, wie später beschrieben werden wird.

Analyse von goldhaltigen Barren.

Silber	86,55 %
Wismut	5,37 »
Kupfer	5,99 »
Gold	1,62 »
Tellur	0,16 »
Selen	Spuren
Blei	—

Für Kupferschlamm, der Schwefel und etwas Antimon enthält, ist es vorzuziehen, den Schwefel und das Antimon durch eine Ätznatronlösung zu extrahieren, welche mit dem Schwefel auf Schwefelnatrium reagiert, indem Antimon als sulfantimonigsaures Salz aufgelöst wird.

Analyse der elektrolytischen Antimons aus Schlamm.

Silber	—
Blei	—
Wismut	—
Kupfer	0,07 %
Arsen	0,41 »
Antimon	99,52 »

Es wurden noch andere Oxydationsmethoden des Ferrisulfats probiert, da zu fürchten war, daß die Elektrolyse der Kupfereisensulfate für Kupfer- und Ferrisulfat praktisch nicht ausgeführt werden könnte. Wenn man z. B. die Lösung in Tüchern in Gegenwart von Luft abtropfen ließ, war die Kristallisation des schwefelsauren Eisenoxyduls und die Umwandlung in basisches Ferrisulfat und Auflösung desselben viel geringer als bei der Elektrolyse.

Elektrolytische Wiedergewinnung von Kupfer und Ferrisulfat.

Hierfür wurde ein Gefäß konstruiert, wie ein solches in Fig. 98, 99 und 100 dargestellt ist. Das Gefäß soll mit Blei verkleidet sein. Die Diaphragmen bestehen aus Zypressenholz, das mit Löchern so dicht wie möglich perforiert ist. Die Löcher sind mit vorher angefeuchteten Asbestpfropfen, die nicht abtropfen, geschlossen. Als Anoden werden Bogenlichtkohlen verwendet. Einer der Seitenkanäle des Gefäßes enthält den Analyten und der andere den Katholyten. Für Zirkulation ist gesorgt durch hölzerne Schaufelräder, wobei die Lösung durch die oberen Löcher in die verschiedenen Abteilungen hinein- und durch die unteren wieder herausfließt. Die Richtung der Zirkulation wird durch Bretter bewirkt, die der Länge nach in den Seitenkanälen liegen, die aber nicht ganz bis an die Enden unter den Schaufelrädern reichen. Die Innenteile werden durch Keile zusammengehalten. Die auf der einen Seite nicht durch Keile geschlossenen Räume sind mit Asbest geschlossen, um eine Vermischung des Analyten mit dem Katholyten zu verhindern. Die Kathodenabteilungen werden mit der Lösung gefüllt, die aus den Anodenabteilungen entnommen wird, so daß zwischen dem Anolyten und dem Katholyten ein geringer Unterschied im Flüssigkeitsstand besteht, wodurch das Hindurchfließen durch den Asbest gerade ausreichend stattfindet. Das Gefäß arbeitet anfangs gut, doch bald tritt Polarisation ein, an den Anoden findet Gasentwicklung statt, und sie bedecken sich mit einer schlammigen Schicht. Abhilfe hiergegen verschafft das Montieren der Anoden auf ein auf Walzen ruhendes Gestell und Bewegung derselben durch den Elektrolyten. Die Anoden bleiben dann sauber, die Gasentwicklung hört auf, der Polarisationswiderstand sinkt und die Ausbeute steigt bis zu 100% und

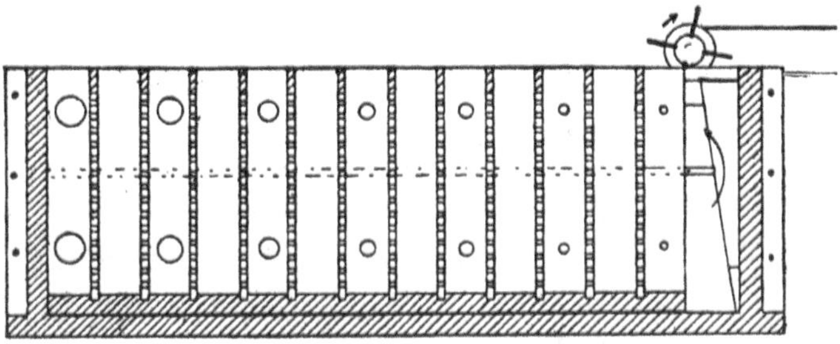

Fig. 98.

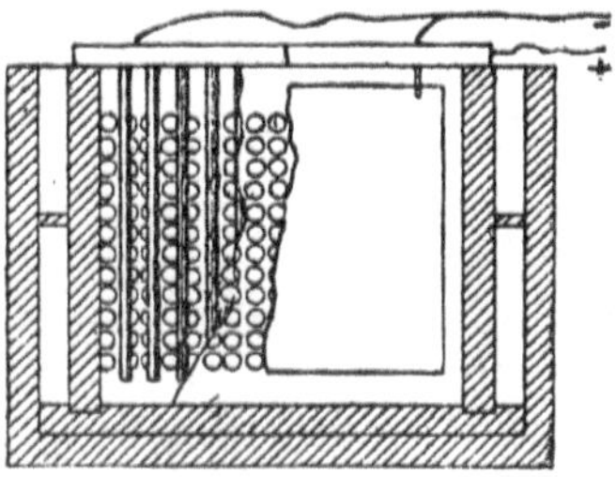

Fig. 99.

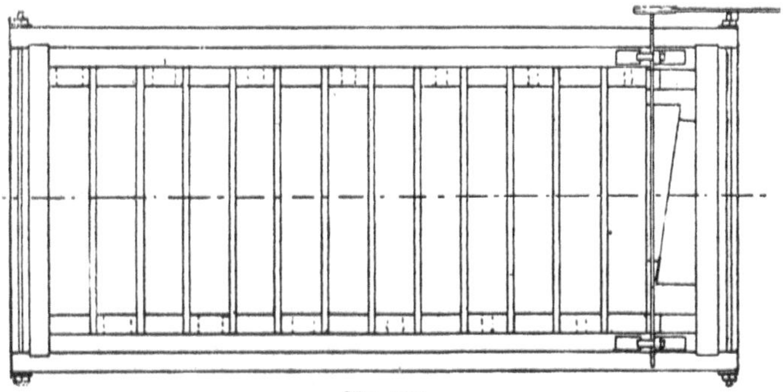

Fig. 100.

hält sich auf dieser Höhe. Zur Durchführung der Elektrolyse empfiehlt sich die Verwendung von Achesonanoden, obschon infolge der Bewegung des Elektrolyten auch gewöhnliche Bogenlichtkohlen Verwendung finden können. Es ist schon oft die Beobachtung gemacht worden, daß Kohlenanoden aus gewöhnlicher Bogenlichtkohle bei Elektrolyse von Sulfatlösungen nicht standhalten. Nach Beobachtungen von Betts spielt hier die Spannungsdifferenz eine Rolle, die zwischen einer sich bewegenden und einer feststehenden Kohlenelektrode in schwefelsaurem Eisenoxydul über 0,5 Volt beträgt.

Die Fällung des Antimons.

Die Elektrolyse des Antimontrifluorids zum Zwecke der Fällung von Antimon wird in einem mit Blei ausgeschlagenen Gefäße ausgeführt, wobei Kathoden aus Bleiblech und Anoden aus Bleistangen zur Verwendung kommen. Die Stromdichte beträgt etwa 3 Amp. pro qcm, die Spannung 2,6—2,8 Volt. An den Anoden besteht starke Neigung zur Bildung von Antimonpentafluorid. Jede Anodenstange ist mit Baumwollstoff umhüllt, wodurch die Ausbeute auf 92—95% steigt. Der Antimonniederschlag ist dicht und fest und ohne Unebenheiten. Er enthält keine Antimondoppelsalze, wie es bei vielen der für Antimon vorgeschlagenen Trennungsmethoden der Fall ist. Ist im Schlamm Wismut enthalten, so enthält das Antimon etwa 0,1% Wismuth.

Die Raffination der Edelmetalle.

Die Raffination der Edelmetalle geschieht im allgemeinen nach der Methode von Möbius (siehe bei Gold). Nach Betts ist dieses Verfahren ohne Frage gut, doch liegt ein Nachteil desselben darin, daß es durch den Mangel einer größeren Menge freier Säure in der Lösung einen etwas hohen Kraftaufwand erfordert. Des weiteren ist es für die Raffination wismuthaltiger Anoden nicht anwendbar, da das Blei stets wismuthaltig bleibt (siehe bei Blei: Verfahren von Betts).

Indem wir bezüglich der hier obwaltenden Verhältnisse auf die unter Blei ausführlich wiedergegebene Methode von Betts verweisen, seien hier die speziell für die Raffination der Edelmetalle von Betts angegebenen Gesichtspunkte besonders zusammengefaßt:

Zur Scheidung wird das Silbersalz einer nicht oxydierenden Säure unter Verwendung eines großen Überschusses an Säure benutzt. Die besten Ergebnisse erhält man mit Methan-Schwefelsäure. Das Wismut der Anoden geht infolge der Wirkung der stets vorhandenen Spuren von Antimon leicht in Lösung; Antimon, Blei, Kupfer und Silber können bis zu 4—5 % ansteigen, ohne daß ein basisches Salz sich niederschlägt. Der Silberniederschlag ist, besonders wenn man für je 12000 oder 15000 Teile der Lösung einen Teil Gummiarabikum oder Gelatine zusetzt, vollkommen fest und frei von Auswüchsen. Die Elektrolyse kann 48 Stunden lang fortgesetzt werden, ohne daß die Gefahr des Entstehens von Unebenheiten oder von Kurzschluß zu befürchten wäre. Der Niederschlag haftet gut an den Silberblechkathoden, ist jedoch nicht ganz so fest, daß er nicht von ihnen gut abgekratzt werden könnte. Infolgedessen kann man die Kathoden immer wieder benutzen, und sie müssen nicht wie Kupfer- und Bleikathoden mit dem Niederschlag eingeschmolzen werden.

Das niedergeschlagene Silber enthält keine Spur einer Verunreinigung. Kupfer und Wismut gehen in die Lösung; nachdem der Gehalt derselben an Silber auf etwa 1,5 % zurückgegangen ist, muß sie erneuert werden. Um aus ihr das Wismut zu gewinnen, wird zunächst das Silber durch metallisches Kupfer niedergeschlagen, dann das Kupfer und Wismut durch metallisches Blei. Das gebildete Blei-Methan-Sulfat wird durch Silbersulfat zersetzt, wobei sich Bleisulfat und eine Lösung von Silber-Methan-Sulfat bildet, die wieder benutzt werden kann.

Der Niederschlag von Kupfer und Wismut kann mit Ferrisulfat behandelt werden, um das Kupfer zu entfernen, und das erhaltene Wismutoxyd kann einer reduzierenden Schmelzung zu Metall unterworfen werden.

Die Kosten der elektrolytischen Schlammbehandlung.

Betts berechnet die Kosten der Behandlung des Schlamms nach seinem Verfahren von einer Tonne Bleibarren, der 1 % Antimon, 1 % Silber, 1,4 % Arsen, 2 % Wismut, 0,5 % Kupfer und etwa 0,1 % Gold pro Tonne enthält, auf etwa 7 Pf. und findet durch Vergleichung mit den alten Verfahren, daß die Kosten der Behandlung nach dem vorstehend beschriebenen neuen Verfahren weniger als ein Viertel der bisherigen oben beschriebenen gewöhnlichen Methoden betragen, wozu noch der weitere Vorteil kommt, daß jeder irgendwie wertvolle Bestandteil des Schlamms gewonnen wird. Dabei soll der Gewinn an Silber um $1^1/_4$ % höher sein als nach der gewöhnlichen Methode.

Das Verfahren der Balbach-Refining-Company

siehe unter »Nickel«.

Blei.

Vorkommen.

Das wichtigste Bleierz ist der Bleiglanz, der sich in großen Mengen und in weitester Verbreitung auf der ganzen Erde findet. Seiner chemischen Zusammensetzung nach besteht er aus Schwefelblei PbS. Er enthält im reinsten Zustande 86,6 % Blei mit 13,4 % Schwefel. Fast immer enthält er noch geringe Spuren von Silber, und zwar 0,01—0,1 %; selten steigt der Silbergehalt auf mehr als 1 %. Die Hauptfundstätten des Bleiglanzes befinden sich in Deutschland im Sächsischen Erzgebirge, ferner im Harz, in Oberschlesien, im Siegerlande, in Stolberg bei Aachen; weitere in Kärnthen, in Spanien, in Italien, in England und in Rußland. Besonders mächtig sind die Bleiglanzlager der Vereinigten Staaten sowie Mexikos.

An den Lagerstätten des Bleiglanzes finden sich fast stets auch größere Mengen der übrigen Bleierze, unter denen in erster Linie das Weißbleierz oder der Cerussit $PbCO_3$ zu nennen ist. Als weitere Bleierze wären der Bleivitriol $PbSO_4$, das Rotbleierz $PbCrO_4$, das Gelbbleierz $PbMoO_4$ und das Scheelbleierz $PbWoO_4$ anzuführen, die jedoch seltener sind.

Geschichtliches.

Das bereits in den frühesten Zeiten bekannte Blei wird auch heute noch hauptsächlich auf gewöhnlichem hüttenmännischem Wege gewonnen. Die elektrochemischen Verfahren, die bereits im Jahre 1835 durch Becquerel aufgenommen wurden, haben von der Mitte der fünfziger Jahre des vorigen Jahrhunderts an geruht und sind erst gegen Ende der siebziger Jahre wieder aufgenommen und seitdem bis in die neueste Zeit ununterbrochen von neuem versucht worden, ohne daß es jedoch bis jetzt gelungen wäre, zu zufriedenstellenden Resultaten zu gelangen. Erst in der allerjüngsten Zeit will Betts ein brauchbares Verfahren zur Bleiabscheidung mit Hilfe des elektrischen Stroms gefunden haben, doch ist die Zeit seit seinem Bekanntwerden noch zu kurz, als daß sich an der Hand von Betriebserfahrungen ein Urteil darüber finden ließe. Neben Methoden zur Gewinnung des Bleis auf elektrometallurgischem Wege direkt aus den Erzen hat man auch solche ausgearbeitet, die auf einer Raffination des Werkbleis abzielen. Diese Methoden sind in dem Kapitel Silber besprochen, wo auch das, was über sie in historischer Beziehung auszuführen ist, bei jeder einzelnen derselben Erwähnung gefunden hat.

Gewinnung.

Bei den Versuchen zur Gewinnung des Bleis auf elektrometallurgischem Wege wurde teilweise von den Erzen, teilweise vom Werkblei, teilweise auch von Röstprodukten ausgegangen.

Die Gewinnung des Bleis aus den Erzen.

Zur Gewinnung des Bleis aus den Erzen hat man in der Elektrometallurgie das Wichtigste derselben, den Bleiglanz, zu verwenden gesucht. Wenn wir von dem nachstehend beschriebenen Verfahren von Betts absehen, das ja indirekt ebenfalls vom Bleiglanz ausgeht, so sind die Versuche, soweit sie sich auf die Gewinnung reinen Bleis beziehen, nicht erfolgreich gewesen. Die Verarbeitung des Bleiglanzes auf elektrochemischem Wege hat nur insofern Erfolge gezeitigt, als es nach dem von M. P. G. Salom erfundenen und gegenwärtig zu Niagara Falls von der Electrical Lead Reduction Company ausgeführten Verfahren[1]) gelingt, aus Bleiglanz Bleiglätte, Bleisuperoxyd und Mennige zu gewinnen. Dieser Prozeß, bei dem wohl weniger das direkt aus dem Bleiglanz erzeugte, als vielmehr das in einer ersten Phase mit Hilfe von elektrolytisch erzeugtem Wasserstoff reduzierte Blei als Ausgangsmaterial gewonnen wird, zeigt vielleicht einen Weg, wie man, wenn auch indirekt, unter Verwendung der Elektrolyse vom Bleiglanz zum Blei gelangen kann. Der direkte Weg ist mehrfach versucht worden, und es ist als typisches Beispiel für ihn in erster Linie

Das Verfahren von Blas und Miest

zu nennen.

Dieses Verfahren[2]) gründet sich auf Voraussetzungen, die durch die Untersuchungen von Hittorf und Kiliani bestätigt worden sind und die darin bestehen, daß man die Leitfähigkeit von natürlichen Schwefelverbindungen zu Zwecken der elektrischen Zersetzung des Schwefelbleis heranzieht.

Nach Hittorf sind die Schwefelmetalle, die aus ihren Lösungen schwarz gefällt werden, in natürlichem Zustande gute Leiter. Die sog. Blenden leiten nicht. Kiliani bezeichnet als gute Leiter folgende Erze: Zinnstein, Silberglaserz, Rotgiltigerz, Bleiglanz, Kupferglanz, Buntkupfererz, Kupferkies, die schwefelhaltigen Kobalt- und Nickelerze, Schwefelkies. Als Nichtleiter oder schlechte Leiter bezeichnet er: Grauspießglaserz, Zinnkies, Weißbleierz, Rotkupfererz, Malachit, Lasur, Fahlerze, Zinkblende, Galmei.

Diese Untersuchungen[3]) sind für die gesamte Elektrometallurgie von größter Wichtigkeit, denn sie zeigen, welche

---

[1]) Elektrochemische Zeitschr. X, 3, 82.

[2]) Essai d'application de l'électrolyse, Paris 1882. Berg- und Hüttenm. Zeitschr. 1882, 378.

[3]) Berg- und Hüttenm. Zeitschr. 1883, 42, 237.

Erze bei der Ausarbeitung von Prozessen direkt als Anoden Verwendung finden können und welche durch sekundäre Prozesse gelöst werden müssen. Als Anoden können alle guten Leiter Verwendung finden, bei den schlechten oder nicht leitenden Erzen hingegen muß die Lösung auf dem Wege sekundärer Prozesse erfolgen.

Blas und Miest benutzen nun die Leitfähigkeit des Bleiglanzes in folgender Weise:

Derselbe wird zuerst bis auf etwa 5 mm Korngröße zerkleinert und dann unter einem Drucke von 100 Atmosphären in Metallformen zu Platten gepreßt. Diese Platten werden in einem Ofen auf etwa 600° erhitzt, nach dem Herausnehmen nochmals gepreßt und dann sofort energisch abgekühlt, um das Herausnehmen aus den Preßformen zu erleichtern. Die auf diese Weise erzeugten Bleiglanzplatten dienen als Anoden in einem Bad von Bleinitrat. Unter der Wirkung des Stroms geht die Zersetzung der Bleiglanzanoden in folgender Weise vor sich:

$$Pb(NO_3)_2 + PbS = Pb(NO_3)_2 + S + Pb.$$

Das Verfahren, das an Einfachheit nichts zu wünschen übrig läßt, erfordert theoretisch pro 2 kg Blei einen Elektrizitätsaufwand von 2 PS-Stunden.

Über die Ursachen, warum dieser Weg in der Praxis nicht gangbar erscheint, geben die Untersuchungen von Kiliani[1]) Aufschluß. Aus diesen geht hervor, daß, wenn auch die Anode aus Bleiglanz an und für sich gut leitet, doch im Laufe des Prozesses an ihr eine Anhäufung von Kupfer, Silber, Arsen und Antimon sowie von Wismut und Zink stattfindet, die zum Teil Verbindungen bilden, die den Strom schlecht leiten. Kiliani vermochte jedoch aus Bleiglanz, der in Stücken in stark konzentrierter Bleinitratlösung angehäuft war und als Anode diente, reines Blei abzuscheiden. Die Abscheidung erfolgte in schnell wachsenden, vielfach verästelten Kristallen. Wurde als Elektrolyt Kochsalz genommen, so schied sich das Blei schwammig ab. Ein kompakter Niederschlag konnte nur aus alkalischer Lösung erhalten werden,

[1]) Berg- und Hüttenm. Zeitschr. 1883, 252.

deren Anwendung aber im Großbetriebe auf Schwierigkeiten stoßen dürfte. Auch hier verbietet sich jedoch die Innehaltung größerer Stromdichten, bei denen der Niederschlag schwammig ausfällt; das gleiche ist der Fall, wenn die Elektrolyse in der Kälte vorgenommen wird. Die Lösung muß daher erwärmt werden. Das den Prozeß gleichfalls störende Eisen kann durch einen geringen Zusatz freier Säure im Bade in Lösung gehalten und dadurch unschädlich gemacht werden.

Das Verfahren von Salom.

Das Verfahren von Pedro G. Salom[1]) macht sich bis zu einem gewissen Grade einige der eben ausgeführten durch Kiliani festgestellten Tatsachen zunutze. Es scheinen hier die sich bei der Bleiglanzelektrolyse im allgemeinen ergebenden Schwierigkeiten dadurch umgangen zu werden, daß als Kathode Bleiglanz, als Elektrolyt Schwefelsäure zur Anwendung kommt.

Es findet zunächst eine nasse Aufbereitung und Zerkleinerung des Bleiglanzes statt, wobei die Zerkleinerung so weit fortgesetzt wird, daß ein feines Pulver entsteht. Dieses wird dann etwa 25 mm hoch auf den Boden von Hartbleipfannen geschichtet und mit verdünnter Schwefelsäure übergossen. Als Kathode dient die Innenseite der Pfanne mit dem auf ihr aufgeschichteten Erz, als Anode die Außenseite einer zweiten Pfanne, die in die erste eingehängt wird. Es ist dafür gesorgt, daß beide Pfannen gut voneinander isoliert sind. Derartige Pfannen werden 11—12 aufeinander gestellt. Pro kg Bleiglanz kommen etwa 2 Amp. zur Anwendung, woraus sich pro Zelle eine Spannung von 2,5—2,9 Volt ergibt. Nach Verlauf von etwa fünf Tagen ist die Reaktion vollendet, bei der sich unter Entbindung von Wasserstoff und Schwefelwasserstoff das Blei in Form von Bleischwamm abscheidet, dessen Volumen auf eine Höhe von 100 mm, vom Boden aus gemessen, angestiegen ist. Die Reduktion ist nicht

[1]) Trans. of the Electrochem. Amer. Soc. 1902, I, 87 und Electrochem. Industry 1902, I, 18.
Elektrochemische Zeitschrift X. 3, 82.

vollständig, und der Bleischwamm enthält oft nur 90—92% Blei. Durch eine zweite elektrolytische Behandlung soll die Reduktion vollständig werden.

Die entweichenden Gase kommen in eine Verbrennungskammer, in der man sie entweder durch vollständige Verbrennung in Schwefelsäure oder durch unvollständige in Schwefel überführen kann.

Der Bleischwamm wird nach dem Waschen getrocknet und entweder in Bleiplatten oder durch oxydierendes Erhitzen in Bleiglätte oder auch in verschiedene Salze übergeführt.

Ob das Verfahren, das in den Besitz der Electrical Lead Reduction Company übergegangen ist, an den Niagarafällen ausgeübt wird, oder ob dort ausschließlich das bereits oben erwähnte andere Verfahren desselben Autors, bei dem zur Herstellung von Bleiglätte usw. durch Wasserstoff reduziertes Blei verwendet wird, in Anwendung steht, war nicht zu eruieren. Die Literatur bringt hierüber nichts weiteres, Anfragen waren erfolglos; Haber erwähnt in seinem bekannten Berichte[1]) nichts, und es geht nur aus S. 356 desselben, wo der Kraftverbrauch der elektrochemischen Werke an den Niagarafällen aufgezählt ist, hervor, daß die genannte Gesellschaft Bleiglätte fabriziert. Auch andere Elektrometallurgen, die die Anlagen an den Niagarafällen studiert haben (Zettel usw.), konnten mir hierüber nichts berichten. Salom selbst behauptet allerdings, daß das Verfahren ausgeübt werde[2]), doch sind einige Zweifel wohl berechtigt.

Die Gewinnung des Bleis aus Zwischenprodukten und Legierungen.

Die Gewinnung von Blei aus Zwischenprodukten wurde bereits von Becquerel in kleinem Maßstabe und nach seinem Bericht mit solchem Erfolge durchgeführt, daß danach 20 t Erze verarbeitet worden sein sollen.

---

[1]) Haber, Zeitschr. f. Elch. 1903, 291 ff.

[2]) Transactions of the Amer. Electroch. Soc. 1902, 528.

Das Verfahren von Becquerel.

Dieses Verfahren, das das erste war, bei dem der elektrische Strom zur Bleigewinnung verwendet wurde[1]), und dessen Anfänge bereits in das Jahr 1835 zurückreichen, benutzt nicht die Erze direkt als Elektroden, sondern es findet zunächst ein vorbereitendes Rösten statt, wobei Silber- und Bleiverbindungen entstehen, die in gesättigter Kochsalzlösung aufgenommen werden. Der auf diese Weise hergestellte Elektrolyt enthält neben überschüssigem Kochsalz Chlorsilber und Bleisulfat. Er wird durch Elektroden von Zink und Weißblech oder anstatt des letzteren von Kupfer, Kohle oder Blei zersetzt. Die Kathodenplatten werden in Segeltuchsäcke eingenäht, während die Anodenplatten direkt in den Elektrolyten eintauchen. Becquerel arbeitete mit Voltaschen Apparaten, und es gelang ihm in der Tat, Blei, Silber und Kupfer, jedes für sich, auf diese Weise abzuscheiden.

Der größte Erfolg des Verfahrens scheint darin bestanden zu haben, daß in der in Paris befindlichen Versuchsanlage in der Tat 20 t Bleiglanz der verschiedensten Provenienz nacheinander aufgearbeitet wurden. Eine Einführung des Verfahrens fand nicht statt und konnte schon aus dem Grunde damals nicht stattfinden, weil die Elektrotechnik noch nicht soweit vorgeschritten war, um die für einen Betrieb nötigen Maschinen zu liefern. Außerdem ist zu bedenken, daß die Anforderungen, die heutzutage seitens der Metallurgie an die Endprodukte gestellt werden, nach dem Becquerelschen Verfahren ebensowenig zu erfüllen gewesen wären, wie die Anforderungen bezüglich des Preises.

Das Verfahren von Keith. — Das Verfahren von Tommasi.

Diese beiden Verfahren sind in dem Abschnitt »Silber« bei Besprechung der Gewinnung des Silbers aus Blei-Silberlegierungen beschrieben, und es sei hier, da sie ebensowohl

---

[1]) Comptes rendus 38, X, 1095.
Dingler Polyt. Journ. 1854, 213, 1869, 471.
Traité d'Électricité et de Magnétisme (v. Becquerel) 1855, II., 276.
Berg- und Hüttenm. Zeitschr. 1856, 15, 2.

zur Gewinnung von Blei, wie zu der von Silber aus dem Werkblei dienen, nochmals auf sie hingewiesen. Bezüglich des Verfahrens von Keith sei noch bemerkt, daß es sich trotz vielfacher Bemühungen und obschon es ein brauchbares, hochprozentiges Silber lieferte, für die Bleigewinnung doch nicht einführte. In neuerer Zeit ist es Anson G. Betts gelungen, die größte Schwierigkeit, die sich der Einführung des Keithschen Verfahrens entgegenstellte, nämlich die Trennung des Wismuts vom Blei, zu bewirken sowie die elektrochemische Methode zur Bleigewinnung selbst durch einen ganz neuen Weg zu einem praktischen Verfahren auszugestalten, über dessen Erfolge allerdings infolge seiner Neuheit noch keine weitergehenden und zuverlässigen Mitteilungen vorliegen.

Das Verfahren von Betts.

In neuerer Zeit hat das Verfahren von Betts zur Reinigung und zugleich gleichförmigen und zusammenhängenden Abscheidung von Blei Aufsehen erregt, um so mehr, als es sogar eine vollständige Trennung von Wismut erzielen soll, ein Fortschritt, den die bisherigen Methoden vollständig nicht aufweisen können.

Nach diesem Verfahren[1]), das gegenwärtig in einer von den Canadian Smelting Works zu Trail in Britisch Kolumbien errichteten Raffinerie durchgeführt wird, bleibt das Silber stets im Anodenschlamm zurück. Als Elektrolyt dient überschüssig kieselflußsaure Bleisilicofluoridlösung, außerdem ist dieser etwas Leim oder Gelatine zugesetzt, wodurch einer elektrolytischen Abscheidung des Bleis in Form von kristallinischen Zweigen vorgebeugt wird und tatsächlich ein kohärentes Blei erzielt werden soll, dessen spezifisches Gewicht gleich dem von Gußblei ist. Kieselflußsaures Blei kristallisiert

[1]) Elektrochemische Zeitschrift 1905, XII., 113.
D. R. P. a. Kl. 40c, B. 31374.
Am. Pat. 713278 von 1902 und 12117 von 1903.
Chemiker-Zeitung 27, 337, 1904.
Österr. Chem. Ztg. 2, 32—33, 15, I, 1904.
Proc. of the Institute of Mining Engineers, März 1903.

mit vier Molekülen Wasser und ist sehr leicht in Wasser löslich. Eine neutrale Lösung spaltet sich beim Erhitzen in freie Kieselfluorwasserstoffsäure und ein unlösliches basisches Salz. Die Spaltung ist in keinem Falle total, da die gebildete Säure immer etwas Bleisilicofluorid in Lösung hält. Sowie die Azidität 2 % beträgt, hört die Zersetzung auf, und man kann dann ohne weitere Spaltungen und Abscheidungen eindampfen oder als heißes Bad weiter behandeln. Die für die Raffination in Frage kommende Lösung unterliegt der Zersetzung überhaupt nicht, da mehr als 2 % freie Säure vorhanden sind, womit auch ihre Leitfähigkeit wächst. Dieser Elektrolyt nimmt außer Eisen, Nickel, Kobalt und Zink — und diese in nur sehr geringem Maße — überhaupt keine Verunreinigungen auf. Sie müssen schon in ziemlicher Menge gelöst sein, bevor sie störend wirken können. Die Regeneration und Reinigung dieser Lauge geschieht durch fast quantitative Behandlung mit Schwefelsäure und Kochsalz, wodurch einmal Blei und zum andern die überschüssige freie Kieselflußsäure entfernt werden.

5 Amp. sollen in 24 Stunden pro Tank 1 Pfd. engl. Blei (= 453,6 g) fällen. 1 t engl. Blei (= 1016 kg) in 10000 Amp.-Tagen und bei 0,35 Volt pro 1 Tank = 3500 W-Tage oder 4,7 PS-Tage, d. h. die Stromdichte ist etwa 92—107 Amp. pro qm. Bei 10 % Verlust in den Tanks und 8 % im Generator sind 5,6 PS-Tage erforderlich, resp. inkl. Beleuchtung und sonstiger Kraft ca. 7—8 PS-Tage pro 1 t engl. Blei. In der Raffinerie zu Trail vermag jeder Trank bei 4000 Amp. pro Tag 340 kg raffiniertes Blei zu liefern. Betreffs der Apparatur in der erwähnten Anlage ist noch folgendes zu bemerken. Die Raffinationstanks bestehen aus zweizölligem Zedernholz, sind mit Gummifarbe überzogen, 218 cm lang, 76 cm breit und 106 cm tief. Jeder enthält 22 Bleianoden; die der Einwirkung des Elektrolyten ausgesetzten Seitenflächen sind 2 cm, die 23 Kathodenbleche 0,16 cm dick. Letztere sind durch Niederschläge auf paraffinierten Eisenplatten hergestellt und an kreuzweise auf den Seitentanks ruhenden Kupferstäben aufgehängt. Direkt Eisenbleche als Kathoden anzuwenden, führte in doppelter Weise zu nega-

tiven Resultaten. Einmal war es zu teuer und dann werden die Niederschläge auf den angefressenen Eisenblechen weniger glatt und rein. Es hat sich nämlich gezeigt, daß die Niederschläge um so reiner sind, je glätter sie sind. Die Verunreinigung des Raffinationsbleis findet sich hauptsächlich an den unebenen Stellen der Kathoden.

Die Herstellung des Elektrolyten geschieht durch Verwendung etwa 17,5—35 % Flußsäure, die man durch eine Reihe von übereinandergestellten Tanks, deren oberster eine Quarzschicht enthält, fließen läßt.

Die so erhaltene flußsaure Kieselflußsäurelösung läuft dann in einen Tank, der eine entsprechende Menge Bleiweiß resp. Bleikarbonat enthält. Die überschüssige Flußsäure wird hierbei zu Bleifluorid neutralisiert, welches ausfällt. Das kieselsaure Blei aber kristallisiert wegen seiner großen Löslichkeit nicht aus. Die filtrierte Lauge endlich läuft dann in die Raffiniertanks ab. Auch die Elektrolysierzellen sind so aufgestellt, daß die Bleilösungen kraft ihrer eigenen Schwere von einer in die andere zirkulieren. Vom tiefsten Tank fördert man sie mittels einer Pumpe wieder in das oberste hinauf. Das Gewicht von je 22 Anoden in 1 Tank beträgt ca. 3 t (1 t = 1016 kg); sie lösen sich in 8—10 Tagen. Ein Satz Anoden erfordert zwei Sätze Kathoden. Auf letzteren scheidet sich das Raffinationsblei bis zu 7,5 mm Dicke in kohärenter Form ab. Die Innehaltung dieser Dimension ist zweckmäßig, um bei zu dick werdenden Kathoden Kurzschlüsse zu vermeiden. Die Kathoden werden in der oben beschriebenen Stärke in vier separaten Füllungsgefäßen aufgehängt, die genau wie die Tanks beschaffen, nur etwas tiefer sind. Aus den bisher erhaltenen Resultaten ergibt sich, daß Wismut vollständig, alle anderen Metalle, wenn auch nicht absolut quantitativ, so doch fast total im Anodenschlamm zurückbleiben, und zwar ist die Trennung nach Wismut von Kupfer und Silber am vollkommensten, dann folgen Antimon, Arsen; am ungünstigsten liegen die Verhältnisse für Zinn und Eisen. Der Schlamm selbst enthält noch ca. 16—17 % Blei, die aber bei der eigenartigen Zusammensetzung desselben leicht noch gewinnbar sind.

Es sei noch erwähnt, daß das Bettssche Verfahren für Blei in der letzten Zeit noch verschiedentlich geändert wurde. So gibt Robert L. Whitehead[1]) folgende Daten, die der Vollständigkeit halber noch angeführt seien: 28 Bäder sollen ca. 7 t Blei geben; sie benötigen 4000 Amp. und 12 $^1/_2$ Volt. Der Elektrolyt enthält 10 % freie Kieselflußsäure und 5 % Blei als Siliciumbleifluorid. Jedes Bad enthält 20 2 $^1/_2$ cm dicke Anoden und 21 Kathoden, die 0,15 cm stark sind. Das Gewicht der Anoden ist 300 Pfd. (engl.; 1 Pfd. = 453,6 g), und es sind 6 Tage zur Aufzehrung bei 22 % Abfallbildung erforderlich. Gießt man Kupferhaken ein, so reduziert sich der Abfall auf 10 %. Die Bäder sind 2,15 m lang, $^3/_4$ m breit und 1,05 m tief. Durch entsprechende Zirkulation des Elektrolyten muß auf möglichst gleichmäßige Zusammensetzung gehalten werden. Schon eine Differenz von mehr als 1 % in den verschiedenen Schichten der Lauge bewirkt Verästelungen der Abscheidungen, und es gehen auch mehr Verunreinigungen in das Kathodenmetall. Die Auffrischung des Elektrolyten an Säure und Blei muß fast täglich geschehen, und es sind pro Tag etwa 3 Pfd. Leimzusatz erforderlich. Bezüglich der Aufarbeitung der Schlämme ist zu erwähnen, daß durch Kochen mit Natronlauge ein Teil des Antimons extrahiert wird, das man dann auf eiserne oder bleierne Kathoden abscheidet. Kupfer, Eisen und Wismut entzieht man dann ferner durch Behandlung mit 15proz. Schwefelsäure. Endlich schmilzt man die getrockneten Schlämme mit Salpetersoda ein, zieht die antimonsaure natronhaltige Schlacke ab, oxydiert das restierende legierte Blei und gewinnt hieraus schließlich das Gold und Silber, deren Scheidung mit Schwefelsäure erfolgt.

Als Nachteile dieses sonst vorzüglichen Verfahrens sind zu erwähnen: Verluste von Edelmetall in der Schlacke, die ziemlich umständliche Extraktion des Antimons und der Umstand, daß mit 15proz. Schwefelsäure nie eine vollkommene Extraktion erhalten werden kann.

---

[1]) Metallurgie 1905, II, 163.
Elektrotechnische Zeitschrift 1905, 7, 139.

Die Anlage in Trail ist in neuerer Zeit beträchtlich vergrößert worden.[1])

(Eine interessante theoretisch-wissenschaftliche Arbeit über das Bettssche Verfahren, die den von Betts gefundenen merkwürdigen Einfluß von Gelatine auf den Niederschlag bestätigt, rührt von Senn[2]) her.)

Das Verfahren von Lyte.

Maxwell Lyte[3]) hat vorgeschlagen, das Blei in Chlorid zu verwandeln und dieses in geschmolzenem Zustande einem elektrolytischen Verfahren zu unterwerfen. Das Werkblei wird zu diesem Zwecke geschmolzen und mittels eines Gebläses im Konverter oxydiert. Das Oxyd rührt man dann mit Salzsäure in irdenen Gefäßen so lange um, bis es sich in Chlorid verwandelt hat. Jede beliebige Silberverbindung, welche im Blei vorhanden war, ist jetzt ausschließlich in Form von Chlorid vorhanden, aus welchem das Silber durch Behandlung mit konzentrierter Salzsäure ausgeschieden wird. Die Elektrolyse des Bleichlorids findet in glockenförmigen Zersetzungszellen statt, deren unterer Rand in geschmolzenes Blei taucht. Als Kathode kann das Metallgefäß benutzt werden.

Es sei dieses Verfahren lediglich als ein Beispiel für die Elektrolyse geschmolzener Bleisalze angeführt. Es ist uns nicht bekannt, daß es sich irgendwo Eingang verschafft hat.

---

1) Electrochemical Industry 1904, 509.

2) Ztschr. f. Elch. 1905, 15, 227.

3) Elektrochemische Ztschr. 1898, 4, 68.
D. R. P. 72804, 74530, 75781, 77907, 78896.

Silber.

Vorkommen.

Das Silber findet sich vielfach in gediegenem Zustande, und zwar oft in Form großer Massen. Häufiger jedoch kommt es in seinen Erzen vor, die ziemlich verbreitet sind, wenn auch die Silbervorkommnisse an ein und demselben Ort meist nicht allzu groß zu sein pflegen. Die Hauptfundstätten des Silbers sind Teile des Harzes, insbesondere auf anhaltischem Gebiete, das Erzgebirge, vereinzelte Stellen des Fichtelgebirges, Schmenitz, der Ural, Spanien, Amerika usw.

Unter den Silbererzen ist besonders wichtig der Silberglanz oder Argentit Ag_2S, der in Freiberg, Mexiko, in der Nevada und Südamerika für sich vorkommt, sich aber auch in Verbindung mit anderen Schwefelerzen an denselben Fundstätten findet. Wichtige Gemenge des Schwefelsilbers mit anderen Sulfiden sind das dunkle Rotgiltigerz, der Pyrargirit oder die Antimonsilberblende, sowie das lichte Rotgiltigerz oder die Arsensilberblende. Hierzu kommen der Silberantimonglanz, der Polybasit und das Sprödglaserz. Sehr verbreitet sind auch die Fahlerze (dunkles und lichtes Weißgiltigerz). Die wichtigste als Mineral vorkommende Halogenverbindung des Silbers ist das Hornsilber $AgCl$.

Geschichtliches.

Das Silber ist schon seit den ältesten Zeiten bekannt und wird seit Jahrhunderten nach den verschiedensten hüttenmännischen Methoden gewonnen. Die elektrometallurgischen Prozesse tauchten erst gegen Ende des vorigen Jahrhunderts auf, und ihre Geschichte schließt sich im allgemeinen eng an die der elektrometallurgischen Gewinnung des Goldes sowie der Verarbeitung von Werkblei an, so daß besonders bemerkenswerte Tatsachen über sie nicht zu erwähnen sind.

Gewinnung.

Die Gewinnung des Silbers auf elektrolytischem Wege aus den Erzen ist verschiedentlich versucht worden, doch war ein nennenswerter Erfolg bisher nicht zu erzielen.

Die Elektrometallurgie des Silbers beschränkt sich deshalb gegenwärtig ausschließlich auf Verfahren zur Gewinnung aus Legierungen durch Elektrolyse. Die Ausgangsmaterialien hierzu werden entweder bei der Goldgewinnung in Form von Gold-Silberlegierungen, oder bei der Gewinnung des Kupfers, des Bleis, des Zinns und anderer Metalle in Form von Anodenschlämmen erhalten. Außerdem kommen noch eine Anzahl von Abfällen und Zwischenprodukten in Betracht, die bei hüttenmännischen Prozessen sich ansammeln, wie z. B. Schwarzkupfer, Werkblei sowie Kiesabbrände usw.

Ebenso wie beim Gold ist es auch bei den elektrometallurgischen Silbergewinnungsprozessen vielfach nötig, zunächst das Silber in eine geeignete Lösungsform zu bringen. Es seien deshalb in erster Linie die Lösungsmethoden besprochen.

Lösungsmethoden.

Die Lösung des elektrometallurgisch zu gewinnenden Silbers geschieht fast durchweg in anderen Metallen, d. h. durch Legierungen; nur in vereinzelten Fällen findet die Lösung in Säure statt.

Die Verbleiung.

Diese geschieht entweder durch Verschmelzen der Silbererze mit Blei oder mit Bleierzen, oder durch Einbringen höherprozentigen Materials in geschmolzenes Blei. Das so erhaltene silberhaltige Blei (Werkblei) wird im allgemeinen auf trockenem Wege mit Hilfe von Zink zerlegt; die Versuche zur elektrochemischen Scheidung haben ermutigende Resultate bis jetzt nicht ergeben.

Die Amalgamation.

Durch diese können sowohl gediegenes Silber wie Halogensilber, wie auch Schwefelsilber behandelt und Quecksilber-

Silberlegierungen erhalten werden. Das Amalgam wird gewöhnlich durch Destillation wieder zerlegt; auch bei ihm haben sich die vorgeschlagenen elektrochemischen Methoden nicht bewährt.

Die Verzinkung.

Zinksilberlegierungen resultieren aus der Entsilberung des Bleis durch aluminiumhaltiges Zink. Ihre Entsilberung auf elektrochemischem Wege ist mit Erfolg durchgeführt worden.

Die Lösung in Säuren.

Diese findet in vielen Fällen statt, und zwar werden hierbei entweder das Sulfat oder das Nitrat des Silbers gewonnen. Auch hier hat man mit Erfolg die Elektrolyse angewandt, allerdings ist als Ausgangsmaterial nur in seltenen Fällen Erz genommen worden; meist bestand dasselbe aus Legierungen (alten Gold- und Silberwaren, Krätzen usw.).

Die Fällung des Silbers aus Lösungen.

Das Verfahren von Dietzel.

Zur Fällung des Silbers aus Lösungen dient in erster Linie das Verfahren von Dietzel[1]).

Dieses Verfahren wird in der Allgemeinen Gold- und Silberscheideanstalt zu Pforzheim angewendet, wo die aus alten Gold- und Silberwaren sowie aus Goldabfällen und vergoldeten Waren bestehenden Rohmaterialien zunächst verschmolzen werden. Das Schmelzgut besteht in der Hauptsache aus einer Gold-Silberlegierung, die als Lösungsanode in einen Elektrolyten aus Kupfernitrat und Silbernitrat eingebracht wird. Hierbei gehen Silber und vorhandenes Kupfer in Lösung; aus dieser Lösung wird das Silber durch Kupfer gefällt, während die silberfreie Lösung in den Kathodenraum des Apparates zurückgebracht wird, wo die Kupferfällung stattfindet.

---

[1]) D. R. P. 68990 und 82390.
Chemikerzeitung 1897, 449, 524 und 558.

Die Allgemeine Gold- und Silberscheideanstalt zu Pforzheim verarbeitet seit einer Reihe von Jahren ein armes Güldisch, dessen durchschnittliche Zusammensetzung die folgende ist:

Au	5—7 %
Ag	22—50 »
Cu	40—65 »
Zn, Sn und Pb	ca. 5 »
Cd, Fe, Ni und Pt	Spuren.

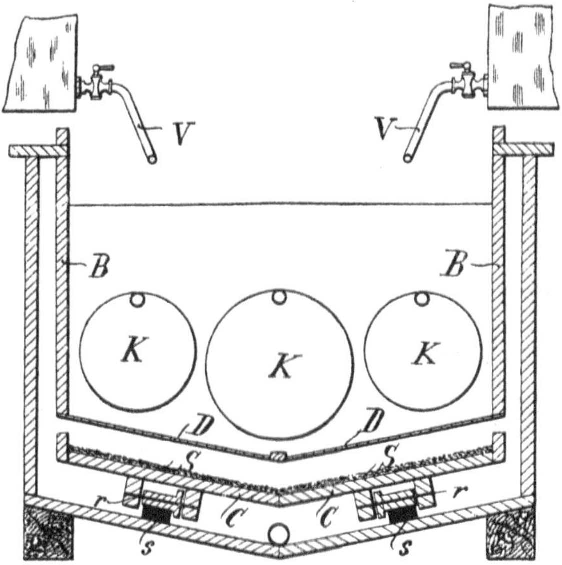

Fig. 101.

Der Elektrolyt besteht aus schwach saurer Kupfernitratlösung mit einem Gehalt an Silbernitrat.

Die Anordnung des Apparates geben die Fig. 101 u. 102 wieder. In diesen ist die Lösezelle im Längs- und Querschnitt wiedergegeben, wobei *K* die zylindrischen rotierenden Kathoden von leicht gefettetem oder graphitiertem Kupferblech darstellen. Auf diesen scheidet sich das Kupfer ab, das, sobald es zur Dentritenform neigt, abgeschlagen wird.

Da es etwas Sauerstoff enthält, so verschmilzt man es mit Holzkohle zu Kornkupfer, das noch einen Gehalt von etwa 0,03% Silber aufweist. Die Kupferzylinder hängen auf flanschenartigen Kontaktrollen, durch deren Drehung sie einfach peripherisch langsam mitgenommen werden. *S* sind aushebbare Unterlagen aus Hartgummi, Celluloid oder mit Glas ausgelegte, auf Rollen *r* und Schienen *s* stehende Holzrahmen für das anodische Scheidegut, das etwa sechs Tage lang dem Strom ausgesetzt bleibt. Sie sind mit Platindrähten, Kohlen-

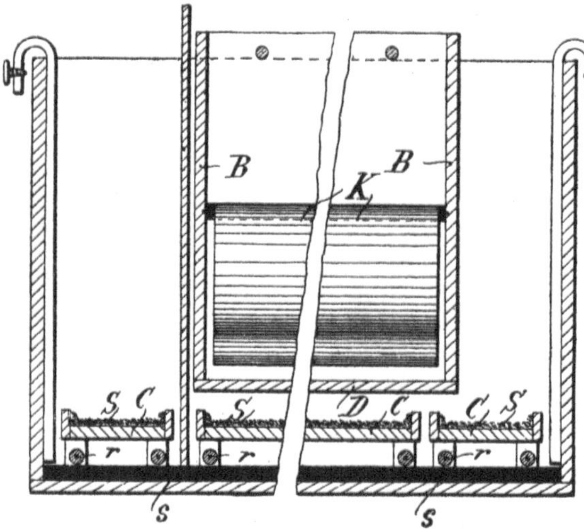

Fig. 102.

platten oder einer sonstigen Zuleitung versehen, in die die isolierte Stromzuleitung mündet. *D* sind durchlässige Leinwandfilter, die die unteren dachförmigen Abgrenzungen der kastenartigen Kathodenräume bilden. Sie sollen etwa abfallende Kupferdentriten zurückhalten. Über den Zylindern *K* tropft der entsilberte Elektrolyt in den Kathodenraum *B* ein, geht durch die Leinwand zu dem Scheidegut und fließt durch Schlitze an der Firstlinie der Rahmen *S* hinunter zu einem seitlich gelochten Glasrohr, das mit einem Heber so verbunden ist, daß ebensoviel Lauge ab- wie zufließt. Die abfließende Lauge kommt in ein Sammelgefäß, von wo sie in einen hochstehenden Vorratsbehälter gepumpt wird, in dem sie mit Salpetersäure schwach angesäuert und dann wieder durch Glasrohre V dem Kathodenraum zugeführt wird.

Der Kupfergehalt der Lösung schwankt zwischen 2 und 5%, der an freier Salpetersäure zwischen 0,05 und 0,4%. Die Stromdichte beträgt pro qm 150 Amp., die Spannung 2,5—3 Volt.[1])

Einige weitere Details des Verfahrens, die sich auf die Begleitmetalle beziehen, bieten weiter kein besonderes Interesse dar. Im allgemeinen machen diese Begleitmetalle nur wenige Prozente aus, und es geht hierdurch die Scheidung der Legierung in die drei Komponenten Gold, Silber, Kupfer glatt vonstatten, so daß der Gewinn an Kupfer nicht nur die Scheidungskosten völlig deckt, sondern daß dieses Kupfer sogar gewertet werden kann und nicht nur wie früher als lästiger Begleiter der Edelmetalle betrachtet werden muß. Ohne Anrechnung des Kupfergewinns betragen die Scheidungskosten für das Kilogramm dieses Güldischen nicht mehr als die übliche Scheidungstaxe von etwa einer Mark.

Die Gewinnung des Silbers aus Legierungen.

Die Gewinnung des Silbers aus Zink - Silberlegierungen.

Das Verfahren von Hasse.

Das Verfahren, das von Hasse herrührt, wird auf der Friedrichshütte bei Tarnowitz ausgeübt[2]), soll aber wegen seiner Kostspieligkeit aufgegeben werden. Vorher wurde ein ähnliches Verfahren zu Hoboken bei Antwerpen längere Zeit erprobt, das jedoch wieder aufgegeben wurde. Auch die Deutsche Gold- und Silberscheideanstalt vorm. H. Rößler hat sich ein Verfahren patentieren lassen[3]), nach dem Blei mit Zink entsilbert wird, dem 5% Aluminium zugesetzt ist. Aus dem Zinksilberniederschlag wird das Blei

[1]) Zeitschrift f. Elch. 1899, 4, 81.

[2]) Zeitschrift für das Berg-, Hütten- und Salinenwesen im Preußischen Staate 1897, 322.

[3]) Engl. Patent 9013.

ausgeschmolzen, und Zink und Silber werden durch Elektrolyse getrennt. Nähere Details über dieses Verfahren sind jedoch nicht bekannt geworden.

Bei dem Verfahren von Hasse wird gleichfalls vom Werkblei ausgegangen, das durch Zink, dem eine geringe Menge Aluminium zugesetzt ist, entsilbert wird. Das Aluminium dient dazu, den Übergang von Oxyden in die sich rasch abscheidende Bleizinksilberlegierung zu verhüten, so daß sich aus der letzteren das Blei bis auf geringe Mengen absaigern läßt. Das silberhaltige Werkblei muß vorher sorgfältig raffiniert und das Einrühren des Zinks muß rasch ausgeführt werden, am besten mit Hilfe eines kleinen, elektrisch angetriebenen Rührwerks, wobei darauf zu sehen ist, daß die Oberfläche des Bleibades möglichst wenig bewegt wird.

Die entstehende Legierung wird zur Entfernung des Bleis gesaigert, und sie zeigt dann folgende Zusammensetzung (nach Roeber):

Ag . .	11,32 %
Pb .	3,13 »
Cu .	6,16 »
Fe . .	0,24 »
Ni	0,51 »
As und Sb . .	Spuren
Zn (Rest) . . .	78,64 %.

Die Bäder zur Elektrolyse sind viereckige Gefäße aus 25 mm starkem Kiefernholz von 75 cm Länge, 60 cm Breite und 70 cm Tiefe (Fig. 103 u. 104). Sie sind mit Bleiblech von 2 mm Stärke ausgeschlagen. Im Innern ist noch eine Auskleidung aus schwachen Kieferbrettern vorgesehen, die dazu dienen soll, Beschädigungen des Bleibelags beim Einhängen der Elektroden zu vermeiden und das Auftreten von vagabondierenden Strömen zu vermindern. An der oberen Kopfseite ist die Holzauskleidung einige Zentimeter von der Wandung abgerückt; es entsteht hierdurch ein Zwischenraum, in den die anlaufende Lauge fällt, so daß sie in der eigentlichen Zelle aufsteigen muß. Unter dem Einsatz bleibt ein 15 cm hoher Raum frei, in dem sich die Anodenschlämme sammeln.

Die Bäder sind in zwei Batterien zu je vier Stück terrassenförmig aufgestellt, um eine Zirkulation der Lauge herbeizuführen. Unter jeder Batterie befindet sich noch eine besondere Reinigungstreppe, über die der Elektrolyt in einer dünnen Schicht herabfließt und auf der Abfälle von Zinkblech liegen (Fig. 105). Durch dieses Herabrieseln wird eine innige Berührung mit der Luft hervorgebracht, wodurch eine Oxydation der schädlichen Bestandteile herbeigeführt wird, die sich ausscheiden. Der Schwerpunkt des ganzen Verfahrens liegt nämlich in der Verwendung eines peinlich sauberen Elektrolyten, d. h. eines solchen, in dem fremde Bestandteile, in erster Linie Eisen, Kupfer und Arsen, nicht gelöst sind. In der obersten und untersten Stufe der Treppe, die zu kleinen Behältern ausgebildet sind, liegt Zinkoxyd, durch dessen Aufnahme der Elektrolyt schwach basisch wird. Hierdurch sowie durch die Zirkulation und die dadurch bedingte Reinheit desselben sowie durch die Innehaltung einer Temperatur von 15—20° und der richtigen Strom- und Spannungsverhältnisse (siehe unten) wird die Abscheidung schwammigen Zinks vermieden.

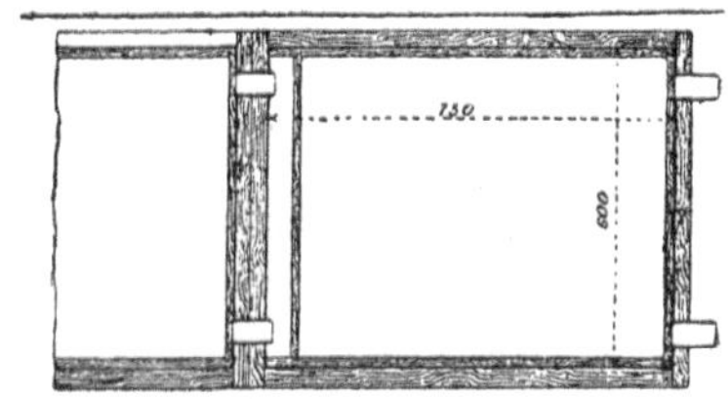

Fig. 103.

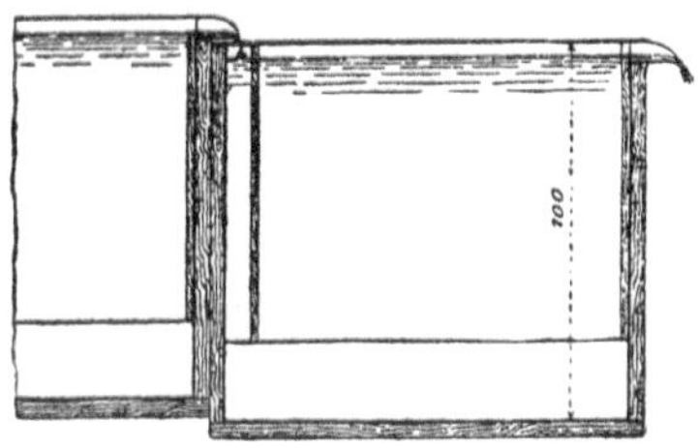

Fig. 104.

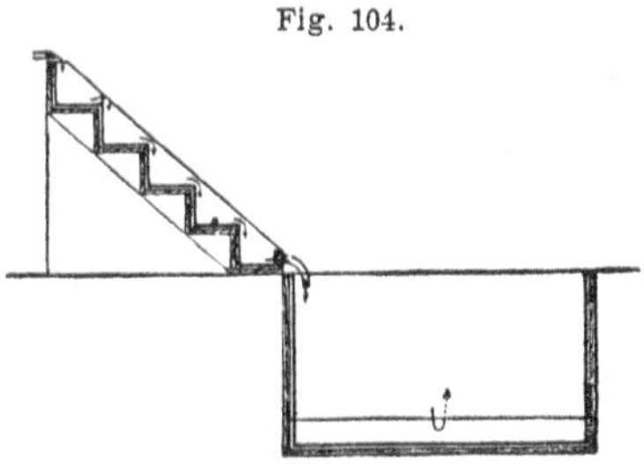

Fig. 105.

Die durch den Ablauf über die Treppe gereinigten Laugen fallen in einen Sammelbehälter, in dem sich die ausgefällten Bestandteile absetzen, von hier kommen sie ins Pumpenreservoir, aus dem sie in einen Hochbehälter gepumpt werden, von wo der Umlauf von neuem beginnt. Der Hochbehälter ist mit einem Röhrensystem versehen, durch das sowohl Dampf wie kaltes Wasser zirkulieren können, um den Elektrolyten auf die richtige Temperatur zu bringen.

Jedes Bad enthält 6 Anoden und 5 Kathoden in Abständen von je 5 cm. Der Strom wird durch eine Dynamomaschine geliefert, deren Antrieb 8 PS erfordert und die 320 Amp. und 15 Volt abgibt. Die angewandte Stromdichte beträgt 80—90 Amp. auf 1 qm Kathodenoberfläche; zu ihrer Aufrechterhaltung sind bei der angegebenen Temperatur 1,25—1,45 Volt pro Zelle erforderlich. Es ist jedoch gelungen, auch bei bedeutend niedrigeren Stromdichten von durchschnittlich 30 Amp. auf 1 qm ein durchaus einwandfreies Zink zu erhalten. Infolge der hohen Stromdichte und der dadurch bedingten schnellen Ausfällung ist in den Bädern kein großer Metallstock aufgespeichert.

Der Elektrolyt besteht aus einer Lösung von Zinkvitriol. Das Optimum seiner Dichte liegt bei 1,40—1,60° Bé. Er wird, wie bereits erwähnt, am besten schwach basisch gehalten, da in saurem Elektrolyten das Zink sich schwammförmig abscheidet. Versuche, durch Verwendung von Zinkdoppelsalzen die Leitfähigkeit des Elektrolyten zu erhöhen, ergaben negative Resultate, da auch bei ihnen, ebenso wie bei einfacher Zinkvitriollauge, die Schwammbildung eintrat, sobald die Verunreinigung in den Laugen zunahm.

Die Anoden werden in der Weise hergestellt, daß die Zinksilberlegierung in 1 cm dicke und 20—30 kg schwere Platten gegossen wird. Als Kathoden werden dünne Häute von Elektrolytzink benutzt. Die Anode bleibt solange in dem Bade hängen, bis sie gänzlich zu zerfallen droht. Dies dauert im allgemeinen 4—6 Tage. Die Anodenreste werden, nachdem sie von anhaftenden Schlämmen befreit sind, beim Guß neuer Platten wieder verwendet. Zur Herstellung der Kathoden werden dünne Häute von Elektrolytzink auf sogenannte »Mutterbleche« niedergeschlagen, die aus gewalztem Zinkblech bestehen. Sie bleiben etwa 3—4 Tage in den Bädern.

Die Entfernung der Anodenschlämme aus den Bädern erfolgt alle 8—14 Tage. Sie enthalten alle neben dem Zink in der Legierung enthaltenen gelösten Bestandteile in angereichertem Maße, sowie auch etwas mechanisch beigemengtes Zink resp. Zinkoxyd. Diese beiden werden durch verdünnte Schwefelsäure entfernt, und es resultiert dann ein Schlamm, der 30—60 % Silber sowie Blei und Kupfer enthält.

Die Aufarbeitung dieser silberhaltigen Anodenschlämme, die noch mit Schwefelsäure behaftet sind, erfolgt nach dem Verfahren von Hasse[1]), das dem oben erwähnten, in Hoboken (auf der Usine de Desargentation) ausgeführten nicht unähnlich sein dürfte.[2])

Die Verarbeitung der Anodenschlämme nach Hasse

ist dadurch gekennzeichnet, daß man die Schlämme, wenn sie Schwefelsäure oder schwefelsaure Metallsalze in genügender Menge enthalten, für sich allein, sonst aber unter Zusatz solcher Salze oder auch von Schwefelsäure glüht und das hierbei entstehende Silbersulfat auslaugt. Es geht also bei Rotglut die Schwefelsäure von den unedlen Metallen unter Bildung von Silbersulfat an das Silber. Da nun die Schlämme meist nicht so viel Sulfat enthalten, wie zur Umsetzung des sämtlichen in ihnen enthaltenen Silbers nötig ist, so wird eine heiße konzentrierte Lösung von minderwertigem Zinkvitriol, der im Betriebe anfällt, zugesetzt. Das Glühen geschieht in einem kleinen Fortschaufelungsofen. Die geglühten Schlämme werden in Holzbottichen ausgelaugt, in die sie in Säcken eingehängt werden. Es stehen zwei derartige Laugebottiche untereinander. In den unteren kommt der Sack mit frischen Schlämmen, um die in ihn einfließende Silberlauge zu sättigen; hierauf wird er in den oberen Bottich eingehängt, wo durch die Behandlung mit frischem Wasser die Auslaugung eine vollkommene wird. Die so erhaltene Silbersulfatlauge wird, um aus ihr das Silber zu fällen, mit

---

[1]) D. R. P. 91899.
Chemikerzeitung 1897, 548.

[2]) W. Woltmann, Chemikerzeitung 1897, 514.

metallischem Eisen beschickt. Das ausgefällte Silber wird gewaschen, gepreßt, getrocknet und eingeschmolzen. Der Prozeß der Silbergewinnung aus den Schlämmen erfordert alles in allem etwa 24—36 Stunden. Die entsilberten Schlämme werden, um das Kupfer zu lösen, mit Schwefelsäure behandelt. Das Kupfer wird ebenfalls durch Eisen gefällt. Der Rückstand von der Auflösung des Kupfers besteht aus Blei und Silber und wird beim Abtreiben von silberhaltigem Blei eingetränkt.

Die Gewinnung des Silbers aus Blei-Silberlegierungen.

Von den Verfahren, die bezwecken, aus silberhaltigem Blei (Werkblei) das Silber auf elektrochemischem Wege abzuscheiden, hat bis jetzt keines einen durchschlagenden Erfolg aufzuweisen gehabt. Bei der Bedeutung, die gerade einem brauchbaren Verfahren zur elektrochemischen Entzinnung von Werkblei zukommt, sowie in Anbetracht des Umstandes, daß die Versuche, ein solches Verfahren zu finden, ununterbrochen fortgesetzt werden, ist es jedoch nötig, einige der bekanntesten von den bisherigen Verfahren einer Betrachtung zu unterziehen.

Es sei jedoch vorausgeschickt, daß der allgemeineren Einführung der elektrolytischen Scheidung von Blei und Silber gegenüber der Scheidung auf trockenem Wege in erster Linie der Umstand entgegensteht, daß bei ihr eine Anzahl von Manipulationen vorgenommen werden müssen, die den Prozeß verlangsamen, schwierig machen und je nach den örtlichen Umständen auch verteuern.

Zunächst muß das Werkblei, aus dem die Anoden bereitet werden, umgeschmolzen werden; dann ist auch ein erneutes Schmelzen des elektrolytisch niedergeschlagenen Bleis erforderlich; die Verarbeitung der Laugen ist mit Verlusten verbunden, und es muß, da sie durch das Auswaschen des Bleis verdünnt werden, eine besondere Konzentration derselben stattfinden.

Hierzu kommt noch, daß die einzelnen Verfahren mit besonderen Schwierigkeiten zu kämpfen haben, wie z. B. das sogleich zu besprechende von Arche mit Kurzschlüssen und der Löslichkeit des Silbers.

Am besten hat sich noch das von Keith (siehe unten) eingeführt, das von der Electrometal Refining Company in Rome (New York) erworben wurde. Den günstigen Berichten über die dortigen Erfolge steht die Tatsache gegenüber, daß Versuche, die auf der Lautentaler Hütte ausgeführt wurden, ungünstig verliefen.[1]) Auch hier wurde der langsame Verlauf, die ungleichmäßige Beschaffenheit der Legierung, der Gehalt derselben an den Oxyden von Zink und Blei und ein zuweilen auftretende Bleiglätterniederschlag an den Kathoden als störend empfunden. Ferner wird nach demselben zwar ein hochprozentiges Silber gewonnen, jedoch gelingt es nicht, ein wismutfreies Blei zu erhalten (siehe beim Blei). Auch Hampe[2]) hält die Kosten des Keithschen Verfahrens für europäische, insbesondere deutsche Verhältnisse zu hoch, doch sind seine Versuche nicht ohne Widerspruch[3]) geblieben. Es ist also dahin zu resümieren, daß die Frage der Gewinnung von Silber aus Bleisilberlegierungen nicht als aussichtslos, aber als noch ungelöst zu bezeichnen ist.

Das Verfahren von Arche.

Dieses Verfahren[4]) kann als typisch für die Methoden gelten, die man versuchte, um Werkblei elektrolytisch zu raffinieren. Es wird hierbei das Werkblei als Anode in eine schwach salpetersäurehaltige Bleinitratlösung eingehängt. Kurzschlüsse, die durch die Zerstörung der Anode entstehen, sowie der Umstand, daß sich das mit dem Blei gelöste Silber mit diesem an der Kathode wieder niederschlägt, erwiesen sich als die hauptsächlichsten Nachteile des Prozesses. Yale hüllte deshalb die Bleiplatten in Musselin ein[5]), während Rösel[6]) Chloride zusetzt, um das Silber zu binden. Hierdurch wurde das Verfahren zwar verbessert, aber noch nicht technisch brauchbar.

---

[1]) Hermann, Zeitschr. d. Ver. deutsch. Ingenieure 1883, 212.

[2]) Zeitschr. für das Berg-, Hütten- und Salinenwesen im preußischen Staate 1882, 81.

[3]) Kiliani, Berg- und Hüttenmännische Zeitschr. 1883, 253.

[4]) Electrical Review 1898, 547.

[5]) Electrical World 1898, 382.

[6]) D. R. P. 92022.

Das Verfahren von Keith.

Eine der ersten Methoden zum Raffinieren des Bleis auf elektrolytischem Wege, welche praktisch angewendet wurde, war diejenige von Keith.[1]) Bei diesem Prozeß wird das Roh- oder Werkblei bei möglichst niedriger Temperatur in eisernen Kesseln geschmolzen, aus denen es abgezapft wird, um in geeignete Formen gegossen zu werden. Die auf solche Weise hergestellten Anoden befestigt man mittels Klammern an Metallstäben und bringt sie in dicht anschließende Beutel aus grobem Musselin. Die Elektrolysiergefäße sind aus Holz oder Eisen angefertigt. Die Kathoden bestehen aus dünnen Messingplatten, die in Form von konzentrischen Zylindern aufgerollt werden. Der Elektrolyt enthält Bleisulfat, das in einer wäßrigen Lösung von essigsaurem Natron aufgelöst ist. Die Mischung, welche aus 679 g Schwefelsäure und 4,5 l Wasser zusammengesetzt ist, wird auf eine Temperatur von 38° C erwärmt. Die Schwefelsäure greift zuerst die Metalle der Anode, Blei, Zink und Eisen an, und das essigsaure Natron löst dieselben auf. Zink und Eisen, welche weniger leicht zu Metall reduziert werden, bleiben zunächst in Lösung, schlagen sich aber, wenn sie in größeren Mengen in der Flüssigkeit sich angesammelt haben, auf der Kathode als Oxyde nieder. Die zur Verwendung kommende Stromdichte beträgt 20 Amp. auf den qm. Das auf der Kathode niedergeschlagene Blei, welches kristallinisch ist, fällt durch die Wirkung der unten beschriebenen Schabevorrichtung ununterbrochen von den Platten ab, es ist daher ein Raum in der Zelle vorgesehen, wo es sich ablagern kann. Sind die Anoden aufgezehrt, so werden die Beutel entfernt und nach einem Wasserreservoir gebracht, woselbst man die noch übriggebliebene Masse von den Platten abwäscht und nach den Schmelzkesseln zurückbringt, um sie von neuem zu verarbeiten. Den im Wasser suspendierten Schlamm läßt man sich absetzen, worauf man das erstere abzieht und den Schlamm filtriert. Dieser enthält in der Regel Antimon, Arsen, Silber, Kupfer, Gold und Eisen und wird nach den

[1]) Elektrochemische Zeitschr. 1898, 4, 67.

bei Kupfer angegebenen Methoden zur Behandlung des Anodenschlamms aufgearbeitet.

Das Silber und Gold bleiben in den Musselinsäcken zurück und werden dann, nachdem sie auf die vorstehend beschriebene Weise durch Elektrolyse von Blei getrennt sind, auf trockenem Wege weiter behandelt, indem man sie mit Salpeter in Tiegeln einschmilzt, auf deren Boden sie sich dann in regulinischer Form ansammeln.

Es sei noch bemerkt, daß das Blei im Laufe des Prozesses allmählich von den Kathoden nach den Anoden herüberwuchs, wodurch Kurzschluß eintrat. Um diesen zu verhindern, wurde das Elektrodengestell drehbar eingerichtet und eine Schabevorrichtung vorgesehen, die das Blei sofort nach dem Niederschlagen entfernt.

Das Verfahren wurde von der Electrometal Refining Company in New York eingeführt.

Bei einem Energieaufwand von 12 PS wurden in 24 Std. 10 t Blei raffiniert. Die Zusammensetzung des Bleis vor und nach der Raffination ergibt sich aus den nachstehenden Analysen:

	Rohblei:	Raffiniert:
Blei . .	96,36	99,9
Silber .	0,554	0,00007
Kupfer	0,315	0
Antimon . .	1,070	Spur
Arsen	1,22	Spur
Zink und Eisen	0,489	0

Das Verfahren von Tommasi.

Bei diesem Verfahren[1]) enthält der Elektrolyt doppeltessigsaures Blei und Kali (oder Natron); die Anoden bestehen aus silberhaltigem Werkblei. Die letzteren werden zu zweien mit einer aus Kupfer- oder Aluminiumlegierung hergestellten Kathode, welche die Form einer Scheibe besitzt, angeordnet. Diese Scheiben, welche mit einer Geschwindigkeit von 1 bis

[1]) Elektrochemische Zeitschr. 1898, 4, 67.

2 Umdrehungen in der Minute rotieren, haben einen Durchmesser von 3 m, eine Dicke von 18,9 mm und tauchen zur Hälfte in die Flüssigkeit ein. Am oberen Teile der Kathode sind Bürsten angebracht, welche dazu dienen, die kleinen, schwammförmigen Bleikristalle, welche sich während des elektrolytischen Prozesses bilden und auf der Scheibe niederschlagen, abzusondern. Dieselben fallen, wenn sie von der Kathode losgelöst sind, in Rinnen, welche sie auf ein Drahtsieb führen, wo man die Flüssigkeit abtropfen läßt und den Rückstand auswäscht. Das Waschwasser wird durch Verdampfung wieder auf 20 Bé (spez. Gew. 1,256) konzentriert und läßt sich dann von neuem verwenden. Das gewonnene Blei wird ausgepreßt, mit 2 oder 3 % Holzkohle gemischt und geschmolzen. Das Silber wird zusammen mit dem größten Teile des Arsens und Antimons an der Anode ausgeschieden und in Gefäßen gesammelt, um mit Natronsalpeter unter Zusatz einer geringen Quantität Borax geschmolzen zu werden, wodurch Arsen und Antimon vom Silber getrennt werden. Die Kosten des Verfahrens werden von Tommasi bei Benutzung von Dampfkraft zur Erzeugung der Elektrizität auf 8—10 Frs. pro Tonne geschätzt.

Bei Verwendung von Bleiazetat als Elektrolyt soll der Widerstand sich verringern, was wohl auf das Vorhandensein eines Niederschlages von Bleisuperoxyd aus der Anode zurückzuführen sein dürfte. Das Bleisuperoxyd wirkt aber auf die organische Substanz ungünstig ein, indem es dieselbe unter allen Umständen, wenn auch langsam, oxydiert. Das Produkt der Oxydation von Essigsäure besteht aus Kohlensäure und Wasser, welche Zersetzung aber insofern von Bedeutung ist, als die Essigsäure von Zeit zu Zeit erneuert werden muß und auf diese Weise eine teure elektrolytische Flüssigkeit bildet. Das auf der Anode befindliche Bleisuperoxyd wird durch einen Teil der organischen Säure in Bleioxyd umgewandelt, welches sich in der Säure löst und schließlich an der Kathode zu metallischem Blei reduziert wird. Die im Rohmetall vorhandenen Beimengungen sowie die auf der Oberfläche der Anoden sich niederschlagenden Oxyde sind in der Regel schlechte Elektrizitätsleiter und bilden, falls sie nicht von den

Anoden entfernt werden, einen isolierenden Überzug über einen großen Teil der Oberfläche. Die natürliche Folge ist, daß der Strom hauptsächlich durch jene Teile der Platte, welche frei von den Oxyden sind, fließt; die Stromdichte erhöht sich daher an diesen Stellen in hohem Grade, und schließlich ist die Anode von Löchern durchsetzt. Wird flüssige Kohlensäure nach und nach mit Schwefelsäure gemischt und eine Zeitlang bei einer Temperatur von 50—100° C digeriert, so bildet sich Kresolschwefelsäure, welche in Wasser löslich ist und die Eigenschaft besitzt, mit Blei lösliche Salze zu bilden. Tommasi empfiehlt daher, je nach den Umständen diese anstatt der Essigsäure anzuwenden, da hierdurch die eben beschriebenen Übelstände vermieden werden sollen.

Das Verfahren hat sich in einer kleinen Versuchsanlage zu Paris bewährt, jedoch noch keinen Eingang in größere Betriebe gefunden.

Das Verfahren von Bottome.

Dieses Verfahren[1]) erregt deshalb besonderes Interesse, weil es mit einer Methode zur Gewinnung von Bleiweiß kombiniert ist. Auch hier wird das Werkblei als Anode verwendet. Als Elektrolyt dient ein Gemenge von Ammoniumnitrat oder Ammoniumazetat mit Ammoniumkarbonat, oder ein Gemisch löslicher Thiosulfate. Während des ganzen Prozesses wird in die Lösung Kohlensäure eingeleitet, wodurch sich Bleiweiß abscheidet, während Silber in reinem Zustand gewonnen wird.

(Weitere Verfahren zur Verarbeitung von Blei-Silberlegierungen (Werkblei) siehe unter Blei.)

Die Gewinnung des Silbers aus Kupfer-Silber-Goldlegierungen.

Die Gewinnung des Silbers aus Kupfer-Silber-Goldlegierungen, wie sie meist in den Anodenschlämmen vorliegen, ist teilweise beim Kupfer (siehe S. 282), teilweise beim Gold (siehe S. 352) besprochen. Es kommen hierfür

[1]) Engl. Pat. 400/1891.
Amerik. Pat. 442661.

zunächst die Methoden der Verarbeitung der silberhaltigen Anodenschlämme und dann die der Raffination für die kupferhaltigen Edelmetallegierungen, wie sie dort angegeben sind, in Betracht. Zweckmäßig für die Raffination haben sich in erster Linie die Methoden von Wohlwill (siehe S. 352) sowie von Möbius (siehe S. 356) erwiesen.

Als besonderer Apparat zur Silberraffination hat sich verschiedentlich

Die rotierende Elektrode von House und Symon

eingeführt.

Dieselbe kann auch zum Feinen anderer Metalle benutzt werden, wurde jedoch in erster Linie für die Silberraffination konstruiert.[1])

Sie besteht (Fig. 106 u. 107) aus einem Bottich A, in dem in Lagern A^1 eine mit Riemenscheibe B^1 versehene Welle B gelagert ist. Die Lager sind entweder offen oder so eingerichtet, daß die Welle B schnell von dem Behälter A abgenommen werden kann. Auf der Welle B sind ein oder mehrere Paare von Elektrodenträgern vorgesehen, die zweckmäßig aus Scheibenkörpern oder nur den Rahmen C, D aus isolierendem Stoff mit Naben E aus Metall bestehen, die von der Welle wiederum isoliert und in drei oder mehr isolierte Segmente geteilt sind. Die Elektroden erhalten die Form von Scheibenabschnitten und werden in Aussparungen an der Seite der Träger eingelegt, oder in anderer zweckmäßiger Weise in Berührung mit den Nabensegmenten befestigt. Während sie sich in Lösung befinden, werden sie abwechselnd mit dem Stromkreise verbunden, hingegen werden sie, wenn sie sich außerhalb der Lösung bewegen, aus dem Stromkreise ausgeschaltet. Die Kathoden F bestehen aus versilberten Kupferplatten, während die Anoden G aus der zu raffinierenden Metallegierung durch Gießen hergestellt werden. Unter jedem Elektrodenträger hängt ein Sack oder ein anderer poröser Behälter H, und

---

[1]) D. R. P. 79905.
Engl. Pat. 16002.
Amerik. Pat. 533596

darunter ist wieder ein großer Sack oder Behälter K aus demselben Stoff vorgesehen. An den Kanten des Bottichs sind Arme L, L^1 aus leitendem Stoffe angebracht, die in Kontakt-

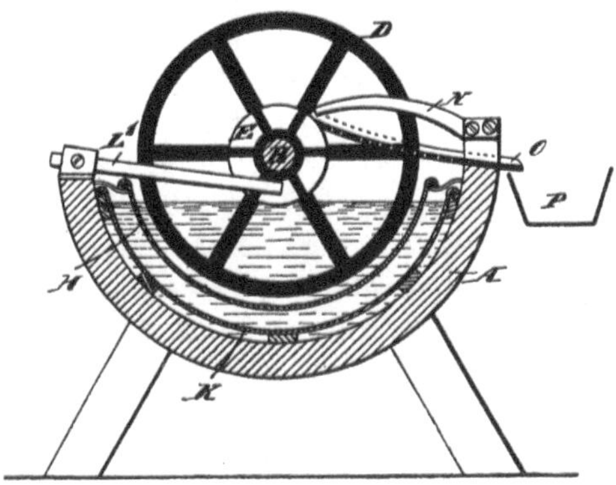

Fig. 106.

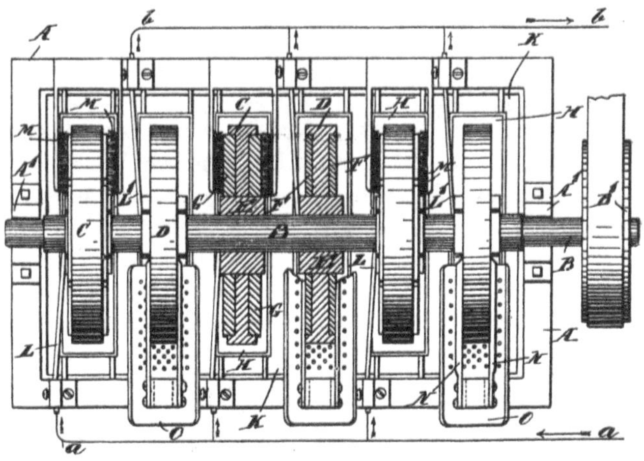

Fig. 107.

platten oder Bürsten auslaufen, welche auf den segmentförmigen Naben oder Kommutatoren E aufliegen. Für jedes dieser Nabenstücke ist eine solche Bürste vorgesehen. $M M$ sind Bürsten aus feinen, biegsamen Drähten, die in geeigneter Weise über der Lösung in dem Bottich angebracht sind und auf den Flächen der Anoden entlang laufen. *NN* sind Schaber oder Abstreifer, die gegen die Kathodenbleche anliegen. Unter ihnen befinden sich Tröge *O*, die gelocht oder aus feiner Drahtgaze hergestellt sind und zu Kasten oder Vorlagen *P* führen. Die Stromkreisverbindungen sind aus Fig. 107 ersichtlich. Die Bürsten *L* sind mit der positiven Klemme der Stromquelle durch Leitungen *a* und die anderen Kathodenbürsten durch Leitungen *b* angeschlossen. Wird die Welle *B* in Umdrehung versetzt, so geht der Strom von jedem Anodensegment in der Lösung zu dem gegenüberliegenden Kathodensegment, wobei die Elektrodensegmente außer der Lösung, wie bereits erwähnt, durch die Lage der Bürsten L, L^1 gegen die Kommutatoren ausgeschaltet werden.

Durch Anwendung einer geeigneten Lösung und durch entsprechende Regelung der Stromdichte wird das Silber an den Kathodensegmenten *F* in lockerer, schwammiger Form niedergeschlagen, so daß es nach dem Abstreichen durch die Abstreicher *M* in den gelochten Behälter *O* fällt.

Metallteilchen, die von den Anoden oder Kathoden entfernt werden, gelangen in die Säcke unter den Elektroden und können wiedergewonnen werden, wenn die Elektroden und Säcke ausgehoben werden. In derselben Weise werden Metall- und andere Teilchen, die in den Bottich fallen, von dem größeren Sack aufgefangen. Die Isolierung der Elektrodensegmente, während sie außerhalb der Lösung sind, vermindert die Gefahr von Stromverlusten und vermeidet die Notwendigkeit der Isolierung der Abstreicher und Bürsten.

[Weitere Verfahren (Höpfner, Betts etc.) siehe bei Kupfer und Gold.]

Gold.

Vorkommen.

Das Gold kommt in der Natur meist in gediegenem Zustande vor, ist jedoch fast stets mit anderen Metallen, in erster Linie mit Silber und Tellur, legiert, wobei der Silbergehalt bei einzelnen Vorkommnissen bis zu 40% steigt. Es ist über die ganze Erde verbreitet und kommt vor allem auch in vielen Erzen anderer Metalle vor, doch gibt es nur verhältnismäßig wenige Fundstätten, wo es sich in größeren Mengen findet. Das an den ursprünglichen Lagerstätten liegende Gold wird »Berggold« genannt; gelangt es durch Erosion mit Geröll und Schuttablagerung an sekundäre Lagerstätten, so bezeichnet man es als »Waschgold« oder »Seifengold« oder auch als »Alluvialgold«.

Die Hauptfundstätten des Goldes sind Kalifornien, Alaska, Kolorado, der Ural, die Karpathen, der Witwatersrand in Transvaal, Australien, Westindien usw. Dort wird es meist direkt aus seinen Erzen gewonnen, außerdem kommen aber für die Gewinnung noch eine Anzahl weiterer Materialien in Betracht, wie Kupfererze, Kupfersteine, Anodenschlämme, Krätzen usw.

Geschichtliches.

Das Gold war schon in den ältesten Zeiten bekannt, und seine Gewinnung geschah damals durch einfache Aufbereitung. Später kamen dafür chemische Methoden auf, in erster Linie die Scheidung mit Salpetersäure, die Treibarbeit, das Amalgamationsverfahren, die Scheidung mit Königswasser und die Zementation. Von diesen hat sich bis in die neuere Zeit fast nur die Scheidung mit Salpetersäure erhalten, bis auch diese vielfach durch elektrochemische Methoden verdrängt wurde, die durch neue Verfahren zur Goldextraktion, nämlich durch die Verfahren der Chlorierung (Plattner-Prozeß) und vor allem durch das der Cyanidlaugerei (Mac Arthur Forrest und Werner Siemens) günstige Vorbedingungen zu ihrer

Entwicklung fanden. Große Ausbreitung erlangte der von Siemens im Jahre 1887 erfundene Cyanidprozeß zur Goldextraktion, der 1890 in Transvaal zuerst zur Einführung gelangte, von wo aus er sich über die ganze Welt verbreitete.

Gewinnung.

Ehe wir auf die eigentliche elektrochemische Goldgewinnung eingehen, ist es nötig, die einzelnen Lösungsverfahren des Goldes in Kürze zu streifen, denn wenn auch der Cyanidprozeß im allgemeinen neben den nichtelektrochemischen Verfahren fast ausschließlich das Feld behauptet, so wird die elektrolytische Goldabscheidung doch auch vereinzelt noch in solchen Fällen angewendet, wo zur Lösung des Goldes andere Methoden als die Cyanidlaugerei angewendet worden sind. Außerdem findet die elektrische Abscheidung auch bei einer Anzahl von Goldlegierungen statt, die sich entweder in der Natur finden oder bei der Darstellung anderer Metalle als Nebenprodukte gewonnen werden.

Die Gewinnung des Goldes aus Erzen. — Lösungsmethoden.

Die Verbleiung.

Unter den Lösungsmethoden für das Gold ist zunächst die Verbleiung zu erwähnen, die darin besteht, daß Golderze entweder mit Bleierzen verschmolzen oder mit geschmolzenem Blei behandelt werden. Diese Methode der Lösung ist für hochprozentige Golderze selten, sie wird im allgemeinen mehr zur Silbergewinnung angewendet, wobei dann auch goldhaltige Silbererze dieser Behandlung unterworfen werden.

Die Amalgamation.

Die Amalgamation besteht darin, daß die gediegenes Gold führenden Golderze mit Quecksilber behandelt werden. Diese Behandlung findet meist bereits während der Aufbereitung statt. Die Amalgamation ist vielfach mit einer gleichzeitigen

Elektrolyse verbunden worden, die die Lösung des Goldes beschleunigen sollte. Anderseits wurde hierbei sogleich wieder Gold durch elektrolytische Fällung gewonnen.

Die Chloration und Bromation.

Das von Platner 1841 gefundene Verfahren, wonach Gold nach dem Rösten der Kiese durch Chlor extrahiert werden kann, das im Jahre 1850 von Lange betriebsmäßig durchgeführt wurde, hat sich bis heute in nicht zu unterschätzendem Maßstabe erhalten. Es gelingt durch Behandlung der Abbrände mit Chlor daraus das selbst in geringen Spuren (0,002—0,003%) enthaltene Gold zu extrahieren. Später hat man versucht, das Chlorierungsverfahren durch ein Bromierungsverfahren zu ersetzen. Diese Bromierungsverfahren, unter denen in erster Linie das von Lossen[1]) zu erwähnen ist, beruhen darauf, daß die Erze in großen rotierenden Trommeln mittels einer durch Elektrolyse von Bromkalium ohne Benutzung eines Diaphragmas dargestellte alkalische Bromlösung behandelt werden. Die Verfahren haben den Zweck, die Schwierigkeiten zu verringern, die sich bei der Behandlung der Erze mit elektrolytisch dargestelltem Chlor ergeben, Schwierigkeiten, die so groß sind, daß hier fast ausschließlich auf chemischem Wege erzeugtes Chlor zur Anwendung kommt. In neuerer Zeit wird vereinzelt, wie z. B. von Greenawalt, Chlor und Brom gleichzeitig angewendet.[2])

Die Cyanidlaugerei.

Der wichtigste unter den Lösungsprozessen, die in der Metallurgie des Goldes zur Anwendung gelangen, ist, wenn wir die für die elektrochemischen Methoden in Betracht kommenden in Erwägung ziehen, die Cyanidlaugerei.

Die Beobachtung, daß sich Gold in Cyankalium löst, wurde bereits von Faraday gemacht, nachdem schon vorher Scheele (1782) in seinen »Chemischen Versuchen« gleichfalls

---

[1]) Elektrochemische Zeitschr. II, 93.

[2]) Amerik. Patent 761164/04.
Perkins, Electrochemical Industry 1904, 24.

darauf hingewiesen hatte, daß sich die Cyanide des Goldes und Silbers im Überschusse des Fällungsmittels auflösen. Daß hierbei Lufzutritt nötig ist, hat Hagen 1805 konstatiert. Von dieser Tatsache machte Elkington (siehe Kupfer S. 245) im Jahre 1840 Gebrauch, als er sich bemühte, die Galvanoplastik weiter auszubilden. Die eigentliche Anwendung der Cyanidlaugerei auf die Elektrometallurgie des Goldes rührt von Rahe her, der die den heutigen Verfahren zugrunde liegende Idee im Jahre 1867 in einem amerikanischen Patente[1]) niederlegte. Weitere Patente sind die von Clark, Simson, Mac Arthur-Forrest usw. Seine eigentliche Einführung im großen Maßstabe fand der Cyanidprozeß jedoch erst durch Werner Siemens, der im Jahre 1887 die Beobachtung machte, daß Goldanoden, die in Cyanidflüssigkeit tauchten, an Gewicht verloren.

Die Rolle, die der Sauerstoff bei der Cyanidlaugerei spielt, war längere Zeit hindurch nicht klar. Im Jahre 1844 stellte Elsner[2]) für den Vorgang der Lösung des Goldes in Cyanid folgende Gleichung auf:

$$4\,Au + 8\,KCy + 2\,H_2O + O_2 = 4\,KAu(Cy)_2 + 4\,KHO.$$

Demnach wäre also die Gegenwart von Sauerstoff nötig. In den Patenten von Mac Arthur-Forrest, die im Jahre 1897 für nichtig erklärt wurden, wird dies bestritten, doch ist es inzwischen Bodländer[3]) sowie Christy[4]) gelungen, den Prozeß der Cyanidlaugerei in allen seinen Details klar zu stellen.

Nach Bodländer bildet sich beim Lösen des Goldes in Cyankalium unter Luftzutritt nicht nur Kaliumgoldcyanür und Ätzkali, sondern es spielt hierbei auch intermediär gebildetes Wasserstoffsuperoxyd eine Rolle. Die Gleichungen, nach denen die Lösung des Goldes in Cyankalium vor sich geht, sind nach Bodländer:

1. $2\,Au + 4\,KCy + 2\,H_2O + O_2 = 2\,KAu(Cy)_2 + 2\,KOH + H_2O_2$
2. $2\,Au + 4\,KCy + H_2O_2 = 2\,KAu(Cy)_2 + 2\,KOH.$

[1]) Amerik. Patent Nr 61866.

[2]) Journ. f. prakt. Chemie 1844, 37, 133.

[3]) Zeitschr. f. angew. Chemie 1896, 583.

[4]) Trans. of the amer. Inst. of Min. Engin. 1896, 26.

Die Ergebnisse dieser Bodländerschen Untersuchungen haben dazu geführt, daß in der Folgezeit mehrfache Vorschläge gemacht worden sind, die darauf abzielen, die Lösung durch einen Zusatz von Oxydationsmitteln zu verbessern. Als solche Oxydationsmittel sind zu nennen: Ferricyankalium, Natriumsuperoxyd, Chlorkalk, ferner (nach Christy, loc. cit.) Kaliumchlorat, Kaliumnitrat, Kaliumpermanganat, Kaliumbichromat sowie die Superoxyde von Barium, Mangan und Blei. Von diesen sind nach Christy die wirksamsten die Superoxyde des Natriums und Mangans, sowie Ferricyankalium. Auch Bromcyanid ist sehr wirksam. Die Wirkung der beiden letzgenannten Körper läßt sich durch folgende Gleichung ausdrücken:

a) $2(K_3FeCy_6) + 4KCy + 2Au = 2(AuKCy_2) + 2(K_4FeCy_6)$
b) $BrCy + KCy = KBr + 2Cy$.

Anstatt Bromcyanid kann man auch Bromwasser oder Chlorwasser verwenden.

Der Zusatz künstlicher Oxydationsmittel ist jedoch aus dem Grunde nicht nötig, weil bei dem geringen Goldgehalt der Erze und dem dadurch bedingten großen Rauminhalt des Erzpulvers, sowie bei der Verwendung der verdünnten Cyankaliumlösungen stets so viel Luft in den Laugebottichen vorhanden ist, daß ihr Sauerstoff für die Durchführung des Prozesses genügt.

Von den Golderzen können diejenigen, die gediegenes Gold, sowie die, die Goldsilberlegierungen enthalten, ohne weiteres der Cyanidlaugerei unterworfen werden. Hingegen bedürfen die Tellurite vorher einer Röstung, da sie sich ebenso wie die Antimonide nur schwer in Cyankalium lösen.

Die Schnelligkeit der Auflösung hängt nach Bodländer (loc. cit.) in erster Linie von der Verteilung des Goldes, in zweiter von der Konzentration der Lösungsflüssigkeit ab. Blattgold und Schwammgold lösen sich schnell, Goldkörner und Goldblech langsam. Die Konzentration der Lösung wirkt bis zu einem gewissen Grade in dem Maße beschleunigend, als sie steigt. Von 0,25 % Cyankaliumgehalt der Flüssigkeit an bleibt sie gleich.

Da sich das Cyankalium an der Luft zersetzt, und da es außerdem durch verschiedene Bestandteile der Erze Umwandlungen erleidet, so braucht man zum Lösen des Goldes aus den Erzen bedeutend mehr Cyankalium, als nach der Theorie nötig wäre. Auf einen Gewichtsteil Gold sind durchschnittlich 35 Gewichtsteile Cyankalium nötig. Hierzu kommt noch, daß auch Silber sowie Zink und Kupfer von Cyankalium gelöst werden. Infolge dieses Umstandes sind Golderze, welche einen höheren Zink- oder Kupfergehalt aufweisen, für die Cyankaliumlaugerei nicht geeignet. Erze, die freie Schwefelsäure und schwefelsaures Eisen enthalten, müssen, ehe sie der Cyanidlaugerei unterworfen werden, von diesen Bestandteilen durch Auslaugen befreit und dann zur Entfernung der basischen Salze einer weiteren Laugung mit Kalkwasser unterworfen werden.

Die Behandlung der Erze zum Zwecke der Cyanidlaugerei erfolgt in nachstehender Weise, zu der zu bemerken ist, daß man früher die Erze der Amalgamation unterwarf, wobei die gewonnenen Abgänge auf Herden verwaschen wurden, um die goldhaltigen Pyrite auszuscheiden. Die Pyritaufschlüsse, die hierbei neben Tailings (Abgängen) erhalten wurden, wurden geröstet, der Chloration oder Bromation unterworfen und daraus das Gold nach dem Plattnerschen Verfahren gewonnen. Die Tailings bildeten dann das Material für den Cyanidprozeß. Auf diese Weise war es nicht möglich, alles Gold zu gewinnen, und man hat daher jetzt den Prozeß dahin verbessert, daß man die Abgänge der Pochwerke mit Hilfe von Spitzkasten in verschiedene Sorten von Sanden und Schlämmen zerlegt, um dann aus allen vorhandenen Produkten das Gold nach dem Cyanidverfahren zu gewinnen.

Das Vorbrechen der Erze geschieht auf Steinbrechern (Backensteinbrechern), von wo aus sie auf ein Trommelsieb fallen. Das durch dieses Sieb Gegangene wird durch einen Wasserstrom einem kalifornischen Pochwerk zugeführt. Der auf dem Sieb verbleibende Rückstand kommt nochmals in die Steinbrecher.

Die Pochwerke, auf denen bereits die Amalgamation eingeleitet wird, die dann auf Schlammgerinnen sich fortsetzt, liefern die sogenannte »Pochtrübe«, die das Rohmaterial für die Cyanidlaugerei darstellt. Die Pochtrübe hat keine einheitliche Zusammensetzung, sondern enthält drei teils chemisch, teils mechanisch voneinander verschiedene Bestandteile, die geschieden werden müssen, ehe die eigentliche Cyanidlaugerei einsetzen kann. Diese Bestandteile der Pochtrübe sind:

1. die »Concentrates«, ein Gemisch von Pyriten mit gröberen Sanden, die etwa 10% der gepochten Erze ausmachen,
2. die reinen Sande (65% der Erze),
3. die Schlämme (25—30% der Erze).

Diese drei Bestandteile werden nun auf Spitzkasten durch eine Art von Schlemmverfahren voneinander getrennt, bei dem teilweise von unten her kommendes Druckwasser, teilweise Sedimentierung zur Anwendung kommt. Diese Trennung ist deshalb von außerordentlicher Wichtigkeit, weil sich ohne sie beim Füllen der Laugbottiche Gemenge und Schichten von Sanden mit Tonschlämmen bilden würden, die eine richtige Laugerei vollkommen zu vereiteln imstande wären. Auch der Unterschied in der Größe ihrer Bestandteile würde mancherlei Schwierigkeiten verursachen.

Ist das Material auf diese Weise für die Cyanidlaugerei vorbereitet (wobei zu bemerken ist, daß wir die Vorbereitung nur in ihren Grundzügen wiedergeben konnten, weil es unmöglich ist, auf die zahlreichen Details, die wieder in den verschiedensten Werken verschieden sind, einzugehen), so erfolgt der eigentliche Laugereiprozeß.

Für diesen kamen bisher fast ausschließlich die Sande in Betracht, die entweder in den Absatzbottichen selbst mit Cyanidlauge behandelt und von hier in die Auslaugebottiche übergeführt, oder die direkt in die Auslaugebottiche eingelassen wurden. In neuester Zeit ist es jedoch auch gelungen, die Schlämme für die Cyanidlaugerei geeignet zu machen und auf diese Weise über 70% ihres Goldgehaltes zu gewinnen. Sie werden in verdünnter Cyanidlösung umgerührt, mit Kalk behandelt, und aus der erhaltenen Lauge wird das Gold durch Elektrolyse abgeschieden.

Die eigentliche Goldlaugerei zerfällt nun in der Hauptsache in zwei Arbeiten, nämlich in die Bereitung der Lauge und in die Extraktion.

Die Lauge wird in der Weise bereitet, daß gewöhnliches käufliches Cyankalium mit einem Gehalt von durchschnittlich 75% KCy in geringen Mengen Wasser gelöst wird, worauf dann die Verdünnung durch Waschwasser oder Endlaugen erfolgt. Die Konzentration der Lösung hängt von der Natur des Materials sowie von dem beabsichtigten Fällungsprozeß ab. Im allgemeinen enthält die Cyanidlösung 0,05—0,8% Cyanid. Ist die Fällung mit Zink beabsichtigt, so benutzt man im allgemeinen höhere Konzentrationen. Zum Nachwaschen dient eine 0,01 proz. Cyanidlösung. Im allgemeinen sinkt der Gehalt der Cyankaliumlauge von Bottich zu Bottich, so daß im ersten die stärkste, im letzten die schwächste zur Anwendung gelangt.

Die Laugerei selbst wird in Bottichen vorgenommen, die meist aus Holz oder Stahlblech hergestellt sind und die im allgemeinen einen Inhalt von 100 cbm haben. Sie stehen im Freien, und die in ihnen befindliche Masse wird meist nicht bewegt, da hierdurch die Zersetzung des Cyankaliums beschleunigt wird. Das Bewegen findet fast durchweg nur bei Schlämmen (siehe oben) statt. Die Form der Bottiche ist entweder eine viereckige oder eine runde. Sie enthalten Filtervorrichtungen, die in einfachster Weise aus einem Lattengestell zusammengeschlagen sind, über dem sich Filtertücher befinden. Auch in bezug auf die Form, Größe sowie auf das Material, aus dem die Bottiche bestehen, kommen die weitgehendsten Unterschiede vor, und es sind daher die obigen Ausführungen nur als allgemeine Angaben aufzufassen. Die Laugen werden vom Boden der Auslaugebottiche durch Röhren abgezogen, und zwar gelangen sie aus ihnen direkt in die Fällkasten, aus denen die von ihrem Goldgehalt befreite Lauge wieder in die Laugebottiche zurückgepumpt wird. Die Laugen selbst werden so lange benutzt, als in ihnen noch freies Cyankalium enthalten ist.

Die zum Laugen nötige Zeit ist sehr verschieden und hängt von der chemischen und mechanischen Beschaffenheit der Erze ab. Grobe Sande brauchen bis zu 3 Wochen, feinere Sande sind meist in 4 Tagen fertig. Ebenso wie die Zeit schwankt auch der Cyanidverbrauch. Im allgemeinen kann man über ihn sagen, daß er für die elektrolytische Fällung ein geringerer ist als für die Zinkfällung und daß er zwischen 0,12 und 0,5 kg pro Tonne Tailings schwankt.

Auf dem Cyanidwerk in Dale (Kalifornien) wird nach einem Vorschlage von Hunt[1]) der Cyanidlösung Ammoniumchlorid zugesetzt, wodurch die Cyankaliumverluste bedeutend reduziert wurden. Das Erz wird hierbei mit einer bestimmten Menge Ätzkalk vermischt, eventuell kann statt Ätzkalk und Ammoniumchlorid auch direkt Ammoniak zugegeben werden.

Die Fällung.

Die Fällung des Goldes durch Zink ist zwar ihrem Wesen nach ebenfalls ein elektrolytischer Prozeß, da bei demselben jedoch besondere elektrochemische Verfahren nicht in Anwendung kommen und er somit für die Elektrometallurgie keinerlei Interesse darbietet, und da bei ihm außerdem die elektrischen Vorgänge eine so untergeordnete Rolle spielen, daß er meist nicht zu den elektrochemischen Prozessen gerechnet wird, so können wir auch hier ohne weiteres über ihn hinweggehen, um so mehr, da als eigentliche elektrolytische Goldfällungsprozesse durchweg nur solche angesehen werden, bei denen der von einer äußeren Stromquelle her dem Bade zugeleitete Strom seine Wirkung ausübt. Am Schlusse des Kapitels über Gold werden wir einen Vergleich zwischen der Zinkfällung und der Fällung durch Elektrolyse ziehen und hierbei Gelegenheit haben, die wichtigsten Zinkfällungsverfahren kurz zu streifen.

Die Fällung des Goldes durch den elektrischen Strom ist, wie bereits erwähnt, durch Werner Siemens zuerst angewendet und von der Firma Siemens & Halske zunächst in Transvaal ausgeführt worden, von wo aus sie sich weiter verbreitete.

---

[1]) Engineering and Mining Journal 1902, 74, 816.

Außer dem Prozeß von Siemens & Halske, der unterdessen an die Firma »Siemens-Elektrolysis G. m. b. H.« übergegangen ist, existieren noch eine Anzahl weiterer Prozesse zur Fällung des Goldes mit Hilfe des elektrischen Stroms, die jedoch im allgemeinen eine geringere Bedeutung als der Siemenssche Prozeß erlangt haben.

Allgemeines.

Bei den Prozessen der Fällung mittels des elektrischen Stroms kommen meist aus Eisen gefertigte Fällungsbottiche zur Verwendung, die fast durchweg kleiner sind als die Extraktionsbottiche. Als Anoden dienen Eisenbleche, die auf Holzleisten stehen, welche auf dem Bottichboden befestigt sind, und die durch seitliche Holzrahmen gehalten werden. Jede zweite dieser Anoden steht nicht auf dem Boden des Bottichs auf, so daß hierdurch genügend Raum zur Zirkulation der Flüssigkeit vorhanden ist. Da sich an den Anoden Berliner Blau bildet, das zu solcher Dicke anwachsen kann, daß es Kurzschlüsse veranlaßt, so werden sie in Tücher eingeschlagen. Die Kathoden bestehen aus Blei und werden entweder in Form von Blechen oder in Form von frischen Bleischnitzeln verwendet. Die letzteren beanspruchen weniger Raum und geben eine größere Kathodenoberfläche. Die Bleibleche werden an Eisendrähten ausgespannt, die Bleischnitzel in Körben aus Eisendraht eingehängt. Die mit Gold beladenen Bleikathoden werden eingeschmolzen und das Blei vom Golde aus dem Goldblei abgetrieben. Die Anoden können sehr lange im Gebrauch erhalten werden; an Kathoden sind für 5000 t Tailings etwa 2—3 t Bleischnitzel pro Monat erforderlich.

Bei der Elektrolyse scheidet sich das Gold an der Kathode aus, während Kalium und Natrium als Hydrat in Lösung gehen. Das Cyan bildet mit dem Eisen der Anode Berliner Blau.

Die Stromverhältnisse müssen der Laugenkonzentration, und da diese wieder von der Erzbeschaffenheit abhängt, dieser angepaßt werden. Im allgemeinen jedoch werden pro Bottich von etwa 20 cbm Inhalt, der 80 Eisenplatten und etwa 240 Bleiplatten enthält, 4 Volt und 10 Amp. angewendet.

Das Verfahren von Siemens & Halske.

Das Verfahren von Siemens & Halske[1]) beruht im allgemeinen auf den vorstehend aufgeführten Prinzipien. Es wurde, wie bereits erwähnt, zuerst im Jahre 1893 in Transvaal installiert, nachdem es vorher in Transsylvanien und Sibirien in kleinerem Maßstab ausprobiert worden war.

Zur Gewinnung des Goldes wird bei diesem Verfahren die Lösung mit einem Strom von 2 Volt und ungefähr 0,5 Amp. pro qm Elektrodenoberfläche behandelt. Anoden und Kathoden sind oben bereits beschrieben. Die Elektroden befinden sich in langen und engen Holzbottichen, von denen jeder einzelne durch Querwände in eine Reihe von Abteilungen eingeteilt ist, die miteinander kommunizieren. Ein Bottich von 7 m Länge, $1^1/_2$ m Breite und 1 m Höhe vermag etwa 50 cm Lösung in 24 Stunden zu verarbeiten. Zahl und Größe der Bottiche wird nach der täglich niederzuschlagenden Goldmenge variiert. Das Gold schlägt sich auf den Bleischnitzeln in Form eines dünnen, aber festen metallischen Überzuges nieder. Die Bleischnitzel werden monatlich herausgenommen und in Barren verschmolzen, die zwischen $^1/_2$ und 10 % Gold enthalten. Die Trennung des Bleis vom Gold geschieht durch Abtreiben, das zurückbleibende Bleioxyd wird wieder zu metallischem Blei reduziert und in Form von Bleischnitzeln aufs neue verwendet. Die so erhaltenen Goldbarren enthalten 85—90 % Gold neben Silber und $^1/_4$—$^1/_2$ % Blei.

Die beistehenden Abbildungen geben die Konstruktion eines Fällungsbottichs und den Plan einer Anlage nach dem Verfahren von Siemens & Halske wieder.

Fig. 108, 109 und 110 zeigen den Fällungsbottich, und zwar stellt *A* einen Längsschnitt, *B* einen Querschnitt, *C* den Längsschnitt einer Abteilung, *D* (Fig. 111) einen Kathodenrahmen dar.

---

[1]) Elektrochemische Zeitschr. I, 10, 203.
Chem. Ind. 1895, 91.
Christy, Berg- u. Hüttenm. Zeitschr. 57, 228 u. 59, 245.
Gernet, Elec. Rev. 1894, 1750.
Private Mitteilungen.

Es sind dann a die Anoden; n bezeichnet die Höhe des Flüssigkeitsstandes, c die Holzrahmen, die die Anoden tragen, i die Öffnungen für die Zirkulation der Flüssigkeit, e die zum

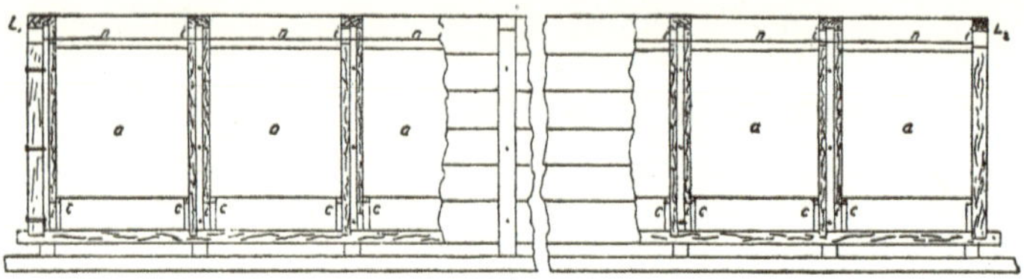

A.
Fig. 108.

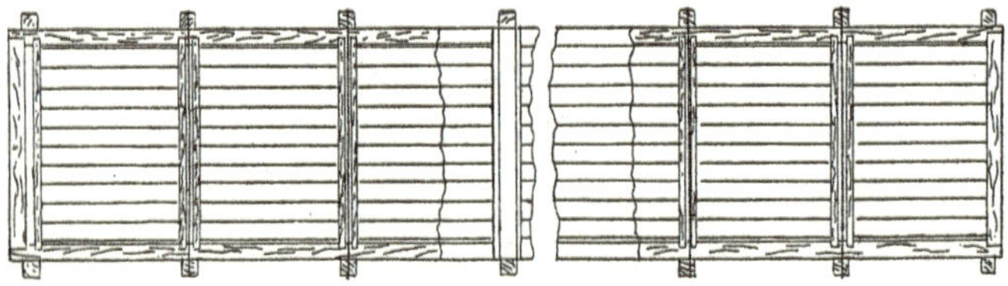

B.
Fig. 109.

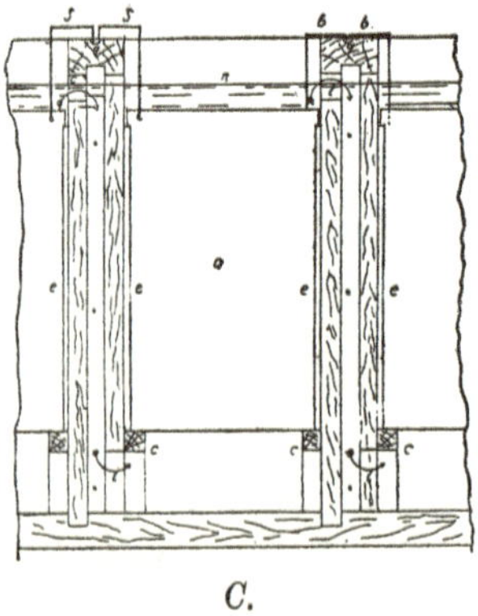

C.
Fig. 110.

D.
Fig. 111.

Festhalten der Anoden an ihrem Platze dienenden Holzrahmen, q die Quecksilberkontakte, s Zuleitungsdrähte für die Anoden, b diejenigen für die Kathoden. L_1 und L_2 bezeichnen den Zu- und Abfluß der Lösung.

Fig. 112 stellt den Grundplan einer vollständigen Anlage dar. A_1–A_5 sind die Laugebottiche, B_1 und B_2 die Sammelbottiche, C_1–C_4 die Fällungsbottiche. G ist der Kessel, H die Dampfmaschine, J die Zirkulationspumpe, O die Dynamo, F_1, F_2 und D_1 Sammelgefäße für die abfließende Lauge.

Die Betriebskosten des Prozesses schwanken natürlich je

nach der Natur des zu verarbeitenden Erzes und werden durch örtliche Verhältnisse sehr beeinflußt. Bei einer Anlage in Transvaal wurden nach den Angaben der Firma Siemens & Halske unter folgenden Gesichtspunkten die nachstehenden Resultate erhalten:

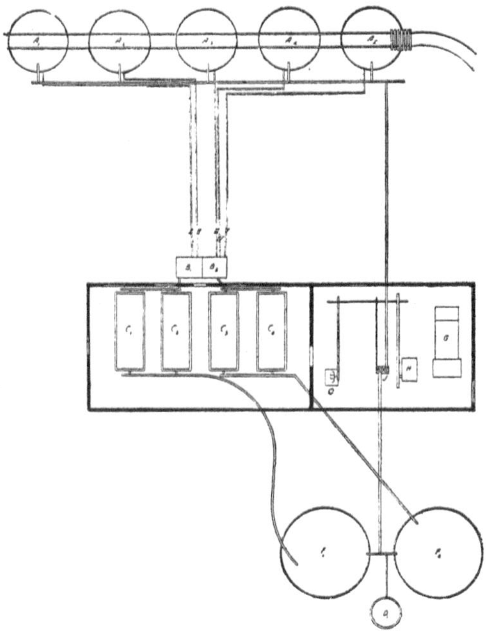

Fig. 112.

Die Anlage verarbeitete monatlich 3000 t Pochtrübe mit einem Gehalt von etwa 8 g Gold pro Tonne, für die 0,113 kg Cyankalium pro Tonne Pochtrübe benötigt wurden. An Arbeitskräften waren zwei Aufseher und fünf schwarze Arbeiter nötig.

An elektrischer Kraft wurden für die Goldfällung etwa 5 PS, für den Gesamtbetrieb 25 PS einschließlich elektrischer Beleuchtung und elektrischer Kraftübertragung zum Betriebe der Rührwerke verbraucht.

Es läßt sich annehmen, daß jeder Extraktionsbehälter die täglich zu verarbeitende Menge Tailings enthalten muß und täglich einmal gefüllt und entleert wird und daß 3—6 solcher Behälter vorhanden sind.

Für die genannte Anlage betrugen die Kosten der elektrischen Anlage ohne Fracht, Zoll und Montage:

1. Zum Betriebe der Fällungsanlage . . 75,00 £,
2. für Beleuchtung und Kraftübertragung 25,00 £.

Die Betriebskosten berechneten sich folgendermaßen:

	pro Monat	pro Tonne
Aus- und Einfüllen der Bottiche .	125,00 £	10,0 d.
Cyankalium	75,00 »	6,0 »
Kalk	15,00 »	1,2 »
Soda	6,00 »	0,5 »
Bleiblech . .	14,00 »	1,1 »
Eisenblech	28,00 »	2,2 »
Weiße Arbeiter	65,00 »	5,2 »
Eingeborne, Lohn und Nahrung .	20,00 »	1,9 »
Kohlen	57,00 »	4,6 »
Magazin- und Generalunkosten .	41,00 »	3,2 »
	450,00 £	35,9 d. = 3 sh.
	ca. 9100,00 M.	3,05 M.

Es wurden im Durchschnitt 70 % ausgebracht, wodurch sich die Rentabilitätsberechnung folgendermaßen stellt:

Der Goldgehalt der Tailings belief sich, wie bereits erwähnt, auf 8 g pro Tonne. Bei 70 % Ausbeute wurden etwa

16 kg Rohgold gewonnen im Werte von	M.	37 700,00,
davon ab die Betriebskosten	»	14 200,00,
bleibt	M.	23 500,00,

von welcher Summe noch Gehälter sowie die Kosten der Tailings selbst abzuziehen sind. Auch die Lizenz wäre noch bei denjenigen Betrieben, die nach dem Verfahren von Siemens & Halske arbeiten, hiervon in Abzug zu bringen.

Das Verfahren von Siemens & Halske steht gegenwärtig auf den meisten Werken in Transvaal im Betriebe.

Das Verfahren von Andreoli.

Das Verfahren von Andreoli[1]) unterscheidet sich im ganzen und großen wenig von dem von Siemens & Halske. Der wesentliche Unterschied besteht darin, daß als Anoden im Permanganatbade peroxydierte Bleisuperoxydplatten ohne Umhüllung und als Kathoden Eisenbleche (Weißblech) angewendet werden, da an diesen Gold besser haften soll als an den Bleikathoden. Nach dem Herausnehmen der Kathoden aus dem Bade werden sie in geschmolzenes Blei getaucht, wodurch das Gold an dieses übergeht, das dann in der bekannten Weise behandelt wird, während die Eisenkathoden sofort wieder brauchbar sind. Das Verfahren wird u. a. auf den Minas Prietas Reduction Works in Mexiko und auf den Virginia City Works ausgeübt, deren Anlage Hamilton[2]) beschreibt.

Das Verfahren von Sherard Cowper-Coles.

Dieses Verfahren[3]) arbeitet mit Aluminiumkathoden, wo, durch das Gold in Form von Kalotten sich abscheiden soll die sich sehr leicht von der Kathode entfernen lassen. Als Ursache für dieses Verhalten wird angegeben, daß sich das Aluminium mit einer dünnen Schicht von Aluminiumoxyd überzieht, die die leichte Ablösbarkeit des Goldes bewirkt. Der Elektrolyt wird mäßig erwärmt.

(Nach Versuchen von Neumann[4]) sollen die von Andreoli vorgeschlagenen Bleisuperoxydanoden bei der Elektrolyse verdünnter Cyanidlösungen unbrauchbar sein. Besser zu empfehlen seien Kohlenelektroden bestimmter Qualität.)

---

[1]) Elektrochemische Zeitschr. IV, 149.
L'Électricien 1897, 293.

[2]) Electrochemical Industry 1904, 2, 331.

[3]) Engineering and Mining Journ. 1898, 58.

[4]) Ztschr. f. Elch. 1906, 32, 569.

Das Verfahren von Pelatan-Cerici.

Es ist ein nordamerikanisches Verfahren[1]), bei dem das Gold erst in Cyankaliumlauge gelöst und dann in Form von Amalgam auf einer Quecksilberkathode niedergeschlagen wird. Diese Quecksilberkathode besteht aus einer amalgamierten Kupferplatte, über der sich eine dünne Quecksilberschicht befindet. Der Elektrolyt wird durch ein Rührwerk in Bewegung gehalten, dessen Arme aus Stahl bestehen und gleichzeitig als Anoden wirken. Das Lösen und Fällen geschieht gleichzeitig, wobei als Lösungsmittel eine mit Kochsalz und einem Oxydationsmittel versetzte Cyankaliumlösung zur Verwendung gelangt.

Der Nutzeffekt soll im Mittel 80 % betragen, und zur Verarbeitung von täglich 100 t Erz mit einem Goldgehalt von 20 g pro Tonne sollen 30 PS nötig sein. An Cyankalium wird pro Tonne goldhaltigen Erzes 1 kg benötigt, wozu noch, je nach der Beschaffenheit des Erzes, etwa 5 kg Salz kommen sowie eine nicht bekanntgegebene Menge eines Oxydationsmittels. Die Natur dieses Oxydationsmittels soll jedoch ebenfalls je nach der Beschaffenheit der Erze wechseln. Sichere Angaben über dasselbe liegen nicht vor. Wahrscheinlich besteht ès aus Alkalisuperoxyd oder Wasserstoffsuperoxyd.[2])

Das Verfahren von Altonhead.

Dieses Verfahren, das auf der West-Side-Grube der Tombstone Mill and Mining Company ausgeübt wird[3]), ist dem vorstehend besprochenen von Pelatan-Cerici in mancher Hinsicht ähnlich. Der Prozeß besteht darin, daß das goldführende Gestein zerkleinert, gemahlen und in Behälter mit herausnehmbarem Boden gebracht wird; es wird dann mit einer Lösung von Cyankalium und je nach seiner Natur

---

[1]) Revue Universelle des Mines et de la Métallurgie 1897, 1821.

[2]) Amer. Pat. 553 816/1896.

[3]) Elektrochemische Zeitschrift I, 12, 249.
Elektrot. Anz. 1895, 8, 126.
Amer. Pat. 549 907/1895.

auch anderen Chemikalien in der Weise behandelt, daß man sie mehrere Stunden lang je nach dem Gehalt des zu extrahierenden Edelmetalls stehen läßt. Darauf wird die Flüssigkeit abgelassen und eine neue Lösung derselben Art aber von geringerer Konzentration hinzugefügt, welche ebenfalls nach einer gewissen Zeit abgezogen wird. Zuletzt wird der Schlamm noch mit reinem Wasser ausgewaschen. Der Rückstand, welcher nun kein Edelmetall mehr enthält, wird herausgenommen, eine neue Quantität zerkleinerten Gesteins zugegeben und von neuem dem soeben beschriebenen Verfahren unterworfen.

Die abfiltrierten Lösungen sowie das Waschwasser werden gesammelt und nach dem Fällgefäße fließen lassen. Dieses ist in fünf Abteilungen zerlegt; an seinem Boden befinden sich in jeder Abteilung parallel verlaufende Rinnen von ca. 12,5 mm Tiefe, welche zur Aufnahme des Amalgams bestimmt sind und der durchfließenden Lösung eine bestimmte Richtung zuweisen.

Die in der Mitte liegende Abteilung enthält die aus Blei oder einem anderen Metall hergestellte Anode sowie den Elektrolyt. Die Anode ist an einem beweglichen Gestell angebracht, so daß sie je nach Bedarf durch die an den Enden befindlichen Schrauben höher oder tiefer gestellt werden kann. Der Elektrolyt selbst besteht aus einer gesättigten Lösung von Salzen der Alkalimetalle und alkalischen Erden. Der Boden des Gefäßes ist von einer Quecksilberschicht von etwa 12,5 mm bedeckt; in diese tauchen die Scheidewände ein. Amalgamierte Kupferstreifen oder -Scheiben werden mit dem Quecksilber in Kontakt gebracht resp. ragen über die Quecksilberschicht empor, um der Goldcyanlösung den Kontakt zu ermöglichen.

Von den Elektroden, welche mit der Dynamo verbunden werden, besteht die Anode aus Blei, die Kathode aus Quecksilber. Zur Anwendung kommt ein Strom von 100 bis 125 Amp. bei niedriger Spannung.

Da an der Anode sich Gas ansammelt, so entsteht eine gewisse Bewegung in der Flüssigkeit, wodurch stets neue, gesättigte Lösung des Elektrolytes zugeführt wird und der Prozeß ohne Unterbrechung fortdauert.

Die obenerwähnte Lösung von $KAuCy_2$ und durch Elektrolyse entstandener Kalilauge, welche nach dem Auslaugungsprozeß gesammelt und dann in das Fällgefäß geleitet wird, passiert das Quecksilber; sobald die Zersetzung des Elektrolytes durch den elektrischen Strom erfolgt, vereinigen sich das Gold und Silber mit dem Quecksilber zu Amalgam, das sich auf den oben erwähnten Kupferstreifen niederschlägt.

Da man nach Bedarf stets neue Mengen von Goldlösung resp. Cyankali hinzufügen kann, so daß der erforderliche Prozentgehalt konstant erhalten wird, so geht die Reaktion ohne Unterbrechung vor sich. Der chemische Prozeß wird durch nachfolgende Gleichungen veranschaulicht:

$$2\,K + 2\,H_2O = 2\,KOH + H_2,$$
$$2\,(AuKCy_2) + H_2 = 2\,KCy + 2\,HCy + 2\,Au,$$
$$2\,HCy + 2\,KOH = 2\,KCy + 2\,H_2O.$$

Das Kalium wirkt zersetzend auf das Wasser ein, wobei sich Kalilauge und Wasserstoff bilden. Der Wasserstoff wirkt reduzierend und fällt das Gold und Silber aus ihren Lösungen, welches mit dem Quecksilber Amalgam gibt, wobei sich Cyanwasserstoff bildet. Der letztere vereinigt sich mit der Kalilauge, so daß nun wieder der Prozeß von neuem beginnt. Es bilden sich infolge von Nebenreaktionen noch andere Verbindungen, welche hier aber unberücksichtigt gelassen werden können.

Sobald die Lösung das Quecksilber passiert, erteilt man der in der mittleren Abteilung befindlichen Flüssigkeit eine langsame Bewegung in der Längsrichtung, damit das Quecksilber sich ausbreitet und die Lösung in genügenden Kontakt mit demselben kommt. Es ist dabei nicht notwendig, daß das Gold resp. Silber auf einmal vollständig ausgefällt wird, da der Prozeß sich ja ununterbrochen wiederholt.

Die Kosten des Verfahrens sollen nach Mitteilungen der genannten Gesellschaft sehr geringe sein, doch liegen zuverlässige Angaben hierüber nicht vor.

Das Verfahren von Keith.

Nach diesem Verfahren[1]), bei dem der Niederschlag wie bei den vorhergehenden ebenfalls auf amalgamierter Elektrode erfolgt, werden 45 g Cyankalium auf 1016,06 kg Wasser gelöst und geringe Mengen eines löslichen Quecksilbersalzes hinzugefügt. Mit dieser Lösung wird das Erz ausgelaugt wie bei anderen Cyanidprozessen. Das elektropositive Gold im Erze zersetzt das mit ihm in Berührung kommende Quecksilbersalz, und es entstehen hierbei Voltasche Plattenpaare von Quecksilber und ganz kleinen Goldpartikelchen, wodurch die Lösung des Goldes beschleunigt wird. Um die Lösung zu beschleunigen, empfiehlt es sich, während des Auslaugens die Flüssigkeit zu bewegen, was man dadurch erreicht, daß ein Teil derselben oder auch die ganze Lösung häufig abgezogen oder auch das Erzpulver durchfließen lassen wird. Aus den Lösefässern laufen die Lösungen kontinuierlich in Fällungsgefäße, lange Kasten, etwas über 0,610 m tief und 0,610 m breit, in welchen sich 1,548 qm große Kupferplatten in 0,04—0,06 m Entfernung befinden, so daß jedesmal die zweite Platte den Boden und die Seiten des Kastens berührt und die benachbarten Platten 0,02 m über dem Boden stehen. Die Plattenzahl und Kastenlänge muß das Niederschlagen der metallischen Bestandteile gestatten, ohne daß die Stromdichte so groß wird, daß sich Wasserstoff abscheidet. Bei einer durchschnittlichen Stromdichte von 0,06 Amp. auf 1 qm ist eine Kathodenoberfläche von 51,60 qm für eine Anlage ausreichend, die im Monat durchschnittlich 3000 t Schlinge verarbeitet. Die Platten werden vorher amalgamiert, und zwischen denselben befinden sich poröse Zellen, die mit einer halbgesättigten wässerigen Lösung eines Ammoniaksalzes gefüllt sind. Jede dieser Zellen enthält einen Stab von Zink oder Eisen, die als Anode dienen. Die Cyanidlösung fließt mit entsprechender Schnelligkeit kontinuierlich durch diese Kasten. Da das Gold in ganz dünnen Partikelchen niedergeschlagen wird, so muß, um ein plastisches Amalgam zu

---

[1]) Elektrochemische Zeitschrift 1895, 7, 164.
Berg- und Hüttenm. Ztschr. 1895, 34, 299.

bilden, das Quecksilber im Überschusse vorhanden sein. Da die Anode dadurch, daß man sie in einem löslichen Elektrolyten bewegt, löslich gemacht wird, so findet nur ein geringer Verbrauch an Energie statt. Es entweicht kein freier Sauerstoff. Ist der Anodenelektrolyt durch Bildung eines Doppelsalzes mit dem Metalle der Anode unwirksam geworden, so wird derselbe entfernt und durch neue Elektrolyten ersetzt. Die Kathode besteht in elektrolytischer Beziehung aus Quecksilber. Es ist jedoch die Anode im Vergleich zu ihr hinreichend elektropositiv, um die Cyanidlösung zu verhindern, Gold und Quecksilber aufzulösen, wenn der Strom unterbrochen wird, vorausgesetzt, daß Anode und Kathode elektrisch verbunden sind. Die Anoden, welche sich lösen, werden von Zeit zu Zeit ersetzt. Um die Zersetzung des Wassers zu verhindern, beträgt die Spannung nicht über 0,5 Volt.

Alle diese Verfahren treten wesentlich gegen das von Siemens & Halske zurück. Doch haben sich einige immerhin einer gewissen Verbreitung zu erfreuen, wovon außer den eben erwähnten noch die folgenden angeführt seien.

Das Verfahren von Pfleger.

Bei dem Verfahren von Pfleger[1]) wird als Fällungsapparat eine Anordnung benutzt, die auf dem Prinzip der galvanischen Elemente beruht. Dieser Apparat besteht aus einer Zelle, die durch ein Diaphragma in zwei Teile geteilt ist. Der eine Teil nimmt die Goldlösung auf, der andere eine Salz-, Alkali- oder Säurelösung. Als Kathode dient eine Gold-, Silber- oder Kohlenplatte, als Anode eine Platte aus Eisen, Zink, Kupfer oder Aluminium. Die Metalle werden durch einen Schließungsbogen verbunden. Der Apparat dürfte sich wohl nur für Fällungen in kleinerem Maßstabe eignen.

Das Verfahren von Goepner-Diehl.

Beim Goepner-Diehlschen Verfahren[2]) werden die Erze erst durch Cyankaliumlösung ausgelaugt und dann von

[1]) Engl. Pat. Nr. 23557, 1894.

[2]) Berg- und Hüttenm. Zeitschr. 1897, 414.

den Rückständen getrennt. Die Goldlösung wird durch Behandlung mit Kupfercyanür und dann mit Schwefelsäure gefällt. Die letztere fällt ein Gemenge von Kupfercyanür und Goldcyanür. Von diesem Niederschlage wird die überstehende Flüssigkeit abgehebert, die Schwefelsäure wird durch Ätznatron neutralisiert und durch einen Überschuß davon die Flüssigkeit alkalisch gemacht, worauf sie nach Zusatz von Cyankalium von neuem zum Auslaugen benutzt werden kann.

Der Niederschlag von Kupfercyanür und Goldcyanür wird durch wiederholte Behandlung mit Schwefelsäure an Gold angereichert. Ist ein bestimmter Goldgehalt erreicht, so wird die Flüssigkeit entfernt und der Niederschlag in Cyankaliumlösung gelöst, die der Elektrolyse unterworfen wird. Bei der Elektrolyse entsteht Kupfercyanür, das wiederum für die Lösung und Niederschlagsarbeit (wie oben) Verwendung findet. Das Verfahren selbst wird in Brownhill in Westaustralien ausgeübt.

Das Verfahren von Rieken.

Riecken[1]) verwendet Cyanidlaugerei und elektrolysiert während des Lösens. Die Lösungs- und Elektrolysierbottiche sind an ihren Längsseiten sowie am Boden mit amalgamierten Kupferplatten ausgekleidet, über die Quecksilber rieselt. Die Kathoden bestehen aus Kupferplatten, die Anoden aus Eisenblechen. Die Bewegung der Lauge wurde zuerst durch eine drehbare, mit Flügeln versehene Welle hervorgebracht, durch die die Goldteilchen an den Wandungen entlang geführt wurden, so daß sie sich amalgamierten. Jetzt hat Mumford einen zylindrischen Elektrolyseur für das Verfahren konstruiert. Derselbe besteht aus Stahl und ist im Innern mit amalgamierten Kupferplatten umkleidet. Er liegt auf Rollen und führt während der Dauer des Prozesses langsame Umdrehungen aus. An der tiefsten Stelle ist überschüssiges Quecksilber vorhanden. Die Stromdichte beträgt 8 Amp./qm, die Spannung 3—5 Volt. Bei höherer Stromdichte findet keine Amalgamation mehr statt.

---

[1]) The Electrical Engineer 1903, 32, 915.
Österr. Zeitschr. f. Berg- und Hüttenwesen 1903, 51, 454.

Das Verfahren steht in Kalgoorlie in Australien in Betrieb. Zur Laugung der gerösteten Erze wird eine 0,075 proz. Cyanidlösung verwendet. Von 60 g Gold pro Tonne sind nach 18 Stunden 54 g gefällt. Der Apparat wird dann noch 6 Stunden gehen lassen, worauf die Fällung beendet ist. Der Quecksilberverlust beläuft sich pro Tonne auf ca. 60 g.

Vergleiche zwischen Zinkfällung und elektrolytischer Fällung.

Interessant ist ein Vergleich zwischen beiden Verfahren. Zunächst gibt Pernet[1]) bemerkenswerte Daten bezüglich der Betriebskosten bei der Fällung durch Zink einerseits sowie bei der durch Elektrolyse anderseits. Die Kosten der Tonne sind bei:

a) Fällung durch Zink:

Füllen und Leeren der Gefäße	1,00	Frs.
Cyankalium, das Pfund zu 0,95 Frs. (453 g)	0,85	»
Kalk und Soda	0,18	»
Gehälter der europäischen Angestellten .	0,80	»
Lohn und Nahrung der Kaffern .	0,19	»
Brennmaterial .	0,30	»
Zink	0,07	»
Allgemeine Kosten . . .	0,27	»
Sa.	3,66	Frs.

b) Fällung durch Elektrolyse:

Füllen der Gefäße	1,00	Frs.
Cyankalium	0,35	»
Kalk	0,05	»
Europäische Angestellte .	0,50	»
Kaffern	0,20	»
Elektrizität .	0,40	»
Blei .	0,15	»
Eisen	0,03	»
Amortisierung . .	0,05	»
Allgemeine Kosten	0,32	»
Sa.	3,05	Frs.

[1]) Elektrochemische Zeitschrift IV, 154.

Nach Versuchen von Sharwood[1]) erhält man durch Elektrolyse fast 100 % des Goldgehalts einer Lösung, mit Zinkfällung 95 % bis höchstens 98 %.

Bezüglich der übrigen Prozesse, von denen bei nachstehenden Vergleichen noch einige weitere kurz charakterisiert seien, ist folgendes zu bemerken:

Beim Prozeß von Mac Arthur-Forrest wird Natriumcyanid zur Lösung verwendet, während der Niederschlag durch Zinkschnitzel stattfindet. Die Lösung muß hier aber immer — und hierin liegt, wie bei allen Zinkprozessen, die wir, wie bereits erwähnt, nur kurz streifen wollen, ein Nachteil — eine gewisse Konzentration besitzen, da das Zink in schwachen Lösungen wirkungslos ist.

Auch beim Betty-Prozeß kommen Cyanid- und Zinkschnitzel zur Anwendung, doch wird außer den letzteren noch etwa 5 % des Zinkgewichts an Blei zugegeben, das aus einer essigsauren Bleilösung chemisch niedergeschlagen wird. Hierdurch wird die Wirksamkeit des Zinks erhöht und bewirkt, daß schwächere Cyanidlösungen zur Anwendung kommen können.

Sulman vermehrt die Lösungskraft der Cyanidlösung durch Hinzufügen von Chlor- oder Bromcyanid, eine Methode, die sich besonders für australische Erze gut bewährt hat. Zum Niederschlagen benutzt er anstatt Zinkschnitzel Zinkstaub, oder es wird nach einer neuerlichen Abänderung des Verfahrens[2]) die Cyanidlösung einem Gegenstrom von elektrolytisch erzeugtem Natriumamalgam entgegengeführt.

Diesen Zinkprozessen gegenüber haben der Siemens- und mit ihm die anderen Cyanidprozesse den Vorteil, daß sie von der Stärke der Cyanidlösung vollkommen unabhängig sind, und daß sie von in der Lösung befindlichen Verunreinigungen nicht beeinträchtigt werden, während man bei den Zinkprozessen möglichst reine Lösungen zur Verwendung bringen muß, da sonst ebenfalls die Wirksamkeit des Zinks beeinträchtigt wird. Hierzu kommt, daß das Cyanid selbst durch den elektrischen Strom kaum zersetzt wird, so daß die

---

[1]) Engineering and Mining Journal 1905, 79, 752.

[2]) Sulman und Picard, D. R. P. 154419.

Zinkverluste, die bei den Zinkmethoden infolge der Zersetzung entstehen, fast ganz vermieden werden. Als weiterer Vorteil dieser Prozesse, der allerdings mit den chemischen Vorgängen nichts zu tun hat, hat sich gezeigt, daß bei den Cyanidverfahren mit elektrolytischer Fällung Diebstähle an Gold weit weniger vorkommen, als bei den Zinkprozessen, da es leicht ist, die goldbeladenen Zinkspäne oder den Zinkschwamm aus den Bottichen herauszunehmen, während die schweren Bleiplatten nicht ausgehoben werden können, ohne daß es bemerkt wird.

Ein Nachteil sämtlicher Prozesse, die Cyanide verwenden, beruht in der Giftigkeit dieser, wodurch die Arbeiter vielfache Schädigungen an ihrer Gesundheit erleiden. Trotz der Vorzüge der Cyanidlaugerei bleibt deshalb eine ganze Anzahl von Betrieben bei anderen Lösungsverfahren.

Die Gewinnung des Golds aus Legierungen.

Bei einer großen Anzahl von metallurgischen Prozessen bleiben ebenso, wie bei einigen elektrometallurgischen, zuletzt Legierungen von Gold mit anderen Metallen, insbesondere mit Platin und Silber als letzte Rückstände zurück. Diese Rückstände werden nach verschiedenen Methoden aufgearbeitet, darunter auch nach elektrometallurgischen.

Diese elektrometallurgischen Prozesse sollen in erster Linie dazu dienen, die alte Pettenkofersche Chlorationsmethode, die fast ausschließlich zur Anwendung kam, zu ersetzen. Der Prozeß der elektrolytischen Trennung des Goldes wird ein je nach den begleitenden Metallen verschiedener sein müssen.

Die Gewinnung aus Gold-Platinlegierungen.

Dieser Prozeß wurde, nachdem andere früher vergeblich seine Ausgestaltung versucht hatten, zuletzt in der Weise, wie er heute ausgeübt wird, von Wohlwill[1]) ausgebildet. Er

---

[1]) Elektrochemische Zeitschrift 1897, IV, 18.
D. R. P. 90276.
Zusatzpat. 90511.
D. R. P. 90446.

ist Eigentum der Norddeutschen Affinerie in Hamburg, doch wird er auch in Nordamerika auf der Münze zu Philadelphia angewendet. Das durch ihn gewonnene Gold ist fast chemisch rein.

Beim Prozeß der Norddeutschen Affinerie bestehen die Anoden aus dem zu verarbeitenden unreinen Gold, das in Gestalt von Blechen in die Lösung eingehängt wird. Als Kathode dient ein Blech von reinstem, dünnem Blattgold. Der Elektrolyt besteht aus Goldchloridlösung (30 g Gold pro Liter), die mit einem Überschuß von Salzsäure oder Alkalichlorid versetzt ist, und die durch zeitweiligen Zusatz von Goldchlorid immer auf ihrem Konzentrationsgrade erhalten wird. Die Elektroden stehen in einer Entfernung von ca. 3 cm voneinander. Die Temperatur des Elektrolyten beträgt normal 65—75°. Bei der Elektrolyse gehen fast sämtliche mit dem Gold legierten Metalle in Lösung, aus der aber, sofern die Spannung niedrig genug gehalten wird, nur das Gold an der Kathode abgeschieden wird. Platin würde für sich allein nicht gelöst werden. Es geht jedoch aus seiner Legierung mit Gold mit diesem zusammen in Lösung. Infolge dieses eigenartigen Verhaltens gelingt es nach dem Verfahren der Norddeutschen Affinerie, den Elektrolyten mit Platin oder mit anderen Metallen, wie z. B. Palladium, anzureichern.

Das Silber scheidet sich in Form von Chlorsilber an der Anodenoberfläche ab und fällt zusammen mit unlöslichen Platinmetallen und einem Teile des Anodengoldes zu Boden. An der Kathode findet sich kein Silber, obschon Chlorsilber sich in geringen Mengen in Salzsäure löst.

Die Arbeiten von Wohlwill haben vollkommen neue Gesichtspunkte über das Verhalten des Goldes bei der Elektrolyse in chlorhaltigen Lösungen ergeben. Würde man eine neutrale Lösung von Goldchlorid verwenden, so würde aus einer solchen zwar Gold gefällt, aber an der Anode nicht gelöst werden; das Chlor wird frei. Elektrolysiert man hingegen Salzsäure zwischen Goldelektroden, so löst das an die Anode gegangene Chlor das Gold auf und eine Chlorentwicklung findet nicht statt. Diese Verhältnisse treten auch bei sehr verdünnter Salzsäure (0,4 g Chlorwasserstoff im Liter) ein. Dieselbe Erscheinung tritt ein, wenn Goldchloridlösungen mit Salzsäure versetzt und während der Elektrolyse auf einem gewissen Salzsäuregehalte erhalten werden. Ebenso wie die Salzsäure verhalten sich die Alkalichloride.

Das Gold wird an der Anode durch Chlor nur dann gelöst, wenn die Bedingungen für die Bildung von Verbindungen von der Formel $AuCl_4H$ resp. $AuCl_4K$, $AuCl_4Na$ usw. gegeben sind. Eine vollständige Auflösung der Anode vermag demnach nur dann einzutreten, wenn an ihr eine im Verhältnis zur Stromdichte genügende Menge Salzsäure zur Verfügung steht, d. h. wenn die in unmittelbarer Nähe der Anode vorhandene Menge Chlorwasserstoff mindestens ausreicht, um nach der Gleichung

$$AuCl_3 + HCl = AuCl_4H$$

diejenige Menge Chlor zu binden, welche bei Abwesenheit von Chlorwasserstoff frei werden bzw. (in verdünnten Lösungen und bei geringer Stromdichte) eine äquivalente Sauerstoffmenge entbinden würde. Ist weniger Chlorwasserstoff vorhanden, so entweicht ein Teil des Chlors gasförmig, ohne die Anode anzugreifen. Ferner wird bei kontinuierlichem Betriebe Chlorgas an der Anode entweichen, wenn deren Oberfläche ab-, die Stromstärke hingegen zunimmt. Ein Zusatz von Salzsäure beseitigt in diesem Falle das Entweichen von Chlorgas. Auch läßt sich bei höheren Stromdichten eine ununterbrochene Lösung der Goldanode ohne Änderung der Salzsäurekonzentration im Elektrolyten dadurch erzielen, daß man diesen auf 60—70° erwärmt. Man hat es also in der Hand, durch Kombination des Salzsäurezusatzes und der Erwärmung eine höhere Stromdichte zur Verwendung zu bringen, als durch einfache Steigerung der Salzsäurekonzentration bei gewöhnlicher Temperatur. Da sich die bei der Goldscheidung zur Verwendung kommende Lösung von Chlorwasserstoff-Goldchlorid mit Chlorwasserstoff ebenso als Elektrolyt verhält, wie die Salzsäure selbst, so gelten diese Regeln auch für sie.

Die Goldabscheidung ist ein sekundärer Vorgang; ist der primäre durch obenstehende Gleichung ausgedrückt, so gilt für den sekundären die folgende:

$$HAuCl_4 + H_3 = Au + 4HCl.$$

Durch vermehrte Salzsäurekonzentration und Temperaturerhöhung läßt sich bei der Durchführung der elektrolytischen Goldscheidung nach Wohlwill die Stromdichte auf mindestens 3000 Amp. pro qm erhöhen, ohne daß eine Unterbrechung des Lösungsvorgangs eintritt. In der Praxis arbeitet man jedoch mit 1000 Amp. pro qm, und es gelingt hierbei die vollständige Aufarbeitung einer 4 kg wiegenden Goldplatte von 4 mm Dicke durch einen Strom von 308 Amp. in 15 Stunden. Im allgemeinen genügen 30 g Gold im Liter zur Herbeiführung eines an der Kathode gut haftenden Goldniederschlags, doch haftet dieser um so besser, je größer die Konzentration der Lösung ist. Mit dem Goldgehalt des Elektrolyten steigt die Kohärenz des Goldes bei gleicher Stromdichte. Auch bei hohen Stromdichten treten keine Kurzschlüsse ein, so daß man die Elektroden (s. oben) bis auf 3 cm einander nähern kann. Dies hat den Vorteil, daß man mit kleinem Flüssigkeitsvolumen arbeiten kann. Die Reinheit des elektrolytisch gewonnen Goldes ist zuweilen sogar 1000, sie sinkt jedoch nie unter 999,8.

Im Anodenteil finden sich etwa 10% vom Gewichte des an den Kathoden niedergeschlagenen Goldes. Dieses Gold des Schlamms ist kein durch mechanische Einflüsse resultierender Abfall vom Anodengolde, sondern dadurch entstanden, daß sich an der Anode Goldchlorür gebildet hat, das in Goldchlorid und Gold zerfiel. Die Zersetzung des anodischen Goldchlorürs ist keine vollständige. Es geht durch den Elektrolyten zur Kathode, wo aus ihm einwertige Goldionen abgeschieden werden. Aus diesem Grunde wird die Ausbeute höher, als es die Berechnung nach dem Faradayschen Gesetz erwarten läßt. Die Zahl der in Lösung gehenden einwertigen Goldionen sinkt mit wachsender Stromdichte, und damit sinkt auch die anodische Schlammbildung, sowie der

Anteil des abgeschiedenen Anodengoldbruchteils, so daß also bei wachsender Stromdichte die einwertigen Goldionen im Verhältnis zu den dreiwertigen sinken.

Die Gewinnung aus Gold-Silberlegierungen.

Während sich für die Gewinnung des Goldes aus Gold-Platinlegierungen das in der Norddeutschen Affinerie zu Hamburg zuerst angewendete Verfahren von Wohlwill vorzüglich bewährt hat, hat sich für die Gewinnung aus Gold-Silberlegierungen das Verfahren von Möbius eingeführt, das zunächst in Mexiko zur Anwendung kam, dann in St. Louis, Pittsburg und einer ganzen Anzahl weiterer Orte aufgenommen wurde. In Deutschland hat es sich in der Deutschen Gold- und Silberscheideanstalt, vorm. H. Roeßler, Frankfurt a. M., eingeführt. Es hat vielfach die älteren rein chemischen Scheidemethoden verdrängt und dient sowohl zur Gewinnung von Gold wie von Siber aus ihren Legierungen.

Das Verfahren selbst ist im Laufe der Jahre vielfach abgeändert und insbesondere in bezug auf die Apparatur verbessert sowie in zahlreichen Publikationen[1]) beschrieben worden.

Der Möbiussche Prozeß läßt sich noch bei einem Goldgehalte des Silbers von 0,0002 anwenden, wobei allerdings die Legierung, wenn sie unrein ist, vor der Elektrolyse gereinigt und auf einen Feingehalt von Edelmetallen von

---

[1]) Engl. Pat. 16554/1884.
Amerik. Pat. 310302 vom 6. Jan. 1885.
Amerik. Pat. 210533 vom 6. Jan. 1885.
Amerik. Pat. 532209 vom Jahre 1895.
D. R. P. 36610.
Fröhlich, Elektrot. Zeitschr. 1884, 466.
Roeßler, Österreich. Zeitschr. f. Berg- und Hüttenw. 1890, 296, und 1892, 288.
Schnabel, Handbuch der Metallhüttenkunde 1901, 1158.
L'Électricien 1894, 218.
Elektrochemische Zeitschrift 1897, IV, 137.
Chem. Industr. 1893, 142.
The Mineral Industry 1900, 337 usw.

mindestens 950 gebracht werden muß. Ein größerer Gehalt von Kupfer ist zu vermeiden, da es sich sonst mit dem Silber an der Kathode niederschlägt. Ein besonderer Vorteil des Verfahrens gegenüber der Affination besteht darin, daß keine schädlichen Dämpfe entstehen, daß die Silberverluste geringer sind, und daß die Scheidung in höchstens 48 Stunden beendet ist.

Das Prinzip des Verfahrens besteht darin, daß die zu scheidende Legierung als Anode in einen Elektrolyten von stark verdünnter Silbernitratlösung eingehängt wird. Als Kathode dient eine Silberplatte, auf der sich das Silber in vollkommen goldfreiem Zustande niederschlägt; das an der Anode frei werdende Gold wird wegen seines pulverförmigen Zustandes in Musselinsäcken, die die Anoden umhüllen, aufgenommen. Es enthält noch geringe Mengen von Silber, die durch Auskochen mit Salpetersäure entfernt werden können, so daß ein Produkt mit einem Feingehalt von 999 und mehr entsteht; das an der Kathode niedergeschlagene Silber bedarf keiner weiteren Behandlung, hingegen ist es ein Mißstand, daß sich dasselbe nicht kompakt, sondern in Kristallen abscheidet, was zur Entstehung von Kurzschlüssen Veranlassung gibt. Möbius begegnet diesem Übelstande dadurch, daß er an den Kathoden Schabevorrichtungen anbringt, die die Silberkristalle in den Bädern abschaben. Das Abschaben kann auch dadurch bewirkt werden, daß die Kathoden nach Art von Transportbändern ausgebildet werden, wodurch das Silber aus dem Bäderraum heraus transportiert und außerhalb derselben gesammelt wird. Im Anfang machte diese Art des Abstreichens der Silberkristalle Schwierigkeiten, die von Nebel dadurch gehoben wurden, daß er das Anwachsen der Silberkristalle durch Verwendung von Öl verhinderte. Das derart modifizierte Verfahren ist gegenwärtig auf der Globe Smelting and Refinung Company in Denver in Kolorado im Betrieb.

Dies sind im wesentlichen die Verbesserungen, die im Laufe der Zeiten an dem Möbiusschen Prozesse vorgenommen worden sind und die, wie man sieht, mit seinem Prinzip nichts zu tun haben, sondern rein mechanischer Natur sind, weshalb es genügen möge, wenn wir sie wie vorstehend kurz skizzierten.

Als Beispiel einer Anlage sei die in Deutschland zunächst interessierende der Deutschen Gold- und Silberscheideanstalt, vorm. H. Roeßler in Frankfurt a. M. beschrieben.

Dieselbe ist für die Scheidung von 1000 kg Blicksilber in 24 Stunden eingerichtet. Die Schuckertmaschinen liefern bei einem Kraftbedarf von 20 PS, der durch einen 25 pferdigen Gasmotor betrieben wird, einen Strom von 150 Amp. bei 100 Volt, der sich auf 70 Zellen verteilt, von denen jede $1\frac{1}{2}$ Volt konsumiert. Diese Zellen bestehen aus langen Pitchpine-Bottichen, die innen geteert und durch Querwände in sieben Abteilungen geschieden sind. In jeder Abteilung sind drei Anodeneinheiten und vier Kathoden. Die rechteckigen Anodenplatten haben eine Dicke von 1 cm und ein Gewicht von je $1\frac{1}{2}$ kg. Sie hängen auf einem Metallrahmen, sind, wie bereits erwähnt, mit Musselinsäcken umgeben und stehen zu je vieren, die eine Anodeneinheit bilden, einer Kathode gegenüber, die aus gewalztem Feinsilber besteht.

Als Elektrolyt wird eine schwach angesäuerte Kupfernitratlösung benutzt, die im Liter 40 g Kupfer und 5 g Silber enthält. Er wird von Zeit zu Zeit von neuem angesäuert.

Das Silber wird alle 24 Stunden, das Gold alle dreimal 24 Stunden entfernt. Um Kurzschlüsse durch die wachsenden Silberkristalle zu vermeiden, sind besondere Abstreifvorrichtungen angebracht. Das Silber sammelt sich in einem unterhalb der Kathoden stehenden Kasten. Nach seiner Entfernung kann es nach vorhergegangener Waschung und Trocknung sofort eingeschmolzen werden. Das noch durch Silber sowie die Superoxyde von Silber und Blei, Antimon usw. verunreinigte Gold wird einem Raffinationsprozeß unterworfen.

Das Verfahren der amerikanischen Staatsmünze.

Nach Mitteilungen von Tuttle[1]) hat sich bei dem zuerst in der amerikanischen Münze angewendeten Möbius-Prozeß der Nachteil herausgestellt, daß es nicht möglich war, einen fest haftenden Niederschlag aus der Silbernitratlösung

[1]) Electrochem. and Metallurgical Industry 1906, 4, 306.

zu erzielen; es entstand ein schlecht haftender Überzug aus kristallinischen Körnern, die leicht auf den Boden des Troges fielen.

Die Erzielung eines fest haftenden Niederschlags gelang durch Zusatz eines Kolloids, wie z. B. Gelatine; erst hierdurch wurde es möglich, vertikale Elektroden zu benutzen. Das Verfahren stellt also eine Modifikation des Nebelschen (s. oben) dar.

Als Elektrolyt dient eine 3 proz. Silbernitratlösung, die mit 1,5 % Salpetersäure angesäuert ist. Die Tröge (100 × 50 × 22,5 cm) sind aus Steingut und enthalten je 42 Anoden und 40 Kathoden. Die Dimensionen der Anoden sind 17 × 6 × 1 cm, die der Kathoden 17 × 6 × 0,025 cm. Letztere sind aus Feinsilber, erstere aus dem Scheidegut, wobei jedoch die Zusammensetzung so gewählt wird, daß sie 30 % Gold und 70 % Silber, Kupfer und andere Metalle enthalten. Je 8 Zellen sind in Serie geschaltet. Als Stromdichte kommen 0,05 Amp. pro Quadratzoll (1 Zoll = 2,540 cm) zur Anwendung. An der Anode bleibt das Gold unter Beibehaltung ihrer Form als chokoladebraune Substanz zurück, während die übrigen Metalle herausgelöst werden und sich das Silber an der Kathode festhaftend und kristallinisch niederschlägt.

Läßt man den Strom nach fast vollkommener Lösung noch auf die Anode einwirken, so bilden sich infolge des naszierenden Sauerstoffs am schwammigen Gold derselben geringe Spuren eines Oxydes oder Oxydhydrates — eine neue, früher nie beobachtete, jedenfalls sehr interessante Tatsache. Es kann durch Behandeln mit konzentrierter Schwefelsäure oder Salpetersäure extrahiert und nach dem Verdünnen der Lösung niedergeschlagen werden.

Zink.

Vorkommen.

Unter den Zinkerzen sind die wichtigsten die Zinkblende ZnS, der Galmei $ZnCO_3$, das Kieselzinkerz $Zn_2SiO_4 \cdot H_2O$. Hierzu gesellen sich noch einige andere von geringerer Bedeutung, wie das Rotzinkerz ZnO und der Willemit Zn_2SiO_4 usw. Gewöhnlich sind die einzelnen Zinkerze an den Fundstätten miteinander vermischt, so daß sich an jeder derselben mehrere der wichtigeren finden. Auch mit den Erzen anderer Metalle kommen vielfache Mischerze vor.

Die Zinkerze finden sich in Deutschland hauptsächlich im Harz, im Erzgebirge, in Schlesien sowie in der Gegend des Rheins, ferner in Kärnthen, Belgien, England, Frankreich, Spanien, Schweden, Rußland, Algier, Nordamerika usw. In allen diesen Gegenden und Ländern kommen hauptsächlich Zinkblende und Galmei vor, während sich in Nordamerika auch Rotzinkerz in größerer Menge findet.

Außer den genannten Erzen wird das Zink auch aus einer ganzen Anzahl von Zwischen- und Abfallprodukten wie Zinkstaub, Ofenbruch (zinkhaltige Ofenansätze in Blei- Kupfer- und Eisenschachtöfen), ferner aus Flugstaub, Zinkasche, Krätzen sowie aus dem Zinkschaum der bei der Werkbleientsilberung anfällt (siehe unter Blei und Silber), gewonnen.

Geschichtliches.

Der Galmei war schon im Altertum bekannt und wurde zur Herstellung von Messing verwendet. Von einer eigentlichen Gewinnung des metallischen Zinks in Europa kann man erst seit dem Beginne des 19. Jahrhunderts reden, obschon dasselbe einigen alten Völkern des Orients schon früher bekannt gewesen zu sein scheint. Einzelne Versuche zur

Zinkgewinnung sollen bereits am Beginne des 18. Jahrhunderts in England im Betrieb gewesen sein; die Methoden hierzu stammen wahrscheinlich ebenfalls aus dem Orient.

Die Versuche, Zink auf elektrochemischem Wege zu gegewinnen, standen besonders in den achtziger und neunziger Jahren des vorigen Jahrhunderts in höchster Blüte. In den weitesten Kreisen beschäftigte man sich damit, und die Zahl der in den verschiedenen Ländern auf die elektrolytische Zinkabscheidung genommenen Patente wurde Legion. Verschiedentlich entstanden größere Werke oder Versuchsbetriebe, so z. B. in Weidenau, in Gießen, in Eiserfeld bei Gießen, in Fürfurt a. d. Lahn und Homberg a. Rhein, in Lipine, ferner eine große unter Verwendung eines Kapitals von mehreren Millionen errichtete Anlage zu Broken-Hill in Australien, die im Jahre 1897 erbaut und schon im folgenden Jahre wieder außer Betrieb gesetzt wurde, da das gewonnene Zink zu teuer war. Von allen den zahlreichen Verfahren hatte kein einziges einen Erfolg aufzuweisen, und nicht ein einziger der errichteten Betriebe hat reüssiert, da sich stets die Kosten als zu hoch erwiesen. Infolge dieser Mißerfolge erlahmte allmählich das Interesse an der elektrolytischen Zinkgewinnung, und gegenwärtig kommt nur noch höchst selten ein Verfahren zur Anmeldung. Auch scheint die Industrie — vielleicht mit Unrecht — von der Aussichtslosigkeit der elektrolytischen Methoden übereugt zu sein, denn auch verschiedene Versuche zur Gründung von Gesellschaften führten in neuerer Zeit zu keinem Resultat mehr. Die elektrolytische Zinkindustrie ist also gegenwärtig auf einem Ruhepunkt angelangt, obschon nach Ansicht namhafter Fachgenossen die Möglichkeit eines brauchbaren Verfahrens durchaus nicht ausgeschlossen erscheint. Nur eine einzige Anlage arbeitet gegenwärtig nach der elektrolytischen Methode, nämlich die der Firma Brunner, Mond & Co. in Northwich, England, die das einzige Verfahren, das einigermaßen brauchbare Resultate ergab, nämlich das Höpfnersche, mit einigen Modifikationen zur Anwendung bringt. Die Produktion ist jedoch sehr klein und beträgt nur etwas über 2000 t pro Jahr.

Gewinnung.

Wenn man die Methoden, die zur elektrochemischen Zinkgewinnung im Verlaufe der beiden letzten Jahrzehnte des vorigen Jahrhunderts — als diese Sache en vogue war — vorgeschlagen wurden, alle aufzählen wollte, so könnte man ein mehrbändiges Werk schreiben. Ebenso lassen sie sich infolge ihrer außerordentlichen Mannigfaltigkeit wunderschön in die verschiedensten Gruppen und Untergruppen einteilen, z. B. in solche mit löslichen Anoden (Untergruppen: a) aus Erzen, b) aus Legierungen), ferner in solche mit zinkhaltigen Anoden und solche mit Anoden aus anderen Metallen usw. Wir unterlassen jeglichen Versuch zu einer derartigen unübersichtlichen und die Klarheit beeinträchtigenden Klassifikation; auch kann es nicht die Aufgabe unserer Darstellung sein, alle Verfahren auch nur annähernd erschöpfend zu behandeln. Wir wählen deshalb aus der Legion derselben nur einige, und zwar solche aus, die sich entweder durch eine besondere Eigenart des Gedankens auszeichnen, oder die eventuell bei einer späteren Wiederaufnahme der Sache eine brauchbare Grundlage darbieten können, oder endlich solche, über die interessante Betriebserfahrungen vorliegen, und besprechen zunächst die Versuche zur elektrochemischen Zinkgewinnung auf nassem Wege direkt aus den Erzen und dann die zur Gewinnung dieses Metalls aus Legierungen und hieran anschließend die Elektrolyse im Schmelzfluß, sowie die elektrothermische Zinkgewinnung.

Allgemeines.

Ehe wir uns jedoch mit den Methoden selbst befassen, wird es nötig sein, an Hand von einigen derselben sowie auf Grund einer Anzahl von wissenschaftlichen Arbeiten einige Punkte zu besprechen, die das Verhalten des Zinks charakterisieren und die deshalb geeignet sind, auf die Schwierigkeiten der elektrochemischen Zinkabscheidung und die verschiedenen bei ihr vorkommenden Zwischenfälle sowie auf eine Anzahl von zu beachtenden Punkten ein geeignetes Licht zu werfen.

Die größte und hauptsächlichste Schwierigkeit bei allen Versuchen, das Zink elektrolytisch abzuscheiden, besteht in der leichten Bildung des unerwünschten Zinkschwamms. Im kleinen wie im großen läßt sich die Bildung des Zinkschwamms nur unter Innehaltung ganz bestimmter Verhältnisse vermeiden. Jegliche Störung in diesen Verhältnissen führt sofort zur Bildung von Schwamm, der technisch kaum verwendbar ist, denn es ist in technisch brauchbarer Weise nicht möglich, ihn in kompaktes Zinn überzuführen; durch Pressen geht er nicht in solches über, und beim Versuch ihn zu schmelzen, verbrennt er unter Bildung von Zinkweiß (Zinkoxyd). Auch der Versuch, ihn in geschmolzenem Zink einzutränken, mißlingt, weil der Zinkschwamm, wie andere poröse Metalle auch, in seinen Poren große Mengen von Sauerstoff okkludiert, infolge deren er sehr leicht zu brennen anfängt. Die Schmelztemperatur des Zinks liegt bereits oberhalb seiner Entzündungstemperatur.

Mit der Tendenz des Zinks, sich schwammig abzuscheiden, sind aber die Schwierigkeiten, die sich seiner elektrolytischen Abscheidung entgegenstellen, noch nicht erschöpft. Durch genaue Innehaltung gewisser Versuchsbedingungen ließe sich ja schließlich über diesen Punkt hinwegkommen; aber abgesehen davon, daß die genaue Innehaltung solcher Bedingungen in einem technischen Betriebe im allgemeinen große Kosten verursacht, erwachsen weitere Kosten durch eine Eigenschaft der Zinklösungen selbst, nämlich durch ihre verhältnismäßig hohe Zersetzungsspannung, die beim Chlorid und Sulfat die Anwendung einer Spannung von über 2,5 Volt erfordert. Wenn man ferner erwägt, daß die korrosiven Eigenschaften des Elektrolyten die Verwendung besonderer Materialien für die Zersetzungsgefäße bedingen, daß viele der zu den Laugen benötigten Zusätze ziemlich teuer kommen und daß noch eine Anzahl weiterer Nebenumstände, die hier zunächst unerörtert bleiben können, sich unangenehm geltend macht, so wird man einsehen, daß die elektrochemische Zinkgewinnung ohne Zweifel eines der schwierigsten Probleme der Elektrometallurgie darstellt.

Der erste, der sich ganz speziell mit der Zinkgewinnung auf elektrolytischem Wege befaßte und Grundzüge für sie aufstellte, war Luckow.[1]) Seiner aus dem Jahre 1880 datierenden Methode folgt die von Létrange im Jahre 1881[2]), und diese Arbeiten, insbesondere diejenige Luckows, haben Kiliani veranlaßt, sich näher mit der Elektrolyse von Zinklösungen zu befassen und die ersten wissenschaftlichen Grundlagen für sie festzustellen.[3]) Luckow (loc. cit.) hatte angegeben, daß man aus einem Gemenge von Koks und Zinkblende eine Lösungsanode herzustellen vermöge, aus der sich durch Elektrolyse in einem Chlorid-Elektrolyten das Zink lösen und in metallischer Form wieder abscheiden läßt. Kiliani konstatierte bei Wiederholung der Luckowschen Versuche, daß die Lösung der Blende eine unvollständige ist, so daß der Prozeß keine Aussichten für eine technische Durchbildung bietet und gibt der schlechten Leitfähigkeit der Blende die Schuld an ihrer Unlöslichkeit. Bei seiner Einteilung der Erze in gut und schlecht leitende (siehe bei Blei, S. 300) zählt er die Zinkerze zu den schlecht leitenden.

Des weiteren untersuchte Kiliani (loc. cit.) die Elektrolyse von konzentrierten Zinksulfatlösungen vom spez. Gewicht 1,38—1,44 mit Anoden und Kathoden aus Zink und fand hierbei, daß die Gasentwicklung am größten bei geringer Stromdichte war und daß sie mit steigender abnahm, bis sie endlich vollständig aufhörte. Bei geringen Stromdichten waren die Niederschläge stets schwammig und fielen leicht ab, während sie bei großen fest und kompakt blieben. Wurden hingegen die Lösungen stark verdünnt, so fiel bei den größten wie bei den geringsten Stromdichten das Zink unter starker Gasentwicklung (Wasserstoff) immer nur als Schwamm aus. Bei geringen Stromdichten fällt auch noch Zinkoxyd, das auch aus konzentrierten Lösungen stets dann entsteht, wenn die Spannung unter die bereits oben erwähnte Zersetzungsspannung von 2,5 Volt sinkt. Aber auch bei sehr hoher

[1]) D. R. P. 14256.

[2]) D. R. P. 21775.

[3]) Kiliani, Berg- und Hüttenm. Zeitschr. 1883, 42, 250.

Spannung kann sich Zinkoxyd abscheiden, sobald die Poloberfläche im Verhältnis zur Stromstärke sehr groß wird. In einer 10proz. Lösung ist bei einer Stromdichte von 3,2 mg Zink das Maximum für den kompakten Niederschlag schon weit überschritten, während bei einer Dichte von 0,4—0,2 mg der Niederschlag sehr schön ist. Für den kompakten Niederschlag sinkt die Stromdichte mit Verdünnung der Lösung. Bei späterer Fortsetzung der Versuche von Kiliani fanden v. Klobukow und Neuburger[1]), daß in Sulfatlösungen unter Zusatz von Kaliumoxalat, Ammoniumoxalat und Kaliumsulfat das Minimum der Stromdichte auf 100 qcm Elektrodenoberfläche bei 0,05 Amp., das Optimum bei 0,3—0,5 Amp. liegt, während sich die Elektrodenspannung auf 3,7—4,6 Volt beläuft. Bewegung der Flüssigkeit befördert die Bildung kompakten Zinks, die Flüssigkeit wird im Laufe der Elektrolyse alkalisch, was den Niederschlag in keiner Weise ungünstig beeinflußt.

Mylius und Fromm[2]) stellten durch Versuche mit von Eisen befreiten Zinkvitriollaugen fest, daß die Ursache der Zinkschwammbildung die Bildung von Zinkoxyd oder basischem Zinksulfat ist. Da Anoden aus Zink, das mehr als 0,01 % Verunreinigungen enthält, schon nach kurzer Zeit zu Oxydpulver zerfallen, so halten sie eine technische Zinkraffination überhaupt für ausgeschlossen. Ihre Angabe, daß Schwamm bei saurer Reaktion der Zinksulfatlösung nicht auftritt, hingegen bei alkalischer, steht mit den oben erwähnten Versuchen von v. Klobukow und Neuburger in Widerspruch. Das Maximum des Gehaltes des Elektrolyten an freier Schwefelsäure liegt nach ihnen bei 0,016 %; wird dies überschritten, so werden die Niederschläge durch die lange anhaftenden Wasserstoffblasen leicht rauh. Außerdem befördert die freie Säure die Auflösung der anodischen Verunreinigungen. Derartige anodische Verunreinigungen metallischer Natur, wie Kupfer, Arsen, Antimon, begünstigen die Oxydation des Zinks und damit die Schwammbildung infolge

[1]) Mitt. d. Ver. d. Stud. d. Chem. a. d. techn. Hochschule München. 10. März 1891.
Kal. f. Elektrochemiker 1897, 640.

[2]) Zeitschr. f. anorgan. Chem. 1895, IX, 144.

ihrer elektromotorischen Wirkung. Über ihre Wirkung auf den Anodenzerfall wurde bereits oben berichtet. Die elektromotorische Wirkung dieser Verunreinigungen wird auch durch Nahnsen[1]) bestätigt. Nahnsen hat die Beziehungen zwischen Temperatur und Stromdichte festgestellt, die insbesondere auf die Grenzdichten für die verschiedenen Zinksalze verschieden sind. Während nach den Untersuchungen von v. Klobukow und Neuburger (loc. cit.) das Erwärmen des Elektrolyten nicht schadet, empfiehlt Nahnsen die Innehaltung einer ziemlich niederen Temperatur.

Diesen hier erwähnten Arbeiten schließen sich weitere von Cowper-Coles[2]), von Foerster und Günther[3]), ferner bemerkenswerte Punkte im Patent von Létrange (siehe oben) wie in einem solchen von Cohen[4]) und in einem von Siemens & Halske[5]), ferner ein Patent von Pfleger[6]) usw. an.

Alles in allem lassen sich auf Grund der vorstehenden Arbeiten die Momente, die das Entstehen eines kompakten Zinkniederschlags begünstigen und unter Umständen gewährleisten, etwa dahin zusammenfassen, daß die Lösung nicht zu verdünnt sein darf, daß sie weder fremde verunreinigende Metalle noch oxydierende Stoffe enthalten darf, daß auch die Anode frei von solchen sein muß, daß die Gasentwicklung entweder a priori zu vermeiden oder durch Bewegung des Elektrolyten unschädlich zu machen ist, daß die Lösungen schwach sauer oder alkalisch sein sollen und daß zwar Erwärmen nicht schadet, daß sich aber immerhin die Innehaltung gewisser Temperaturgrenzen empfiehlt. Zu diesen allgemeinen Regeln kommen bei speziellen Verfahren noch eine Anzahl weiterer, die je nach der Natur der Zusätze oder der schon von vornherein das Zink begleitenden Elemente variieren.

---

[1]) Berg- und Hüttenm. Zeitschr. 1893, 52, 393.

[2]) Electrical Review 1897, 41, 716; 1898, 42, 70.
D. R. P. 79447.

[3]) Zeitschr. f. Elch. 1898, 5, 16.

[4]) D. R. P. 75482.

[5]) D. R. P. 66592.
Engl. Patent 13434.

[6]) Amerik. Patent 495937.

Die Gewinnung des Zinks aus Erzen.

Das Verfahren von Höpfner.

Unter den zahlreichen für die elektrolytische Gewinnung des Zinks aus den Erzen vorgeschlagenen Verfahren hat eigentlich nur das von Höpfner Interesse, da es sich als das einzige erwies, mit dem wirklich ein Erfolg zu erzielen war, da es ferner längere Zeit in Deutschland ausgeübt wurde, und weil es auch gegenwärtig noch auf den Werken von Brunner, Mond & Co. in Betrieb steht.

In Deutschland ist das Höpfnersche Verfahren an verschiedenen Orten ausprobiert worden, ebenso in Österreich, England, Kanada usw. An der Außerbetriebsetzung der Anlage in Fürfurt, die zuletzt mit 350 PS arbeitete, sollen laut einer kurz vor dem Tode Höpfners gemachten Mitteilung nicht etwa Nachteile des Verfahrens, sondern in erster Linie persönliche Differenzen die Schuld getragen haben. Im Jahre 1894 begann L. Mond sich lebhaft für die Zink- und Chlorindustrie zu interessieren. Dr. Fr. Mohr wurde beauftragt, den technischen Teil des Verfahrens zu studieren. Nachdem er sich in Gießen und auch Fürfurt aufgehalten hatte, um die damals unter der Leitung Dr. Georg Eschellmanns stehenden Zinkwerke kennen zu lernen, wurde die Errichtung einer Zinkanlage in England unter der Firma »Brunner Mond Alcali Company« beschlossen. Nach einer Mitteilung von J. H. Steinmeister arbeiten die Werke ununterbrochen mit 1200 PS, und die gewonnenen Zinkproben ergeben vielfach einen Zinkgehalt von 99,98 %. Die Werke produzieren täglich ungefähr 6000 kg Zink und 18000 kg Chlor.

Das Verfahren selbst ist von Höpfner vielmals abgeändert und mit Modifikationen für reiche, mittlere und arme Zinkerze ausgearbeitet worden. Hierzu gesellen sich weitere Modifikationen für Zink- und Bleierze, Zink- und Nickelerze usw., so daß also eine ganze Anzahl von Vorschriften und Patenten existieren.[1]) Sieht man von den einzelnen für be-

[1]) D. R. P. 62946, 85812, 86153, 86543, 87398, 91513.
Engl. Patent 8328.
Amerik. Patent 669926.
Electrochemical Industry 1903, 16, 569 usw.

sondere Verhältnisse geltenden Kautelen und Vorschriften ab, so läßt sich das Wesen des Höpfnerschen Verfahrens folgendermaßen charakterisieren:

Die Erze — im allgemeinen nicht reine Zinkerze, sondern Kiesabbrände von der hüttenmännischen Gewinnung anderer Metalle — mit einem durchschnittlichen Zinkgehalt von 10 bis 20% Zink wurden durch Rösten mit Kochsalz in Muffelöfen in Chlorzink übergeführt. Dem Wesen des Verfahrens entsprechend, können alle möglichen Kiesabbrände Verwendung finden. In der Praxis beschränkte sich das Verfahren meist auf die Röstung von Pyrit, der einen so hohen Zinkgehalt (in Form von Zinkblende) aufwies, daß eine Verwertung als Eisenerz von vornherein ausgeschlossen erschien und nur dann möglich wurde, wenn das Zink entfernt worden war.

Die zur Röstung dienenden Muffelöfen weisen keine besondere Eigenart der Konstruktion auf, obschon sie in einigen Details dem speziellen Zweck angepaßt sind. Es wird so lange geröstet, bis keine löslichen Eisenverbindungen mehr vorhanden sind, was durch Ausziehen einer Probe des Röstgutes und Prüfung mit Ferro- und Ferricykanaliumlösung festgestellt wird. Die Röstung ist im allgemeinen nach etwa 20 Stunden beendet. Steigt die Rösttemperatur zu hoch, so treten Zinkverluste infolge des Verdampfens von Chlorzink ein.

Im Röstgut ist das Zink als zuweilen mit kleinen Anteilen von Zinksulfat verunreinigtes Chlorzink enthalten. Es wird in großen eisernen Kasten ausgelaugt, wobei das heiße Erz aus den Muffelöfen nach geringer Abkühlung direkt in den leeren Laugetrog gestürzt wird, der dann mit Wasser gefüllt wird. Dieses wird durch die hohe Temperatur des Erzes zum Kochen gebracht. Die Lauge wird durch Kiesfilter filtriert und enthält dann in der Hauptsache Chlorzink, außerdem aber noch geringere Mengen von Zinksulfat, Natriumsulfat, Chlornatrium sowie die Chloride resp. Sulfate von Eisen, Mangan, Kupfer, Nickel, Kobalt usw.

Durch das Rösten und Auslaugen des Röstgutes ist eine ziemlich vollständige Trennung des Eisens vom Zink erfolgt, eine Trennung, die bis zu einem solchen Grade durchgeführt ist, daß das Eisen als Eisenerz im Hüttenbetrieb Verwendung finden kann.

Bevor nun das in der Lauge enthaltene Zink der Elektrolyse unterworfen werden kann, ist es nötig, die darin enthaltenen Verunreinigungen zu entfernen. Die Entfernung des Glaubersalzes geschieht durch Abkühlen der Lauge auf — 6° mit Hilfe von Lindeschen Eismaschinen. Hierbei setzt sich das in der Lauge noch enthaltene Zinksulfat mit dem Kochsalz zu Chlorzink und Natriumsulfat um.

Die Lauge besteht nunmehr fast ausschließlich aus Chlorzink mit einer Anzahl metallischer Verunreinigungen. Sie wird, nachdem sie von dem auskristallisierten Glaubersalz getrennt ist, mäßig erwärmt und dann mit einem Gemenge von Chlorkalk und kohlensaurem Kalk behandelt. Hierdurch fällen zunächst Eisen und Mangan als Oxyde aus, und es befinden sich dann noch die Metalle in der vom Niederschlag durch die Filterpressen befreiten Lauge, die elektronegativer sind als Zink, nämlich Kupfer, Blei, Arsen usw. Ihre Fällung geschieht durch Zinkstaub, worauf wiederum eine Reinigung durch die Filterpressen erfolgt.

Die Lauge ist nunmehr eine nahezu reine Chlorzinklösung, die nur noch durch geringe Spuren von Zinkoxyd und Thallium verunreinigt ist, auf dessen Entfernung mit Rücksicht auf die Kosten verzichtet werden kann.

Die Elektrolyse der so vorbereiteten Laugen geschieht in besonders konstruierten Bädern, deren Anodenzellen durch Diaphragmen von den Kathodenzellen geschieden sind. Als Anoden werden Kohlenplatten, als Kathoden Scheiben aus Zinkblech verwendet. Der Elektrolyt tritt von unten in die aus Holz gefertigten Bäder ein und oben wieder aus. Das Zink schlägt sich hierbei in kompakter Form an den Zinkkathoden nieder, während sich das Chlor in dem über dem Elektrolyten stehenden Hohlraum der geschlossenen Anodenzellen ansammelt, von wo es auf Chlorkalkhürden abgeleitet wird.

Eine Ansicht der Bäder, wie sie auf der nicht fertiggestellten Anlage der Sodafabrik zu Hruschau bei Oderberg in Österreich eingerichtet werden sollten, und die auch für die Nickelabscheidung nach ähnlichen Prinzipien wie beim

Zinkverfahren dienen können, ist in Fig. 113—116 wiedergegeben. (Eine ähnliche Anlage war von 1895 bis 1898 in Fürfurt a. Lahn im Betrieb.[1]) Aus denselben ist die Anordnung der Zellen in Fig. 114, die der rotierenden Kathode in Fig. 113 und die Anbringung dieser Kathode in den Zellen in Fig. 115 und 116, und zwar auf der linken Hälfte derselben wiedergegeben. Die rechte Hälfte stellt einen für die Zinkdarstellung nicht in Betracht kommenden Abänderungsvorschlag Höpfners vor, bei der anstatt der rotierenden Kathoden feststehende von rechteckiger Form vorgesehen sind.

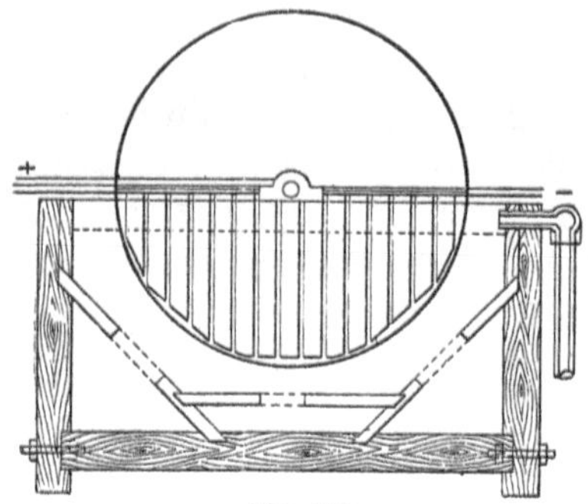

Fig. 113.

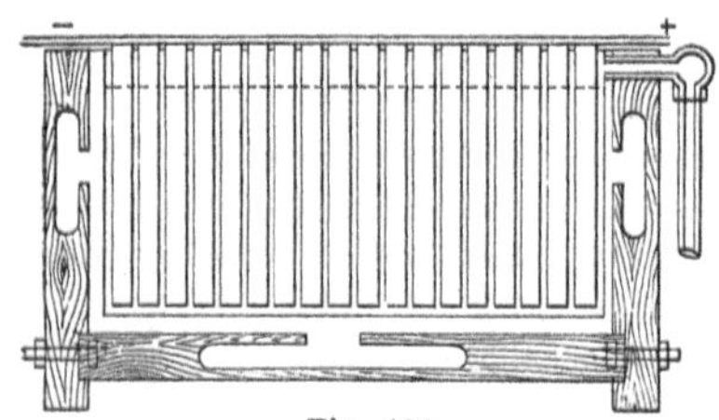

Fig. 114.

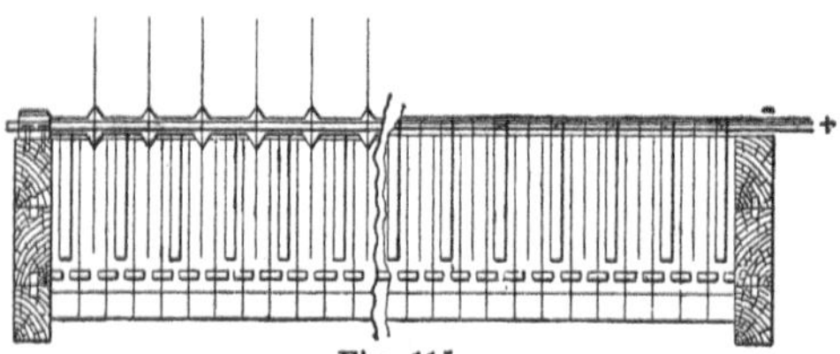

Fig. 115.

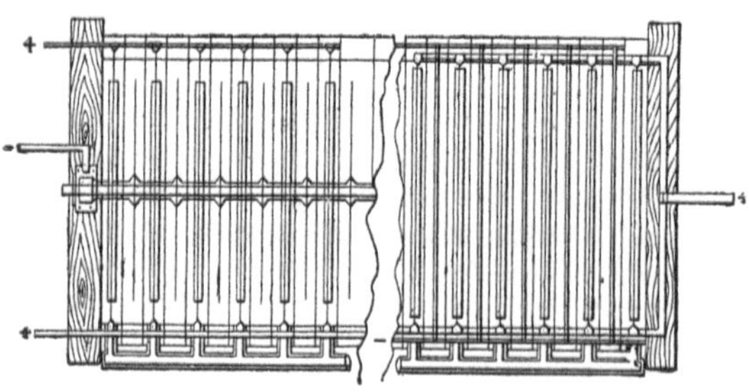

Fig. 116.

Bezüglich der Diaphragmen sei bemerkt, daß es schwer hielt, ein geeignetes Material dafür zu finden, und daß eine ganze Anzahl von Vorschlägen speziell hierfür gemacht wurden.[2])

[1]) Günther: Engineering and Mining Journal 1903, 750.

[2]) D. R. P. 72 969, 88 681, 89 980, 117 050 usw.

Die Frage nach einem brauchbaren Diaphragma ist zu Lebzeiten Höpfners nicht mehr definitiv gelöst worden, und das in Northwich verwendete Diaphragma wird geheim gehalten.

Das Verfahren der Brunner Mond Alcali-Company.

Wie bereits eingangs erwähnt wurde, steht das Höpfnersche Verfahren gegenwärtig bei der Brunner-Mond Alcali Company noch im Betriebe, doch hat es dort einige Abänderungen erfahren. Man arbeitet hier folgendermaßen:

Die Erze werden ebenfalls zunächst geröstet, wodurch das Zink in Oxyd verwandelt wird; das Zinkoxyd wird unter Druck mit einer Lösung von Chlorcalcium und Kohlensäuregas behandelt, wodurch Zinkchlorid nach folgender Gleichung entsteht:

$$ZnO + CaCl_2 + CO_2 = ZnCl_2 + CaCO_3.$$

Das zu dieser Umsetzung verwendete Chlorcalcium wird bei der Herstellung von Ammoniaksoda als wertloses Nebenprodukt gewonnen.

Das entstandene Zinkchlorid wird, nachdem es gereinigt und Eisen, Magnesium usw. entfernt worden sind, der Elektrolyse in dem nach den Prinzipien der oben beschriebenen Höpfnerschen Zersetzungszelle konstruierten Apparate unterworfen, wobei Metall und Chlor entstehen, von denen das letztere wieder in Hürden auf Chlorkalk umgewandelt wird. Um das Zink in fester, gut haftender Form zu erhalten, werden neuerdings als Kathoden rotierende Walzen verwendet, die aufeinander schleifen und deren Abstand sich je nach der Stärke des Niederschlags selbständig ändert.[1])

Das kanadische Verfahren nach Höpfner.

Für ein großes in Kanada zu errichtendes Werk, dessen Ausführung durch den allzu frühen Tod Höpfners vereitelt wurde, hatte dieser ein neues Verfahren für die Gewinnung von Zinkchloridlösungen resp. das Auslaugen von Zinkerzen

---

[1]) L'industrie électrochimique 1903, 4.
Mond, D. R. P. 134862.

ausgearbeitet.[1]) Er ging hierbei von der Voraussetzung aus, daß der Erfolg eines jeden elektrolytischen Prozesses zum großen Teil von der sparsamen und wirksamen Herstellung des Elektrolyten abhängt. Speziell bei der Elektrolyse des Zinks hält Höpfner die Elektrolyse an und für sich für eine vom wirtschaftlichen Standpunkt aus sich gut rentierende Methode, deren Verbilligung nur dadurch geschehen kann, daß die vorbereitenden Reaktionen möglichst vereinfacht und verbilligt werden. Bei dem kanadischen Verfahren war der Gedankengang folgender: Die Erze werden einer vorbereitenden Röstung unterworfen, dabei entsteht schweflige Säure und Zinkoxyd. Die schweflige Säure wird in Wasser absorbiert, durch die wäßrige Lösung der schwefligen Säure wird eine Auslaugung des Zinkgehalts des Erzes als Zinksulfit bewirkt. Dieses muß sich, wenn der Überschuß von schwefliger Säure entfernt wird, kristallinisch niederschlagen. Durch Zusammenrösten mit Eisenoxyd oder geröstetem Erz wird zu Zinksulfat oxydiert, das in einem Calcinationsprozeß mit Natriumchlorid in Zinkchlorid und Natriumsulfat umgesetzt wird. Die gerösteten und umgewandelten Produkte werden schließlich in Wasser extrahiert, das Zinkchlorid in Natriumsulfat gelöst und letzteres durch Abkühlung abgeschieden. Auf diese Weise entsteht eine praktisch reine Zinkchloridlösung.

Bei allen den hier erwähnten Prozessen wird das Zink, um es von mechanischen Verunreinigungen zu reinigen, nochmals umgeschmolzen.

Das Verfahren von Siemens & Halske.

Die Firma Siemens & Halske, die sich seit geraumer Zeit ernstlich mit der Ausgestaltung eines Zinkgewinnungsverfahrens beschäftigt, hat sich die Grundzüge eines solchen patentieren lassen[2]), für das als Ausgangsprodukte außer geschwefelten Erzen alle Arten oxydischer Erze sowie Abfallprodukte (Galmeischlämme, Flugstaub usw.) in Betracht

[1]) Electrochemical Industry 1903, 16, 570.

[2]) D. R. P. 151 988.

kommen können. Die Elektrolyse wird so vorgenommen, daß im Elektrolyt stets Zinkoxyd im Überschuß bleibt, ebenso wie beim Lösen der Ausgangsprodukte in Säuren. Hierdurch soll ein Mitlösen fremder Metalle, besonders von Cadmium, Kupfer und Eisen, verhindert werden. Ist Tonerde vorhanden, so wird das entstehende Aluminiumsulfat durch Zusatz von Kaliumsulfat in Alaun übergeführt und als solcher erhalten. Die Elektrolyse selbst bietet keine besonders bemerkenswerten Momente dar.

Das Verfahren von Burleigh.

In einer längeren Abhandlung[1]) gibt Burleigh eine Anzahl von Mitteilungen über ein angeblich im großen in Amerika ausgeübtes Zinkgewinnungsverfahren, ohne jedoch auf die Details speziell der Elektrolyse einzugehen oder den Ort der Anlage zu nennen. Indem wir die Einzelheiten der Vorbereitung der Erze übergehen, seien von den auf die Elektrolyse bezüglichen Daten die nachstehenden wiedergegeben. Die gerösteten Erze werden mit heißer Ätznatronlösung digeriert, wobei sich die Oxyde und Sulfate von Blei und Zink lösen. Die Lösung wird bei 1,5—1,7 Volt der Elektrolyse unterworfen, wodurch sich das Blei ausscheidet. Steigt die Spannung höher, so fällt Zink mit aus, bleibt sie unter 1,2 Volt, so findet keine Bleiausscheidung statt. Zink und Blei lassen sich auf diese Weise angeblich gut trennen. Die restierende Lösung dient zur Zinkelektrolyse. Sie soll mindestens 3% Zink enthalten. Die Elektrolyse erfolgt bei 2,5—7 Volt und 10—200 Amp. pro Quadratfuß (1 Fuß = 0,3048 m). Als Anode dient Kohle, als Kathoden Zinkplatten. Ist kein Eisen vorhanden, so entsteht angeblich ein guter Zinkniederschlag bei einer Stromausbeute von 95%.

Wir geben das Verfahren um seiner interessanten Grundzüge willen hier kurz wieder, obschon es wohl manchen Zweifel erregt.

---

[1]) Electrochem. Ind. 1904, 2, 355.

Die Gewinnung des Zinks aus Legierungen.

Für die Gewinnung des Zinks aus Legierungen kommen Blei-, Zink- und Silberzinklegierungen in Betracht, wie sie bei der Gewinnung des Bleis und der des Silbers erhalten werden.

Die Verarbeitung dieser Legierungen nach dem

Verfahren von Hasse

ist bei Silber in dem Abschnitt über die Gewinnung des Silbers aus Zinksilberlegierungen bereits ausführlich besprochen, und es möge genügen, wenn wir an dieser Stelle darauf verweisen.

An dieses Verfahren schließt sich ein ähnliches an, nämlich

Das Verfahren von Rösing.

Dieses[2]) bezweckt, den Zinkschaum aufzuarbeiten, der bei der Entsilberung des Zinks entsteht und ein Gemisch von Blei, Silber und Zink darstellt. Der spröde Zinkschaum kann nicht zu Anodenplatten umgearbeitet werden, weshalb ihn Rösing in pulverförmigem Zustande auf wagerechten Anoden zur Anwendung bringt, die aus auf dem Boden der hölzernen Zersetzungsbottiche liegenden, mit Zinkschaum beschickten Bleiplatten bestehen. Der Elektrolyt ist Zinkvitriollösung, die Kathode besteht aus Zinkblech. Sie ist auf isolierenden Stützen in den Bottichen angebracht. Das Zink löst sich von der Oberfläche der Anode weg, so daß infolge der Lösung die Berührungsfläche zwischen dem noch vorhandenen Zink und dem Elektrolyten eine immer geringere wird. Es wird deshalb nach einiger Zeit der Zinkschaum aus dem Bade herausgenommen, gesaigert, wodurch neues Zink an die Oberfläche kommt. Der gesaigerte Schaum dient wieder als Elektrolyt, wird abermals gesaigert usw., bis zuletzt die Trennung eine möglichst vollständige geworden ist. Das Verfahren wurde in einem Probebetrieb auf der Friedrichhütte in Oberschlesien ausgeübt, jedoch nicht definitiv eingeführt.

---

[1]) D. R. P. 33589 Dingl. Polyt. Journ. 1887, 93.

Auch eine ganze Anzahl weiterer Vorschläge der verschiedensten Autoren zur elektrolytischen Verarbeitung von Zinklegierungen haben sich keinen Eingang zu verschaffen vermocht, weshalb sie hier, da sie außerdem bemerkenswerte Gesichtspunkte nicht darbieten, übergangen werden können.

Die Gewinnung des Zinks durch Elektrolyse im Schmelzfluß.

Auch die Gewinnung des Zinks durch Elektrolyse im Schmelzfluß hat sich trotz mehrfacher Versuche und Vorschläge nicht eingeführt.

Als typisches Beispiel eines derartigen Verfahrens sei

Das Verfahren von Swinburne.

angeführt.

Bei diesem[1]) werden die zinkhaltigen Schwefelerze unter Luftabschluß und bei hoher Temperatur mit Chlor behandelt. Das geschmolzene Chlorid wird, nachdem die schwer schmelzbaren Metalle vorher aus wäßriger Lösung niedergeschlagen oder durch Zusatz eines leicht schmelzbaren Metalls als Legierung ausgeschieden sind, elektrolysiert, wobei eventuell eine fraktionierte Elektrolyse eintreten kann.

Der Prozeß wurde eine Zeitlang zuerst auf einer Versuchsanlage bei London, dann auf einer australischen Anlage der Phoenix Process Parent Company Ltd. ausgeübt, wobei die Schwefelerze der verschiedensten Metalle zur Behandlung kamen. Er konnte jedoch wegen vielfacher Mißstände, deren Beseitigung nicht gelang, nicht aufrecht erhalten werden. Trotzdem hat die Castner-Kellner Company das Verfahren übernommen, um danach zunächst Chlorzink herzustellen.[2])

---

[1]) Engl. Pat. 10829/1897.
Engineering and Mining Journal 75, 194 und 76, 162.

[2]) Electrochemical Industry 1904, 404.

Das Verfahren von Lorenz.

Bei diesem Verfahren[1]) werden zink- und bleihaltige Erze, besonders gemischte zink- und bleihaltige Rückstände, zink- und bleihaltige Legierungen u. dgl. in Chloride übergeführt und diese bei bestimmter Temperatur elektrolytisch zersetzt. Das Chlor wird in Salzsäure übergeführt, die zur Gewinnung neuer Chloride dienen soll. Hochprozentige Zinkerze werden direkt mit Salzsäure ausgelaugt, Eisen und Aluminium durch Zusatz von Röstgut oder Zinkabbränden gefällt. Hochprozentige Bleierze werden geröstet und das Röstgut mit verdünnter Essigsäure ausgelaugt. Aus der Lösung werden Blei und Silber als Chloride gefällt, die geklärten Laugen werden zur Abscheidung von Eisen und Tonerde erhitzt, nochmals geklärt und dieser Prozeß so lange wiederholt, bis sämtliche Essigsäure durch Zink gesättigt ist. Das Zink wird durch Einleiten von Chlorwasserstoff an Chlor gebunden, die Lauge zur Trockne destilliert, wobei die übergegangene Essigsäure von neuem zur Auslaugung von Röstgut verwendet werden kann. Das geschmolzene Chlorzink, auch solches, das als Nebenprodukt bei verschiedenen technischen Prozessen wie in den Farbenfabriken entsteht, wird elektrolysiert.

Auch hier wird die Elektrolyse fraktioniert vorgenommen, wobei eine Spannung von 0,4—1,0 Volt zur Anwendung kommt. Zur Fällung des Bleis genügt eine Spannung von 0,4—0,5 Volt, bei der Abscheidung des Zinks arbeitet man mit einer Spannung von 0,8—1,0 Volt. In einer späteren Veröffentlichung[2]) gibt Lorenz an, daß für die Zersetzung durch geschmolzenes Chlorzink eine höhere Spannung, nämlich eine solche von 1,5 Volt, verwendet werden muß.

Das sorgfältig ausgearbeitete Verfahren hat keinen Eingang in die Technik gefunden, weil es für diese zu kompliziert ist, es kann aber als typisches Beispiel dafür gelten, mit welchen Schwierigkeiten die technische Elektrolyse geschmolzener Zink-

---

[1]) D. R. P. 82125.
Engl. Pat. 25074/1894.
Zeitschr. f. anorg. Chem. 1894, X, 78.

[2]) Zeitschr. f. anorg. Chem. 1896, XII, 272.

verbindungen zu kämpfen hat und als wie wenig aussichtsvoll dieselbe bezeichnet werden muß.

Wir verzichten deshalb auf die Wiedergabe weiterer Vorschläge.

Die Gewinnung des Zinks auf elektrothermischem Wege.

Das Verfahren von Dorsemagen.

Ein Prozeß[1]), nach dem Zink gleichzeitig mit Siliciumkarbid durch Behandlung von kieselsäurereichen Zinkerzen im elektrischen Ofen gewonnen wird. Von einer Einführung des Verfahrens ist jedoch ebenfalls nichts bekannt geworden. (Dasselbe gilt von den Verfahren von Edelmann und Wallin[2]), Darmstädter[3]) und einer ganzen Anzahl weiterer.)

Das Verfahren von de Laval

wird auf einer Anlage der Trolhättans Elektriska Aktiebolag zu Ludwika ausgeübt.

Der verwendete Ofen[4]) ist ein gewöhnlicher Herdofen von rechteckigem Querschnitt, dem durch einen seitlich angebrachten Fülltrichter mittels Schneckenrads die Beschickung zugeführt wird, die im Ofeninnern einen Haufen bildet, dessen Seiten so weit von den Elektroden entfernt sind, daß der zwischen diesen unterhaltende Lichtbogen lediglich durch Strahlung wirkt. Hierdurch wird vermieden, daß die Gase explosionsartig entweichen. Es tritt zunächst Reduktion und dann Destillation ein. Die Gase und Dämpfe ziehen durch ein besonderes Abzugsrohr ab, während sich die Schlacke an einer vertieften Stelle des Herdes ansammelt.

---

1) D. R. P. 128535.

2) D. R. P. 148545.

3) D. R. P. 132205.
Elektrochemische Zeitschrift 1903, I, 13.

4) Electrical World and Engineer 1903, 41, 1014; 1903, 42, 288.
D. R. P. 148129.
Amerik. Pat. 729614/1902, 736611/1902.

Der Ofen wird mit einem fein gepulverten und getrockneten Gemisch von hauptsächlich bleihaltigem Zinkerz beschickt, dem berechnete Mengen von Kalk und Eisenerz zugesetzt werden. Es bildet sich Schwefeleisen, das aus der vertieften Stelle des Herdes abgestochen wird, während die flüchtigen Metalle zusammen mit den Gasen entweichen und in Kondensationseinrichtungen aufgefangen werden.

Das Verfahren stand zuerst in einer Anlage in Hafslund in Norwegen im Betrieb, die mit 2400 PS arbeitete. Dort wird jetzt hauptsächlich Rohzink elektrothermisch raffiniert und 99,9 proz. Reinzink erhalten. Die Verarbeitung der Erze, und zwar solcher aus Saxberg, findet in Ludwika statt.

Das Verfahren von Salguès.

Zwischen diesem Verfahren und dem von de Laval existieren im Prinzipe wenig Unterschiede. Bei demselben[1]) werden die Erze gleichfalls unter Zusatz von Flußmitteln und Kohle oder Eisen im elektrischen Ofen erhitzt, wobei die Schlacken abgezogen werden, während das Zink sich verflüchtigt. Bei Gegenwart von Kohle entweichen mit den Zinkdämpfen zusammen ziemliche Mengen von Kohlenoxyd, wodurch die Bildung von Zinkstaub erleichtert wird. Auch de Laval hat sich die Verwendung von Kohlenoxyd zum Kondensieren der Metalldämpfe patentieren lassen.[2]) In der Schlacke bleibt etwa 1% Zink zurück, der Zinkverlust beträgt bei 40—45 proz. Erzen 2—3%, bei sehr armen höchstens 10%. Da außerdem auch die Blei- und Silberverluste gering sind, so können sehr arme Mischerze verarbeitet werden. Pro KW-Jahr lassen sich 2 t Zink ausbringen.

Der für das Verfahren verwendete Ofen[3]) wird ebensowohl wie die Elektroden gekühlt. Eine Elektrode liegt horizontal und ist mit besonderen Kühlvorrichtungen versehen, die so lange im Betriebe bleiben, bis der darauf abgesetzte Metallregulus seine schützende Wirkung auf die Elektrodenmasse

---

[1]) L'Eclairage électrique 1903, 36, 465.

[2]) Schwed. Pat. 14974.

[3]) Franz. Pat. 330665.

ausübt. Ihr stehen zwei Elektroden gegenüber, mit denen sie hintereinander geschaltet ist. Soll kompaktes Zink dargestellt werden, so müssen die Kohlenoxydmengen im elektrischen Ofen vermieden werden. Dies geschieht dadurch, daß die Erze vorher in einem Hilfsofen bei niedriger Temperatur reduziert werden. Wird dann der Prozeß im elektrischen Ofen gleichfalls bei niedrigerer Temperatur vorgenommen, so sammelt sich das Zink in flüssigem Zustand unter der Schlacke an.

In der Anlage zu Crampagna (Arièges) stehen Öfen in Betrieb, von denen jeder 100 KW absorbiert. Um direkt Zinkweiß zu erhalten, werden die abziehenden Gase und Dämpfe angezündet.

Durch die Verfahren von de Laval und Salguès ist, wenn sie auch unter gewissen Schwierigkeiten bei der Kondensation des Metalls zu leiden haben, doch der Beweis erbracht, daß eine elektrothermische Gewinnung des Zinks wohl möglich ist.

Cadmium.

Vorkommen.

Das Cadmium kommt in Form von Cadmiumkarbonat bzw. Cadmiumsulfid stets zusammen mit den entsprechenden Zinkerzen, dem Galmei und der Zinkblende vor.

Geschichtliches.

Das Cadmium wurde im Jahre 1818 von mehreren Chemikern, nämlich von Stromeyer, von v. Herman, ferner von Meißner und Karsten, von denen jeder unabhängig vom andern arbeitete, gleichzeitig entdeckt.

Eine Methode zur Gewinnung durch Elektrolyse wurde im Jahre 1896 von Mylius und Fromm angegeben.

Gewinnung.

Cadmium wird nur in sehr geringen Mengen als Nebenprodukt bei der Zinkgewinnung dargestellt. Eine Verwendung in der Technik findet das metallische Cadmium außer zu einigen Legierungen nicht.

Das Verfahren von Mylius und Fromm.

Mylius und Fromm[1]) stellten fest, daß sich das Cadmium aus der Lösung seines Sulfats fast unter den gleichen Bedingungen elektrolytisch abscheiden lasse wie das Zink (siehe bei Zink unter »Allgemeines«), ohne daß jedoch eine so genaue Innehaltung der Versuchsbedingungen wie bei diesem nötig ist.

Als Anoden dienen Platten aus Rohcadmium, als Kathoden Bleche von Platin oder reinem Cadmium.

Die Stromdichte beträgt 0,5—1 Amp. pro qcm Kathodenoberfläche.

Die Lösung muß, um Schwammbildung zu vermeiden, die jedoch weit weniger als beim Zink zu befürchten ist, schwach sauer gehalten werden, auch empfiehlt sich die Verwendung eines Rührwerkes zur Bewegung des Elektrolyten. Die Niederschläge werden nach einiger Zeit zackig, und es müssen dann die Kathoden ausgewechselt werden, von denen sich das Cadmium leicht ablösen läßt. Die Anoden, auf denen sich ein Schwamm bildet, werden zuweilen durch Abstreichen gereinigt. Das von den Kathoden abgelöste Metall wird im Vakuum sublimiert und ist chemisch rein.

---

[1]) Zeitschr. f. anorg. Chemie 1896, 13, 157.

Zinn.

Vorkommen.

Das Zinn ist eines der selteneren Metalle und findet sich in der Natur hauptsächlich als Zinnstein, Stannit oder Kassiterit mit einem Gehalt von etwa 79 % Zinn. Ferner sind vor einiger Zeit auch größere Lager des Sulfids SnS_2 in Australien entdeckt worden. Mit anderen Metallen zusammen kommt das Zinn noch im Zinnkies $Fe_2SnS_4(CO_2)_2SnS_4$ vor. Die hauptsächlichsten Fundstätten des Zinnsteins, der fast ausschließlich zur Gewinnung des auf Erden konsumierten Zinns dient, sind das deutsche Erzgebirge, wo er bei Zinnwald und Schlackenwald vorkommt, ferner vor allem Cornwallis in England, die Malaiische Halbinsel und Australien. Geringe Mengen werden auch in einer Reihe anderer Länder gewonnen.

Geschichtliches.

Das Zinn war schon 2000 Jahre v. Chr. den Chinesen bekannt, und 1000 v. Chr. hatten die Phönizier schon den Zinnhandel monopolisiert und holten das Zinn von den Zinninseln Britanniens.[1]) Die Zinngruben im Sächsischen Erzgebirge wurden im Jahre 1240 aufgefunden.

Die elektrolytische Wiedergewinnung des Zinns aus Weißblechabfällen datiert aus dem Jahre 1848. Die Industrie der Weißblechentzinnung hat sich seitdem ständig gehoben, trotzdem der Zinngehalt der Abfälle ständig zurückgegangen ist, der jetzt durchschnittlich 2 % beträgt, während er sich zur Zeit, als die Methode der elektrolytischen Weißblechentzinnung in Aufnahme kam, auf etwa 6 % belief. Gegenwärtig werden in Deutschland jährlich etwa 30000—40000 t Weißblechabfälle elektrolytisch verarbeitet und daraus ungefähr 900—1000 t Zinn erhalten. Der größte deutsche Betrieb ist der der Firma Th. Goldschmidt in Essen, weitere deutsche Werke sind

[1]) Plinius 34, 47.

die Elektrochemische Fabrik Kempen a. Rh., H. W. von der Linde in Krefeld, Rody-Köln, Soldau & Co., Nürnberg, Lambert & Kochs, Oberkassel usw.

Gewinnung.

Die Gewinnung des Zinns aus Erzen sowie aus metallischen und oxydierten Zinnrückständen und Schlacken geschieht heutzutage ausschließlich noch auf hüttenmännisch-metallurgischem Wege, und die Elektrolyse hat sich hier absolut keinen Eingang zu verschaffen vermocht. Nach Mennicke[1]) dürfte auf diesem Gebiet vielleicht einmal die Feuerflußelektrolyse bestimmt sein, den Vorrang einzunehmen, wodurch eine durchgreifende Änderung auf dem ganzen Gebiete der Zinnverhüttung hervorgerufen werden würde. Die Anfänge einer derartigen Umwälzung sind jedoch bis jetzt noch nicht wahrzunehmen, und es existiert gegenwärtig kein einziges Verfahren, dem man in dieser Hinsicht eine Zukunft zusprechen könnte.

Im Gegensatz hierzu hat sich seit dem Jahre 1848 die elektrolytische Weißblechentzinnung immer mehr eingeführt und bei ihrer großen Rentabilität würde sie zweifellos noch in viel mehr Betrieben in Aufnahme gekommen sein, wenn nicht eine Anzahl von Fabriken sich die Abfälle auf Jahre hinaus zu sichern gewußt hätte.

Die zur Weißblechentzinnung dienenden Methoden lassen sich in zwei große Gruppen, nämlich in solche mit saurem und solche mit alkalischem Elektrolyten, einteilen. Für beide sind im Laufe der Jahre eine Legion von Vorschlägen gemacht und neue Verfahren angemeldet und patentiert worden. Irgendeine epochemachende Neuerung ist unter allen diesen so zahlreichen Vorschlägen nicht gewesen, und weder in bezug auf die Entzinnung der Weißblechabfälle selbst, noch auch für die Aufarbeitung des Elektrolytzinnschwamms hat sich seit langer Zeit ein wesentlicher Umschwung vollzogen.

---

[1]) Elektrochemische Zeitschr. 1905, 1, 33.

Die sauren Verfahren haben sich wenig eingeführt, und in der Industrie wird fast allgemein nach den alkalischen gearbeitet. Trotzdem ist es nicht ausgeschlossen, daß neue Gesichtspunkte, wie sie insbesondere in den Bettsschen Arbeiten zur elektrochemischen Verarbeitung des Bleis (siehe Blei) vorliegen, eines Tages den sauren Verfahren ein Übergewicht über die alkalischen verschaffen, obschon nach den Untersuchungen von Mennicke[1]) (siehe unten) die Aussichten hierzu vorläufig noch gering zu sein scheinen. Ein Vorzug der sauren Verfahren besteht in der besseren Qualität des erzielten Zinns.

Auch bei den alkalischen Verfahren haben sich die bewährten Grundsätze trotz aller vorgeschlagenen Neuerungen bisher ohne wesentliche Änderungen erhalten, und es wird daher genügen, wenn wir nachstehend diese Grundsätze wiedergeben und daran anschließend nur einige aus der Menge der Vorschläge durch die Eigenart ihres Wesens sowie dadurch, daß sie auf praktischen Erprobungen beruhen, sich heraushebende Verfahren kurz skizzieren.

Wir folgen in nachstehenden Ausführungen im allgemeinen den Angaben desjenigen Elektrochemikers, der seit Jahren als hervorragende Autorität auf dem Gebiete der Weißblechentzinnung bekannt ist, denen von Dr. H. Mennicke, und zwar sowohl seinen Veröffentlichungen[2]) sowie seinen Privatmitteilungen, die er die Liebenswürdigkeit hatte, dem Verfasser für vorliegendes Werk zur Verfügung zu stellen.

---

[1]) Elektrochemische Zeitschr. 1906, 9, 185.

[2]) Elektrochemische Zeitschr. 1904/5 XI, 223, 245; 1905/06 XII, 1, 27, 112, 136, 161, 180; 1906/07 XIII, 49, 258; 1907/08 XIV, 8, 25, 54 usw.

Zeitschr. f. Elch. 1902, 8, 315, 357, 381; 1906, 12, 245.

Mennicke, Wiedergewinnung des Zinns von Weißblechabfällen (Ahrens, Sammlung chemisch-technischer Vorträge, Bd. VII, Stuttgart 1902).

Verfahren mit sauren Elektrolyten.

Allgemeines.

Die Verfahren mit sauren Elektrolyten verwenden im allgemeinen verdünnte Schwefelsäure oder Salzsäure, wovon das Bad immer etwa 1% enthalten soll. Die in Körbe aus Drahtgeflecht eingepackten Weißblechabfälle bilden die Anoden, als Kathoden dienen solche aus Kupfer oder einem andern Metall. Zur Aufrechterhaltung einer gleichmäßigen Konzentration des Elektrolyten wird entweder dieser bewegt oder die Anoden, was durch exzentrische Anordnung derselben oder durch Verbindung derselben mit endlosen Bändern oder durch andere mechanische Hilfsmittel erreicht wird. Die Anode löst sich auf, wobei sich das Zinn an der Kathode niederschlägt, während das Eisen in Lösung geht, so daß der Elektrolyt schließlich zu einer mehr oder minder konzentrierten Eisenlösung wird. In neuerer Zeit hat man auch die Verwendung organischer Säuren versucht. Als typische Beispiele für saure Verfahren seien die nachstehenden, gegenwärtig im definitiven oder Versuchsbetrieb befindlichen, erwähnt:

Das Verfahren von Bergsoe.

Das Bergsoe-Verfahren steht gegenwärtig in Kopenhagen in Betrieb. Nach demselben[1]) werden die Büchsen ungereinigt verarbeitet. Zu diesem Zweck wird mit Hilfe einer Maschine oder mit der Hand ein Loch in den Boden der Büchsen geschnitten, worauf man diese in einen aus Winkeleisen und Eisendraht gefertigten Korb wirft, in dem sie während der Entzinnung verbleiben. Sind die Körbe gefüllt, so bringt man sie in die Auslaugegefäße, in denen die Entzinnung vor sich geht. Eine Anzahl dieser Gefäße sind hintereinander derart angeordnet und verbunden, daß die Auslaugeflüssigkeit von dem ersten Gefäß in das zweite, von diesem in das dritte usw. fließen kann. Zur Entzinnung von 10 t Büchsen sind Lauggefäße mit einem Rauminhalt von 100 cbm erforderlich.

---

[1]) Elektrochemische Zeitschr. 1906, 12, 245.

Die Auslaugung wird unter der Wirkung oxydierender Substanzen oder durch einfaches Behandeln von Abfällen mit Säure eingeleitet. Der Elektrolyt macht einen Kreislauf durch die Elektrolysiergefäße und dient, nachdem durch Lösen in vorstehend beschriebener Form der Prozeß einmal eingeleitet ist, dann selbst als Laugflüssigkeit. Die in dieser Weise aus den Elektrolysierzellen kommende Laugflüssigkeit ist eine Lösung von Zinnchlorid mit einem Zinngehalt von etwa 2 %. Sie bewirkt eine Umwandlung des Zinnchlorids unter Bildung von Zinnchlorür nach der Gleichung

$$SnCl_4 + Sn = 2\,SnCl_2.$$

Während des Durchgangs durch die einzelnen Lauggefäße steigt der Gehalt an Zinnchlorür. Aus dem letzten Lauggefäß wird dann die Flüssigkeit mittels einer kleinen Messingpumpe ausgepumpt und nach den Elektrolysierzellen gebracht, durch welche sie hindurchfließt. Man benutzt hier unlösliche Anoden, und der Prozeß, der jetzt vor sich geht, bildet gerade das Gegenteil des vorstehend beschriebenen nach der Gleichung:

$$2\,SnCl_2 = Sn + SnCl_2,$$

d. h. es bildet sich wieder Zinnchlorid unter Abscheidung von Zinn.

Das Zinn wird in Form von kleinen $\frac{1}{2}$ cm langen kristallinischen Prismen ausgefällt, und die Flüssigkeit strömt dann nach den Lauggefäßen zurück, und zwar als Zinnchloridlösung, die von neuem instande ist, Zinn aufzulösen. Das erhaltene Zinn wird in einem offenen Schmelzofen leicht niedergeschmolzen.

Die elektrolytischen Zellen sind so eingerichtet, daß das Zinn auf den Boden fällt, wo ein in der Längsrichtung hin und her sich bewegendes Kratzeisen es auf eine Schaufel bringt, von wo es leicht entfernt werden kann.

Die Laugflüssigkeit läßt sich 3 oder 4 Monate verwerten, dann muß man sie wegschütten, da sie zu viel Eisen enthält.

In Kopenhagen werden 47 KW oder 65 elektrische PS pro 1000 kg Zinn verwendet. Die Stromausbeute beträgt etwa 83 %.

Die Vorteile dieses sauren Verfahrens gegenüber den alkalischen bestehen darin, daß, wie bei allen sauren Verfahren, das abgeschiedene Zinn von besserer Beschaffenheit ist, sowie daß der Stromverbrauch etwa die Hälfte von dem beim Alkaliverfahren beträgt. Ferner kann man mit einem Elektrolyten von gewöhnlicher Temperatur arbeiten, während er beim Alkaliverfahren auf 70° erhalten werden muß, und endlich wird auch das in den Lötstellen und im Lot enthaltene Zinn gelöst und gewonnen.

Diesen Vorteilen stehen nach Mennicke[1]) schwerwiegende Nachteile gegenüber, unter denen die folgenden zu erwähnen sind. Die Konservenbüchsen müssen sortiert und die lackierten besonders behandelt werden. Die Auslaugung und die Metallscheidung gehen getrennt vor sich. Der Raumbedarf der Anlage ist ein großer, das Eisen wird durch das Zinnchlorid stark angegriffen, und es gehen beträchtliche Mengen (20%) Eisen in Lösung, die event. das Elektrolytmetall mit Eisen verunreinigen können. Die Abfälle rosten nach der Entzinnung, und die Regenerierbarkeit des Elektrolyten ist eine unvollständige, wodurch Verluste entstehen. Ein Teil der angewandten elektrischen Energie wird, da der Elektrolyt, um überhaupt klar bleiben zu können, stets sauer ist und sein muß, zur Lösung direkt schädlicher Teile (Eisen) verwendet. Die Reinheit des Zinns resultiert nach Mennicke nicht aus dem Verfahren, sondern aus der Reinheit des angewandten Ausgangsmaterials.

Das Verfahren von Leaven Norman.

Im Gegensatz zu dem vorhergehenden Verfahren wird bei diesem, das aus England stammt und gegenwärtig in einer einzigen Fabrik in Sampierdarena bei Genua ausgeübt wird, Entzinnung und Metallabscheidung in denselben Bädern[2]) vorgenommen. Diese sind aus Holz und etwa 60 cm hoch, 150 cm lang und 110 cm breit. Als Anode dient ein etwa 10 kg wiegendes Weißblechbündel, das in der Mitte zwischen

---

[1]) Elektrochemische Zeitschr. 1906, 3, 49.

[2]) Zeitschr. f. Elch. 1906, 12, 247.

den beiden an den Enden des Bades eintauchenden Kathodenplatten hängt. Die Bäder sind hintereinander geschaltet, wobei eine bestimmte Anzahl zu einer Serie gruppiert ist. Als Elektrolyt dient verdünnte kalte Salzsäure; die Klemmenspannung beträgt pro Trog 2 Volt. Eine Charge dauert etwa 4 Stunden. Die Metallausbeute ist eine ziemlich ungünstige und beläuft sich auf etwa 73 %. Der Metallschwamm fällt ziemlich kristallinisch aus, und beim Verschmelzen desselben entstehen vom Gesamtzinn noch weitere 2 % Verlust in Form von Asche.

Das Verfahren von Clotten.

Dieses Verfahren[1]) ist deshalb ganz besonders interessant, weil hier als Säure im Elektrolyten organische Säuren zur Verwendung kommen, ein Prozeß, der auch in dem sogleich zu beschreibenden Verfahren von Mennicke mit Erfolg Anwendung gefunden hat. Es scheint, als ob die Zukunft der sauren Verfahren, wenn man überhaupt jemals von einer solchen wird sprechen können, entweder durch die Verwendung organischer Säuren oder durch die von Kieselflußsäure, über welch letztere aber (siehe unten) die Versuche noch nicht abgeschlossen sind, charakterisiert sein wird.

Bei dem Clottenschen Verfahren, das außer zur Entzinnung von Weißblechabfällen auch zur Wiedergewinnung von Zinn aus Krätzen, Lösungen, Rückständen, Aschen usw. dienen soll, wird als Elektrolyse eine gemischte Lösung von Doppelzinnsalz aus Zinnchlorid und Salmiak resp. Ammoniumsulfat (letzteres im Überschuß) und organischen Säuren verwendet, wie Milch-, Bernstein-, Buttersäure o. dgl. resp. deren Salzen. Das Verfahren ist in Betrieb gesetzt worden, nähere Angaben über die Betriebsergebnisse fehlen jedoch.

Das Verfahren von Mennicke.[2])

Selbst aus verhältnismäßig reinem Ausgangsmaterial (wie z. B. Weißblechschnitzeln) ist es bisher nicht gelungen, durch Elektrolyse vollkommen chemisch reines Zinn in einem

[1]) Engl. Pat. 25 550/1903.
[2]) D. R. P. 152 989.

Arbeitsgange zu gewinnen, besonders wenn man ein kompaktkristallinisches Produkt erhalten will.

Sollen mit dem Zinn an die Kathode keine Fremdmetalle fallen, so muß schon von vornherein das Bestreben darauf gerichtet sein, den Elektrolyten so zu wählen, daß von dem Anodenmaterial möglichst wenige Fremdmetalle mit dem Zinn in Lösung gehen. Deshalb darf man keinen Elektrolyten, der Mineralsäuren enthält, verwenden. Anderseits darf man aber den Elektrolyten auch nicht allzu alkalisch, besonders ammonialkalisch werden lassen, weil sonst das anodische Zinn zu träge angegriffen wird.

Ganz läßt sich der Übergang von Fremdmetallen aus dem Anodenmaterial in den Elektrolyten nicht verhindern. Der Elektrolyt wird also allmählich auch unter Beobachtung oben angedeuteter Vorsichtsmaßregel so stark verunreinigt werden, daß sich schon nach kurzer Dauer des Betriebs neben Zinn auch andere unerwünschte Fremdmetalle an der Kathode mit abscheiden. Dies läßt sich nur dadurch verhindern, daß man die Verunreinigungen bald nach ihrem Übertritt in den Elektrolyten fällt und diese Niederschläge aus ihrer Schwebe zu Boden reißt, damit sie die Kathode nicht verschmieren und die Badspannung nicht erhöhen.

Außer auf die Beseitigung der Verunreinigungen aus dem Elektrolyten muß man darauf bedacht sein, daß er ohne eines der bereits von anderer Seite vorgeschlagenen Hilfsmittel sich selbst regeneriert. Dies erreicht man auf einfache Weise dadurch, daß man in den Elektrolyten statt Zinnchlorür Zinnchlorid gibt. Dieses geht durch Aufnahme von Zinn aus dem Anodenmaterial zwar in Zinnchlorür über, aber durch die darauffolgende Abscheidung des Zinns an der Kathode wird wieder Zinnchlorid zurückgebildet.

Für die Wirtschaftlichkeit eines elektrolytischen Zinngewinnungsverfahrens ist eine gute Leitfähigkeit des Elektrolyten notwendig, einesteils, damit man mit dem Mindestmaß an elektrischer Energie auskommt, andernteils, damit die Abscheidung solcher Fremdmetalle an der Kathode gehindert wird, deren Salze einen höheren Zersetzungspunkt als die Zinnsalze haben.

Die Wirtschaftlichkeit eines Verfahrens ist auch nicht zum geringen Teil an seine Kontinuität gebunden. Die dadurch erzielten Vorteile werden noch größer, wenn man, statt das Zinn in einem zweiten Arbeitsgange unter Verwendung einer unlöslichen Anode abzuscheiden, die lösliche Anode, die man beim Lösungsvorgang benutzt hat, auch bei der Fällung beibehalten, also von Anfang bis zum Ende mit niedriger Badspannung arbeiten kann. Diese wird unmittelbar und unter bestimmten Verhältnissen auch mittelbar durch Erhöhung der Temperatur günstig beeinflußt.

Nach diesen Erwägungen kennzeichnet sich das vorliegende Verfahren durch die Einhaltung nachstehender, teilweise bekannter Maßnahmen, von welchen keine wegfallen darf:

1. Die Verwendung von Zinnchlorid im Elektrolyten,
2. die Erhöhung der Leitfähigkeit durch Zusatz von Ammoniumchlorid oder durch die Ermöglichung seiner sekundären Bildung,
3. die Benutzung von organischen Säuren und deren Ammoniumsalzen im Elektrolyten und der Ausschluß von Mineralsäuren,
4. die Erwärmung des Elektrolyten,
5. die Anbringung eines Staudiaphragmas.

Im einzelnen verfährt man folgendermaßen

Man verwendet als Elektrolyt eine Lösung von Zinnchlorid, der man zur Erhöhung der Leitfähigkeit und um den Angriff des Zinns der Anodenmaterialien zu erleichtern, mehr Ammoniumchlorid, als zur Bildung des Doppelsalzes $SnCl_4\,2\,NH_4Cl$ nötig ist, zusetzt. Die Anwendung dieses oder eines andern Ammoniumdoppelsalzes begünstigt auch die Abscheidung des Zinns in silberweißem, schön kristallinischem und kompaktem Zustande. Bei der Elektrolyse frei werdendes Ammoniak wird durch organische Säuren gebunden, die unter Einwirkung des elektrischen Stroms sich unter Entwicklung von Kohlensäure zersetzen. Zugleich entstehen oder müssen zugegen sein andere organische Säuren, die auf die Fremdmetalle lösend wirken. Dann erhält man z. B. Bleiazetat (Blei spielt als Verunreinigung die größte Rolle), das sich bei der Elektrolyse durch Luft und andere Einflüsse, zumal in der Wärme, zu basischem Azetat umsetzt. Die gleichzeitig elektrolytisch entwickelte Kohlensäure verbindet sich mit den Bleisalzen zu unlöslichem, neutralem oder basischem Bleikarbonat. Aus oben erwähntem Grunde und zur vollständigen Zersetzung von Ammoniumbikarbonat, das sich bei dem Prozesse bilden kann, muß man unbedingt die Temperatur des Elektrolyten mindestens auf 50° C. bringen. Die Wärme vermehrt auch die Geschwindigkeit der Entzinnung. Von organischen Säuren eignen sich zu dem angegebenen Zwecke besonders Milchsäure, Bernsteinsäure, Oxalsäure, Äpfelsäure, Oxy-Buttersäuren und andere, entweder allein oder in verschiedenen Kombinationen. Sehr gut brauchbar und billig, daher für den Großbetrieb außerordentlich geeignet, sind solche Säuren, die als Abfallprodukte aus Sauerkraut-, Konserven- usw. Fabriken direkt in wäßeriger Lösung zu erhalten sind. Oxalsäure wird nicht in solcher Menge zugesetzt, daß Doppeloxalate entstehen können. Der Elektrolyt regeneriert sich durch den elektrolytischen Prozeß von selbst. Man kann ihn aber auch durch einfaches Eindampfen auf Zinnsalze, Beizen usw. verarbeiten.

Um einen Teil der Fremdmetalle in Form unlöslicher Salze, z. B. Bleikarbonat, aus dem Elektrolyten, in dem sie suspendiert sind, vollständig abzuscheiden, läßt man den Elektrolyten an einer eigenartigen Scheidewand sich stauen und reiben, so daß die Niederschläge am Diaphragma abgleiten und zu dem übrigen Anodenschlamm wandern.

Die Scheidewand besteht aus senkrechten, parallelen, eisernen Blechen *a* (Fig. 117). An jedem ist in spitzen Winkeln eine bis nahe an das gegenüberliegende Blech reichende Lamelle *b* angesetzt. Die einzelnen stufenartig übereinander liegenden Eisenbleche, von denen 10—15 genügen, werden fest zu einem Ganzen verbunden, und die so entstandene jalousieartige Vorrichtung wird vollständig dicht in die elektrolytische Zelle parallel zu deren Längsseite eingesetzt. Die Zelle hat eine Wand *c* aus Eisen, die zugleich als Kathode dient. Der Boden *d* ist von den Seitenwänden *c* durch eine Isolierschicht *q* (Holz, Gummi, Stein) getrennt. Die zu verarbeitenden Stoffe kommen in den Korb *s* aus engmaschigem Drahtgewebe oder aus Holz. Legierungsplatten oder Stücke werden in widerstandsfähige Beutel eingehüllt. Zu diesem

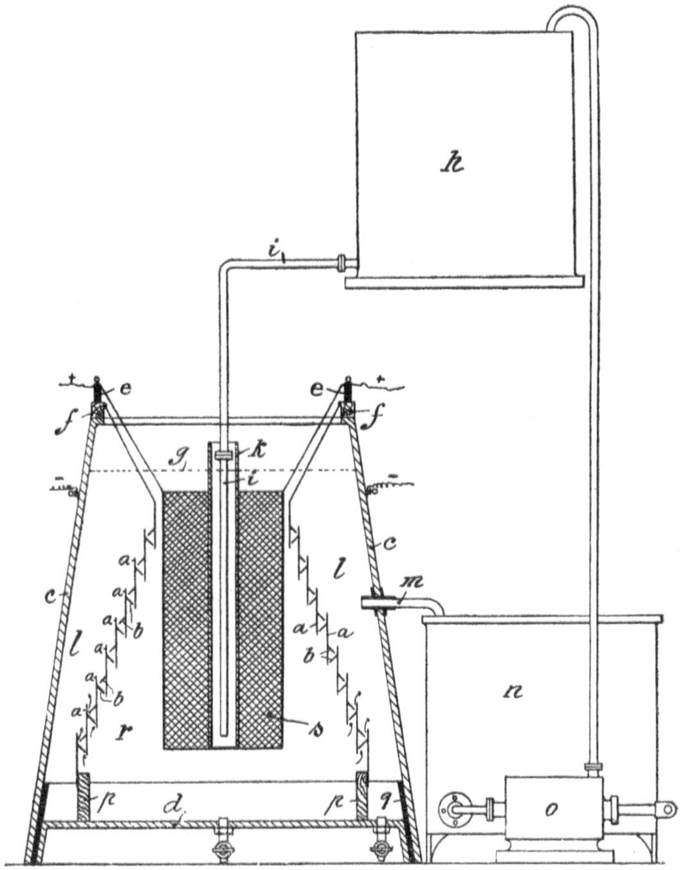

Fig. 117.

Anodenraum wird der Strom durch Kupferschienen *e*, die auf Hölzern *f* liegen, geführt. Der Inhalt des Korbes ist bis zur Linie *g* vom Elektrolyten bedeckt. Letzterer strömt aus einem höher gelegenen Behälter *h* in das Bad durch die isolierte

Röhre *i* ein. Das diese umgebende und schützende leitende Rohr *k* führt die Flüssigkeit bis auf den Boden des Korbes *s*. Von diesem steigt sie in die Höhe. Aus dem Kathodenraume wird sie durch das isoliert eingesetzte Rohr *m* nach dem tiefer gelegenen Sammelbehälter *n* abgeführt, um dann durch ein Pumpwerk wieder nach dem höher gelegenen Behälter *h* befördert zu werden.

Die eiserne, diaphragmaähnliche, filterartig wirkende Scheidewand *a b* ist oben durch Ösen an den Isolierleisten *f* befestigt, unten durch die Holzlamellen *p*, die die Höhe des isolierenden Gürtels *q* haben, mit dem Boden *d* der Zelle verschraubt und ragt über den Flüssigkeitsspiegel hervor. Die Trennung des Anodenraumes *r* von dem Kathodenraum *l* geschieht auf diese Weise bei größter Einfachheit höchst zweckmäßig und wirksam. Dieselbe technische Wirkung könnte auf andere Art höchstens durch sehr komplizierte Diaphragmen oder Filter erreicht werden, die sorgsame Behandlung beanspruchen würden und leicht Schaden nehmen könnten. Die beschriebene Anordnung macht Kurzschluß im Bade unmöglich. Die Zinnkristalle können ohne jede Überwachung bis zum Diaphragma wachsen, da dieses vollständig isoliert im Bade angebracht ist. Es ist unmöglich, daß Eisenteile, Schmutz, Schlamm usw. in den Kathodenraum gelangen. Diese scharfe Trennung des Anodenschlamms vom Elektrolytzinn kann auf gleich einfache Weise mit keiner andern bisher bekannt gewordenen Zelle erreicht werden. Die eine Diaphragmawand kann auch durchbohrt und vom Anodenraum aus mit einer widerstandsfähigen, durchlässigen Filtrierschicht (Pergament, Leinwand) überzogen sein.

Hat man granulierte Legierungen in Beuteln zu verarbeiten, so muß deren Inhalt in schüttelnder Bewegung erhalten werden, damit sich nicht Bleikarbonat oder dergleichen auf die Legierung niederschlägt und den Einfluß des Elektrolyten abschwächt.

Das beschriebene Verfahren und die erläuterte Vorrichtung sollen folgende Vorteile haben: klarer, reiner und billiger Elektrolyt, stets kristallinisches oder kompaktes, reines und einfach zu verschmelzendes Elektrolytzinn, Wiedergewinnung des Zinns aus allen Arten von Legierungen, schnelles Entzinnen, keine besondere Regeneration der Laugen, einfachster Betrieb, Möglichkeit der Verarbeitung aller zinnhaltiger Massen, Gewinnung der Fremdmetalle, kleiner Raumbedarf, einfache Apparatur, geringster Kostenaufwand, höchste Stromaubeute.

Über die Verwendung von Fluß- und Kieselflußsäure.

Betts hat für die Raffination des Werkbleis einen Prozeß ausgearbeitet (siehe bei Blei), der sich als sehr erfolgreich erwies, und der auf der Verwendung von Kieselflußsäure unter Zusatz von etwas Leim oder Gelatine basiert.[1])

Nun hat man wiederholt durch derartige Kolloidzusätze einerseits, sowie durch Verwendung rotierender Kathoden unter Anwendung größerer Stromdichte und durch Zusatz von Kieselflußsäure die Niederschläge festhaftender, feinkörniger und reiner zu machen vermocht.[2]) Mennicke hat deshalb Untersuchungen über die Anwendung dieser Verhältnisse auf die Zinnraffination und Weißblechentzinnung angestellt und ist hierbei[3]) zu folgenden Ergebnissen gelangt:

Bei der Verwendung von Kieselflußsäure ist die Darstellung des Elektrolyten für die Weißblechentzinnung ungleich schwieriger, als für die Raffination von Werkblei. Die Entfernung von Flußsäure ist im Laufe des Prozesses unbedingt erforderlich. Die Regeneration und Aufarbeitung des abgenutzten Elektrolyten ist ungleich schwieriger und kostspieliger, als die der Bettsschen Lösung für die Bleiraffination, da Zinnsalze, die dem Bleisulfat in dessen Eigenschaften analog sind, nicht existieren. Die Stromausbeute ist weit niedriger als bei der Bleiraffination nach Betts. Dichtes, festsitzendes und glänzendes Raffinadezinn ist unter

---

[1]) Elektrochemische Zeitschr. 1905, 6, 113.
Chemikerzeitung 1904, 27, 337.
Österreichische Chemikerzeitung 1904, 2, 32.
Amerik. Patent 713278, 12117.

[2]) Bancroft, Journ. of the Franklin Inst. 1905, 139, 160.

[3]) Elektrochemische Zeitschr. 1906, 9, 185.

gewissen Umständen erhältlich. Die Raffination von Rohzinn ist wirtschaftlich mit positivem Erfolg da möglich, wo ein größerer Gehalt von Blei nicht vorliegt. Ein bedeutender Vorteil ist der, daß hier eine Trennung von Kupfer, Wismut und Antimon möglich ist. Aus Bleilegierungen ist eine Darstellung von Reinzinn im großen Maßstabe wohl durchführbar, jedoch nie rentabel.

Man ersieht aus den Resultaten dieser Untersuchungen, daß sich beim Fehlen von Blei unter Verwendung von Kieselflußsäure eine Entzinnung wohl durchführen lassen dürfte, daß sie hingegen bei Gegenwart größerer Bleimengen versagt.

Verfahren mit alkalischen Elektrolyten.

Allgemeines.

In fast allen Betrieben wird gegenwärtig, wie bereits erwähnt, nach dem alkalischen Verfahren gearbeitet, dessen Vorzüge jedoch nicht derart sind, daß sie nicht noch eine weitgehende Verbesserung als wünschenswert erscheinen ließen. Trotz vielfacher auf solche Verbesserungen hinzielender Vorschläge sind wesentliche Fortschritte in neuerer Zeit nicht gemacht worden.

Der bei der Entzinnung auf alkalischem Wege sich abspielende Vorgang ist folgender: In alkalischer Lösung oxydiert sich das Zinn unter der Einwirkung des elektrischen Stroms zu Zinnoxydhydrat und wird von freiem Alkali in um so höherem Maße zu zinnsaurem Natron (Natriumstannat) gelöst, je höher die Temperatur und je größer der Überschuß an freiem Alkali ist; an der Kathode wird das metallische Zinn elektrolytisch abgeschieden, während das Eisen mit den mechanischen Verunreinigungen zurückbleibt. Hierbei regeneriert sich stets eine gewisse Menge freien Alkalis.

Für die sich unter dem Einfluß des Stroms im alkalischen Elektrolyten sich abspielenden Vorgänge hat Mennicke nachstehendes Schema aufgestellt:

$4\,NaOH =$ am—Pol	+ am+Pol
$4\,Na$	$4\,OH'$
$+ 4\,H_2O$	$=$
$4\,NaOH + \mathbf{2\,H_2}$	$2\,H_2O + \mathbf{O_2}$
	$+$ **Zinn**
	$= SnO_2 \cdot H_2O$ oder
$Na_2SnO_3 + 2\,H_2 = 2\,Na\,OH$	$\left.\begin{array}{l} SnO_2 \cdot 2\,H_2O \\ + 2\,\mathbf{NaOH} \end{array}\right\} = \mathbf{Na_2SnO_3aq}$
$+ H_2O + \mathbf{Sn}$	
Zwischen- und Endprodukte:	
Sn, O, H_2, Na_2SnO_3	$NaOH$

Die Entzinnung ist dann eine vollständige, wenn die Abfälle braun und nicht schon blauschwarz aussehen, doch läßt sich aus dem Aussehen allein nicht erkennen, ob der Prozeß beendet ist. Hier muß die Analyse ergänzend eingreifen, und es müssen an der Hand derselben die Auslaugezeiten festgelegt werden. Unreine Weißblechabfälle liefern unreines Elektrolytzinn, und da in der Praxis reine Abfälle wohl überhaupt nicht vorkommen, so ist es erklärlich, daß das Elektrolytzinn fast stets durch Eisen, Kupfer und Blei verunreinigt ist. Ebenso ist eine vollständige Entzinnung zwar möglich, aber nicht mehr rentabel. Es werden deshalb in der Praxis die letzten Zinnspuren der Zinneisenlegierungen (der sogenannten »Härtlinge«) nicht mehr entfernt. Man entzinnt deshalb so lange, bis die Abfälle in gewisser Zeit eine braunschwarze Farbe erreicht haben, dann gilt der Prozeß als beendet, obschon das Eisen immer noch durchschnittlich etwa 0,2 % Zinn enthält.

Als Elektrolyt wird reine Ätznatronlösung verwendet, die im Anfang etwa 10 % NaOH enthält und die konstant bei einer Temperatur von 70—80° gehalten wird. Der Gehalt an Ätznatron kann schwanken, und je nach der Natur des Materials und sonstigen Zweckmäßigkeitsgründen variiert er. Hier ist die Erfahrung maßgebend, denn bei der fortwährenden Änderung, der die einzelnen Komponenten des Bades unterliegen, läßt sich eine Beurteilung des Elektrolyten nach dem spez. Gewicht oder ähnlichen Anhaltspunkten nicht durchführen, um so weniger, als der Elektrolyt auch aus der Luft Kohlensäure anzieht. In dieser Kohlensäureanziehung liegt ein schwerwiegender Nachteil der alkalischen Elektrolyten gegenüber den sauren, denn nicht nur, daß hierdurch Alkali verloren geht, es wird auch infolge der geringeren Leitfähigkeit des kohlensauren Natrons der Stromverbrauch ein größerer, die Stromausbeute geringer, die Entzinnungsdauer größer, und durch Ausfällen von Zinnhydrat kann sogar die Entzinnung vollkommen verhindert werden. Rechnet man hierzu noch, daß der Elektrolyt Eisen und bleisaure Salze, mechanische Verunreinigungen, Lacke, Farbstoffe, Öle, Harze usw. enthält, so ist leicht einzusehen, daß er eine recht komplizierte Lösung darstellt, deren Behandlung große Erfahrung voraussetzt. Durch ständige Regeneration hat man es jedoch in der Hand, ihm eine zweckmäßige und gleichmäßige Zusammensetzung zu geben. Hierzu kommt, daß man seine Strömung immer innerhalb der richtigen Geschwindigkeitsgrenzen hält, daß man zur Vermeidung von Wärmeverlusten die Anlage in einem zugfreien Raum aufstellt, und daß man auch sonst aufs genaueste alle aus der Erfahrung sich ergebenden Kautelen einhält.

Die Regeneration des Elektrolyten geschieht durch Entfernung der Kohlensäure und des Zinnoxyds aus demselben. Man sättigt die Lauge in der Wärme mit Kohlensäure, filtriert sie und kocht mit Kalk. Es entsteht eine Sodalösung, und Zinn fällt quantitativ als Oxydhydrat aus. Die Trennung der Sodalösung vom oxydischen Zinniederschlag geschieht durch Absetzenlassen und Filtrieren, worauf sie durch Behandeln mit gebranntem Kalk wieder in Natronlauge übergeführt wird. Die Zeitdauer der Regeneration hängt von der Art des abgenutzten Elektrolyten ab und läßt sich ein für allemal nicht fest angeben. Im allgemeinen wird sie etwa 14tägig erfolgen müssen, es kann sich jedoch unter bestimmten Verhältnissen auch eine dreimalige Regeneration pro Woche als notwendig erweisen. Die richtige und gute Durchführung der Regeneration ist ein außerordentlich wichtiger Faktor für die Rentabilität des Prozesses, die hierdurch, selbst bei geringen Stromausbeuten, wesentlich gehoben wird. Das

Zinnoxydhydrat wird gereinigt und an keramische Betriebe verkauft (siehe unten).

Die Leitfähigkeit des Elektrolyten wächst mit der Erhöhung der Temperatur sowie dem Gehalt an freiem Natron, ebenso mit dem Gehalt an zinnsaurem Natron, jedoch für letzteren Bestandteil nicht absolut, sondern nur im Maßstabe der Temperaturerhöhung; absolut bringt zinnsaures Natron eine Verringerung der Leitfähigkeit hervor, hingegen tritt bei Erhöhung der Temperatur und Wachstum des kohlensauren Natrons keine Zunahme der Leitfähigkeit ein.

Aus alledem ergeben sich für die Praxis die Regeln, daß die Temperatur möglichst hoch, der Betrag an freiem Natron ebenso, der an zinnsaurem dagegen möglichst klein sein soll.

Die Zeitdauer für die vollkommene Entzinnung hängt von der Stromstärke, von der Temperatur und Stärke des Elektrolyten sowie von der Beschaffenheit des Rohmaterials ab. Unter normalen Verhältnissen dauert die Entzinnung bei einer durchschnittlichen Klemmenspannung der Bäder von 1,5 Volt etwa 5—7 Stunden, d. h. 9000 t jährliche Verarbeitung bedürfen bei 300 Arbeitstagen kontinuierlichen Betriebs einer Anlage von etwa 50 Zellen von etwa 3 cbm Inhalt mit je drei Körben und einer Füllung von etwa 50 kg pro Korb. Da aber infolge Reinigung usw. immer einige Zellen ausgeschaltet sein werden, so empfiehlt sich die Erhöhung ihrer Zahl auf etwa 60. Im Verlauf des Prozesses sind die Abfälle wiederholt mit eisernen Gabeln durchzustechen und aufzulockern; dies ist sehr wichtig, damit dem Eindringen des Elektrolyten in die Mitte des Korbinhalts keine natürlichen Widerstände entgegenstehen. Ferner müssen die Abfälle möglichst unter Lauge stehen. Ihre anodische Behandlung in Körben aus Eisen — Holz ist unpraktischer, verkupfertes Gewebe teurer und zwecklos — hat sich als die einfachste und billigste Form erwiesen.

Die Behandlung und Verhüttung des Zinnschlamms macht, solange dieser kristallinisch, oxydfrei oder kohärent und rein ist, keine Schwierigkeiten. Sie besteht dann in einer einfachen Verhüttung, wobei wegen der leichten Oxydierbarkeit des geschmolzenen Zinns darauf zu sehen ist, daß bei nicht zu hoher Temperatur gearbeitet wird. Die Zugabe reduzierender Mittel empfiehlt sich durchaus nicht, da hierdurch die Oxydation doch nicht vermieden wird.

Hat man jedoch kein kristallinisches Zinn, sondern ist das abgeschiedene Metall mehr oder weniger schwammförmig, unrein, sand-. kalk-, eisenblech- sowie zinnoxyd- resp. oxydulhaltig, so muß eine Verhüttung in der weiter unten beschriebenen (siehe Verarbeitung der Endprodukte) Weise eintreten. Die Herstellung von Zinnpräparaten aus dem Zinnschlamm, wie sie schon öfter vorgeschlagen wurde, ist wegen seiner Unreinheit unmöglich.

Es sei noch einmal darauf hingewiesen, daß das Blei die hartnäckigste Verunreinigung darstellt, und daß seine Entfernung bisher nicht geglückt ist, auch nicht nach dem Verfahren von Betts (siehe oben).

Das entzinnte Weißblech, das sogenannte Schwarzblech (Verarbeitung siehe unten), ist ein sehr wertvolles Produkt, auf dessen Verwertung die Rentabilität der Weißblechentzinnung hauptsächlich beruht. Es stellt einen Schrott von vorzüglicher Beschaffenheit dar, der für die Gewinnung von Eisen- und Stahlsorten in den Hüttenwerken Verwendung findet.

Daten aus der Praxis eines Betriebs für elektrochemische Weißblechentzinnung.

Anlagekosten. Die Größe derselben für Gebäude und Terrains hängen ganz von lokalen Verhältnissen ab, doch genügen sehr einfache Parterrebauten. Die Anlage soll möglichst Gleisanschluß haben. Das Gleis soll zwischen Hauptgebäude und Weißblechschuppen liegen. Als Basis sei die Verarbeitung von 3000 t Abfällen in 300 Arbeitstagen zu 24 Stunden (gleich zwei Schichten) angenommen. Die Anlagekosten betragen inklusive Generator und Gasmotor, Dynamos, Pumpen, Pressen, sämtlichen Apparaten, Schmelzofen, Anheizvorrichtungen, Bädern, sowie kleinem Laboratorium, Bureaueinrichtungen, Lichtdynamo komplett 44000 M. Der Motor verteuert die Anlage zunächst, arbeitet aber dafür billig und verringert daher die Betriebskosten.

Betriebskosten.

Bei 3000-Tonnenbetrieb sind pro Tonne zu rechnen	17,— M.
Hiervon entfallen allein auf Löhne	6,— »
Kraft	1,70 »
Amortisation und Zinsen	2,40 »
Ätznatron- und Zinsverlust in Lauge bei Verhüttung, Regeneration	3,— »

Es darf nicht unerwähnt bleiben, daß die Betriebsunkosten je nach der Anlage und Ausführung schwanken; manche Werke arbeiten bis zu 25 M. Unkosten pro Tonne; obige Zahl basiert auf einer reell und bestens arbeitenden Anlage, bei der in bezug auf Rentabilität technisch und hüttenmännisch das Vollkommenste geleistet wurde.

Betriebskapital. Für eine Anlage von 3000 t sind ca. 40000 M. Betriebskapital nötig.

Rentabilität. Kleinere Werke haben bei den in Deutschland herrschenden Verhältnissen kaum auf Gewinn zu rechnen. Ein solcher ist erst von einer Anlage von ca. 2000 t zu erwarten. Es ist gerade bei der Weißblechentzinnung unmöglich, für alle Verhältnisse geltende Gewinnberechnungen aufzustellen.

Der Einkaufspreis, der wiederum von der Lage des Werkes (wegen An- und Abfuhr) abhängig ist, ev. Ausnutzung von Wasserkräften, niedrige Arbeitslöhne, die Möglichkeit des Absatzes des entzinnten Bleches und vor allem der Kurswert des Zinns sind ausschlaggebende Faktoren. Da die Abfälle nicht so schnell wie der Zinnkurs im Preis steigen oder fallen können, erleiden die Rentabilitätsberechnungen oft gewaltige Verschiebungen.

Bei deutschen Verhältnissen sind — hier liegen die Anlagen derart, daß die Abfälle möglichst billig herbeigeführt und das Schwarzblech nahen Absatz hat — unter Verwendung von Dampfmaschinen oder Gasmotoren bei 3000 t Verarbeitung und Löhnen von etwa 3,50 M. pro Mann und Schicht etwa gut 25000 M. Gewinn netto zu erwarten.

Ein weiterer zu berücksichtigender Faktor ist der schwankende Zinngehalt der Abfälle. Je reicher das Zinn, um so größer im ganzen der Gewinn. (Der Gehalt beträgt $1^1/_2$—$2^1/_2$, höchstens 3 %; im Durchschnitt, wie bereits erwähnt, 2 %.)

Stromverhältnisse. In bezug auf diese gelten folgende Daten:

Stromdichte: 80—100 Amp. pro qm.

Spannung: 1,5—2 Volt, je nach Leitungsanlage und Spannungsverlusten.

Bäderschaltung: Hintereinander. Bei größeren Betrieben erfolgen dann solche Serien in Parallelschaltung.

Dynamo: Niederspannung-Gleichstrommaschine mit Nebenschlußregulierung. Bei 3000 t und 12—14 Bädern 25 Volt und 900—1000 Amp.

Kraftverbrauch: Dynamo bei 3000 t pro Jahr ca. 25,0 KW — ca. 34 PS. Bei 80 % Wirkungsgrad ca. 40 PS.

Primäre Kraft: Dampfmaschine oder Motor für Dynamo, Presse, Pumpen, Lichtmaschine, direkten Dampf ca. 50 PS max. Leistung.

Stromausbeute: Mit Berücksichtigung aller Stromverluste usw. gibt 1 Amp.-Stunde rund 1 g Sn, d. h. ca. 90 %; mit Berücksichtigung, daß Sn sich wieder partiell als Stannat löst uns als $Sn(OH)_4$ gewonnen wird, ca. 80 %.

Betriebsgang. Die Abfälle werden bei ihrer Ankunft auf dem Werk unter den Schuppen gebracht und dabei soweit als möglich sortiert. Gepreßte, lackierte, vor allem bleihaltige — Lötnähte an Büchsen — sind getrennt zu lagern und zu verarbeiten. Von diesem Schuppen führt ein Feldgleis zum Bäderraum. Die Abfälle werden unter dem Schuppen in die Körbe geladen, letztere pro Plateauwagen auf dem Gleis zum Betrieb gebracht und in die Bäder eingesetzt. Bei einer Temperatur des Elektrolyten von ca. 80° und einer Stärke von 8 % NaOH der Lauge sowie einer Beladung der Körbe mit 30—50 kg ist die Entzinnung je nach Zinngehalt zwischen 4 und $5^1/_2$ Stunden beendet, worauf die Abfälle aus den Bädern in ihren Körben gehoben und in besonderen Waschgefäßen von anhaftendem Natron und Stannat abgespült werden. Die Abfälle, sogenannte Schwarzbleche, wandern nachher zur Presse. Ist der Zinnschwamm an den Kathoden soweit gewachsen, daß Kurzschluß zu befürchten ist, so schabt man ihn ab, wäscht und preßt ihn. Diese Zinnkuchen wandern zur Hütte. Der Elektrolyt selbst nutzt sich unter Kohlensäureabsorption und Stannatbildung mit der Zeit ab, d. h. die Lauge verliert NaOH und dadurch an Wirksamkeit. Ist der Gehalt etwa auf 6 % gefallen, so muß die Lauge regeneriert werden, d. h. durch Sättigen mit Kohlensäure wird erst alles Zinn als Oxydhydrat gefällt, worauf Rekaustizierung mit gebranntem Kalk folgt, wodurch Ätznatronlauge von fast derselben Stärke wie ursprünglich resultiert. Diese Operationen können nur auf Basis der analytischen Kontrolle durchgeführt werden, und endlich regeneriert man immer nur bestimmte Quanten der Lauge, um den Betrieb nicht zu unterbrechen, die von der Anlagegröße und dem Grade der Abnutzung abhängig sind.

Verarbeitung der Endprodukte. In Frage kommen:

Schwarzbleche,
Zinnschwammkuchen,
Zinnoxydhydrat.

a) Schwarzbleche: Die gewaschenen, entzinnten Abfälle kommen in Fallwerkschächte, in denen sie durch Fallgewicht zu Paketen gepreßt und so verkauft werden. Übliches Format ist 40 cm · 40 cm bis 40 · 60 cm. Der Schacht der Pressen hat sich diesen Formaten entsprechend anzupassen. Ein restierender Zinngehalt von 0,1 % ist erlaubt.

b) Zinnschwammkuchen: Die beste Behandlung ist die direkte Verhüttung (mit einfachem Schmelzen kommt man nicht aus) in Flammöfen in reduzierender Atmosphäre unter Kohle und Flußmittel- resp. gewisser Zuschläge-Zusatz. Diese Verhüttung erfordert hüttenmännische Kenntnisse; die Art ihrer Durchführung ist die oft ausschlaggebende Seite der Rentabilität der fraglichen Anlagen.

Man hat auf Sand, Schmutz, Fremdmetalle, spez. Eisen und Blei, sowie Alkali Rücksicht zu nehmen. Das erhaltene Rohzinn muß noch durch »Saigern« und »Polen« in besonderen Schmelzkesseln raffiniert werden. Das Reinzinn ist meist 99,8 proz., solange die verarbeiteten Anfälle bestens sortiert und wirklich kupfer-, blei-, zink- und antimonfrei waren. Dies ist jedoch im Großbetrieb sehr schwer durchzuführen. Der Elektrolytzinn enthält daher meist ca. 98,5—99,5 % Sn.

c) Zinnoxydhydrat: Durch Waschen mit Wasser, sehr verdünnter reiner Salzsäure, nochmaligem Wasserwaschen, Trocknen und Mahlen erhält man Oxydhydrat — nie Oxyd — als Handelsware. Seine Verwendung ist jedoch eine beschränkte. Geglüht, wird es grau und ist unverwendbar für Keramik.

Wismut.

Vorkommen.

Das Wismut findet sich meist in gediegenem Zustande. Seine Hauptfundstätten sind das Sächsische Erzgebirge, wo es in ziemlich reinem Zustande vorkommt, sowie der Schwarzwald, der Harz, Kärnthen, Steiermark usw. Weniger rein (verunreinigt mit Zinn, Antimon, Eisen und Kupfer) findet es sich in Südamerika und Australien. Als hauptsächlichste Wismuterze sind zu erwähnen der Wismutglanz Bi_2S_3 und der Wismutocker Bi_2O_3 sowie die Fahlerze und das Wismutkupfererz (mit etwa 50 % Wismut).

Geschichtliches.

Das Wismut dürfte etwa seit dem dreizehnten Jahrhundert bekannt sein. Bergmännisch gewonnen und verhüttet wurde es erst am Anfange des neunzehnten Jahrhunderts. Die Elektrolyse steht zum Zwecke der Raffination des Wismuts erst seit verhältnismäßig kurzer Zeit in Betrieb, und zwar ist es außer einer Fabrik in Gießen hauptsächlich die Norddeutsche Affinerie in Hamburg, die ein Verfahren ausübt, das aber geheim gehalten wird.

Gewinnung.

Das Wismut wird gegenwärtig durchweg durch direkte Verhüttung seiner Erze gewonnen, wodurch ein ziemlich reines Rohwismut entsteht, das nur geringe Mengen Eisen, Kobalt, Nickel, Blei, Silber, Schwefel und Arsen enthält. Durch einen Läuterungsprozeß erhält man dann ein ziemlich reines Raffinat-Wismut.

Die Raffination des Wismuts auf elektrolytischem Wege.

Die Raffination des Wismuts auf elektrolytischem Wege hat sich bis jetzt trotz mannigfacher Vorschläge wenig einzuführen vermocht und steht gegenwärtig nur in Gießen (bei Throm) und auf der Norddeutschen Affinerie in Hamburg in Betrieb. Es ist jedoch zweifellos, daß das Verfahren von Betts, das eine Scheidung des Bleis vom Wismut gestattet (siehe bei Blei), auch für die Wismutraffination neue Gesichtspunkte geschaffen hat und ihr ein weiteres Anwendungsgebiet eröffnen wird, dürfte es nach demselben doch gelingen, aus dem wismuthaltigen Werkblei das Wismut zu gewinnen.

Als Beispiel eines der für die Wismutraffination gemachten Vorschläge führen wir

Das Verfahren von Zahorski, Hurter und Brock

an.

Bei diesem[1]) wird als Anode das in Plattenform gegossene zu reinigende Rohwismut benutzt. Als Kathode wird Kohle, reines Wismut oder Platin in Salpetersäure oder in salpetersäurehaltiger Flüssigkeit verwendet. Die Stromdichte beträgt 160 Amp. pro qm aktiver Oberfläche. Das Wismut scheidet sich an den Kathoden als feines schwarzes Pulver ab und wird, nachdem es von ihnen durch Schütteln und Klopfen

[1]) Engl. Pat. 22251/1895.
L'Électricien 1897, 13, 192.
Engineering and Mining Journ. 1897, 64, 251.

entfernt worden ist, mit verdünnter Salpetersäure gewaschen (um anhängendes Bleinitrat zu entfernen), getrocknet und eingeschmolzen. Hat sich der Elektrolyt zu stark mit Blei angereichert, so wird er aus dem Bade entfernt und nach Ausfällung des Wismuts aus ihm durch Blei auf Bleinitrat verarbeitet. Der Elektrolyt zirkuliert rasch durch die in Serie geschalteten Bäder; um Kurzschluß durch das sich sehr locker ansetzende Wismut zu vermeiden, sind die Kathoden mit Musselinbeuteln umhüllt.

Von den im Betriebe ausgeübten Verfahren ist

Das Verfahren von Höpfner

zu erwähnen, das vollkommen mit dem von ihm für Zink ausgearbeiteten und dort beschriebenen (siehe bei Zink, S. 367) identisch ist. Es ist auf der Anlage von Throm in Gießen seit etwa fünfzehn Jahren im Betrieb und liefert ein sehr reines Wismut.[1])

Das Verfahren der Norddeutschen Affinerie

wird geheim gehalten. Es ist über dasselbe bis jetzt noch nichts an die Öffentlichkeit gedrungen. Ebenso ist es auch nicht bekannt, welche Mengen Wismut nach diesem Verfahren jährlich raffiniert werden.

Das Verfahren von Betts

gestattet die elektrolytische Raffination von Wismut aus dem Werkblei und ist bei Blei (siehe S. 305) ausführlich beschrieben. Es steht gegenwärtig in einer von den Canadian Smelting Works zu Trail in Britisch-Kolumbien errichteten Raffinerie im Betriebe.

---

[1]) Elektrotechnische Zeitschrift 1898, 44, 733.

Antimon.

Vorkommen.

Das Antimon findet sich in geringen Mengen in gediegenem Zustande. Zu seiner Gewinnung dient jedoch fast ausschließlich der Grauspießglanz, Antimonit oder Antimonglanz Sb_2S_3, der sich im Erzgebirge, im Fichtelgebirge, im Harz, in Böhmen, Spanien sowie in Afrika, Nordamerika und Australien findet. Von weiteren Erzen des Antimons sind zu erwähnen die Antimonblüte Sb_2O_3 und der Rotspießglanz $2Sb_2S_3 \cdot Sb_2O_3$.

Geschichtliches.

Schwefelantimon wurde schon von den Ägyptern aus Indien bezogen und als Augenschminke verwendet. Das metallische Antimon scheint im fünfzehnten Jahrhundert bekannt geworden zu sein. Die elektrolytischen Methoden zu seiner Gewinnung tauchten gegen Ende des vorigen Jahrhunderts auf, sie haben sich jedoch deshalb nur wenig Verbreitung verschafft, weil für so reines Antimon, wie es durch Elektrolyse erhalten wird, in der Technik kein Bedürfnis vorliegt. Immerhin stellt die Trennung des Antimons von seinen Begleitmetallen und insbesondere die Abscheidung von Gold aus Antimonerzen, die in jüngster Zeit auf elektrolytischer Grundlage wieder aufgenommen wurde, ein interessantes Problem dar. Gore entdeckte 1858 das »explosive Antimon«.[1])

Gewinnung.

Die direkte Gewinnung des Antimons aus den Erzen hat sich keinen Eingang verschafft, obschon man selbst aus sehr armen Erzen noch eine zur elektrolytischen Zersetzung geeignete Antimonlösung dadurch herstellen kann, daß man sie

[1]) Chemisches Zentralblatt 1859, 385.

mit Schwefelalkalien behandelt, in denen sich das in ihnen enthaltene Antimontrisulfid Sb_2S_3 sehr leicht zu löslichen Doppelsalzen auflöst. Aus diesen läßt sich nach Borchers[1]) das Antimon sogar quantitativ ausfällen. Wenn sich trotz dieser verhältnismäßig günstigen Umstände die Gewinnung des Antimons aus den Erzen durch Elektrolyse nicht eingeführt hat, so liegt dies eben daran, daß reines Antimon von dem Reinheitsgrad, wie er durch Elektrolyse erhalten wird, kein Anwendungsgebiet hat, und daß die rein hüttenmännischen Methoden auch billiger arbeiten.

Von den auf der eben erörterten Grundlage aufgebauten Methoden zur Gewinnung von Antimon ist

Das Verfahren von Siemens & Halske

zu erwähnen.[2])

Nach diesem Verfahren werden Sulfide, die mit Schwefelalkalien lösliche Doppelsalze bilden, durch Behandlung mit Alkalisulfiden-Sulfhydraten oder Polysulfureten in Lösung gebracht und in diesem Zustand der Elektrolyse unterworfen. Das feingemahlene (schwefelarsen-) oder schwefelantimonhaltige Erz kommt aus der Mühle *A* (Fig. 118) in das mit Rührwerk versehene Extraktionsgefäß *B*. Dieses enthält die Lösung eines Alkalisulfhydrats, welches imstande ist, nach folgender Gleichung die Schwefelverbindungen des Antimons (und Arsens) aus ihren gepulverten Erzen in Lösung zu bringen:

$$1.\quad Sb_2S_3 + 6\,NaHS = (Sb_2S_3 \cdot 3\,Na_2S) + 3\,H_2S.$$

Die gewonnene Lauge wird in der Nutsche *D'* vom extrahierten Erzrückstand getrennt und kommt, nachdem sie in einem Behälter *C* gesammelt wurde, in die Kathodenabteilungen eines elektrolytischen Fällgefäßes *D*, das durch Diaphragmen in mehrere negative Abteilungen *a* und mehrere

[1]) Chemikerzeitung 1887, 11, 1021.

[2]) D. R. P. 67973.
Engl. Pat. 18966/1892.
Franz. Pat. 222145.

positive Abteilungen *b* geteilt wurde. Die Diaphragmen sollen dem Durchgang des Stroms möglichst wenig Widerstand entgegensetzen, dagegen die Diffusion der beiden in den Elektrodenabteilungen vorhandenen Elektrolyte nach Möglichkeit verhindern. Dies wird am besten durch Zirkulation und Anwendung kolloidaler Scheidewände, wie z. B. in Gelatine ge-

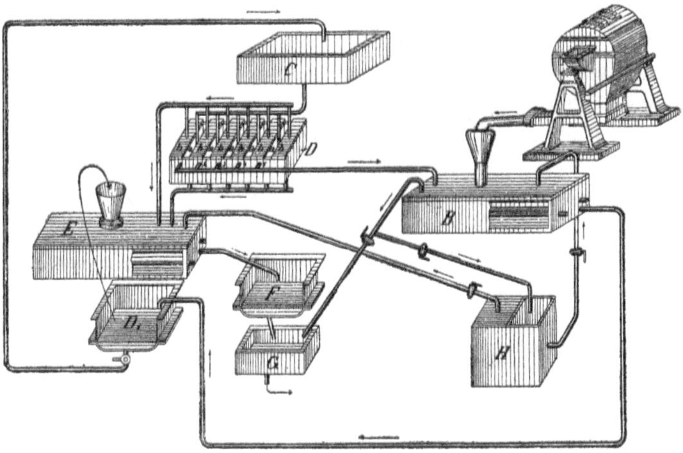

Fig. 118.

kochter Asbestplatten, erzielt. Die positiven Abteilungen dieses Fällgefäßes sind gasdicht geschlossen und enthalten unlösliche Anoden (Kohle, Platin), während die negativen Abteilungen offen und mit Metallplatten (Kupfer, Antimon) als Kathoden versehen sind. Der durch den Strom an der Kathode vor sich gehende Fällungsprozeß läßt sich durch folgende Formel ausdrücken:

$$2.\ (Sb_2S_3 \cdot 3\,Na_2S) + 6\,H = Sb_2 + 6\,NaHS.$$

Das Antimon wird, wie dies auch Borchers (loc. cit.) festgestellt hat, vollständig gefällt, und zwar ist die Antimonabscheidung eine indirekte. Bei der elektrolytischen Fällung wird zugleich eine Lauge wiedergewonnen, die imstande ist, neues Schwefelantimon aus den Erzen aufzunehmen. Diese

Lauge kehrt durch *1, 2, 3, 4, 5* wieder in das Rührwerk *B* zurück, wo sie mit frischem Erz gemengt wird. Der in den Anodenabteilungen kreisende Elektrolyt richtet sich nach den nach der Extraktion des Antimons oder Arsens anfallenden Erzrückständen. Enthalten letztere Gold, Silber, Kupfer, Quecksilber, Wismut, Zink, Kobalt, Nickel, so kann man als Anodenflüssigkeit ein Alkalichlorid ($NaCl$, KCL, NH_4Cl) verwenden, welches bei der Elektrolyse, sei es gasförmiges, sei es in der Lauge gelöstes Chlor entwickelt. Dieses Chlorid wird in einem zweiten Rührwerk *E* mit den auf der Nutsche *B* zurückbleibenden Erzrückständen zusammengebracht, wobei die oben erwähnten Metalle in Lösung gebracht und auf der Nutsche *F* von der Gangart getrennt werden. Die die Metalle enthaltende Lösung wird mit dem nach der ersten Gleichung aus den Extraktionsgefäßen entweichenden Schwefelwasserstoff zur Gewinnung des betreffenden, in größerer Menge vorhandenen Metalls behandelt. Ist auf keine derartigen Metalle im Erzrückstand Rücksicht zu nehmen, so kann das entwickelte Chlor anderweitige Verwendung z. B. zum Bleichen finden. Die zur Einleitung des Prozesses wie zum Ersatze der sich ergebenden Verluste notwendigen Mengen von Schwefelalkalien und Chlor werden in einem elektrolytischen Apparat *H* durch Zerlegen von Alkalichloriden und Einleiten von Schwefelwasserstoff in die Kathodenabteilung gewonnen.

Nach diesem Verfahren kann selbstverständlich auch das Antimon aus in anderen hüttenmännischen Betrieben verwendeten Steinen und Speisen extrahiert und elektrolytisch gefällt werden.

In der Technik geht das Verfahren nicht so glatt, wie es nach dem vorstehend beschriebenen einfachen Vorgang zu erhoffen ist. Zunächst ist die Abscheidung des Antimons, die beim Laboratoriumsversuch quantitativ verläuft, zwar ebenfalls eine vollständige, doch bilden sich infolge der Anreicherung des Elektrolyten an Schwefel Polysulfide, die bereits abgeschiedenes Antimon wieder auflösen. Außerdem wirkt das Diaphragma störend, das deshalb bei dem modifizierten

Verfahren von Engelhardt und Nettel

weggeblieben ist.[1]) Nach diesem werden Antimonsulfid, durch Behandlung mit den Sulfhydraten von Calcium, Baryum Strontium oder Magnesium behandelt, statt deren man auch die reinen Sulfide anwenden kann. Die entstandenen löslichen Doppelsulfide werden ohne Diaphragma elektrolysiert, wobei sich der an den Kathoden ausgeschiedene Wasserstoff mit dem Schwefel des Antimonsulfids unter gleichzeitiger Ausscheidung des Antimons verbindet und Sulfhydrate von Calcium resp. Strontium, Baryum und Magnesium bildet. Diese Sulfhydrate werden durch den entwickelten Sauerstoff in Bisulfide verwandelt:

$$3\,CaS_2 + 3\,H_2CO_3 = 3\,CaCO_3 + 3\,H_2S + 3\,S.$$

Das Gemenge von Schwefel und Karbonat wird unter Luftabschluß erhitzt, um Schwefel, Kohlensäure und kaustische alkalische Erden zu gewinnen. Die Kohlensäure wird zur Zerlegung der Bisulfidlauge benutzt, während die kaustischen alkalischen Erden und der Schwefelwasserstoff zur Herstellung neuer Mengen der gedachten Sulfhydrate dienen sollen.

Das Verfahren soll auch zur Herstellung von Arsen und Quecksilber Verwendung finden.

Nach diesem Verfahren ist in der Tat von der Firma Siemens & Halske außerordentlich reines Antimon hergestellt worden, das keiner weiteren Raffination bedurfte und einen Reinheitsgehalt von 99,66 % aufwies. Beim Umschmelzen stieg dieser Gehalt auf 99,9869 %.[2])

Das Verfahren von Izart und Thomas.

Während Engelhardt und Nettel das Diaphragma weglassen, bildet dasselbe einen wesentlichen Bestandteil des Verfahrens von Izart und Thomas.[3]) Dasselbe soll die

---

[1]) Amerik. Pat. 568843/1896.
Engl. Pat. 7123/1896 auf den Namen A. v. Siemens.

[2]) Zeitschr. f. Elch. 1896, 24, 524.

[3]) L'Électricien 1902, 22, 307.
Journ. of the Soc. of chem. Ind. 1902, 21, 1237.

oben bereits erwähnte Auflösung des Antimons in dem durch Anreicherung des Elektrolyten an Schwefel gebildeten Polysulfid verhindern. In den Kathodenraum wird die Antimonsulfidlösung gebracht, in den Anodenraum eine Lösung von Ätznatron. Die Leitfähigkeit wird durch Zugabe eines Ammoniumsalzes erhöht. Es geht nun folgender Prozeß vor sich:

1. Auflösung:

$$Sb_2S_3 + 3\,Na_2S = 2\,SbS_3Na_3.$$

2. Zersetzung im Kathodenraum:

$$2\,SbS_3Na_3 = Sb_2 + S_3 + 3\,Na_2S.$$

3. Zersetzung und Reaktion im Anodenraum:

$$3\,H_2O = 6\,H + 3\,O$$

$$6\,NaOH + 3\,S + 6\,H = 3\,Na_2S + 6\,H_2O.$$

Das Verfahren ist in der Hütte von Cassagnac in Frankreich im Betrieb. Es dürften darüber noch folgende Details von Interesse sein:

Die in der Anodenabteilung befindliche Natronlauge ist 17 proz. und enthält so viel Ammoniumchlorid, daß die Anodenflüssigkeit dasselbe spezifische Gewicht wie die Kathodenflüssigkeit, also wie die Antimonlösung hat.

Als Stromdichte kommen 0,8 Amp. pro qdm bei einer Spannung von 1,8 Volt zur Anwendung. Die Stromausbeute beträgt 76 %. Pro KW-Stunde werden 0,621 kg Antimon erhalten.

Das Verfahren von Sanderson.

Dieses Verfahren[1]) bezweckt die Scheidung von goldhaltigem Rohantimon und Gold und Raffinatantimon. Als Elektrolyt dient eine Lösung von Antimonchlorür (Antimonbutter) in einer konzentrierten Lösung von gewöhnlichem Kochsalz oder in einer ebensolchen Lösung von Chlorkalium

---

[1]) D. R. P. 54 219.
I. H. Vogel, Zeitschr. f. angew. Chem. 1891, 327.

oder Chlorammonium. Als am besten geeignet erwies sich eine Lösung, die in der Weise erhalten wurde, daß ein Teil Antimonbutter, die 35% Antimonchlorür ($SbCl_3$) enthält, zu fünf Teilen gesättigter Salzlösung hinzugefügt wurde. In diese durch einen geringen Zusatz von Salzsäure leicht angesäuerte Lösung werden goldführende Antimonplatten als Anoden eingesetzt, während als Kathode Kohle oder Antimon dient. Um den goldhaltigen Schlamm zu sammeln, der sich durch Auflösung der goldhaltigen Antimonplatten im Elektrolyten bildet, hängt man eine jede dieser Platten in einen Behälter aus geeignetem Material, oder man umgibt die Anode auf beiden Seiten mit Holzrahmen, in die Musselin, Kaliko, Flanell od. dgl. eingespannt ist. Die Lösung zirkuliert durch das Bad, wobei der goldführende Schlamm, der sich etwa am Boden des Gefäßes angesammelt hat, durch ein Filter zurückgehalten wird. Das Bad wird so lange gebraucht, bis es sich zu sehr mit Eisen oder anderen verunreinigenden Metallen angereichert hat. Die Spannung beträgt pro Zelle 0,5 Volt.

Das Verfahren ist von einer englischen Gesellschaft in Lixa bei Oporto in Betrieb gesetzt worden, mußte jedoch, da es zu kostspielig war, wieder aufgegeben werden. In neuerer Zeit soll ein ähnliches Verfahren in Banya in Ungarn wieder aufgenommen worden sein.

Das Verfahren von Betts.

Betts[1]) nimmt die elektrische Antimongewinnung in Antimonfluoridlösung vor, wobei er entweder unlösliche oder lösliche (Antimon-) Anoden benutzt. Im ersteren Falle entsteht an der Anode Flußsäure, so daß basische Verbindungen des Antimons in das Bad eingeführt werden können. Der Elektrolyt enthält vorteilhaft noch Alkalisulfate und -fluoride sowie Schwefelsäure. Die unlöslichen Anoden bestehen aus Bleistäben, die von Leinwand umgeben sind, um die Bildung fünfwertiger Antimonverbindungen zu vermeiden.

---

[1]) Electrochemical and Metallurgical Industry 3, 229.
Elektrochemische Zeitschrift XIII, 3, 57.
Amerik. Patent 785 214/1906.

Das Verfahren von Aschermann.

Das bei der Darstellung des Chroms (siehe S. 143) beschriebene Verfahren von Aschermann soll auch zur Darstellung von reinem Antimon brauchbar sein.

Arsen.

Vorkommen.

Das Arsen kommt in der Natur in gediegenem Zustand unter dem Namen Scherbenkobalt vor. Von seinen Erzen sind der Arsenkies oder Mispickel FeSAs sowie der Arsenikalkies Fe_4As_6 zu erwähnen. Die Arsenerze finden sich hauptsächlich im Sächsisch-Böhmischen Erzgebirge, in Siebenbürgen, im Elsaß, in Norwegen, Kanada usw.

Geschichtliches.

Arsenverbindungen waren bereits den alten Griechen und Römern bekannt und sind bei vielen ihrer Schriftsteller erwähnt. Die Versuche, Arsen durch Elektrolyse zu gewinnen, setzen mit denen zur Gewinnung des Antimons (siehe dieses) gleichzeitig ein.

Gewinnung.

Zur Gewinnung von Arsen auf elektrolytischem Wege können dieselben Methoden dienen, die bereits beim Antimon (siehe S. 405) ausführlich erwähnt worden sind. Insbesondere ist

Das Verfahren von Siemens & Halske

in seiner Modifikation von Engelhardt und Nettel hierzu versuchsweise erprobt worden, ohne daß jedoch die Inbetriebsetzung desselben für technische Zwecke erfolgt wäre.

Neuerdings wird Arsen auf elektrochemischem Wege nach dem

Verfahren von Westmann

hergestellt, das von der Arsenical Ore Reduction Company in Newark im Staate New York erworben worden ist.[1])

Das Ausgangsmaterial für das Westmannsche Verfahren bilden die Arsenerze Nordamerikas, die reich an wertvollen Metallen, insbesondere Gold, Silber, Nickel und Kupfer sind und die bisher infolge der schwierigen Arbeiten, die die Entfernung des Arsens nötig machte, nicht verarbeitet worden

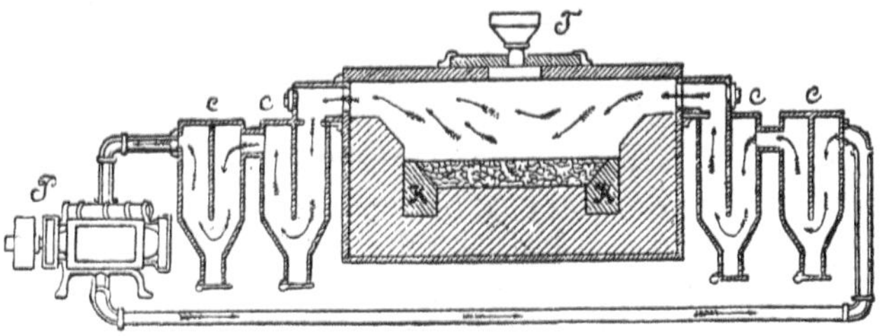

Fig. 119.

sind. Diese Erze, insbesondere der Arsenkies und der Arsenikalkies, die zwischen 46 und 73 % Arsen enthalten, werden (ev. unter Zusatz von Schwefeleisen) in einem besonders konstruierten Ofen in einer Stickstoffatmosphäre elektrisch erhitzt, wodurch das Arsen, das sich in dieser Atmosphäre nicht oxydieren kann, sublimiert und ein arsenfreier Stein zurückbleibt, der in üblicher Weise auf die in ihm enthaltenen Metalle verhüttet wird.

In Fig. 119 ist der zu diesem Zwecke konstruierte Ofen dargestellt. Das durch Aufbereitung an Gangart arme Erz wird durch den Trichter T, der luftdicht abschließt, in den Ofen gegeben, auf dessen Sohle es zwischen den Elektroden KK, die aus Eisen bestehen, eine leitende Verbindung herstellt. Die Leitfähigkeit des Erzes ist eine hinreichend gute,

[1]) Electrochemist and Metallurgist 1901, IX.
Electrical World and Engineer 1901, 37, 670.
Engl. Patent 17027/1900.

um den Strom, auch ohne daß eine vorhergehende Erhitzung stattfindet, zirkulieren zu lassen. In dem ganzen Ofensystem zirkuliert reiner Stickstoff, der durch Verbrennen von Arsen in Luft gewonnen ist und der durch die Pumpe *P* in Bewegung erhalten wird. Das unter der Stromwirkung sich verflüchtigende Arsen gelangt mit dem Stickstoffstrom in die Kondensatoren *C*, in denen es sich niederschlägt. Das ganze System ist, wie aus der Abbildung hervorgeht, ein umkehrbares, so daß, wenn sich die Kondensatoren an der einen Seite zu hoch erhitzt haben, durch Umschalten der Pumpe der Stickstoffstrom in die entgegengesetzte Richtung geleitet werden kann. Es treten dann die an der entgegengesetzten Ofenseite liegenden Kondensatoren in Wirksamkeit. Der schmale Boden der Kondensatoren hat die Gestalt einer Klappe, die sich nach unten zu öffnet. Durch das Öffnen derselben fällt das reine Arsen in vorgehaltene Auffangegefäße. Das an wertvollen Metallen reiche Schwefeleisen, der Stein, wird von Zeit zu Zeit abgestochen.

Die Erhitzung geschieht, um das Eintreten einer Elektrolyse zu vermeiden und um den Prozeß rein elektrothermisch durchführen zu können, durch Wechselstrom. In dem zunächst aufgestellten Versuchsbetrieb kam ein Strom von 4000 bis 8400 Amp. und 12—22 Volt mit einer Frequenz von 120 zur Anwendung. Es wurden für die Verarbeitung einer Tonne Erz 1140 KW-Stunden verbraucht, doch reduziert sich nach der Meinung Herings[1]) dieser Verbrauch in größeren Öfen auf 1000 KW-Stunden pro Tonne Erz. Nach den Preisen am Niagara würde sich der Kraftverbrauch pro Kilo Arsen bei 90proz. Ausbringung auf etwa 2 Pf. stellen.

---

[1]) loc. cit.

Quecksilber.

Vorkommen.

Das Quecksilber kommt in geringen Mengen in gediegenem Zustande vor; von seinen Erzen sind die wichtigsten der Zinnober HgS sowie das Quecksilberhornerz (Hg_2Cl_2). Das Quecksilber findet sich hauptsächlich in Spanien sowie zu Idria in Krain, ferner in Rußland, Kalifornien, Peru usw.

Geschichtliches.

Das Quecksilbermetall war schon den alten Griechen und Römern bekannt und wird bei vielen ihrer Schriftsteller erwähnt. Elektrolytische Methoden sind zwar zu seiner Gewinnung vorgeschlagen, aber wohl nie ausgeübt worden.

Gewinnung.

Die Gewinnung des Quecksilbers geschieht ausschließlich auf rein hüttenmännischem Wege, indem aus den Erzen das metallische Quecksilber einfach abdestilliert wird, während der Zinnober unter Zugabe von Zuschlägen, die sich mit dem Schwefel verbinden, geröstet wird, wobei das Quecksilber gleichfalls abdestilliert.

Die Elektrolyse hat bei der Quecksilbergewinnung noch keinerlei praktische Verwendung gefunden, obschon ihre Anwendung aus hygienischen Rücksichten gerade hier sich außerordentlich empfehlen dürfte, auch wenn die Kosten sich etwas höher belaufen sollten, als die für die einfache aber äußerst gesundheitsschädliche Gewinnung auf rein hüttenmännischem Wege.

Als Verfahren für die elektrolytische Quecksilbergewinnung kommt in erster Linie das von Engelhardt und Nettel in Betracht, das bei Antimon ausführlich beschrieben ist (siehe S. 409) und bei dem die entnommenen Patente eigens die Gewinnung von Quecksilber vorsehen. Aber auch dieses im Besitze der Firma Siemens & Halske befindliche Verfahren hat bisher noch keinerlei Verwendung in der Technik gefunden.

Niob.

Vorkommen.

Niob findet sich gewöhnlich mit dem Tantal zusammen im Tantalit, im Columbit und im Pyrochlor sowie im Yttrotantalit, von denen die erstgenannten Mineralien in Finnland, Schweden und Grönland vorkommen, während sich der Pyrochlor in Sibirien findet. Columbit und Yttrotantalit wurden auch in Bodenmais in Böhmen gefunden.

Geschichtliches.

Der Columbit wurde 1801 von Hatchett näher untersucht, der glaubte, darin ein neues Metall, das »Columbium«, gefunden zu haben, das sich aber später als Tantal erwies. Ekeberg isolierte dasselbe im folgenden Jahre aus dem Yttrotantalit und gab ihm den Namen. Das Niob erkannte zuerst Rose 1845 im Columbit von Bodenmais; 1856 und 1857 stellte Herman fest, daß Niob und Tantal gewöhnlich zusammen vorkommen, und Blomstrand vermochte das reine Niob aus dem Chlorid durch Wasserstoff zu reduzieren.

Die elektrochemische Darstellung gelang zuerst Moissan im elektrischen Ofen, der darin sowohl Niob wie Tantal aus ihren Oxyden durch Kohle reduzierte. Eine andere Methode zur Darstellung dieser Metalle durch Elektrolyse fand dann Werner v. Bolton.

Gewinnung.

Die Gewinnung des Niobs kann entweder durch elektrolytische oder elektrothermische Reduktion seiner Oxyde erfolgen.

Die Gewinnung von Niob auf elektrothermischem Wege.

Das Verfahren von Moissan.

Moissan[1]) ging zur Darstellung des Niobs von der Niobsäure aus, die er aus dem Niobit durch Reduktion mit Kohle im elektrischen Ofen erhielt. Der Niobit bestand aus einem Gemenge von 83,2 % Niob- und Tantalsäure, 7,58 % Eisen 3,82 % Mangan und etwas Kieselsäure; er wurde, mit Zuckerkohle gemischt, 7—8 Minuten lang im elektrischen Ofen einem Strome von 1000 Amp. und 50 Volt ausgesetzt. Hierbei verflüchtigten sich Mangan sowie teilweise auch das Eisen und das Silicium. Durch Auflösen der Schmelze in Flußsäure unter Zusatz von etwas Salpetersäure und Versetzen des Filtrats mit Fluorkalium wurde ein Niederschlag erhalten, der aus einem Gemenge von Kaliumfluortantalat und Kaliumfluoroxyniobat bestand. Das Tantalat ist in heißem Wasser unlöslich und kann so vom Niobat getrennt werden, das durch Glühen in Niobsäure umgewandelt wird, die durch Auswaschen gereinigt werden kann. Aus der Niobsäure wird durch Glühen mit Kohle im elektrischen Ofen dann reines Niob nach der Formel

$$Nb_2O_5 + 5\,C = 2\,Nb + 5\,CO$$

erhalten.

Zur Darstellung werden 82 Teile Niobsäure mit 18 Teilen feinstgepulverter Zuckerkohle aufs innigste vermischt und im elektrischen Ofen 3 Minuten lang der Wirkung eines Stroms von 600 Amp. und 50 Volt ausgesetzt. Es entsteht eine Schmelze von reinem Niob, das noch 2,5—3,4 % Kohlenstoff chemisch gebunden enthält.

Die Gewinnung von Niob durch Schmelzflußelektrolyse.

Das Verfahren von Bolton.

v. Bolton[2]) schlug den elektrolytischen Weg ein. Da die Niobsäure weiß ist und da die Erfahrung lehrt, daß alle stark gefärbten Oxyde mehr oder wenige gute Leiter des Stroms

---

[1]) Comptes rendus 1901, 133, 20.

[2]) Zeitschr. f. Elch. 1905, 3, 45.

sind, so stellt sie einen Isolator dar, der nicht fähig ist, direkt elektrolysiert zu werden. Es wurden deshalb durch Vermengen der Niobsäure mit Paraffin Stäbchen hergestellt, die bei etwa 1700° in Kohlepulver geglüht wurden. Hierdurch wurde das Niobpentoxyd in Niobtetroxyd übergeführt, das dunkelbraun und ein guter Leiter des Stroms ist.

Durch Elektrolyse eines Stäbchens von Niobtetroxyd im Vakuum entstand Niob in Form eines mattgrauen, metallischen Körpers, der sich beim Hindurchführen zwischen zwei kräftigen Walzen unter Knistern in ein glänzend poliertes, brüchig-elastisches Band von Niob verwandelte.

Tantal.

Vorkommen.

Siehe bei Niob.

Geschichtliches.

Siehe bei Niob. Den dort gemachten Ausführungen ist noch hinzuzufügen, daß nach den unten beschriebenen Methoden von Berzelius und Rose ein unreines Tantal erhalten wird, dessen Raffination Bolton gelungen ist.

Gewinnung.

Die Gewinnung des Tantals kann entweder auf elektrothermischem Wege oder auf dem der schmelzflüssigen Elektrolyse erfolgen, wobei als Ausgangsmaterial Tantalsäure dient. Auf nicht elektrischem Wege gewonnenes Rohmaterial kann elektrolytisch raffiniert werden.

Die Gewinnung von Tantal auf elektrothermischem Wege.

Das Verfahren von Moissan.

Das Ausgangsmaterial für die Darstellung des Tantals nach Moissan[1]) bildet die Tantalsäure, die nach der beim Niob beschriebenen Methode gewonnen wird. Sie wird durch Glühen mit Kohle im elektrischen Ofen in metallisches Tantal übergeführt:

$$Ta_2O_5 + 5\,C = 2\,Ta + 5\,CO.$$

Es kam hierbei ein Strom von 800 Amp. und 60 Volt zur Verwendung, der 10 Minuten lang einwirkte. Es entstand ein Metallregulus, der noch 0,5 % Kohlenstoff enthielt, der also entweder ein Karbid oder eine Legierung von Tantalmetall mit Karbid darstellt, da der Kohlenstoff chemisch gebunden ist und nicht in Form von Graphit vorliegt. Infolge seiner Unreinheit ist dieses Tantal sehr spröde und härter als Glas.

Die Gewinnung von Tantal durch Schmelzflußelektrolyse.

Das Verfahren von Bolton.

v. Bolton[2]) stellt reines Tantal durch Schmelzflußelektrolyse im Vakuum her. Zu diesem Zwecke wurden aus Tantalsäure fadenförmige Körper geformt, die nach Art der Kohle in Glühlampen am Kontakte befestigt und in Glasbirnen eingeschmolzen wurden. Da das Tantaltetroxyd, das eine braune Farbe hat, besser leitet als die Tantalsäure, so empfiehlt es sich, dieses zu verwenden. Die Glasbirnen wurden auf die Luftpumpe gebracht und der Bügel aus Tantaltetroxyd nach Evakuierung der Luft durch den hindurchgeschickten elektrischen Strom in schwachem Glühen erhalten. Hierbei trat durch Elektrolyse eine Scheidung in Metall und Sauerstoff ein, nachdem vorher aus dem porösen Körper schon viel

---

[1]) Comptes rendus 1901, 133, 20; 1902, 134, 211.

[2]) Zeitschr. f. Elch. 1905, 3, 47.

Luft ausgeschieden war, die ebenfalls evakuiert wurde. Nach vollständiger Entfernung dieser Luft wird die Temperatur des glühenden Fadens immer höher gesteigert, bis bei beginnender Weißglut die Ausscheidung von reinem Sauerstoff vor sich geht. Hierbei wandelt sich die Farbe des ursprünglichen Oxyds in reines metallisches Grau um, und es entsteht ein Draht von reinem Tantal, der nach mehrere Stunden lang andauernder höchster Weißglut biegsam geworden war.

Dieses Verfahren liefert ein absolut reines Metall, doch ist es für die Erzeugung größerer Mengen zu umständlich.

Die elektrolytische Raffination von Rohtantal.

Das Verfahren von Bolton.

Rohtantal entsteht nach dem Verfahren von Berzelius durch Erhitzen von Kaliumtantalfluorid mit Kalium unter Feuererscheinung und hinterbleibt nach Behandlung des Reduktionsgutes mit Wasser als schwarzes, schweres Pulver. Rose[1]) verwendete drei Teile Natriumtantalfluorid und einen Teil Natrium. Das hieraus erzielte Produkt enthält nur rund 50 % Tantal, der Rest besteht aus Verunreinigungen durch Natrium- resp. Kaliumtantalat und Oxyden des Tantals.

Durch eine nicht bekannt gegebene Modifikation des Verfahrens von Berzelius-Rose gelang es Bolton und Simpson[2]), ein reineres Metall darzustellen, das durch Zusammenpressen leitend gemacht (das Rohtantal ist pulverförmig) und in entsprechender Weise im luftleeren Raum durch Schmelzen im elektrischen Flammbogen raffiniert wird. Das Wesen des Verfahrens beruht darauf, daß die Oxyde des Tantals leichter schmelzen als dieses, und daß sie auch im Vakuum viel leichter zerstäubt werden als das Metall, so daß man also letzteres auf die geschilderte Methode vollkommen von ihnen befreien kann.

Bei diesem Raffinationsverfahren resultiert ein glänzender Regulus aus Tantalmetall, der sich hämmern, walzen und zu feinstem Draht ausziehen läßt.

---

[1]) Pogg. Ann. 99, 69.

[2]) Zeitschr. f. Elch. 1905, 3, 48.

Sehr wahrscheinlich ist dieses Verfahren jedoch identisch mit dem von Siemens & Halske[1]), nach welchem die große Kathode aus Rohtantal im Vakuum einer gepreßten kleinen Kathode genähert wird. Durch Einleiten des Lichtbogens findet reinigendes Schmelzen der Anode im Vakuum statt, da dabei keine Gasreaktionen auf das für solche sehr empfindliche Tantal stattfinden können.

Vanadium.

Vorkommen.

Das Vanadium ist in der Natur ziemlich verbreitet, doch kommt es nur selten in größeren Mengen vor. Von seinen Erzen kommen für seine Darstellung und für technische Zwecke überhaupt in erster Linie die Bleiverbindungen in Betracht, nämlich der Vanadinit (Vanadinbleierz) $PbCl_2 \cdot 3Pb_2(VO_4)_2$, der Mottramit $(PbCu)_3(VO_4)_2$ sowie einige Eisenerze und der vanadinhaltige Anthrazit der Kordilleren.

Die Hauptfundstätten für Vanadium sind Schweden, Mexiko, Südamerika und Neu-Südwales.

Geschichtliches.

Das Vanadium wurde 1801 von del Rio entdeckt und erhielt 1830 von Sefström seinen Namen.

Die elektrolytische Reduktion der Vanadinsäure führte zuerst Moissan durch, der jedoch kein kohlenstofffreies Metall zu erzeugen vermochte. Die Darstellung reinen Metalls durch Elektrolyse wässeriger Lösung gelang Cowper-Coles im Jahre 1898. Durch Schmelzflußelektrolyse der Vanadinsäure stellte Bolton 1905 ebenfalls reines Vanadium dar.

[1]) D. R. P. 155548.

Gewinnung.

Die Gewinnung des Vanadiums geschieht in der Hauptsache nach den vorstehend angeführten Methoden, soweit nicht direkt Vanadiumlegierungen erzeugt werden, die jetzt bei der Panzerplattenfabrikation sowie zur Herstellung von Qualitätsstählen häufiger Verwendung finden (siehe S. 122).

Die Gewinnung von Vanadium auf elektrothermischem Wege.

Das Verfahren von Moissan.

Nach Moissan[1]) gehört die Darstellung des Vanadiums im elektrischen Ofen zu denjenigen Methoden, die am meisten Schwierigkeiten bereiteten. Moissan stellt zunächst durch Glühen von reinem, metavanadinsaurem Ammonium ein gelbbraunes, ziemlich leicht schmelzbares Vanadinoxyd her. Dieses wurde mit Zuckerkohle gemischt und im elektrischen Ofen einige Zentimeter vom Bogen entfernt mit einem Strom von 350 Amp. und 70 Volt erhitzt, ohne daß eine Reduktion eingetreten wäre. Erst bei Verwendung stärkerer Ströme (1000 Amp. bei 70 Volt) gelang die vollständige Reduktion des Oxyds und das Schmelzen des Karbids. Das so erzeugte Metall enthielt zwischen 17 und 25 % Gesamtkohlenstoff (Graphit und gebundener Kohlenstoff).

Um ein reineres Produkt zu erhalten, stellte Moissan aus der Asche argentinischen Anthrazits, die 8—10 % Vanadinsäure enthält, reines Vanadinsäureanhydrit in der Weise dar, daß er die Asche zunächst im Muffelofen röstete, um die noch darin enthaltenen Kohleteilchen zu zerstören, und den Rückstand mit verdünnter Salpetersäure auslaugte. Das Filtrat wurde zur Trockene verdampft und der Rückstand mit 10proz. Ammoniak aufgenommen, wodurch vanadinsaures Ammon entsteht, das mehrere Male von neuem durch Salpetersäure zersetzt und durch abermaliges Aufnehmen mit Ammoniak gereinigt wird. Die zuletzt durch Fällen mit Salpeter-

[1]) Comptes rendus 1893, 116, 1225; 1896, 22, 1397.

säure gewonnene rohe Vanadinsäure wurde in Vanadinchlorid übergeführt, aus dem durch Wasser reine Vanadinsäure erhalten wird, die Vanadinsäureanhydrit lieferte.

100 g dieses Anhydrits wurden mit 20 g Zuckerkohle gemischt und in einer Kohlenröhre der Einwirkung des Stroms ausgesetzt. Es entstand ein Metall mit 9,2—9,9 % Kohlenstoffgehalt.

Das reinste Metall wurde erhalten, als reine Vanadinsäure nur zwei Minuten lang mit 1000 Amp. und 60 Volt in einer Wasserstoffatmosphäre in einem Kohlenrohre erhitzt wurde. Es enthielt 4,4—5,3 % Kohlenstoff. Wurde die Erhitzung eine Minute länger fortgesetzt, so stieg der Kohlenstoffgehalt schon auf 7,42 %.

Die Gewinnung des Vanadiums durch Schmelzflußelektrolyse.

Das Verfahren von Bolton.

v. Bolton[1]) stellte Vanadium durch Elektrolyse von Vanadiumtrioxyd im Vakuum dar.

Das Vanadiumtrioxyd wurde dadurch gewonnen, daß Vanadinsäure mit Paraffin in Stäbchen geformt und in Kohlenpulver gebettet einige Stunden auf etwa 1700° erhitzt wurde. Hierbei verflüchtigt sich das Paraffin ohne karbonisiert zu werden, und das Trioxyd hinterbleibt in Form kompakter Stäbchen. Diese Stäbchen von 20 mm Länge und 0,8 mm Durchmesser wurden an jedem Ende mit Platindraht umwickelt und so in einer elektrischen Glühlampe montiert, die evakuiert werden konnte. Der bei der Elektrolyse entstehende Sauerstoff wurde sofort durch die Luftpumpe entfernt und in einem besonderen, von der Elektrolysierkugel durch Quecksilber getrennten Gefäß aufgefangen.

Der Strom wurde nach dem Evakuieren der Glaskugel und bei kontinuierlich wirkender Luftpumpe geschlossen, wobei die Körper bei 1,8 Amp. und 42 Volt weißglühend wurden und Sauerstoff abschieden. Die Stäbchen nahmen dabei eine metallisch graue Farbe an und waren bei Beendigung des Versuchs in reines Vanadium übergegangen.

[1]) Zeitschr. f. Elch. 1905, 3, 45.

Das Verfahren von Gin.

Das Prinzip des Verfahrens[1]) beruht auf der großen Leitfähigkeit des Vanadiumtrioxyds und auf der Leichtigkeit, mit der man Vanadiumtrifluorid erhält, wenn man Fluor in Anwesenheit von Kohlenstoff auf das Trioxyd einwirken läßt.

Um zu zeigen, wie man diese charakteristischen Eigenschaften ausnutzen kann, sei angenommen, daß man Ferrifluorid elektrolysiert, das sich in geschmolzenem Calciumfluorid in Lösung befindet, und daß hierzu eine aus einem innigen Gemisch von Vanadiumtrioxyd und Kohlenstoff bestehende Anode benutzt wird, während die Kathode durch ein metallisches Eisenbad dargestellt wird.

Nachdem das Ferrifluorid durch den Strom zersetzt worden ist, greift das in Berührung mit der Anode frei werdende Fluor das Vanadiumtrioxyd an; dieses gibt seinen Sauerstoff an den Kohlenstoff ab, während sich nach der Reaktionsgleichung

$$6\,F + V_2O_3 + 3\,C = 2\,VF_3 + 3\,CO$$

Vanadiumtrifluorid bildet.

Das gebildete Vanadiumtrifluorid tritt mit Calciumfluorid in Lösung und wird gleichfalls elektrolysiert.

$$2\,VF_3 = \underset{-}{\boxed{2\,V}} + \underset{+}{\boxed{6\,F}}$$

Das frei werdende Vanadium tritt mit dem metallischen Eisen der Kathode, das an der Anode frei wird, in Verbindung, bildet eine neue Menge Vanadiumfluorid, welches wieder elektrolysiert wird, so daß das oben erwähnte Ferrofluorid nur zur Einleitung des Vorgangs und zur Lieferung des Fluors dient, welches seinerseits als Träger zum Übergang von Vanadium von der Anode nach der Kathode dient.

Das auf Grund dieser (wohl sehr hypothetischen) Reaktionen ausgebildete Verfahren wird in der Praxis folgendermaßen ausgeübt:

Das durch Calcinieren von Vanadiumsäure unter Anwesenheit von Kohlenstoff dargestellte Vanadiumtrioxyd wird

---

1) Elektrochemische Zeitschrift 1906, 6, 121.

mit einer geeigneten Menge Retortenkohle gemischt, so daß man durch Umrühren im warmen Zustande einen homogenen plastischen Teig erhält.

Nachdem er in einem besonderen von außen geheizten Trog gesammelt worden ist, geht dieser Teig nach einer Mühle, wo er durch sehr schwere eiserne Mühlsteine zerrieben wird. Der aus der Mühle austretende Teig wird zerstampft und hierauf durch hydraulischen Druck vermittelst eines Apparates ähnlich wie man solche zur Fabrikation von Kohlenelektroden benutzt, in Strangform gepreßt. Schließlich erhält man auf diese Weise prismatische oder zylindrische Massen, welche in einem sehr heißen Ofen, in dem sie vor der Berührung mit Luft geschützt sind, gebacken werden.

Die auf diese Weise hergestellten Elektroden werden, bis zu ihrer Benutzung vor Luft und Feuchtigkeit geschützt, unter einer Schicht trockener, pulverförmiger Substanz aufbewahrt.

Das spezifische Widerstandsvermögen dieser Elektroden beträgt 13700 Mikrohmzentimeter bei 15°. Die wie oben angegeben dargestellten Elektroden können anscheinend eine Stromdichte aushalten, welche $^7/_{10}$ von derjenigen beträgt, die man für Kohlenelektroden gleichen Querschnitts wählen würde.

Die Anode des benutzten Ofens besteht aus einem Bündel von nach obigem Verfahren dargestellten Elektroden; die Kathode wird von einem Stahlblock gebildet.

Bei Legierungen, welche mehr als 25 % Vanadium enthalten, muß der Kathodenquerschnitt bedeutend kleiner sein als die aktive Oberfläche der Kathoden. Gute Leistungen und ein genügend flüssiges Bad erhält man bei einer mittleren Stromdichte von 2 Amp./qcm des geraden Querschnitts der Anoden und 6 Amp./qcm der Kathode, wobei die Betriebsspannung zwischen 11 und 12 Volt bleibt.

Wie einleitend erwähnt, dient das bei Beginn des Verfahrens in das Bad eingeführte Ferrofluorid nur zur Einleitung der Elektrolyse. Da jedoch eine gewisse Menge von Fluor verloren geht, welches sich bei der Berührung mit überflüssiger Kohle in der die Anode bildenden Mischung in gasförmiges Kohlentetrafluorid verwandelt, so ist es angebracht, um diesen Verlust zu kompensieren, von Zeit zu Zeit dem Bade eine gewisse Menge neues Ferrofluorid hinzuzufügen.

Das Eisen, welches das Bad darstellt, wird in metallischem Zustande und immer nur in kleinen Mengen einmal nach jedem Abstechen von Ferrovanadium eingeführt. Wenn man kein Eisen in das Bad einführt, so kann man fast reines Vanadium erhalten, dessen Abfließen jedoch außerordentlich mühsam ist und welches in festem Zustande dem Ofen entnommen werden muß.

Die Gewinnung des Vanadiums durch Elektrolyse wäßriger Lösungen.

Das Verfahren von Cowper-Coles.

Cowper-Coles hat ein sehr gutes Verfahren gefunden, um Vanadium auf einfache und bequeme Weise in größeren Mengen in Form zusammenhängender Schichten zu gewinnen. Er führt zu diesem Zwecke[1]) das Vanadinsäureanhydrit durch Kochen mit überschüssiger Natronlauge und Versetzen mit Salzsäure in Natriumvanadiumchlorid über. Zu diesem Zweck werden 1,75 g V_2O_5 und 2 g Ätznatron mit 160 g Wasser gekocht und dann 32 g Salzsäure zugegeben. Die Lösung wird bei 80^0 mit einem Strom von 180—200 Amp. pro qm und bei 1,88 Volt elektrolysiert. Das Vanadium scheidet sich auf der Platinkathode in Form eines silberweißen, metallglänzenden, zusammenhängenden Niederschlags aus, wenn man die Konzentration der Lösung so hält, daß sie in 4,5 l 28,5 g Vanadium enthält, und wenn man als Anoden Kohle verwendet.

Bei Anwendung anderer Stromdichten als der angegebenen scheiden sich außer dem Metall auch noch Niederschläge von rotbraunem Oxyd ab.

---

[1]) Engin. and Mining Journ. 1899, 67, 744.
Chem. News 1899, 79, 147.

Molybdän.

Vorkommen.

Die wichtigsten natürlich vorkommenden Verbindungen des Molybdäns sind der Molybdänglanz MoS_2 und der Molybdänbleispat (Gelbbleierz) $PbMoO_4$. Diese Erze finden sich hauptsächlich in Böhmen, Finnland und den Vereinigten Staaten.

Geschichtliches.

Obschon bleihaltige Molybdänverbindungen seit dem Altertume bekannt waren, wurde das Molybdän selbst erst im Jahre 1782 von Hjelm isoliert und 1797 von Klaproth genauer identifiziert.

Zum ersten Male wurde es im Anfang des vorigen Jahrhunderts von Gahn elektrolytisch niedergeschlagen. Die elektrothermische Reduktion gelang zuerst Borchers während der Jahre 1888—1890, wobei ein Karbid erhalten wurde. Wenige Jahre später (1893) vermochte Moissan das Metall durch Reduktion mit Kohle im Lichtbogen in sehr großer Reinheit abzuscheiden.

Gewinnung.

Soll das Molybdän auf elektrischem Wege gewonnen werden, so bedient man sich hierzu eines der beiden genannten Verfahren, am besten des verbesserten von Moissan.

Das Verfahren von Borchers.

Das Verfahren von Borchers besteht darin, daß die Oxyde des Molybdäns, darunter auch das verhältnismäßig leicht flüchtige Molybdäntrioxyd MoO_3, durch elektrisch erhitzten Kohlenstoff reduziert werden.[1]) Hierzu wurde ein

[1]) Borchers, Elektrometallurgie, Braunschweig 1891.
Borchers, Elektrometallurgie, Leipzig 1903, 513.

Widerstandsofen verwendet, der aus einem durch Schamottesteine gebildeten kleinen Schacht bestand, in dem das Oxyd-Kohlegemisch um einen Kohlenstab herum zu liegen kam, der die Verbindung zwischen zwei durch die Seitenwände hereinragenden Elektroden herstellte. Durch einen genügend starken Strom wurde das Gemisch so hoch erhitzt, daß das Oxyd reduziert und das Metall geschmolzen und abgeschieden wurde. Die Schmelze enthielt mehr Karbid als Metall.

Das Verfahren von Moissan.

Dieses Verfahren[1]) unterscheidet sich von dem Borchersschen in erster Linie dadurch, daß bei ihm Lichtbogenerhitzung zur Verwendung kommt. Als Ausgangsmaterial diente das durch Erhitzen von reinem, molybdänsaurem Ammonium erhaltene Oxyd von der Formel MoO_2. Dasselbe wurde im Verhältnis von 300 g Oxyd zu 30 g feingepulverter Zuckerkohle mit dieser innig gemischt, in einen Kohlentiegel gefüllt und im Moissanschen elektrischen Ofen 6 Minuten lang der Wirkung eines Lichtbogens von 800 Amp. und 60 Volt ausgesetzt. Man muß, um das völlige Schmelzen des Metalls zu vermeiden, eine feste Schicht des Gemenges in Berührung mit dem Tiegel lassen, der von dem flüssigen Molybdän energisch angegriffen werden würde. Man erhält unter diesen Umständen ein vollständig kohlenstofffreies Metall und kann in einer Stunde leicht mehr als 2 kg davon darstellen.

Dauert die Operation länger als 6 Minuten, so wird das Molybdän flüssig, greift den Tiegel an und sättigt sich mit Kohlenstoff. Man erhält ein graues, sehr hartes, sprödes Karbid.

Nach der beschriebenen Methode gelang es Moissan, ein Molybdän mit einem Reinheitsgrad von 99,98 % zu erhalten.

---

[1]) Comptes rendus 1893, 116, 1225; 1895, 120, 1320.
Bull. de la soc. chim. de Paris 1893, 11, 857.
Moissan, Der elektrische Ofen, Berlin 1897, 205.

Das Verfahren von Guichard.

Guichard, ein Schüler Moissans, hat ein Verfahren[1]) gefunden, das es gestattet, durch direkte Behandlung von Molybdänerzen Molybdän in größeren Mengen allerdings in Form kohlenstoffhaltigen Rohmolybdäns zu erhalten. Es wurden hierbei die Erze, in erster Linie Molybdänglanz, so in eine Kohlenröhre gepackt, daß der Zutritt der Luft durch eine Kohlenschicht abgehalten war, und dann im Lichtbogen mittels eines Stroms von 900—950 Amp. und 50—55 Volt (Dauer der Erhitzung 5 Stunden) reduziert.

Die gewonnene Schmelze war vollkommen schwefelfrei und ergab bei der Analyse:

Molybdän	91,80 %
Eisen	2,10 »
Gesamtkohlenstoff . .	6,64 »

Das Verfahren eignet sich besonders zur Herstellung größerer Molybdänmengen für technische Zwecke.

Das Verfahren von Sargent zur Herstellung von Molybdänlegierungen.

Sargent[2]) stellte durch Mischen von Molybdänoxyd mit den Oxyden von Wolfram, Chrom, Kobalt, Nickel und Wismut unter Zugabe von Zuckerkohle und Erhitzen des Gemenges Legierungen dieser Metalle von den verschiedensten Zusammensetzungen her. Die Zusammensetzung variierte je nach der des Ausgangsmaterials und bewegte sich innerhalb der weitesten Grenzen. Die Erhitzung selbst wurde für 6 g der Mischung als Ausgangsmaterial in der Regel 2—5 Minuten lang fortgesetzt. Als Strom kamen 72—80 Volt und 100 bis 160 Amp. zur Anwendung. Die Versuche, Legierungen mit Zinn und Kupfer zu erhalten, mißlangen.

---

[1]) Comptes rendus 1896, 122, 1270.

[2]) Journ. of the Amer. Chem. Soc. 1900, 22, 784.

Das Verfahren von Ferrée zur Herstellung von Molybdänamalgam.

Bei diesem Verfahren[1]) kommt Elektrolyse in wäßriger Lösung zur Verwendung. Eine gesättigte Lösung von Molybdänsäure und Salzsäure von 22 ° Bé wird mit dem neunfachen Volumen Wasser verdünnt und unter Verwendung einer Quecksilberkathode der Elektrolyse unterworfen. Pro qm Kathodenoberfläche kommen 5 Amp. zur Verwendung. Das entstehende Molybdänamalgam hat die Formel $MoHg_9$. Wird es im Vakuum destilliert, so erhält man pyrophorisches Molybdän, das in oxydischen Gasen unter Zersetzung derselben in Oxyd, bei Verwendung von Stickdioxyd in ein Gemenge von Oxyd und Nitrid übergeht.

Wolfram.

Vorkommen.

Von den natürlich vorkommenden Wolframerzen sind in erster Linie der Wolframocker WoO_3, der Scheelit oder Tungstein $CaWoO_4$ und der Wolframit $FeWoO_4$, der sich häufig zusammen mit dem Zinnstein findet, zu nennen. Als weiteres Ausgangsmaterial für die Gewinnung von Wolfram kommen wolframhaltige Schlacken in Betracht, wie sie häufig in den Zinnhütten anfallen. Auch in diesen ist das Wolfram in Form wolframsaurer Verbindungen enthalten.

Geschichtliches.

Der Tungstein wurde früher als Zinn- teilweise auch als Eisenerz angesehen, ebenso hielt man den Wolframit zeitweise für ein Zinnerz. Das metallische Wolfram wurde erst im Jahre 1783 von zwei spanischen Chemikern, den Brüdern Juan Joseph und Fausto d'Elhujar, sowohl aus dem Tungstein wie aus dem Wolframit reduziert.

[1]) Comptes rendus 1896, 122, 733.

Die elektrothermische Reduktion des Wolframs gelang zuerst Borchers im Jahre 1888; sie wurde 1896 von Moissan verbessert. Durch Schmelzflußelektrolyse parawolframsauren Lithiums hat Hallopeau im Jahre 1900 Wolfram erhalten.

Gewinnung.

Das Ausgangsmaterial für die elektrische Wolframgewinnung ist, abgesehen von den sogleich zu besprechenden Verfahren von Krieg, Defacqx und dem von Hallopeau, stets das Wolframtrioxyd WoO_3, das aus den Erzen oder den wolframhaltigen Schlacken durch oxydierendes Rösten mit Soda erhalten wird. Es entstehen hierbei unlösliche Oxyde neben wasserlöslichem Natriumwolframat; dieses wird ausgelaugt und daraus durch Salzsäure die Wolframsäure abgeschieden.

Die Gewinnung des Wolframs durch Schmelzflußelektrolyse.

Das Verfahren von Hallopeau.

Hallopeau[1]) geht bei seinem Verfahren von dem eigentümlichen Verhalten des Lithium-Parawolframats aus. Dieses unterscheidet sich von den entsprechenden Kalium- und Natriumsalzen dadurch, daß es, wenn es in geschmolzenem Zustande der Einwirkung des Stroms unterworfen wird, nicht in das gewöhnliche Wolframat übergeht. Man kann daraus vielmehr reines Wolfram dadurch gewinnen, daß man es in einem Porzellantiegel auf 1000° erhitzt und bei dieser Temperatur drei Stunden lang unter Verwendung von Platinelektroden mit einem Strome von 3 Amp. und 15 Volt elektrolysiert. Die erkaltete Schmelze wird zunächst mit siedendem Wasser, dann mit konzentrierter Salzsäure und hierauf mit heißer 20proz. Lösung von Lithiumhydroxyd behandelt. Es bleibt dann ein Rückstand von kristallinischem Wolfram zurück, der noch durch etwa 4—6% Platin verunreinigt ist, das durch Lösung der Elektroden entstand.

---

[1]) Comptes rendus 1900, 127, 755.

Die Gewinnung des Wolframs auf elektrolytischem Wege.

Das Verfahren von Krieg.

Das Verfahren von Krieg[1]) bezweckt die Gewinnung von Wolfram aus seinen Erzen. Diese werden gemahlen und mit Retortenkoks zu Elektroden gepreßt. Die so gewonnenen Elektroden werden hierauf der gleichzeitigen Einwirkung des Lichtbogens und eines Chlorstroms ausgesetzt. Dies hat den Zweck, sämtliche in den Erzen noch enthaltenen Metalle sowie das Silicium in Chlorverbindungen umzuwandeln. Die so erhaltenen Chloride setzen sich in Form eines Sublimates an den Wandungen des Retortenofens, in dem Lichtbogenerhitzung und Einwirkung von Chlor vor sich gehen, ab und werden nach dem Sammeln mit konzentrierter Salzsäure gekocht. Es bleibt Wolframsäure zurück, so daß also der Prozeß in seiner ersten Phase genau auf dasselbe Resultat hinausläuft, wie das oben beschriebene oxydierende Rösten unter Zusatz von Soda.

Die zweite Phase desselben besteht darin, daß nunmehr die Wolframsäure mit Retortenkoks gemischt zu Elektroden geformt wird. Diese werden abermals in einer Retorte der Einwirkung des durch einen starken Strom erzeugten Lichtbogens ausgesetzt, wobei sich das Wolfram auf dem Boden der Retorte, der mit Kohlenpulver bedeckt ist — wohl meist in Form eines Karbids —, absetzt.

Das Verfahren von Defacqx.

Auch dieses Verfahren[2]) bezweckt die direkte Gewinnung von Wolfram aus den Erzen. Als Rohmaterial diente ein böhmischer Wolframit von folgender Zusammensetzung:

WoO_3	72 %
SiO_2	1,8 »
FeO . .	16 »
MnO	16 »
CaO .	2 »

[1]) D. R. P. 66177.

[2]) Comptes rendus 1896, 123, 1288.

Derselbe wurde fein gepulvert und mit 14 % seines Gewichts ebenfalls fein gepulverter Zuckerkohle vermischt. Unter den beim Moissanschen Verfahren zu beschreibenden näheren Bedingungen erhielt Defacqx, nachdem ein Strom von 950—1000 Amp. und 50—60 Volt 8 Minuten lang eingewirkt hatte, einen kohlenstofffreien Metallschwamm, der nur 0,5 % Mangan und 5 % Eisen enthielt. Wurde die Erhitzung weiter fortgesetzt, so entstand eine manganfreie und eisenärmere Schmelze mit einem Kohlenstoffgehalt von 5 %. Dieselbe ist ihrer Zusammensetzung nach als ein Karbid anzusprechen. Das Calcium war vollkommen in die Schlacke gegangen, die noch 10,75 % WoO_3 enthielt.

Das Verfahren von Borchers.

Dieses Verfahren schließt sich eng an das bereits beim Molybdän beschriebene an. Borchers erhielt nach demselben ein kohlenstoffhaltiges Metall (siehe bei Molybdän).

Das Verfahren von Moissan.

Auch dieses Verfahren[1]) ist im wesentlichen mit dem unter Molybdän beschriebenen, zur Darstellung dieses Metalls dienenden, identisch.

Zur Herstellung von Wolfram in reinem Zustande wird ein Gemenge von Wolframsäure und Zuckerkohle im Moissanschen elektrischen Ofen erhitzt. Das angewandte Verhältnis ist: reine Wolframsäure 800 g, pulverisierte Zuckerkohle 80 g. Da das Wolfram ein schwer schmelzbares Metall ist, muß man 10 Min. lang mit einem Strom von 900 Amp. und 50 Volt erhitzen. Man erhält eine Schmelze, die oberflächlich gut geschmolzene Partien zeigt, deren Inneres aber porös ist und den Kohletiegel nur an einzelnen Stellen berührt. Der Kohlenstoff des Tiegels beteiligt sich demnach nicht an der Reaktion, da das Metall nicht vollständig geschmolzen wird, und der Überschuß der Wolframsäure wird verflüchtigt.

Die Analyse ergab einen Wolframgehalt von 99,87 %.

---

[1]) Comptes rendus 1893, 106, 1225.

Das Verfahren von Sargent zur Herstellung von Wolframlegierungen.

Dieses Verfahren ist mit dem unter Molybdän beschriebenen zur Herstellung von Molybdänlegierungen identisch (siehe bei Molybdän).

Uran.

Vorkommen.

Das einzige Erz, das für die Gewinnung des Urans überhaupt in Betracht kommt, ist die Uranpechblende UO_2, die meist 40—60 % Uranoxyd enthält. Sie findet sich hauptsächlich zu Joachimsthal und Johanngeorgenstadt im Erzgebirge. In Deutsch-Ostafrika findet sich eine Pechblende, deren Gehalt an Uranoxyduloxyd (U_3O_8) nach Marckwald 88 % beträgt.[2])

Geschichtliches.

Ebenso wie die Wolframerze (siehe bei Wolfram), so hielt man früher auch die Pechblende für ein Eisenerz. Das Uran wurde daraus im Jahre 1789 von Klaproth angeblich isoliert, der jedoch das Uranoxydul, dem er den Namen »Uran« gab, dafür hielt. Dieser Irrtum blieb bis zum Jahre 1841 bestehen, in dem Péligot das Metall selbst abschied.

Gewinnung.

Die Gewinnung des Urans mit Hilfe des elektrischen Stroms kann entweder auf elektrothermischem Wege oder durch Schmelzflußelektrolyse geschehen. Die beiden Methoden rühren von Moissan her, nachdem Borchers schon vor ihm das Karbid auf elektrothermischem Wege erhalten hatte.

---

[1]) Chem.-Ztg. 1906, 86, 1062.

Die Gewinnung des Urans durch Schmelzflußelektrolyse.

Das Verfahren von Moissan.

Moissan[1]) ging bei der Darstellung des Urans durch Schmelzflußelektrolyse vom Uran-Natriumchlorid $UCl_4 2 NaCl$ aus. Er erhielt dieses durch Überleiten eines Stroms von Uranchloriddämpfen über Chlornatrium bei Dunkelrotglut. Hierbei entsteht die Doppelverbindung, die beim Erkalten zu einer kristallinischen Masse von apfelgrüner Farbe erstarrt, welche bei 390° schmilzt, in kaltem Wasser löslich ist und durch Alkohol zersetzt wird. Dieses Doppelchlorid läßt sich durch die Akalimetalle reduzieren. Moissan benutzte hierzu einen starken, mittels Schraubenstopfens verschlossenen Eisenzylinder, in den in wechselnden Schichten 300 g Doppelchlorid und 100 g frisch geschnittenes Natrium gebracht wurden. Der geschlossene Apparat wurde in sehr lebhaftem Holzfeuer 25 Min. lang erhitzt; nach dem Erkalten wurde das Natrium durch Auswaschen mit 36proz. Alkohol entfernt, wobei Uran zurückblieb.

Die Doppelverbindung läßt sich jedoch auch sehr leichtelektrolysieren. Arbeitet man mit einer Stromstärke von 50 Amp. und einer Spannung von 8—10 Volt, so wird der Elektrolyt durch die Wärmewirkung des Stroms selbst flüssig erhalten. Zur Elektrolyse dienten Elektroden aus reiner Kohle und ein zylindrisches Porzellangefäß, welches mit einer glacierten Porzellanplatte verschlossen war, durch welches die beiden Elektroden und ein rechtwinklig gebogenes Glasrohr hindurchführten. Durch letzteres wurde ein Strom gut getrockneten und gut von Stickstoff befreiten Wasserstoffgases über das geschmolzene Salz geleitet. Nach dem völligen Erkalten wird der Inhalt des Tiegels mit Eiswasser aufgenommen und darauf rasch mit Alkohol gewaschen, da das am negativen Pol ausgeschiedene Uran (das in Gestalt von Uran-

---

[1]) Comptes rendus 1896, 122, 1088.
Moissan, Der elektrische Ofen, Berlin 1897, 218.

28*

schwamm, der oft kleine Kristalle des Metalls einschließt, auftritt) Wasser bei gewöhnlicher Temperatur zersetzt.

Verwendet man eine Elektrode aus Eisen, so kann man bei diesem Verfahren silberweiße Uraneisenlegierungen erhalten, die sich leicht feilen lassen und sehr feines Korn besitzen.

Das nach dieser Methode dargestellte Uran hat einen Reinheitsgrad von 99,48 %.

Die Gewinnung des Urans auf elektrothermischem Wege.

Das Verfahren von Borchers.

Dieses Verfahren ist mit dem beim Molybdän beschriebenen und zur Darstellung dieses letzteren Metalles verwendeten identisch. Es lieferte jedoch kein reines Metall, sondern ein durch Karbid und Nitrid verunreinigtes. Als Ausgangsmaterial dienten natürlich und künstlich hergestellte Uranoxyde.

Das Verfahren von Moissan.

Moissan[1]) ging bei seinem elektrothermischen Verfahren von einem grünen Uranoxyd von der Formel U_3O_8 aus, das er durch Calcinieren von Urannitrat in einer Porzellanschale erhalten hatte. 500 g dieses Oxydes wurden mit 40 g Zuckerkohle gemischt und im elektrischen Ofen 7—8 Min. mit einem Strom von 800 Amp. und 45 Volt erhitzt. Es resultierte eine Schmelze im Gewichte von 350 g, die aus sehr reinem Metall mit einem Urangehalt von 99,52 % bestand. Wird das Erhitzen zu lange fortgesetzt, so sättigt sich das Metall leicht mit Kohlenstoff und es ensteht ein kohlenstoffhaltiges Metall und hieraus das kristallisierte Karbid C_3U_2.

Zur Vermeidung der Einwirkung des Stickstoffs ist es besser, die Versuche in einem einseitig geschlossenen Kohlenrohr auszuführen.

Enthält das Uran noch geringe Mengen Kohlenstoff, so kann man es affinieren, indem man es mehrere Stunden hin-

---

[1]) loc. cit.

durch in einer Hülle aus grünem Uranoxyd erhitzt. Der Tiegel, der das Oxyd und das Metall enthält, muß in einem anderen Tiegel stehen, der mit fein gepulvertem, titanhaltigem Material ausgefüttert ist. Wird diese Vorsichtsmaßregel außer acht gelassen, so entsteht ein gelbes, mit Nitrid bedecktes Metall.

Cer und verwandte Metalle.

Vorkommen.

Das Cer und die mit ihm verwandten Metalle, nämlich das Lanthan, das Didym, das Neodym und das Praseodym, kommen stets zusammen vor, und zwar finden sie sich als Silikate im Cerit sowie als Phosphate in dem durch die Fortschritte der Gasglühlichtindustrie zu vielfacher Verwendung gelangenden Monazit. Der Cerit enthält nach einer Analyse von Tschernick[1]) 34,2 % Ceroxyd, 6,73 % Lanthanoxyd, 2,27 % Didymoxyd. Der Monazit etwa 25 % Cersesquioxyd und etwa 23—24 % der übrigen obenstehenden seltenen Metalle.

Geschichtliches.

Das Ceroxyd wurde 1803 von Klaproth, das Cersesquioxyd 1819 von Berzelius in der aus dem Gadolinit dargestellten Yttererde entdeckt, und in ihm wies 1839 Mosander das Lanthan sowie das Lanthanoxyd nach. Später wurde in der Yttererde auch das Didym aufgefunden (1839), um dessen Erforschung sich besonders Popp (1864) Verdienste erworben hat. 1866 wurden die Arbeiten der vorgenannten Forscher durch Bahr und Bunsen ergänzt. Die komplexe Natur des Didyms zeigte 1885 Auer v. Welsbach, indem er es in das Neodidym (Neodym) und das Praseodidym (Praseodym) zerlegte.

[1]) Herzfeld u. Korn, Die Chemie d. seltenen Erden 1901, S. 19.

Die elektrolytische Darstellung der genannten Metalle wurde zuerst von Bunsen (1850) eingeleitet, von Matthiessen verbessert und im Jahre 1875 von Hillebrand und Norton im Bunsenschen Laboratorium weiter vervollkommnet. Neuere sehr beachtenswerte Arbeiten lieferten Muthmann, Hofer und Weiß im Jahre 1902.

Gewinnung.

Zur Gewinnung ist es nötig, die Mineralien, in denen die genannten Metalle vorkommen, eingehenden Aufschließungs- und Trennungsmethoden zu unterwerfen. Derartige Methoden gibt es eine große Anzahl, und zwar sind die von Jegel[1]), von Mosander[2]) sowie die von Popp[3]) zu erwähnen.

Am besten eignet sich die Methode von Bunsen, nach der Cerit durch Erhitzen mit konzentrierter Salzsäure und etwas Salpetersäure aufgeschlossen wird, worauf nach Fällung der Metalle der Schwefelwasserstoffgruppe durch Schwefelwasserstoff und des Eisens durch Bernsteinsäure oder Benzoësäure die Hydrate der Ceritoxyde erhalten werden, aus denen durch Glühen an der Luft die reinen Oxyde resultieren. Beim Glühen an der Luft mit Magnesia entsteht Cerdioxyd, während sich Lanthanoxyd und Didymoxyd nicht höher oxydieren.[4]) Lanthan und Didym können dann nach Hermann[5]) infolge der ungleichen Löslichkeit ihrer Oxalate, Hydrate und Sulfate getrennt werden. Auch Auer v. Welsbach[6]) hat eine Trennungsmethode angegeben, die darauf beruht, daß Cer als basisches Nitrat leicht ausfällt und daß Lanthan und Didym Oxalate und Nitrate von verschiedener Löslichkeit bilden.

---

1) Journ. f. prakt. Chem. 73, 200.
2) Berzelius, Lehrbuch 1862, 416.
3) Ann. d. Chem. u. Pharm. 131, 359.
4) Bunsen, Ann. d. Chem. u. Pharm. 105, 40.
5) Journ. f. prakt. Chem. 82, 385.
6) Monatshefte für Chemie 5, 508.

Die Zerlegung des Didyms gelingt nach Auer v. Welsbach[1]) durch mehrhundertfach vorgenommene fraktionierte Kristallisation der Lanthan- und Didym-Ammoniumdoppelnitrate in stark salpetersaurer Lösung.

Die Elektrolyse der reinen Salzlösungen findet dann nach den nunmehr zu beschreibenden Methoden statt.

Cer.

Das Verfahren von Bunsen, Hillebrand und Norton.

Die Gewinnung des Cers auf elektrolytischem Wege kann nach der Methode von Bunsen geschehen[2]), die dann von Hillebrand und Norton[3]) verbessert worden ist. Als Elektrolyt dient wasserfreies Cerchlorür, das sorgfältig von Feuchtigkeit befreit werden muß. Dies geschieht in der Weise, daß das pulverisierte Chlorür in einer warmen Reibschale mit getrocknetem Salmiak gemischt und in einem Platintiegel unter einer Decke von Salmiakpulver bis zur teilweisen Verflüchtigung des Salmiaks erhitzt wird. Die auf diese Weise erhaltene Schmelze wird in der Bunsenschen Zersetzungszelle elektrolysiert. Diese Zelle bestand in der von Hillebrand und Norton angewendeten Modifikation aus einem hessischen Schmelztiegel von 100 ccm Fassungraum, der mit einem geschmolzenen Gemisch von den gleichen Äquivalenten Chlornatrium und Chlorkalium gefüllt war. Als Anode diente ein Zylinder aus Eisenblech, in dem sich eine Tonzelle befand, die das zu elektrolysierende Gemisch enthielt. Als Kathode tauchte in dieses bis zu zwei Drittel der Tiefe ein dickerer Eisendraht ein, an dessen Ende ein etwa 5 cm langer Eisendraht von der Dicke eines Pferdehaars durch Herumwickeln befestigt war. Der dicke Eisendraht wurde durch einen tönernen Pfeifenstiel vor dem Zutritt der Chloride geschützt.

---

[1]) Ber. d. deutsch. chem. Ges. 1887, 2134.

[2]) Pogg. Ann. 155, 366.

[3]) Pogg. Ann. 156, 466.

dymchlorid einen niedrigeren Schmelzpunkt und ein höheres Leitvermögen als das Cerchlorür, dagegen liegt der Schmelzpunkt des Neodyms höher als der des Cers. Auch hier wurde nach jeder Richtung hin ein zufriedenstellender Ausgleich durch den Zusatz von wasserfreiem Chlorbaryum geschaffen, wobei ebenso wie beim Cer die Menge des zugesetzten Chlobaryums das 60 und 70fache des verwendeten Metallchloridgemisches betragen kann.

Praseodym.

Die Abscheidung geschieht ebenfalls bei den bei Cer beschriebenen Methoden.

Gallium.

Vorkommen.

Das Gallium findet sich in der Zinkblende.

Geschichtliches.

Lecocq de Boisbaudran entdeckte das Gallium 1875 in der Zinkblende, nachdem vorher schon Meyer und Mendeléjeff aus dem periodischen System der Elemente sein Vorhandensein gefolgert hatten.

Gewinnung.

Zur Darstellung des Galliums benutzte Lecocq de Boisbaudran[1]) die Elektrolyse, indem er nach Entfernung des Zinks Galliumsulfat in überschüssigem Ätzkali zwischen Platinelektroden, von denen die Anode mehr als zehnmal größer war als die Kathode, elektrolysierte. Das Gallium setzt sich als Überzug auf der Kathode an und wird auf mechanischem Wege entfernt.

[1]) Comptes rendus 1875, 81, 493 und 1100.

Thallium.

Vorkommen.

Das Thallium findet sich im Flugstaub, der bei der Röstung von Schwefel- und Kupferkies anfällt. Ferner kommt es im Carnallit und in der Nauheimer Mineralquelle vor.

Geschichtliches.

Im Selenschlamm fand 1861 Crookes das Thallium durch Spektralanalyse. Seine metallische Natur stellte Lamy fest.

Gewinnung.

Zur Gewinnung des Thalliums wird der Flugstaub der Schwefelsäurefabriken mit kochendem Wasser ausgezogen, das erhaltene Sulfat gereinigt und durch Elektrolyse zersetzt.

Genaue Details eines von ihm ausgearbeiteten Verfahrens gibt Foerster[1]) an.

Das Verfahren von Foerster.

3 kg Flugstaub werden in einem Steinkopf mit ungefähr 10 l Wasser übergossen und durch zeitweise hineingeblasenen Dampf ausgekocht. Die abgezogene Lösung wird mit 2 kg Kochsalz verrührt und das ausgeschiedene Thalliumchlorür in Kochsalzlösung gewaschen. Zur Trennung von Arsen wird das Thallium in Sulfat übergeführt und nochmals mit Chlornatrium gefällt. Dieses wird mit einem Überschuß von Schwefelsäure bis zum Auftreten von Schwefelsäuredämpfen erhitzt und der Rückstand in Wasser gelöst.

Die Lösung dient als Elektrolyt, als Kathode dient ein Kupfer-, als Anode ein Platinblech. Die Stromdichte beträgt 1,3—1,5 Amp. pro 100 qcm Kathodenoberfläche, die Spannung 3,5 Volt.

---

[1]) Zeitschr. f. anorg. Chemie 15, 71.

Nach drei Stunden hat sich das Metall in schönen, großen Blättern und Nadeln abgeschieden; es wird vom Elektrolyt getrennt, von der Kathode entfernt und unter einer Decke von Cyankalium zu Stücken geschmolzen.

Zirkonium.

Vorkommen.

Das Zirkonium findet sich in der Natur ziemlich verbreitet und kommt hauptsächlich im Mineral Zirkon ($ZrSiO_4$) und in dessen Varietät, dem Hyazinth, vor. Es findet sich fast immer in Gesellschaft mit Monazit. Die Zahl der Mineralien, die Zirkonium führen oder die direkt als Zirkoniummineralien anzusprechen sind, ist eine ziemlich große. Es seien erwähnt: der Auerbachit, ein Zirkoniumsilikat, der Malakon, ein wasserhaltiger Zirkon, der Wöhlerit usw.

Geschichtliches.

Das Zirkonium wurde im Jahre 1789 von Klaproth in der Zirkonerde gefunden, aus der später (1824) Berzelius durch Reduktion von Kaliumzirkoniumfluorid mit Kalium das Element als amorphes schwarzes Pulver gewann. Das kristallinische Zirkonium wurde zuerst von Troost[1]) dargestellt.

Die elektrische Gewinnung des Zirkoniums hat zuerst Moissan versucht. Neuere Methoden rühren von Wedekind und anderen her (siehe Gewinnung).

Gewinnung.

Zur Gewinnung des Zirkoniums muß zuerst reine Zirkonerde hergestellt werden, was nach verschiedenen Verfahren

---

[1]) Annalen der Chemie und Pharmacie 136, 53.

geschehen kann. Für die elektrische Darstellung eignet sich am besten dasjenige, das Moissan bei der Gewinnung des Zirkonkarbids ausgeführt hat und das daher zusammen mit diesem, welches das Ausgangsmaterial zur Herstellung des reinen Zirkoniums bildet, besprochen werden soll.

Das Verfahren von Moissan.

Zur Gewinnung reiner Zirkonerde nach Moissan[1]) wird das sortierte Zirkon gemahlen, mit Zuckerkohle gemischt und im elektrischen Ofen in einem Kohlentiegel zehn Minuten lang mit einem Strom von 1000 Amp. und 40 Volt erhitzt. Das Silicium verdampft, und es hinterbleibt ziemlich siliciumfreies Zirkoniumkarbid. Dasselbe wird im Chlorstrom bis zur Dunkelrotglut erhitzt und mit kochender konzentrierter Salzsäure behandelt. Das sich abscheidende Zirkoniumchlorid wird mit konzentrierter Salzsäure gewaschen, in Wasser gelöst, mit Salzsäure behandelt und die Lösung zur Trockne eingedampft. Der Rückstand wird mit destilliertem Wasser aufgenommen und mit Ammoniak gefällt. Es entsteht so ein ganz weißes, von Eisen und Silicium freies Hydrat, das durch Glühen im Perrotschen Ofen calciniert wird.

Bei seinen Versuchen, aus diesem reinen Zirkon das Metall zu gewinnen, mischte Moissan dasselbe mit Zuckerkohle und Öl, preßte es in Zylinder und glühte diese leicht. Das so vorbereitete Gemenge wurde in ein an einem Ende geschlossenes Kohlenrohr gegeben und im elektrischen Ofen zehn Minuten lang mit einem Strome von 1000 Amp. und 50 Volt erhitzt. Es entsteht so Zirkoniumkarbid. Durch Schmelzen desselben mit einem Überschuß von Zirkonerde gelang es Moissan, metallisches Zirkonium zu erhalten.

Das Verfahren von Wedekind.

Dieses Verfahren[2]) ist eine Übertragung des von Troost und von v. Franz gefundenen in den elektrischen Ofen. Kaliumzirkoniumfluorid wird zusammen mit Aluminium im Magnesia- oder Graphittiegel in den elektrischen Ofen ge-

[1]) Moissan, Der elektrische Ofen 1897, 232.

[2]) Chemikerzeitung 1904, 136.

bracht und einem Strome von 90—100 Amp. bei 30—40 Volt ausgesetzt. Es entstehen Blättchen, die durch Laugen von Salzsäure und Aluminium befreit werden und dann nach Einpressen in Quarzglasröhren mit einem Strome von 60 Volt zusammengeschmolzen werden. Das Endprodukt ist niemals ganz rein und enthält stets Aluminium. Wedekind spricht es als Aluminiumzirkonit an.

Das Verfahren der Elektrodon-Gesellschaft.

Nach diesem Verfahren[1]) wird Zirkonium durch Erhitzen der Zirkonerde mit einem Überschuß von Magnesium in einer Wasserstoff- oder Stickstoffatmosphäre im elektrischen Röhrenofen gewonnen. Es entsteht zuerst das Hydrid resp. Nitrid, die mit Salzsäure von Magnesiumoxyd befreit und dann zur Entfernung des Wasserstoffs resp. Stickstoffs erhitzt werden.

Titan.

Vorkommen.

Die hauptsächlichsten Vorkommnisse des Titans sind der Rutil (Titandioxyd TiO_2) und das Titaneisen (titansaures Eisenoxydul $FeTiO_3$).

Geschichtliches.

Das Titan wurde 1791 von Klaproth entdeckt und angeblich von Berzelius durch Behandeln von Kalium titanfluorid mit Kalium in Form eines rötlichen Pulvers isoliert; es zeigte sich jedoch später, daß dasselbe das Nitrid darstellte. Auch Wöhler[2]) sowie Wöhler und Deville[3]) und Kern[4]) erhielten kein reines Titan.

---

[1]) D. R. P. 154691.

[2]) Annales de Chemie et de Physique 29, 166.

[3]) Annales de Chemie et de Physique 52, 92.

[4]) Chemical News 1876, 33, 57.

Die elektrische Darstellung wurde zuerst von Moissan ziemlich gut ausgebildet, da es ihm gelang, ein Produkt mit nur 2 % Verunreinigungen zu gewinnen. Versuche von Huppertz führten zu keinem besseren Resultat. Das reinste Titan dürfte bisher von Borchers und Huppertz durch Elektrolyse gewonnen worden sein.

Gewinnung.

Das Ausgangsprodukt für die Gewinnung des Titans bildet der Rutil, der nur sehr wenig Eisen und Kieselsäure enthält. Noch besser ist im Laboratorium gewonnene Titansäure.

Das Verfahren von Moissan.

Moissan stellte das Titan aus dem Rutil von Limoges dar, erhielt aber hierbei eine Legierung mit 1—2 % Eisen. Er ersetzte deshalb das Naturprodukt durch im Laboratorium hergestellte Titansäure[1]), die er mit Kohle mischte. 300—400 g des Gemenges wurden in einem zylindrischen Kohlentiegel festgestampft und 10—12 Min. lang dem Bogen eines Stroms von 1000 Amp. und 60 Volt ausgesetzt. Es entsteht ein kohlenstoffhaltiges Rohtitan. Durch Mischen desselben mit Titansäure und erneutes Erhitzen im elektrischen Ofen, wobei, um die karburierende Wirkung des Bogens zu vermeiden, möglichst rasch gearbeitet werden muß, erhält man ein Titan mit noch etwa 2 % Kohlenstoff.

Das Verfahren von Huppertz.

Huppertz[2]) hat ausführliche Untersuchungen über die Möglichkeit der Titanherstellung nach den verschiedenartigsten Methoden vorgenommen. Auf Grund seiner ausführlichen Arbeiten, bezüglich deren Details auf das Original verwiesen werden muß, kommt er zu dem Schluß, daß eine Methode zur Herstellung von Titan vielleicht durch Reduktion mit Aluminium bei Lichtbogenerhitzung (500 Amp. und 40 Volt auf 2 kg Mischung) gegeben ist. Es bildet sich zwar ein

---

[1]) Moissan, Der elektrische Ofen, Berlin 1897, 238.

[2]) Metallurgie 1904, 1362.

Titannitrid, gemischt mit Titan, doch läßt sich dessen Bildung vielleicht durch Verhinderung des Stickstoffzutritts vermeiden. Besser jedoch bewährt sich die Methode der Schmelzflußelektrolyse.

Das Verfahren von Borchers und Huppertz.

Zu diesem Verfahren[1]) dient am besten der von Borchers und Stockem für die Calciumgewinnung angegebene Apparat (siehe S. 172). Das zu reduzierende Titanoxyd wird während der Elektrolyse so in die Schmelze eingetragen, resp. schon vorher so in den Apparat eingestampft, daß es möglichst unmittelbar mit der Kathode in Berührung kommt. Die Elektrolyse wird so lange fortgesetzt, bis zur Vermeidung der Berührung gebildeten Titans mit der Anode eine Unterbrechung des Betriebs geboten erscheint. Die Schmelze enthält dann neben Erdalkalioxyden, Erdalkalihalogensalz und Erdalkalimetall auch Titan, das der Hauptmenge nach in den unteren Schichten in Pulverform verteilt ist. Sie wird zerkleinert, mit Wasser ausgelaugt, dann mit Salzsäure behandelt, wodurch ein Schlamm von Titan zurückbleibt, der bei nicht hinreichender Dauer der Elektrolyse noch mit Titanoxyden verunreinigt ist. Die durch Wasser und verdünnte Salzsäure erhaltene Lösung von Erdalkalihalogensalzen kann durch Verdampfen und Calcinieren wieder auf ein zur Elektrolyse geeignetes Salzgemisch verarbeitet werden.

---

[1]) D R. P. 150557 (Elektrochemische Zeitschrift 1905, 10, 219).

Autoren- und Sachregister.

A.

C.

F.

L.

M.

N.

R.

S.

T.

Y.

Z.

Illustrierte Technische Wörterbücher in sechs Sprachen.

Herausgegeben von den Ingenieuren Kurt Deinhardt und Alfred Schlomann.

fünftens, daß sie auch die **italienische, russische und spanische Sprache** in sich aufgenommen haben, die, soll den heutigen Zeitverhältnissen Rechnung getragen werden, nicht mehr entbehrt werden können;

sechstens, daß sie eine größere Verwendbarkeit aufweisen (nicht nur als technische Wörterbücher, sondern auch als Lehrbücher der technischen Sprache, als Hilfsmittel zur Vereinheitlichung der Nomenklatur, zur Vereinheitlichung der Schreibweise, Sprachreinigung usw.);

siebtens, daß jeder Band der „I. T. W." infolge seiner inneren Anordnung sämtliche 30 der den zwischen den sechs Sprachen möglichen Kombinationen entsprechenden zweisprachig. Lexika ersetzt, wobei ein alle aufgenommenen Worte enthaltendes **alphabetisches Register** das sofortige Auffinden jedes gewünschten Begriffes ermöglicht.

In Aussicht genommen sind vorläufig folgende Bände:

Auf dem Gebiete des Maschinenbaues:

DIE MASCHINENELEMENTE

und die gebräuchlichsten

Werkzeuge

(Band I der „I. T. W.")

Zweiter unveränderter Abdruck (11.—18. Tausend).

Mit 823 Abbildungen und zahlreichen Formeln.

In Leinwand gebunden Preis M. 5.—.

Bereits erschienen.

1/4 natürlicher Größe

www.ingramcontent.com/pod-product-compliance
Lightning Source LLC
LaVergne TN
LVHW092150300926
849161LV00002B/239